T. XXIV

Ulmers Taschenatlas
Alte Obstsorten

WALTER HARTMANN

Ulmers Taschenatlas Alte Obstsorten

6., erweiterte Auflage

555 Farbfotos
7 Zeichnungen

Inhaltsverzeichnis

Vorwort

Wenn ich wüsste,
dass morgen die Welt unterginge,
pflanzte ich doch heute noch einen Baum.
Martin Luther (1483–1546)

Nehmen Sie diese Anschauung als Beispiel und wählen Sie aus dem umfangreichen Angebot dieses Buches eine Sorte aus, nicht aus Erwerbsgründen, sondern einfach zur Erhaltung alter Sorten, und pflanzen Sie dann „Ihren Baum". Unsere Nachkommen werden es Ihnen danken.

E. LUCAS schrieb 1877 in seiner Einleitung in das Buch „Studium der Pomologie": „Die Freunde des Obstbaus und der Pomologie nehmen immer mehr zu, aber die eigentlichen Pomologen, welche danach streben, eine möglichst große Zahl von Obstsorten zu kennen und unbekannte Sorten nach den vorhandenen Handbüchern (so weit diese ausreichen) zu bestimmen, diese Zahl ist sehr gering." Diese Erkenntnis gilt heute mehr denn je, muss aber etwas revidiert werden, denn das Interesse an der Pomologie und der Sortenbestimmung nahm in den letzten Jahren wieder deutlich zu. Dies zeigt sich auch in der überraschend großen Nachfrage nach diesem Farbatlas. Das ist sehr erfreulich und macht es erforderlich, eine 6. verbesserte und auch erweiterte Auflage herauszugeben.

Der Umfang des Buches ist aus produktionstechnischen Gründen begrenzt. In der neuen Auflage konnte das Buch aber um einen Druckbogen erweitert werden, damit war es möglich, zusätzliche Sorten aufzunehmen. Dennoch ist die Auswahl begrenzt, sie richtet sich zuerst einmal nach der Häufigkeit des Vorkommens. Hilfestellung gaben dabei die Anlieferungen bei Sortenbestimmungen sowie das umfangreiche Werk „Deutschlands Obstsorten", das bis zum Zweiten Weltkrieg das bestimmende Obstsortenbuch war. Frühere Obstsortenverzeichnisse der einzelnen Bundesländer und Obstbauregionen wurden ebenfalls berücksichtigt. Auch einige „Exoten" sind in diesem Buch zu finden, vor allem Sorten, die früher eine gewisse Bedeutung hatten, heute aber kaum mehr angetroffen werden. Dazu kommen noch verschiedene regionale Sorten. Das süddeutsche Sortiment wird dabei etwas bevorzugt, denn hier gibt es bundesweit noch den größten Streuobstbau. Deshalb wird auch eine größere Anzahl von Most- und Wirtschaftsbirnen, die hier für den landschaftsprägenden Anbau eine besondere Bedeutung haben, vorgestellt. Viele von ihnen sind in diesem Buch erstmals abgebildet und genauer beschrieben. Manche davon sind von obstbaulichem, andere nur von pomologischem Interesse. Als alt wird eine Sorte betrachtet, die schon vor 100 Jahren bekannt war. Die ältesten aufgeführten Sorten waren schon im 13. und 14. Jahrhundert im Anbau. Es wurden aber auch einige jüngere Sorten in das Buch aufgenommen, weil sich diese für den landschaftsprägenden Anbau besonders bewährt haben.

Literaturrecherchen brachten neue Erkenntnisse über die Herkunft bzw. Entstehung verschiedener Sorten, die in dieser Auflage berücksichtigt wurden. Für eine ausführliche pomologische Beschreibung reicht der Platz nicht. Wir beschränkten uns deshalb auf die wichtigsten Informationen. So erleichtern die Schnittbilder beim Apfel die Sortenidentifikation. Da sie aus Platzgründen etwas klein ausfallen mussten, sind sie im Internet in Originalgröße unter ulmer.de mit dem Webcode 2216542 abrufbar. Vorrangiges Ziel ist es, dem Leser die wichtigsten Informationen über eine alte Sorte und ihren Anbauwert zu liefern. Möglichst naturgetreue Fotos sollen eine Sortenbestimmung erleichtern. Zahlreiche Abbildungen wurden deshalb ersetzt. Es ist zu beachten, dass die Farbausprägung von zahlreichen Faktoren abhängt. Um die Früchte von verschiedenen Seiten zu zeigen, sind möglichst mehrere Exemplare abgebildet. Damit ergibt sich aber das Problem der Größenverhältnisse. Der Leser wird deshalb gebeten, auf die Größenangaben im Text zu achten.

Die Namensgebung bzw. Bezeichnung der Obstsorten beschäftigte die Pomologen schon von jeher. Immer wieder gab es auch Vorstöße zu Kurzformen der Namen. Es zeigte sich, dass Kurznamen in der Praxis sehr unterschiedlich angewendet werden, u. a. abhängig von der Anbauhäufigkeit. Bei manchen Sorten kann es durch die Anwendung von Kurz- bzw. Handelsnamen auch Verwirrung geben. So hat z. B. die Birnensorte 'Gräfin von Paris' in den alten Bundesländern den Handelsnamen 'Gräfin', in der ehemaligen DDR wurde sie aber aufgrund der Ablehnung von Adelsprädikaten 'Paris' genannt. Bei bestimmten Kurznamen kann es auch Probleme mit der Zuordnung innerhalb der Obstarten geben. Es wurde deshalb entschieden, möglichst ursprüngliche Namen zu verwenden.

Die Sortenkenntnis hat sich in den letzten Jahren deutlich verbessert. Dazu beigetragen haben vor allem die zahlreichen jährlichen Sortenausstellungen der Obst- und Gartenbauvereine und zahlreicher anderer Organisationen, stellvertretend sei hier der Deutsche Pomologenverein erwähnt, der

Das Problem mit der Mistel – Apfelbäume sterben ab.

sich auf diesem Gebiet über seine Landesverbände sehr bemüht. Als äußerst positiv hat sich in Baden-Württemberg erwiesen, dass eine Fachwartausbildung eingeführt wurde. Der Kreis der pomologisch interessierten Personen hat sich damit deutlich erweitert.

Zu dem Erfolg des Buches haben viele beigetragen. Dafür möchte ich mich bei den Mitautoren der früheren Auflagen, H.-Th. Bosch, E. Fritz, H. Jacob, O. Möller, F. X. Rueß und M. Zehnder bedanken.

Zu Dank verpflichtet bin ich dem Verlag Eugen Ulmer für das Verständnis für die zahlreichen Änderungen, die auch in dieser Auflage wieder vorgenommen wurden und für die gute Zusammenarbeit und Ausstattung des Buches. Mein Dank gilt auch dem Lektorat, hier vor allem Frau Schüller, und den Verantwortlichen in der Produktion.

Die umfangreichen Arbeiten mit den alten Sorten nehmen viel Zeit in Anspruch. In der Saison müssen auch oft die Wochenenden mit einbezogen werden. Die Familie kommt dabei öfters mal zu kurz. Für das Verständnis möchte ich mich bedanken.

Wir alle wissen, dass unsere alten Obstsorten und die Streuobstbestände gefährdet sind. So hat sich die Zahl der Obstbäume in den letzten Jahrzehnten stark reduziert. In Baden-Württemberg hat sie sich z. B. seit 1965, nach der letzten Erhebung im Jahr 2009, fast halbiert und in den noch vorhandenen Beständen ist der Zustand der Bäume oft katastrophal. Besonders besorgniserregend ist der zunehmende Befall der Apfelbäume mit Misteln. Lasst uns gemeinsam an die Arbeit gehen, um die Bestände zu erhalten, damit unsere Enkel und Urenkel auch noch die Gelegenheit haben, mächtige alte Obstbäume in ihrer Vielfalt bewundern zu können!

Walter Hartmann, im Sommer 2019

Einführung

Vom Wildobst zu Kultursorten

Es war ein langer Weg, bis sich aus den primitiven Wildobstarten unsere heutigen Sorten entwickelt hatten. Neuere Forschungen zur Geschichte des Apfels haben beispielsweise ergeben, dass primitive Vorläufer der Wildobstarten schon vor 65 bis 70 Mill. Jahren in den Gebirgstälern Südostasiens beheimatet waren. Aus diesen gingen dann die echten Wildobstarten hervor. Die Ursprünge der heutigen Sorten sind in den so genannten Genzentren zu suchen. Das sind Gebiete, die einen besonderen Formenreichtum hatten bzw. noch haben. Diese Regionen, auch Mannigfaltigkeitszentren genannt, bieten auf relativ kleinem Raum die ganze Vielzahl der Erbanlagen, z. B. für Größe, Farbe, Geschmack oder auch Widerstandsfähigkeit, die für die Weiterentwicklung (Evolution) der Obstarten Voraussetzung waren.

Durch unendlich viele Kreuzungen, zuerst innerhalb und dann auch zwischen den Wildobstarten, kam es jedes Mal zu einer Neukombination der Gene und zu einem größeren Formenreichtum. Erweitert wurde dieser noch zusätzlich durch spontane Mutationen. Durch natürliche Auslese (Selektion) entwickelten sich nur die am besten an den Standort angepassten Individuen weiter. Durch Tiere und später auch durch Menschen kam eine weitere Selektion dazu, da sie Früchte bestimmter Bäume bevorzugten und damit zu einer Weiterverbreitung beitrugen. Bei der Auslese durch den Menschen waren vorrangige Selektionskriterien das Aussehen und der Geschmack der Früchte. Diese Auslese geschah zuerst nur durch Sammlung von Wildobst mit den günstigsten Eigenschaften. Später wurden die wertvollsten Bäume in Gärten kultiviert und als ständige Nahrungsquelle benutzt. Hier erfolgte dann eine gezielte Selektion und Vermehrung.

Anfänge des kultivierten Anbaus gab es bereits in der Blütezeit des Perserreichs (6. Jh. v. Chr.). Griechen, vor allem aber auch die Römer, entwickelten den Obstbau weiter. Da sie schon die Kunst des Veredelns beherrschten, konnten wertvolle Bäume erstmals sortenrein erhalten und vermehrt werden. Seit dieser Zeit gibt es auch Sortennamen. Die Römer entwickelten den Obstbau zu einer Hochkultur und brachten auf ihrem Weg nach Norden das Wissen über Anbau und Sorten auch zu uns, welches aber später größtenteils wieder verloren ging. Erst durch KARL DEN GROSSEN, der als Folge der Hungersnot 792/93 in seiner „Capitulare de Villis" eine Verordnung über die Krongüter und Reichshöfe schuf, bekam der Obstanbau neue Impulse. Auf diese Zeit gehen auch die ältesten deutschen Sortennamen beim Apfel zurück.

Die Klöster des Mittelalters trugen dann weiter zur Entwicklung des Obstbaus bei. Aus den Mutterklöstern in Italien und Frankreich brachten die Mönche neue Sorten mit – es kam damit zum ersten Edelreisertausch. So hatten beispielsweise Mönche aus Bassigny in Frankreich bei ihrer Reise nach Altenkampen bei Köln im 12. Jahrhundert Reiser der 'Grauen Renette' im Gepäck. Andere nahmen diese wieder mit in die Klöster Walkenried, dann nach Pforte und schließlich nach Leubus in Schlesien. Einen ähnlichen Weg ging die Sorte 'Borsdorfer'. Die Zisterziensermönche von Pforte hatten

Obstbäume am Wegesrand – früher keine Seltenheit.

die Sorte aus südländischen Reisern auf ihrem Hofgut Borsendorf bei Dornburg (Saale) angezogen und sie 1175 in das Kloster Leubus bei Breslau gebracht. Durch Pilgerfahrten und Kreuzzüge erfolgte ein weiterer Sortenaustausch und damit eine Zunahme der genetischen Vielfalt, die zu einem entscheidenden Fortschritt in der Sortenentwicklung führte. Zahlreiche Sorten weisen durch ihren Namen auf Zusammenhänge mit Klöstern hin, wie 'Klosterapfel', 'Klosterbirne', 'Carmeliterbirne', 'Karthäuser Renette' und viele andere.

In einer Länderbeschreibung von L. SUNTHEIM (1438–1503) beschreibt dieser das Gebiet des heutigen Baden-Württemberg als ein relativ reiches Obstland. Selbst in rauen Gebieten, wie dem Schwarzwald oder dem Nördlinger Ries, war Obstbau zu finden. In einer Stadtbeschreibung von Ravensburg aus dem 15. Jahrhundert wurden schon zahlreiche Sorten genannt. Ende des 16. Jahrhunderts erschien auch die erste deutsche Pomologie mit Abbildungen der Sorten (J. BAUHIN). In der Umgebung von Bad Boll beschrieb er 49 Apfel- und 31 Birnensorten. Einige davon sind bis heute erhalten und werden in diesem Buch beschrieben.

Bis zum 16. Jahrhundert wurde Obst überwiegend in Gärten der weltlichen und kirchlichen Herrscher kultiviert. Die Landesfürsten erkannten jedoch die Bedeutung des Obstbaus für die Ernährung der Bevölkerung und per Erlass wurden die Bürger zur Pflanzung von Obstbäumen verpflichtet. Durch den Anbau entlang von Wegen und Straßen entstand der die Landschaft prägende Streuobstbau in Süddeutschland. All diese Bäume bzw. Sorten waren zufällig im Wald und in Hecken, am Rand der Siedlungen oder auch in Baumschulen entstanden, welche die Jungpflanzen damals noch meist aus Tresterabfällen der Mostbereitung anzogen. Die Pflanzung veredelter Bäume war noch selten, denn die erste Baumschule wurde beispielsweise in Württemberg erst 1776 durch SCHILLERS Vater gegründet. Das Ausgraben von Bäumen aus Wäldern und Hecken hat sich zur Beschaffung billiger Pflanzware in vielen Gegenden noch bis nach dem Zweiten Weltkrieg erhalten.

Mit der Intensivierung des Obstbaus im 18. und 19. Jahrhundert erhöhte sich die Zahl der Sorten sprunghaft, da ein riesiges Potential für die Auslese vorhanden war. Namhafte Pomologen, wie CHRIST, DIEL, LUCAS u.a., suchten mit „natürlichen" und „künstlichen" Systemen Ordnung in die Sortenvielfalt zu bringen. 1853 wurde der „Deutsche Pomologische Verein" gegründet, der sich ursprünglich die Aufgabe gestellt hatte, die Sortenvielfalt zu reduzieren. Seine wichtigste Aufgabe wurde dann aber die Sortenbeschreibung und -empfehlung sowie die Aufdeckung von Synonymen.

Fast alle unsere heutigen alten Sorten sind Zufallssämlinge, die von Obstbauern, Baumschulern oder den berühmten Pomologen jener Zeit ausgelesen und durch Pfropfung oder Okulation vermehrt wurden. Je nach Qualität und Anpassungsfähigkeit entstanden dann lokale, regionale oder überregionale Sorten. Eine gezielte Obstzüchtung, d.h. die bewusste Kreuzung und damit Übertragung von Pollen der Vatersorte auf die Blüte der Muttersorte, begann erst nach 1900. Eine Zwischenstufe in der Züchtung stellte das Aussäen von Kernen einer bestimmten Sorte dar. Häufig widmeten sich dieser Aufgabe jedoch nicht Personen, die mit dem Garten- oder Obstbau direkt zu tun hatten, sondern andere Berufsgruppen. Meist waren es Apotheker, Ärzte oder Pfarrer. Manche dieser Pomologen und Züchter wurden zu Berühmtheiten, andere sind in Vergessenheit geraten. Zu Ersteren gehört beispielsweise Pfarrer NEIDHART aus Adelmannsfelden bei Ellwangen (Ostwürttemberg), der schon 1787 zigtausend Samen des 'Borsdorfer Apfels', einer 'Reinette' und der 'Langen Winterbergamotte' aussäte und 1790 mehr als 22 000 junge Sämlinge zählte.

Die systematische Obstzüchtung begann erst 1910 in England und den USA. In Deutschland wurde 1929 eine Abteilung für Obstzüchtung am Kaiser-Wilhelm-Institut für Züchtungsforschung in Müncheberg bei Frankfurt/Oder geschaffen. Diese Obstzüchtung wurde 1971 nach Dresden-Pillnitz verlegt, welches heute das einzige „Institut für Obstzüchtung" in Deutschland ist.

Der Apfel

Die Gattung Apfel führt die lateinische Bezeichnung *Malus* (abgekürzt *M.*). Dies bedeutet Übel, Unheil, Schaden und bezieht sich auf die christliche Theologie, nach welcher der Apfel zum Sündenfall verlockte und zur Vertreibung aus dem Paradies führte. Er brachte damit das ganze „Übel" über die Menschheit. Aus diesem Bericht in der Bibel lässt sich schließen, welche Bedeutung der Apfel schon sehr früh für die Menschen hatte.

Als wichtigste Ursprungsart des Kulturapfels gilt *Malus sieversii*. Seine Verbreitung erstreckt sich über die Gebirge Mittelasiens, zwischen China und Kasachstan und Kirgistan bis zum Kaspischen Meer. Die Diversität innerhalb dieser Art ist sehr groß, sowohl hinsichtlich der Größe (bis 50 mm) als auch in Farbe und Geschmack. Die meisten Herkünfte schmecken adstringierend, oft auch sauer. Es gibt aber auch Herkünfte, die ihren Gerbstoffgehalt vollständig verloren haben. Neben dieser Art sollen aber auch noch andere *Malus*-Arten an der Entwicklung beteiligt gewesen sein. Zwischen und innerhalb der Wildarten gab es viele zufällige natürliche Kreuzungen. Durch fortlaufende Auslese entwickelten sich immer bessere Formen, die durch weitere Kreuzungen und auch Mutationen schließlich zu wertvollen Apfelbäumen führten, die dann im Umfeld von Siedlungen angepflanzt und damit zum Kulturapfel wurden. Im botanischen System erhielt dieser Apfel dann den Namen *Malus domestica*. Da dieser, genetisch gesehen, ein

„formenreicher Hybridkomplex“ ist, wird er heute auch als *Malus* × *domestica* bezeichnet. Der wilde zentralasiatische Apfel *Malus sieversii* schien bisher die entscheidende genetische Grundlage für unseren heutigen Kulturapfel zu sein. Es galt sogar ziemlich sicher, dass unser heimischer Wildapfel (*Malus sylvestris*) nicht an der Entwicklung der Tafeläpfel beteiligt war. Mithilfe neuer molekulargenetischer Methoden, den sogenannten Mikrosatelliten-Markern, konnte nun aber eine Wissenschaftlergruppe nachweisen, dass auch unser Holzapfel einen wichtigen Beitrag leistete. Nach diesen Untersuchungen steht der Kulturapfel unserem Holzapfel genetisch sogar näher als dem asiatischen *Malus sieversii*.

Die Bezeichnung Apfel kommt als einzige aller Obstarten aus dem nordeuropäischen und nicht dem lateinischen Sprachgebrauch und bezog sich ursprünglich wahrscheinlich auf den heimischen Wildapfel, der regelmäßig gesammelt und frisch oder getrocknet verzehrt wurde.

Schon 10 000 Jahre v. Chr. wuchsen im mittelasiatischen Raum Äpfel mit einem Durchmesser von 1,5 bis 6,0 cm und einem Gewicht von 6 bis 60 g. Über die Handelsstraßen gelangte der Apfel zuerst zu den Griechen und dann später zu den Römern. Die ersten Kulturäpfel waren gegenüber unseren heutigen Sorten noch recht primitiv. Doch bereits die Römer hatten durchaus „essbare“ Apfelsorten, z. B. die verschiedenen 'Api'-Äpfel, die es heute noch gibt. Mit den Römern kamen diese Apfelsorten auch nach Deutschland.

Admiral auf Holzapfel.

Holzapfelbaum.

Die Apfelkultur und die Entwicklung der Sorten in Deutschland bekamen entscheidende Impulse durch die Verordnung von KARL DEM GROSSEN („Capitulare de Villis"). Die ersten deutschen Sortennamen, wie 'Gozmaringer', 'Geroldinger' und 'Crevedeller', tauchten auf.

Die Birne

Der Beginn der Entwicklung dürfte ähnlich wie beim Apfel verlaufen sein. Aus primitiven Pflanzenformen mit Chromosomenzahlen von 8 und 9 entstanden solche mit 17. Die nachfolgende Verdoppelung des Chromosomensatzes ergab 2n = 2x = 34. Birne und Apfel haben den gleichen diploiden Chromosomensatz. Bei beiden Kernobstarten gibt es aber auch triploide Sorten. Da bei diesen der Pollen schlecht ausgebildet ist, eignen sie sich nicht als Befruchtersorten.

Zur Entwicklung unserer heutigen Kultursorten haben zahlreiche Wildarten beigetragen. Die Wildformen der Birne sind in Europa und in Asien verbreitet. Es werden im Allgemeinen vier Zentren unterschieden: Europa, das Mittelmeergebiet, Mittelasien und der Orient. Die Anzahl der Wildarten wird mit 22 bis 35 angegeben. Ihre Unterscheidung ist nicht einfach, da die einzelnen Arten leicht miteinander hybridisieren und es zahlreiche Übergangsformen gibt. Alle Wildformen sind diploid, triploide Sorten gibt es nur bei Kulturformen.

Die Sorten von *Pyrus communis* sollen im Wesentlichen von den auch in Europa verbreiteten Wildformen *Pyrus pyraster* ('Holzbirne'), *P. nivalis* ('Schneebirne') und *P. salvifolia* ('Salbeibirne') abstammen. Die 'Schneebirne', ursprünglich in den Alpenländern beheimatet, wird als Ausgangsart für die Mostbirne betrachtet. Eigene Nachforschungen ergaben aber, dass sie, z.B. in Österreich, niemand mehr kennt. Bei der in bota-

Die beiden Palmischbirnen, älter als 200 Jahre, sahen schon, wie Napoleon über die Filder zog.

Früchte der Holzbirne.

nischen Gärten vorkommenden 'Schneebirne' handelt es sich meist um eine Mostbirne.

An der Entstehung der europäischen Kultursorten sollen auch noch andere asiatische bzw. mediterrane Arten beteiligt gewesen sein. Als ein wichtiges Genzentrum werden die Gebiete um den Kaukasus angesehen.

Ähnlich dem Apfel kam die Birne im Zuge der Völkerwanderung nach der Eiszeit von dort aus in den Balkan und später nach Griechenland, Italien und dann in das westliche Europa. Erste Berichte über die Birne findet man in HOMERS „Odyssee". Im antiken Griechenland kam die Birne zur ersten „Hochkultur". Bereits 300 Jahre v. Chr. wurden erste Sortennamen erwähnt. Zur weiteren Entwicklung kam es bei den Römern. PLINIUS DER ÄLTERE (23–79 n. Chr.) beschrieb schon drei Dutzend Sorten. Im 2. Jh. n. Chr. erwähnt COLUMELLA Sorten, deren Namen uns sehr bekannt vorkommen, wie 'Honigbirne', 'Königsbirne', 'Quittenbirne', 'Gerstenbirne', 'Faustbirne', 'Venusbirne' und viele andere. Die heute noch bei uns vorkommenden Sorten mit gleichen Namen dürften aber nicht identisch sein, sie hatten nur die gleiche Namensableitung. Gegen Ende des Römischen Reiches wurden bereits mehr als 50 Sorten namentlich genannt. Mit den Römern kamen die Kultursorten auch nach Deutschland. In der darauf folgenden germanischen Völkerwanderung gingen die Kenntnisse über den Obstbau und die Sorten aber weitgehend verloren. Ähnlich wie beim Apfel führten Klöster und der Adel den Anbau der Birne dann wieder ein, es gab jedoch kaum eine Sortenentwicklung. Zu Beginn des 17. Jahrhunderts waren in Europa etwa 260 Birnensorten bekannt.

Das „goldene Jahrhundert" für die Sortenentstehung bei der Birne begann Mitte des 18. Jahrhunderts in Frankreich und Belgien mit den ersten systematisch betriebenen Selektionsarbeiten. Nach dem Ausbringen von

Samen bestehender Sorten wurden zahlreiche Genotypen mit gut schmeckenden Früchten und schmelzendem Fruchtfleisch ausgelesen und dann als neue Sorten vermehrt. Der Großteil unserer heutigen Sorten geht auf diese Arbeiten von ESPEREN, HARDENPONT sowie VAN MONS u. a. zurück.

Der Apotheker und Züchter VAN MONS (1765–1842) investierte im Laufe seines Lebens 250 000 belgische Franc in seine Birnenzüchtung. Er zog mehr als 90 000 Sämlinge an und hat daraus ca. 400 Sorten ausgelesen, von denen jedoch viele verloren gingen. Das Schicksal meinte es mit VAN MONS nicht gut. So musste er sein Zuchtquartier für eine geplante Straße räumen. Nur wenige der mehr als 50 000 Sämlinge überlebten den Umzug. Die Straße wurde dann aber erst 20 Jahre später gebaut. 1830 verwüsteten französische Soldaten seinen neuen Anzuchtgarten und auf zwei weiteren Gärten wurde ein Fabrikgebäude errichtet. Diese Vernichtung des Großteils seines Lebenswerkes verbitterte den Züchter sehr. Ein Züchterschicksal, man könnte noch zahlreiche weitere nennen. Den meisten Obstzüchtern ging es wie vielen großen Künstlern: erst nach dem Tod gelangten sie zu Ruhm und Ehre.

Alle Sorten dieser Züchter waren aber Zufallssämlinge von Aussaaten bestimmter Sorten. Die systematische Obstzüchtung mit gezielten Kreuzungen, die ab 1900 einsetzte, war bei der Birne wesentlich weniger intensiv als beim Apfel. Trotzdem ist festzustellen, dass sich bis heute aus einer bewusst durchgeführten Kreuzung kaum eine Sorte als Hauptsorte durchsetzen konnte.

Mostbirnen werden als primitive Kultursorten betrachtet, die alle Zufallssämlinge sind. Sie sind aus Tresterabfällen der Mostbereitung entstanden, die, ausgehend von Baumschulen, in die Landschaft gepflanzt wurden oder von Sämlingen, die vom Obstbauern selbst aus Hecken oder Wäldern ausgegraben wurden. Diese Sorten verbreiteten sich vor allem in den etwas kühleren Gegenden, in denen der Most das wichtigste Getränk war.

Wirtschaftsbirnen sind Birnen, die vor allem zur Herstellung von Kompott und Trockenfrüchten geeignet sind oder aus denen früher auch Mus (Latwerge) bereitet wurde. Sie bilden eine Zwischenstufe, die Tafel- und Mostbirnen voneinander trennt.

Kirschen

Bei den Kirschen muss zwischen der Süßkirsche (*Prunus avium*) und der Sauerkirsche (*P. cerasus*) unterschieden werden. Die Letzteren haben im Gegensatz zu der diploiden Süßkirsche ($2n = 2x = 16$) einen tetraploiden Chromosomensatz ($2n = 4x = 32$). Bei den Kultursorten gibt es auch Bastarde zwischen Süß- und Sauerkirschen.

P. avium, die Stammform unserer heutigen Sorten, wächst wild in Kleinasien und im Kaukasus, aber auch in Europa. Als Heimat von Kulturformen der Süßkirsche gilt der Schwarzmeerraum. Der römische Feldherr und Feinschmecker LUCULLUS soll die Kulturkirsche im Jahr 64 v. Chr. nach einem Sieg über den Perserkönig MITHRIDADES als kostbare Trophäe aus Cerasunt mit nach Italien gebracht haben. Aus den Aufzeichnungen von THEOPHRASTOS (390–288 v. Chr.) geht aber hervor, dass die Kirsche in Griechenland schon vorher bekannt war.

Während der römischen Kaiserzeit vermehrte sich die Zahl der Sorten beträchtlich. Es gab schwarze, rote und bunte Sorten. Durch die Römer gelangte die Süßkirsche auch nach Deutschland. Dies bedeutete jedoch keinen wesentlichen Fortschritt, denn Steinfunde in keltischen Gräbern von Schwäbisch Hall zeigen, dass diese, in Bezug auf die Größe, Kirschsteinen aus römischen Brunnen überlegen waren.

Diese Feststellung von K. und F. BERTSCH (1947) ist durchaus berechtigt, denn die

Blühende Wildkirsche.

Wildkirsche mit einem Kronendurchmesser von fast 20 m.

Umwandlung von Wild- in Kulturkirschen äußerte sich vor allem in einer Zunahme der Fruchtgröße und damit auch der Steingröße.

Bis zum Mittelalter stagnierte die Sortenentwicklung. Im 15. Jahrhundert war nur eine grobe Einteilung in Süß- und Sauerkirschen üblich. Um 1700 wurde dann schon eine beachtliche Anzahl von Sorten genannt. Auffallend aber ist, dass es immer noch keine klare Trennung von Süß- und Sauerkirschen gab. Diese wurde erst 1797 von BÜTTNER vorgeschlagen. Es waren damals bereits zahlreiche Herkünfte vorhanden. In einer Klassifikation von TRUCHSESS werden 231 Sorten genannt. In der folgenden Zeit nahmen die Sortenvielfalt und der Bezeichnungswirrwarr weiter zu. Um 1889 wurden von MATHIEU 5600 Synonyme aufgezeichnet. Es gab viele lokale und regionale Sorten, die auch heute noch im Anbau eine große Rolle spielen.

Die Sortenidentifikation bei Kirschen ist auch heute noch ein Problem. Bei Tafelkirschen unterscheidet man grundsätzlich zwischen den weichen Herzkirschen und den festeren Knorpelkirschen. Bei Sauerkirschen wird zwischen Weichselkirschen (färbender Saft) und Amarellen (nicht färbend) unterschieden. Bastardkirschen stehen in ihren Eigenschaften zwischen Süß- und Sauerkirschen. Man unterscheidet zwischen Süßweichseln (rot färbend) und Glaskirschen (nicht färbend).

Pflaumen und Zwetschen

Die Europäische Pflaume (*Prunus domestica*) (2n = 6x = 48) wird als ein Artbastard von Schlehe (2n = 4x = 32) und der Myrobalane (2n = 2x = 16) angesehen. Da beide Arten noch heute im Norden des Kaukasus bis zum Altaigebirge wild vorkommen, ist es wahrscheinlich, dass die Art dort entstanden ist.

Pflaumen und Zwetschen sind genetisch sehr vielfältig. Die Gliederung ist deshalb

Blühende Myrobalane.

Die Früchte der Nachkommen aus einer Kreuzung zweier Zwetschensorten sind sehr variabel.

nicht einfach und recht umstritten. RÖDER (1939) unterteilt die Art in vier Subspezies. Zu *Insititia* zählen die Wildpflaumen mit Haferschlehen, Kriechen und Spillingen sowie die Mirabellen. Zur Subspezies *Italica* zählt er die Rundpflaumen und zu *Oeconomica* die Zwetschen. Er führte außerdem die Subspezies *Intermedia* ein, mit den Halbzwetschen, die zwischen Pflaumen und Zwetschen einzuordnen sind.

Die Unterteilung ist deshalb nicht leicht, da alle Subspezies untereinander hybridisieren. Die Art ist aus diesem Grund sehr heterogen und die Nachkommen einer Kreuzung spalten sehr stark auf.

Zur Sortenentwicklung beigetragen hat auch die Damascener-Pflaume, die schon in der Antike erwähnt wurde. Unklar ist, ob auch die heimischen Wildpflaumen wie Kriechele oder Zibarten einen Beitrag geleistet haben. Sie sind bestimmt im Erbgut einiger Sorten vorhanden. Aufgrund der geringen Größe und des hohen Gerbstoffgehaltes dürften sie aber wenig zu einer Höherentwicklung beigetragen haben. Diese Wildpflaumen waren schon in frühgeschichtlichen Zeiten bei uns vorhanden, wie Steinfunde zeigten.

Der Pflaumenanbau war den Griechen bereits im 7. Jh. v. Chr. bekannt. Von dort gelangte er dann zu den Römern und diese brachten ihn nach Deutschland. KARL DER GROSSE kannte Pflaumenbäume verschiedener Art. Der Begriff Zwetsche (Zwetschge) tauchte erstmals im 15. Jahrhundert in Süddeutschland auf. Mit zur Sortenentwicklung in Deutschland beigetragen haben auch Mirabellen und Reineclauden, die Mitte bis Ende des 16. Jahrhunderts aus Frankreich zu uns kamen. Erstaunlich ist, dass schon um das Jahr 1560 Pflaumen von der Größe eines Hühnereis bekannt waren.

Der Pflaumenanbau und die Sortenentwicklung in Deutschland bekamen durch LIEGEL, der schon 1830 eine Sammlung von mehr als 200 Sorten hatte, großen Aufschwung. Nach HEDRICK gab es um das Jahr 1900 weltweit mehr als 2000 Sorten. Fast alle alten Sorten sind Zufallssämlinge. Die Entstehung neuer Sorten wurde auch dadurch gefördert, dass es früher bei den Steinobstarten oft üblich war, diese generativ zu vermehren. So wurde z. B. die 'Bühler Frühzwetsche' um 1900 fast ausschließlich durch Samen vermehrt. Planmäßige Züchtungen kamen in Europa erst ab 1980 stärker auf den Markt. Ein Großteil der alten Sorten in Europa stammt aus Deutschland. Dies lässt erkennen, welche Bedeutung diese Obstart früher bei uns hatte. 41% aller Obstbäume waren um das Jahr 1900 Pflaumen und Zwetschen.

Früherer Wert und heutige Bedeutung alter Obstsorten

Die Sortenzahl war früher aus verschiedenen Gründen deutlich höher als heute. Dabei spielt die Tatsache, dass es noch keinen weltweiten Obsthandel gab, eine große Rolle. Besonders früh- oder auch spätreife und haltbare Sorten waren deshalb sehr gefragt. Auch die damals ausgedehnte Verarbeitung und Verwertung hat zu einer Ausweitung der Sorten geführt. Eine sehr große Bedeutung hatte die Mostherstellung. Der Jahresverbrauch einer vierköpfigen Familie vor 100 bis 150 Jahren wird auf sechs bis neun Eimer Most geschätzt, das sind 1800 bis 2900 Liter. Für die hart arbeitende Bevölkerung war der Most ein Kraftspender. Er konnte als Grundnahrungsmittel betrachtet werden und ließ zudem das Leid des damals wirklich nicht immer leichten Alltags vergessen. Die große Bedeutung der Mostherstellung führte zur Selektion herausragender Mostobstsorten, wie 'Roter Trierer Weinapfel', 'Bittenfelder Sämling' oder gar der 'Champagner Bratbirne', die einen dem Champagner ähnlichen Birnenschaumwein ergibt. Andere Sorten hatten vielfache Verwertungseigenschaften, z. B. der weit verbreitete 'Rote Eiserapfel' oder in Württemberg die Sorte 'Luiken' bzw. 'Luikenapfel', die noch vor 100 Jahren dort die am häufigsten angebaute Apfelsorte war.

'Nägelesbirne'.

Der Konservierung von Obst wurde in einer Zeit ohne Kühllager besondere Bedeutung zugemessen. Die Mostherstellung war eine Art der Haltbarmachung, die Trocknung eine andere. Dörrobst war ein wichtiges Nahrungsmittel für die Winter- und Frühjahrszeit. Die einzelnen Obstarten und -sorten eignen sich dazu unterschiedlich. Bekannt und beliebt waren „Dörrzwetschen" und „Birnenschnitz". Dörrbirnensorten waren deshalb sehr häufig. So galt z.B. die 'Knausbirne' als die in Württemberg am weitesten verbreitete Birnensorte. Als gute Dörrbirnen waren auch 'Nägelesbirne' und 'Gelbe Wadelbirne' bekannt. Letztere erreichte sogar kulturhistorische Bedeutung, da sie EDUARD MÖRIKE in seinem „Stuttgarter Hutzelmännle" erwähnte. Manche Obstarten ließen sich nur auf diesem Weg verwerten, da sie für den Frischverzehr viel zu gerbstoffhaltig waren. Andere Obstarten eigneten sich speziell zur Herstellung von Mus oder Latwerge. Im Rheinland spielte die Herstellung von „Apfelkraut" eine große Rolle, das als Brotaufstrich verwendet wurde. Nur mit Süßäpfeln bekam das Produkt die besondere Qualität. Bei uns ist das Apfelkraut in Vergessenheit geraten. Auswanderer aber nahmen die Rezepte mit nach Kanada, dort wird das Produkt noch heute von den Amish-People angeboten. In anderen Gebieten, so z.B. in Westfalen, hatten Senfbirnen eine große Bedeutung, hier wurden die Früchte in Senf eingelegt. Gern wurde dazu die 'Königsbirne' verwendet, eine eher herbe, denn süß schmeckende Sorte. Fast überall bekannt und beliebt waren Koch- und Backäpfel. Besonders gut eigneten sich dafür Sorten mit mürbem Fruchtfleisch. Andere Sorten wurden als Bratäpfel und -birnen verwendet. Beim Braten in der Pfanne verringert sich der Gerbstoffgehalt der Birnen und sie werden genießbar. „Prapieren", gemeint sind Bratbirnen, wurden in der ältesten württembergischen Landesbeschreibung von L. SUNTHEIM aus den Jahren 1498 bis 1503 als „aussermassen gut, item Piern" bezeichnet. Beliebt zu allen Mehlspeisen waren Kochbirnen. Zum Anbau empfohlen wurden vor allem großfrüchtige Sorten und solche, die sich lange lagern ließen, wie der 'Große Französische Katzenkopf' oder die 'Pfundbirne'. Ausgehend von diesen zahlreichen Verwertungsmöglichkeiten verbreiteten sich viele, ganz spezielle Obstsorten, sodass die Sortenanzahl unendlich groß wurde.

Baum der 'Gelben Wadelbirne'.

Mit der Zunahme des weltweiten Handels und der Möglichkeit der Kühllagerung sowie durch Änderung der Verzehrgewohnheiten gab es für viele bisher beliebte und bewährte Sorten keine Verwendung mehr. Es ist deshalb nicht verwunderlich, dass Sorten, die noch vor 100 oder 200 Jahren eine Hauptsorte waren, heute kaum noch auffindbar sind. Als Beispiel sei die 'Knausbirne' erwähnt. Heute ist diese berühmte Sorte kaum noch zu finden, am ehesten noch im

Schafe in den Streuobstwiesen sind für die Pflege des Unterwuchses besonders in Hanglagen wichtig.

Obst als Vogelfutter.

unteren Kronenbereich alter Bäume. Ein Zeichen, dass die Sorte umveredelt wurde, nachdem sie auf dem Markt durch Änderung der wirtschaftlichen Bedeutung nicht mehr gefragt war.

Der Beginn der Industrialisierung brachte zum ersten Mal etwas Geld in die Haushalte, damit änderten sich die Essgewohnheiten. Noch deutlicher war dies nach dem Zweiten Weltkrieg der Fall. Im „Wirtschaftswunderland“ wurde der Most zunehmend durch Bier ersetzt. Im Zeichen der Nostalgiewelle kommt der Most zwar wieder etwas in Mode, die meisten Häuser haben aber keine geeigneten Lagermöglichkeiten mehr. In Österreich versucht man im „Mostviertel“ die alten Sorten und Mostbirnbäume über den Tourismus und Mostausschank zu erhalten, ein durchaus interessanter Ansatzpunkt.

Der Erhaltung alter Sorten wird heute überall wieder Bedeutung zuerkannt. Es stellt sich dabei die Frage, welche Sorten überhaupt erhaltenswert sind? Darauf gibt es noch keine allgemein gültige Antwort. Die meisten der alten Sorten sind nicht umfassend geprüft, um sagen zu können, welchen Wert bzw. Nutzen sie haben. Bei dieser Bewertung darf allerdings nicht nur rein ökonomisch gedacht werden. Sie hat vielmehr nach verschiedenen Gesichtspunkten zu erfolgen. So ist vor allem auch der ökologische Aspekt zu beachten. Bereits in früherer Zeit erkannten die Menschen, dass Obstbäume in der Landschaft außer der Fruchterzeugung noch andere Vorzüge aufweisen. J. C. SCHILLER, der spätere Leiter der Herzoglich-Württembergischen Baumschule auf der Solitude, schrieb bereits 1767: „Die Baumzucht verschafft denjenigen, die sich damit bemühen, einen angenehmen Theil ihrer Nahrung. Sie gereichet zur Zierde eines Landes, zur Reinigung der Luft, zum Schutz und Schatten und hat überhaupt in vielen anderen Dingen ihren trefflichen Nutzen, zur Nothdurft, Lust und Bequemlichkeit des Lebens für Menschen und Thiere.“ Auch in der heutigen Zeit erfüllt der Streuobst- und Gartenobstbau diese Vielzahl ökologischer und landschaftsgestaltender Funktionen. Die Streuobstwiesen bieten zahlreichen Tierarten Heimat und Nahrungsquelle. Durch die verschiedenen Obstarten und -sorten, die zu unterschiedlicher Zeit blühen, fruchten und reifen, sind sie von großem, ökologischem Wert. Nicht zu vergessen ist auch, dass die alten Obstbäume im Streuobstbau eine Bereicherung des Landschaftsbildes sind. Sehr deutlich wird das dort, wo durch frühere Flurbereinigungsmaßnahmen die Landschaft ausgeräumt wurde. Vor allem die riesigen Mostbirnbäume prägen und gliedern die Landschaft durch ihre Wuchsstärke und Mächtigkeit. Im Frühjahr zur Blüte und auch in der Herbstfärbung sind sie eine wahre Zierde. Obstbäume haben allgemein einen hohen Zierwert und eine alte Obstsorte im Hausgarten könnte manche exotische Baumart ersetzen.

Alte Obstsorten haben auch eine ethische, kulturelle Bedeutung. Wir erhalten alte Bücher, Gemälde, Gebäude und Maschinen, auch alte Obstsorten sind als Zeugen der früheren Zeit und als bäuerliches Kulturgut erhaltenswert. Wir sollten nicht vergessen, dass sie in den Hungersnöten im 17. und 18. Jahrhundert unseren Vorfahren das Überleben sicherten. Es ist auch belegt, dass gewisse Obstsorten den Wohlstand in die Region brachten, so z.B. der ‘Luikenapfel’ und die ‘Knausbirne’ in Württemberg. Vergessen wir auch nicht die Zeit nach dem Zweiten Weltkrieg, in der z.B. der ‘Rheinische Winterrambur’ das nötige Geld für den Neuaufbau bei vielen Obstbauern und Landwirten brachte.

Was geschieht heute mit dem Obst aus dem Streuobstanbau? Als Tafelobst dient es meist nur der Familie des Baumbesitzers, manchmal wird es direkt nach der Ernte auch noch an die Verwandtschaft und Nachbarschaft verschenkt. Der Großteil des Obstes wird aber der Saftbereitung zugeführt.

Weithin leuchtendes Herbstlaub der Karcherbirne.

Der gesundheitliche Wert dieses Getränks ist anerkannt und der Saftverbrauch steigt. Es ist unbestritten, dass der Saft aus dem Obst der heimischen Streuobstwiesen durch die Vielzahl der Sorten eine ganz besondere Qualität und einen hervorragenden Geschmack hat. Probleme bereitet allerdings der weltweite Handel und in der letzten Zeit vor allem die Einfuhr von Saftkonzentrat aus China. Chancen ergeben sich dagegen für spezielle Produkte. Ein Paradebeispiel ist die Schaumweinherstellung aus der 'Champagner Bratbirne'. Die spezielle Eignung dieser Sorte wurde bereits 1760 beschrieben. Die Produktion eines „moussierenden" Getränks aus Birnen ist in Deutschland damit 60 Jahre älter als die Sektherstellung aus Trauben. Solche Produktionsnischen helfen dem heimischen Streuobstbau zu überleben, es gilt sie nur zu entdecken und zu nutzen. Eine Möglichkeit ergibt sich auch aus der Trockenobstherstellung – als gesunde Süßigkeit ist es in den letzten Jahren zunehmend gefragt. Wir haben eine ganze Reihe alter Obstsorten, die sich dazu hervorragend eignen und sich schon früher bewährt haben.

Eine ganz wichtige Rolle bei der Erhaltung alter Obstsorten spielen die Obstbrenner. Allein in Baden-Württemberg gibt es mehr als 30 000 Kleinbrenner, ohne sie wäre schon mancher Streuobstbaum der Rodung zum Opfer gefallen. Die Vielfalt von Geschmacksrichtungen und Aromen in alten Sorten ist erstaunlich. Man sollte dies nutzen und sortenreine Produkte aus dem heimischen Streuobstbau auf den Markt bringen.

Im heutigen, modernen Erwerbsobstbau ist die Sortenanzahl sehr begrenzt. Der Handel will nur einige wenige Sorten in großen Mengen, dies ist u. a. das Ergebnis der Konzentration der Verbrauchermärkte. Dabei ist zu beachten, dass viele der neuen Sorten auf die gleiche Abstammung zurückgehen; damit verbunden ist eine Einengung der genetischen Ressourcen. Für die Obstzüchtung ist es daher wichtig, die Vielfalt der Sorten zu erhalten. Sie stellen ein genetisches Potential dar, das von unseren Vorfahren selektiert wurde und sich über Jahrhunderte hinweg bewährt hat. Nicht alle alten Sorten sind aber deshalb wertvoll. Ein Problem ergibt sich außerdem daraus, dass wir über unsere alten Sorten viel zu wenig wissen und ihre speziellen Eigenschaften meist nicht kennen. Es gilt, die Sorten zu bewerten und die Ergebnisse in Datenbanken zu speichern. Teilweise ist das schon geschehen. So gibt es auf europäischer Ebene Datenbanken für verschiedene Obstarten. Diese Arbeit muss aber noch weiter ausgedehnt werden. Vor allem sind zahlreiche wertvolle, lokale Sorten noch nicht erfasst. In der Zukunft spielen solche Datenbanken für die konventionelle und noch mehr bei der zukünftigen Züchtung über die Gentechnik eine sehr große Rolle. Denn bei dieser bisher bei uns noch umstrittenen Art der Züchtung können ganz spezielle, einzelne Merkmale auf eine Sorte übertragen werden, ohne dass sich die Sorte als solche in ihren anderen Merkmalen ändert. In den USA wurde das schon lange erkannt, und so ist es nicht verwunderlich, dass man in den dortigen Genbanken bei uns seltene alte, mitteleuropäische Sorten findet. Dass bisher fast vergessene Sorten bei der Obstzüchtung eine wichtige Rolle spielen können, zeigt sich besonders in der Resistenzzüchtung. Krankheiten und Schädlinge unterliegen der Veränderung. Sie bilden oft neue, aggressive Stämme, die für ein genetisch einförmiges Sortiment eine stete Bedrohung sind. Pilzresistente Sorten sind aufgrund der Diskussion über den Einsatz von Pflanzenschutzmitteln sehr aktuell. In den Haus- und Kleingärten ist man sogar darauf angewiesen, weil der Gesetzgeber den Einsatz von Pflanzenschutzmitteln stark eingegrenzt bzw. sogar verboten hat. In den letzten Jahren wurden einige recht gute und empfehlenswerte Sorten auf den Markt

Köstlichkeiten aus der Streuobstwiese.

gebracht. Die Resistenz dieser Sorten ist weitgehend auf die Wildart '*Malus floribunda* 821' zurückzuführen und monogen bedingt. Seit einigen Jahren beobachtet man einen Resistenzdurchbruch, ausgelöst durch das Auftreten einer neuen Schorfrasse. Die Züchter haben dieses Problem schon lange erkannt und nutzen deshalb die polygene Resistenz alter Apfelsorten, z.B. von 'Antonowka'. Diese Sorten haben ihre Schorfunempfindlichkeit über Jahrhunderte bewahrt und sind deshalb für die Züchtung sehr wertvoll. Auch bei bakteriellen Erkrankungen können alte Sorten wichtige Genlieferanten (Donatoren) sein, so z.B. beim Feuerbrand, der sich seit dem letzten Jahrzehnt in Süddeutschland stark ausgebreitet hat und jetzt auch die Schweiz und Österreich bedroht. Im Streuobstbau sind vor allem Birnbäume von dieser gefährlichen Krankheit betroffen. Neben sehr empfindlichen Sorten, wie 'Oberösterreicher Weinbirne' oder 'Große Rommelter' gibt es aber auch Sorten, wie 'Schweizer Wasserbirne', 'Paulsbirne', 'Metzer Bratbirne', 'Bayerische Weinbirne' u.a., die nicht oder kaum befallen werden. Sie stellen wertvolle Donatoren für die Züchtung dar. Auch bei Virosen gibt es Beispiele, wie wichtig plötzlich alte Sorten für die Züchtung sein können. So gelang es z.B. der Hohenheimer Zwetschenzüchtung durch Einkreuzung der Sorte 'Ortenauer' (identisch mit der schon über 200 Jahre alten Sorte 'Borssumer') hypersensible Sämlinge zu bekommen. Die neue Sorte 'Jojo' ist die weltweit erste, im Freiland absolut scharkaresistente Zwetschensorte. Durch weitere Kreuzungen mit 'Jojo' stehen heute mehrere scharkaresistente Sorten zur Verfügung. Auch bei Aprikosen, die ebenfalls von dieser gefürchteten Virose befallen werden, fand man bei Selektionsarbeiten im Mansfelder Land bei Halle immune, alte Sorten. Diese Beispiele zeigen die Bedeutung der genetischen Ressourcen alter Obstsorten. Sie bilden die Grundlage für die Obstzüchtung der Zukunft.

Die Erhaltung alter Obstsorten

Die moderne Obstzüchtung durch gezielte Kreuzung auserwählter Elternsorten begann erst um 1900. Davor entstanden die meisten Sorten aus Zufallssämlingen, die entweder im Wald oder in Hecken gefunden wurden. Da die Ansprüche nicht sehr hoch waren, kam es schnell zu einer Vielzahl von Sorten. Während J. BAUHIN (1541–1613) aus dem Raum Bad Boll bei Göppingen/Baden-Württemberg lediglich 83 Kernobstsorten beschrieb, wurden von W. J. DÜMLER 1661 schon bereits mehr als 400 Kernobstsorten und von DIEL (1756–1839) um die 1500 Apfelsorten genannt. MATHIEU ging in seiner „Nomenclator pomilogicus" (1889) davon aus, dass in Europa und Nordamerika über 4500 offiziell beschriebene Sorten existieren. Einhergehend mit dieser Entwicklung wuchs die Erkenntnis, dass ein rationeller Obstbau nur möglich war, wenn dieser Sortenflut Einhalt geboten wird, und so entstanden Bestrebungen zur Sortenvereinheitlichung. Das erste Reichsobstsortiment, das von namhaften Pomologen 1853 in Naumburg festgelegt wurde, umfasste lediglich 10 Apfelsorten für den damaligen Erwerbsobstbau. Diese Einschränkung war aber nicht unumstritten. Es zeigte sich auch bald, dass sie zu einschneidend war, und deshalb wurde das Reichssortiment bis 1874 auf 50 Sorten erweitert. Die damaligen pomologischen Institute hatten umfangreiche Sortimente. So standen in Reutlingen und Proskau um 1910 über 755 verschiedene Apfelsorten. Allein im Reutlinger Institut waren 886 Obstsorten von 16 verschiedenen Obstarten vorhanden. Nach dem Ersten Weltkrieg traten anstelle der Reichssortimente verschiedene Landes- und Regionalsortimente, um den Verhältnissen einzelner Landschaften besser Rechnung zu tragen. Besonderes Interesse erfuhren dabei stets die Lokalsorten, die auf die jeweiligen Standortverhältnisse bestens angepasst waren.

Die Bestrebungen zur Sortenvereinheitlichung führten sehr bald dazu, dass einzelne Sorten verschwanden. Doch erst Umveredlungsaktionen, ausgelöst durch die Veränderungen nach dem Zweiten Weltkrieg, ergaben, dass eine Vielzahl der ursprünglichen Sorten heute als verschollen gilt. Die Gründung der Europäischen Wirtschaftsgemeinschaft im Jahr 1954 brachte eine noch weit drastischere Änderung. Damit sich der Erwerbsobstbau auf die veränderten Marktbedingungen einstellen konnte, kam es zu großräumigen Rodungsaktionen in der ganzen damaligen Bundesrepublik Deutschland. Allein in Baden-Württemberg wurden im Rahmen des so genannten „Generalobstbauplans“ mehr als 16 000 ha Streuobstbestände gerodet. Da Streuobstbau und alte Sorten unzertrennbar miteinander verbunden sind, ging auch die Sortenzahl stark zurück. Die abnehmende Bedeutung des Streuobstbaus brachte auch ein zunehmendes Desinteresse der Bevölkerung mit sich. Eine ganze Generation lang führte der Streuobstbau ein Schattendasein und niemand interessierte sich für die alten Obstsorten. Wie heißt es oft: „Der Großvater kannte die Sorten noch, doch leider ist er vor einigen Jahren gestorben.“

Vielerlei Gründe sprechen für eine Erhaltung alter Sorten. Maßnahmen zur Erhaltung können mit unterschiedlicher Zielsetzung erfolgen, so z. B. möglichst viele alte Sorten zu sammeln. In Deutschland wurde 2008 die Deutsche Genbank Obst gegründet. Dieses Netzwerk ist dezentral tätig, sodass staatliche und nichtstaatliche Organisationen mitwirken können. Die Koordinierung geschieht über das Julius Kühn-Institut in Dresden-Pillnitz.

Ziel der Deutschen Genbank Obst ist die Sammlung und Erhaltung genetischer Res-

Herbstliche Streuobstwiesenlandschaft.

sourcen. Dabei wird der Echtheitsprüfung der Sorten höchste Priorität beigemessen. Bei den angemeldeten Sorten wird zuerst eine Verifizierung durch Pomologen durchgeführt, anschließend soll dann ein molekulargenetischer Fingerabdruck die Sortenechtheit bestätigen.

In der Schweiz wurden schon über 2500 Herkünfte dieser DNA-Prüfung unterzogen. Die Ergebnisse zeigen, dass eine solche Untersuchung ein wertvolles Instrument bei der Sortenbestimmung sind. Es zeigte sich jedoch, dass es auch Grenzen gibt, so können Mutationen nur schwer oder nicht erfasst werden. In der Datenbank der DGO stehen im Moment über 900 Sorten, darunter 667 Apfelsorten, 137 Süß- und 28 Sauerkirschensorten sowie 48 Pflaumen- und Zwetschensorten. Die Anzahl der Partner im Netzwerk liegt zwischen 10 beim Apfel und 6 bei der Sauerkirsche. Birnen sind bisher noch nicht in der Datenbank vorhanden, die Aufnahme soll 2015 erfolgen.

Auch verschiedene andere Institutionen haben es sich zur Aufgabe gemacht, alte Obstsorten zu erfassen und zu erhalten. Neben dem Pomologenverein, der im Jahr 1991 neu gegründet wurde, engagieren sich verschiedene Vereine und Verbände für den Erhalt der Sortenvielfalt (Adressen siehe Anhang).

Von besonderer Bedeutung sind regionale Sortenerhaltungsgärten. Diese meist von Obst- und Gartenbauvereinen, Obstbau- oder Naturschutzverbänden und Privatpersonen angelegten Pflanzungen sollten neben den Hauptsorten auch Lokalsorten umfassen, die sich für einzelne Regionen besonders bewährt haben. Leider wurde das beim Aufbau der ersten Lehrgärten und -pfade wenig berücksichtigt.

Die Erfassung und Bestimmung der Sorten ist mit sehr großem Zeitaufwand verbunden und erfordert ein hohes Maß an Fachwissen. In Baden-Württemberg hat deshalb der Arbeitskreis Streuobst des Landesver-

Der Baumwart – erster Ansprechpartner für alte Obstsorten.

bandes für Obstbau, Garten und Landschaft den Antrag auf Schaffung einer Sortenerhaltungszentrale beim Ministerium für Ernährung und Ländlichen Raum eingebracht. Im Jahr 2001 wurde diese dann am Fachgebiet Obstbau der Universität Hohenheim eingerichtet, seit Herbst 2006 ist sie am Kompetenzzentrum Obstbau-Bodensee in Ravensburg. Diese Zentrale hat umfangreiche Aufgaben zu erfüllen. Neben der Suche nach alten Sorten und der Sortenbestimmung soll auch eine Bewertung der Verwertungs- und Resistenzeigenschaften erfolgen sowie der Aufbau einer Datenbank. Mit der Einrichtung von Sortenerhaltungsgärten für Kernobst wurde begonnen. Die Mithilfe beim Aufbau von „Raritätenbaumschulen“ und die Abgabe von Edelreisern stehen ebenfalls an.

Für die lokale Erfassung der noch vorhandenen Obstsorten ist der Kontakt zu praktischen Obstbauern unerlässlich. Erste Ansprechpartner für alte Sorten sind die früheren Baumwarte. Häufig erinnern sich auch ältere Landwirte oder Mitglieder von Obstbauvereinen an alte Sorten. Bei der Suche nach Lokalsorten ist dieser Kontakt meist die einzige Möglichkeit, überhaupt an Nennungen zu gelangen. Daneben können Suchaufrufe in Fachzeitschriften oder regionalen Blättern erfolgen. Überaus interessant ist das Abhalten regionaler Obstausstellungen mit dem Angebot einer Sortenbestimmung durch erfahrene Pomologen. Hier trifft man am ehesten auf Lokalsorten. Oft zeigt es sich jedoch, dass die vermeintliche Lokalsorte eine bekannte Sorte ist, die lediglich unter einem lokalen Synonym geführt wird. Der Erhalt einzelner Sorten ist erst dann sicher gewährleistet, wenn wieder Jungbäume in ausreichender Zahl gepflanzt werden. Hierzu ist es erforderlich, dass interessierte Baumschulen die zur Anpflanzung empfehlenswerten Sorten in ihr Vermehrungssortiment aufnehmen. Sortenliebhaber haben dann die Möglichkeit, gezielt alte Obstsorten zu pflanzen. Daneben wäre es wünschenswert, wenn im Rahmen von Neupflanzungen bei Flurbereinigungsverfahren, Ausgleichsmaßnahmen oder auf Flächen, die zum Zwecke des Naturschutzes erworben wurden, robuste, alte, kulturhistorisch interessante Obstsorten und solche mit lokalem Bezug bevorzugt werden. Hier steht nämlich die Sortenerhaltung und nicht der wirtschaftliche Gesichtspunkt im Vordergrund.

Auch in den europäischen Nachbarländern haben sich vergleichbare Initiativen gebildet. Vorbildlich organisiert sind die Initiativen zur Erhaltung traditioneller Obstsorten in der Schweiz. „Pro-Specie-Rara“ (PSR) ist eine 1982 errichtete gemeinnützige Stiftung, die zum größten Teil von privaten Spenden finanziert wird. Zur gleichen Zeit wurde „Fructus“ gegründet, um die genetische Vielfalt der einheimischen Obstsorten zu erhalten. Es wurde eine gesamtschweizerische Inventarisierung von Obst- und Beerensorten durchgeführt. 11500 Sortenbesitzer hatten alte Sorten gemeldet. So konnten über 2000 seltene Sorten bzw. Herkünfte gerettet werden. Daraus wurden nun von „Fructus“ 15 robuste Apfelsorten für den Streuobstbau ausgelesen. Berücksichtigt wurde dabei vor allem die Resistenz gegenüber Feuerbrand und Schorf.

In Niederösterreich hat der „Ökokreis Waldviertel“ ein Sortenerhaltungskonzept aufgebaut, das zur Erfassung und Erhaltung von inzwischen etwa 600 Sorten geführt hat. Um den Erfahrungsaustausch über staatliche Grenzen hinweg zu verstärken, entstand im Jahr 2001 das erste Internationale Pomologentreffen, an dem 40 Teilnehmer aus fünf Nationen zusammenfanden. Dieses Treffen findet seitdem jährlich statt.

eine andere Sorte zutreffen. Eine Unterscheidung anhand der äußeren Merkmale der Früchte ist dann oft nicht mehr gegeben. Es gibt sogar ganze Verwechslergruppen, die sich nur schwer unterscheiden lassen. Als Beispiel seien nur die 'Grauen Renetten' oder die 'Pfundbirnen' aufgeführt.

Zur Bestimmung sollten die Früchte, wenn möglich, nur von Bäumen mit mittlerem bis gutem Ertrag entnommen werden. Bei zu niedrigem wie auch zu hohem Ertrag können die Früchte untypisch sein, auch bei Erstlingsfrüchten ist dies der Fall. Früchte von alten Streuobstbäumen sind häufig etwas anders ausgebildet als solche, die von Bäumen auf schwach wachsenden Unterlagen stammen. Manche Sorten sind sehr leicht zu bestimmen, andere wieder nur aufgrund mehrerer typischer Merkmale.

Der Baum, welcher die Frucht trägt, und seine verschiedenen Organe, wie Rinde, Äste, Zweige, Jahrestriebe, Blätter, aber auch Knospen und Blüten mit ihren verschiedenen Teilen, sind bei der Sortenbestimmung sehr hilfreich. Mit einiger Erfahrung können Sorten von älteren, wenig geschnittenen Bäumen schon an der Kronenform erkannt werden. Bei 'Spätblühender Taffetapfel', 'Jakob Fischer' u. a. und insbesondere bei hochstämmigen Birnbäumen ist dies oft schon von weitem möglich.

Die Sorten der einzelnen Obstarten sind unterschiedlich schwer zu bestimmen. Bei Birnen ist dies aufgrund der größeren Unterschiede in der Fruchtform in der Regel leichter als bei Äpfeln, bei denen jedoch mehr typische innere Merkmale zur Verfügung stehen. Bei Pflaumen und Zwetschen ist die Sortenbestimmung wesentlich schwieriger, hier hat man aber mit den Fruchtsteinen sehr zuverlässige und typische Merkmale. Ganz schwierig ist die exakte Bestimmung der Kirschen, deren Früchte sich häufig nur wenig unterscheiden. Weil hier auch der Stein oft nicht weiterhilft, müssen Baummerkmale herangezogen werden.

Das Erkennen und Bestimmen von Sorten kann nicht von heute auf morgen erlernt werden. Bücher können eine wertvolle Hilfe sein, aber nur der praktische Umgang, der Austausch mit Gleichgesinnten und viel Erfahrung führen zum Ziel. Es ist sehr ratsam,

Sortenausstellung in Hohenheim.

im Kleinen zu beginnen, z. B. im eigenen Garten oder in der Streuobstwiese vor dem Ort. Das Großangebot auf den Sortenausstellungen zeigt zwar die Vielfalt, verwirrt aber am Anfang nur.

Vorgehensweise bei der Sortenbestimmung

Bei einer Sortenbestimmung kann individuell sehr unterschiedlich vorgegangen werden. Grundsätzlich sind aber einige Regeln zu beachten. Wichtig sind zuerst Informationen über die Herkunft der Frucht (Höhenlage, Standort). Auch Unterlage, Ertrag, Pflege- und Gesundheitszustand des Baumes sollten berücksichtigt werden. Bei der Frucht wird dann zwischen äußeren und inneren Merkmalen unterschieden. Alle diese Merkmale sind mehr oder weniger beständig. Für eine Bestimmung sind nur beständige Merkmale geeignet. Zu beachten ist, dass die Beständigkeit eines Merkmals von Sorte zu Sorte aber sehr unterschiedlich sein kann. Sind Früchte einer nicht sofort erkennbaren Sorte zu bestimmen, versucht man zunächst aufgrund der verschiedenen äußeren Merkmale, wie Fruchtform, Farbton und Muster der Deckfarbe, der Lentizellen usw., auf in Frage kommende Sorten einzuengen. Bei Verwechslersorten ist eine genaue Identifizierung oft nur mit Hilfe innerer Merkmale möglich. Diese dienen aber auch zur Bestätigung einer aufgrund der äußeren Merkmale getroffenen Annahme einer Sorte. Für eine sichere Benennung sollten möglichst mehrere Merkmale übereinstimmen.

Sortenmerkmale bei Apfel und Birne

An der Frucht, wie auch bei den einzelnen Teilen des Baumes, gibt es eine Vielzahl von Unterscheidungsmerkmalen.

Merkmale der Frucht

Der richtige Erntezeitpunkt entscheidet über Haltbarkeit und Geschmack einer Sorte. Dies trifft besonders bei Birnen zu. Bei vielen Sorten muss zwischen der Pflück- und der Genussreife unterschieden werden. Bei der Beurteilung der Genussreife geht man von einem guten Naturlager aus.

Bei den **äußeren Merkmalen** fällt zuerst die Größe auf. Die Größeneinteilung kann nach den Fruchtmaßen Höhe oder Länge (L) und dem Durchmesser, der sich aus Breite (B) und Dicke (D) ergibt, in Verbindung mit dem Gewicht erfolgen. Die Abgrenzung zwischen den einzelnen Größenklassen ist in der Literatur nicht immer einheitlich. In der folgenden Tabelle sind die Vorschläge von Krümmel et al. (1956) für Tafelobst wiedergegeben. Die Einteilung bei Most- und Wirtschaftsbirnen wurde aufgrund eigener Untersuchungen vorgenommen. Zur Beurteilung der Durchschnittswerte sollten mindestens 20 sortentypische Früchte herangezogen werden.

Das Spezifische Gewicht und die Druckeigenschaft (Fruchtfleischfestigkeit) sind wichtige beständige Merkmale.

Die Fruchtformen bei Birne und Apfel sind in Abbildungen dargestellt. Sie müssen durch entsprechende Zusätze (z. B. spitz-, breit-, abgeflacht, abgestumpft, verjüngt, eingeschnürt) noch genauer beurteilt werden. Die Form der Stiel- und der Kelchseite beein-

Fruchtgröße bei Apfel und Birne			
Größe	Tafelobst		Most- und Wirtschaftsbirnen
	Breite in mm	Gewicht in g	Gewicht in g
sehr klein	< 50	< 100	–
klein	50–55	100–150	< 50
mittelgroß	55–65	150–200	50–90
groß	65–75	200–250	90–150
sehr groß	> 75	> 250	> 150

Als Kelchhöhle wird der Hohlraum unterhalb der Kelchblätter bezeichnet. Sie wird von den meisten Pomologen als **inneres Merkmal** angesehen, weil ihre Ausprägung nur an der aufgeschnittenen Frucht erkennbar ist. Sie ist durch die Einsenkung des Kelchbodens bei der Fruchtentwicklung entstanden und trägt an den Seitenwänden in unterschiedlicher Höhe (unten, Mitte, oben) die Reste der Staubfäden. Bei der Kelchhöhle werden folgende Grundformen unterschieden: kegelförmig, trichterförmig, becher- und schüsselförmig. Durch Zusätze, wie breit, spitz, stumpf und abgerundet, kann noch exakter bestimmt werden.

Die Kelchhöhle kann in eine Kelchröhre übergehen. Die Abgrenzung ist aber nicht immer ganz einfach. Bei manchen Sorten ist die Kelchröhre sehr kurz oder fehlt ganz, bei anderen ist sie sehr ausgeprägt und reicht bis zum Kernhaus. Dieses besteht aus fünf Kernfächern, deren Wände mit einer pergamentartigen Haut bekleidet sind, die mit feinen bis breiten, auch schwach bis stark ausgeblühten Rissen versehen sein kann, d. h. entlang des Risses ergibt sich ein Bild wie bei Salzabscheidungen an einem Mauerwerk. Neben der Kernhauslage ist die Größe und die Form der Wände zu beachten (bogen-, halbmond-, mondsichel-, nieren-, bohnen-, ohren- und rucksackförmig). Auch die Kernhausachse kann zur Bestimmung herangezogen werden. Sie ist kurz bis lang,

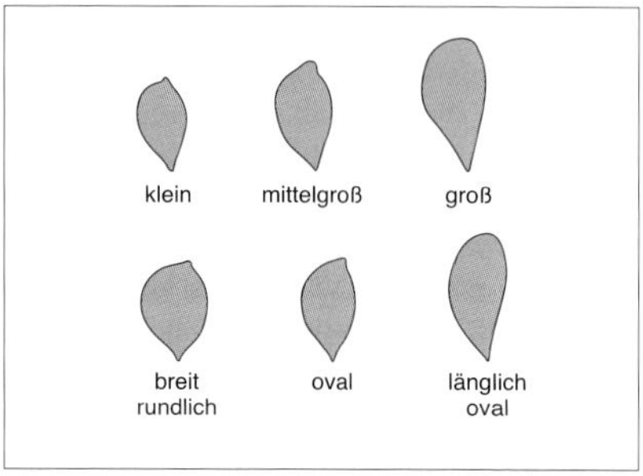

Größe (1-fach), Form und Kuppe der Samen (nach PETZOLD 1984).

geschlossen bis weit geöffnet und zu den Fächern geschlossen oder entsprechend geöffnet.

Die Samen des Kernobstes werden als Kerne bezeichnet. Sie sind ein wertvolles, meist sehr beständiges Sortenbestimmungsmerkmal, lassen sich leicht trocknen und unbegrenzt aufbewahren. So lassen sich die typischen Verwechslersorten 'Boscs Flaschenbirne' und 'Prinzessin Marianne' schon an Farbe und Form der Kerne unterscheiden. Allerdings kann die von manchen Autoren angeführte absolute Zuverlässigkeit nicht generell bestätigt werden. Analog zur Fruchtform unterscheiden sich auch die Kerne von Birnen deutlicher als die von Äpfeln. Erscheinen die Unterschiede vor allem bei Apfelkernen vielleicht auf den ersten Blick nicht sehr signifikant, so kann man bei

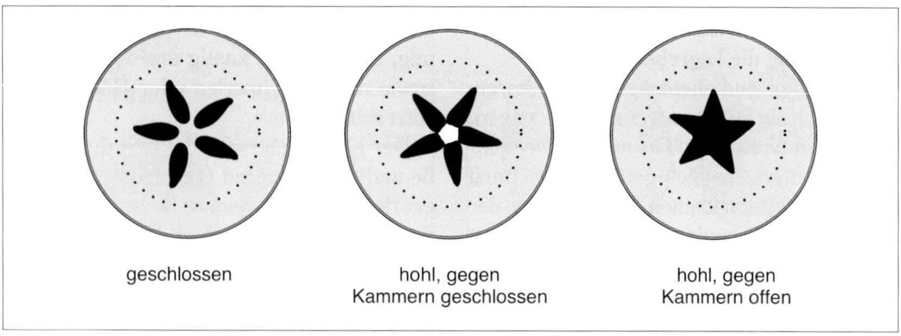

Öffnung der Fruchtachse (nach BERNKOPF et al. 1991).

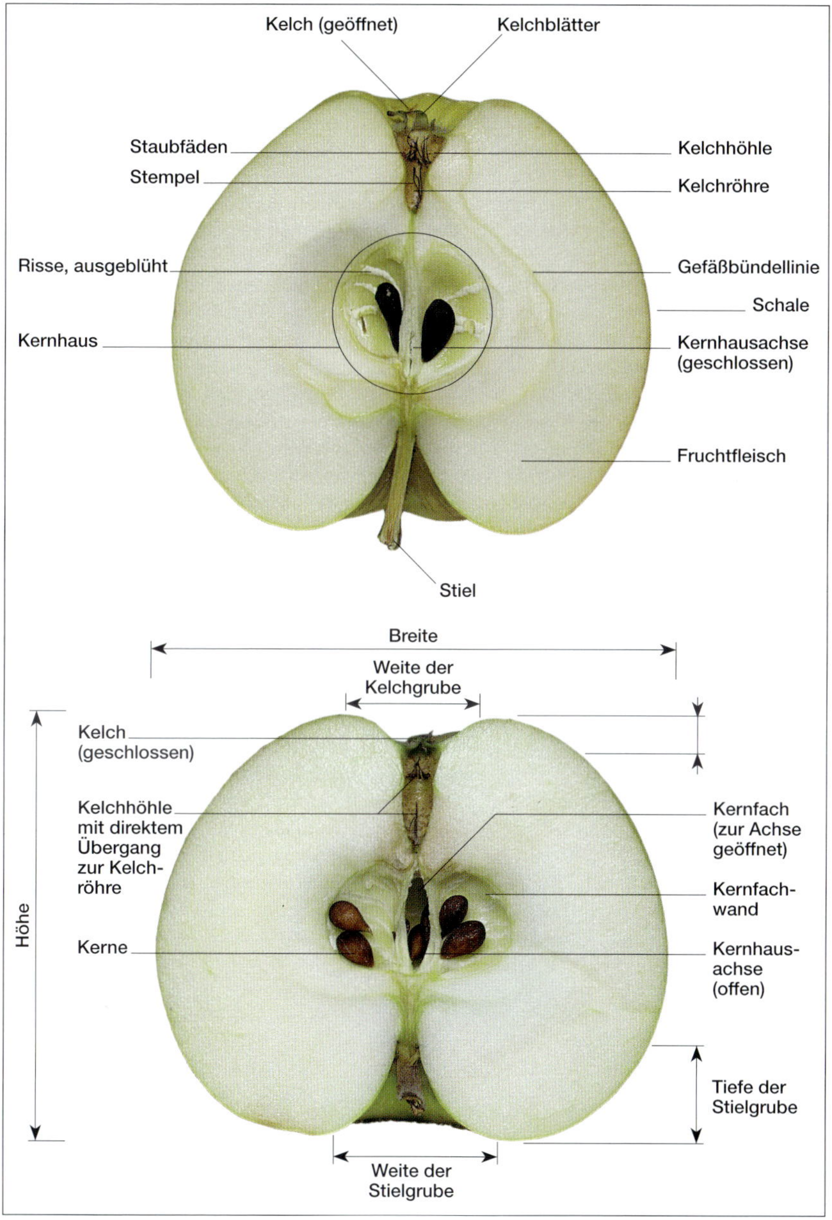

Innere und äußere Gestaltungsmerkmale beim Apfel. Ähnliches gilt auch für Birne.

genauerer Betrachtung doch viele unterschiedliche Merkmale feststellen. So behalten die Kerne vieler Sorten beim Trocknen ihre Farbe, während andere wiederum sehr schnell in eine andere umschlagen. Bei frühen und zu früh geernteten Sorten ist die Farbe der Kerne oft zu hell, bei fauligen Früchten verändert sie sich untypisch. Anzahl und Ausbildungsgrad der Kerne hängen von der Befruchtung ab, sind aber auch sortentypisch. Normalerweise sind unsere Obstsorten diploid. Die Chromosomen, auf denen die Erbanlagen der Sorten angebracht sind, bilden ein Paar. Bei der Entstehung einer Frucht wird je ein Chromosom über die Eizelle von der Mutter- bzw. über den Pollen von der Vatersorte geliefert. Von diesem normalen Vererbungsvorgang gibt es auch Abweichungen und es entstehen triploide Sorten, die nicht zwei, sondern drei gleiche Chromosomen haben. Solche Sorten enthalten meist nur wenige vollkommen ausgebildete Kerne und bilden auch wenig Pollen aus (schlechte Befruchter). Andere Sorten haben viele Kerne, so wurde schon von E. LUCAS 1877 die Familie der 'Peppings' als kernreich beschrieben.

Mit der Gefäßbündellinie (G-Linie) wird beim Apfel die Form der im korrekten Längsschnitt schwach bis ausgeprägt sichtbaren Gefäßbündel bezeichnet (siehe Abbildung, Seite 37). Sie ist meist spitz- bis breitzwiebelförmig, flachrund, rundlich oder herzförmig. Ihre vertikale Lage ist kelchnah, mittig oder stielnah, horizontal liegt sie kernhausnah, mittig oder schalennah. Bei Birnen tritt an diese Stelle oft die Ausbildung eines Steinzellenkranzes rund um das Kernhaus.

Ein sehr wichtiges inneres Merkmal ist auch das Fruchtfleisch. Beurteilt werden Festigkeit, Textur, Saftgehalt, Farbe und Geschmack. Die einzelnen Sorten unterscheiden sich in der Fruchtfleischfestigkeit. Sie ist ein relativ beständiges Merkmal, nimmt bei der Lagerung aber ab. Bei Birnen ist diese Abnahme sehr ausgeprägt. Wenn das Fruchtfleisch praktisch auf der Zunge zerfließt, spricht man von vollschmelzenden Sorten. Dieser Zeitraum ist allerdings recht kurz, denn das Fruchtfleisch verbräunt dann und wird teigig. Beim Apfel wird das Fruchtfleisch durch Pektinabbau ebenfalls weicher, es wird dann als mürbe bezeichnet. Bei manchen Birnensorten findet man auch Steinzellen im Fruchtfleisch. Die Bildung von Steinzellen ist sortentypisch, wird aber durch Standort und ungünstige Witterungsbedingungen stark beeinflusst.

Ein wichtiges Merkmal ist der Geschmack. Jeder Pomologe wird deshalb nach der Bewertung der äußeren Fruchtmerkmale einen Geschmackstest durchführen. Der Geschmack wird u.a. durch Zucker und Säure sowie deren Verhältnis zueinander bestimmt. Der Zuckergehalt hat eine besondere Bedeutung bei Sorten, die in der Brennerei verwertet werden. Wenn Angaben vorhanden waren, erfolgen diese als Durchschnittswert in % Brix, die Variationsbreite dagegen in Grad Oechsle, da dieser Begriff in der Praxis, vor allem in Süddeutschland, stärker verbreitet ist.

Auch Aroma und Gerbstoffe sind typische Geschmackskomponenten. Tafel- und Wirtschaftsbirnen lassen sich am Gerbstoffgehalt deutlich unterscheiden. Es ist allerdings zu beachten, dass auch manche Tafelbirnen bei der Pflückreife einen leichten Gerbstoffgehalt haben, der allerdings bis zur Genussreife verschwindet. Der Gerbstoffgehalt wirkt adstringierend (zusammenziehend) und ist bei Mostbirnen besonders hoch. Er ist auf phenolische Inhaltsstoffe zurückzuführen, welche die Haltbarkeit des Mostes bzw. Weines positiv beeinflussen.

Merkmale des Baumes

Die Wuchs- und Kronenform (Habitus) des Baumes bezieht sich immer auf ältere, im Ertrag stehende Bäume. Besonders sortentypisch ist die Form bei Bäumen, die

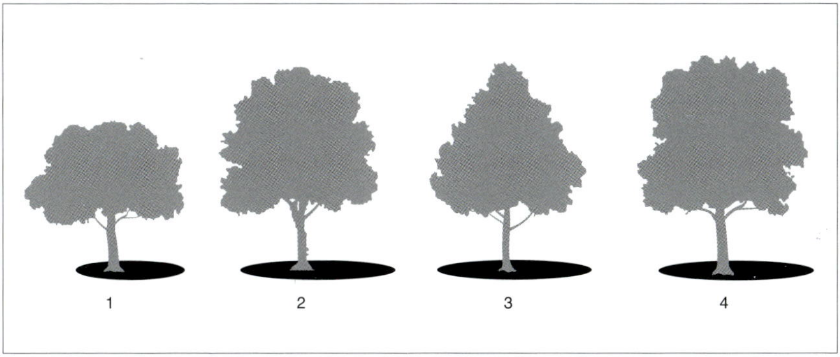

Kronenformen: 1 = flach bzw. flachkugelförmig, 2 = kugelförmig, 3 = breitpyramidal, 4 = hochgebaut-kugelförmig bzw. hochgewölbt (nach LUCAS 1877).

nur wenig bzw. naturgemäß geschnitten wurden.

Die Kronenform sowie die Wuchsstärke geben einen Hinweis auf den Raumbedarf des Baumes. Die Stellung der Leitäste sowie deren Dicke prägt, zusammen mit dem Seiten- und Fruchtholz, den Kronenhabitus. Abbildungen vom Baum im blattlosen Zustand tragen wesentlich zur Sortenbeschreibung und damit auch zur Sortenbestimmung bei. Vor allem bei Birnen findet man an älteren Bäumen typische Unterschiede. Viele Sorten kann man mit etwas Übung an der Kronenform erkennen, und die Sortenunterscheidung ist oft leichter als über die Frucht möglich.

Die einzelnen Obstarten unterscheiden sich in der Struktur ihrer Rinde. Birnbäume bilden eine mehr oder weniger dicke Borke, es gibt aber auch hier Sorten, bei denen die Rinde wie beim Apfel abblättert (z. B. 'Wolfsbirne'). Auch aus der Struktur der Borke (länglich, quadratisch) kann der erfahrene Pomologe auf die Sorte schließen.

Deutliche Sortenunterschiede gibt es beim Fruchtholz. Das gilt besonders für die Birne. Anordnung, Dicke und Verzweigung sind sehr unterschiedlich. Viele Sorten lassen sich dadurch schon aus der Ferne unterscheiden.

Eine ganz besondere Bedeutung haben die Jahrestriebe. Zur Sortenbestimmung sind sie besonders bei der Birne sehr wertvoll. Zur Beschreibung sind sie aus der Peripherie ei-

Blütenknospen (von oben): 'Champagner Bratbirne', 'Karcherbirne', 'Welsche Bratbirne', 'Metzer Bratbirne'.

Größe, Form und Stellung der Blütenblätter bei Birne: 'Grünmöstler' (oben), 'Boscs Flaschenbirne' (unten).

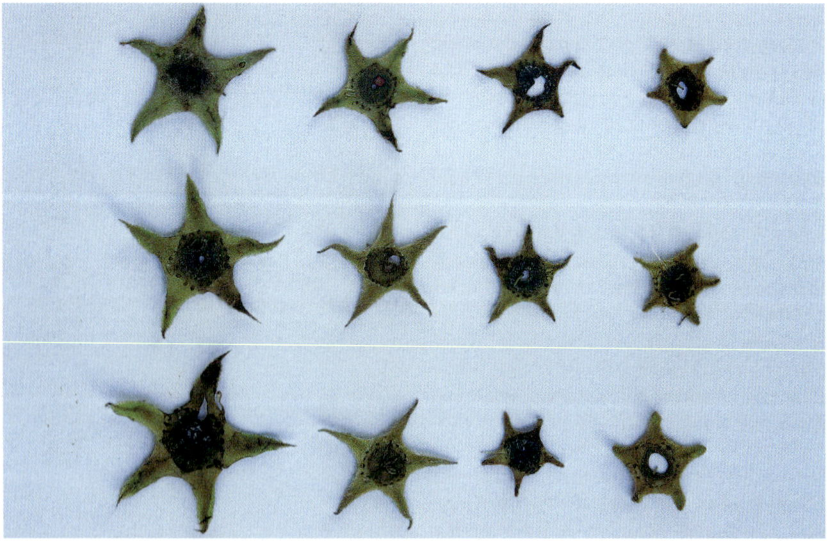

Größe und Form der Kelchblätter bei Birne (von links): 'Grünmöstler', 'Gute Luise', 'Williams Christbirne' und 'Madame Verté'.

nes fruchttragenden Baumes zu nehmen. Triebe von jungen, stark wachsenden Bäumen sind nicht geeignet. In Triebfarbe, Glanz und Behaarung sind deutliche Unterschiede vorhanden, wobei die Farbe nicht immer konstant ist, sondern von Witterung und Standort beeinflusst wird. Auch zwischen Sonnen- und Schattenseite eines Triebes können Unterschiede auftreten. Die Behaarung eines Triebes ist unterschiedlich stark ausgeprägt und wird als filzig bezeichnet. Bei manchen Sorten ist sie nur auf den oberen Teil beschränkt. Triebdicke, Länge der Internodien sowie Lentizellenbesatz sind weitere Unterscheidungsmerkmale. In der Ausprägung des Blattwulstes zeigen sich besonders bei Zwetschen und Pflaumen Unterschiede. Bei den Blattknospen kann nach Größe, Form und Farbe sowie Behaarung unterschieden werden. Ein deutliches Sortenmerkmal ist die Stellung dieser Knospen zum Trieb, die eng anliegend bis stark abstehend sein kann. Auch in der Größe und Form der Terminalknospen sind Sortenunterschiede vorhanden. Neben den Blattknospen können auch die Blütenknospen im Ruhezustand ein wertvolles Unterscheidungsmerkmal sein. Dies trifft besonders bei Birnen zu. Manche Mostbirnensorten sind anhand dieses Merkmals wesentlich leichter als über die Frucht zu unterscheiden.

Ein oftmals wenig beachtetes, aber sehr wertvolles Sortenunterscheidungsmerkmal ist die Blüte. Neben Größe, Form und Stellung der Blütenblätter zeigen sich auch Unterschiede in der Farbe. Deutliche Sortenunterschiede weisen die Kelchblätter in Größe, Form, Farbe und Behaarung auf. Die Angaben über die Blühzeit stützen sich auf langjährige Beobachtungen. Die angewandten Begriffe sehr früh bis sehr spät sind relative Zeitangaben, haben jedoch Bedeutung für die Spätfrostanfälligkeit einer Sorte. Je nach Witterung können sich die relativen Blühzeiten zwischen den Sorten auch etwas verschieben.

In vielen pomologischen Büchern wird auf die Bedeutung des Blattes zur Sortenbeschreibung hingewiesen. Die Variation innerhalb einer Sorte ist aber sehr groß, so unterscheiden sich Blätter von Kurz- und Langtrieben meist deutlich. Selbst innerhalb des Langtriebes ist eine große Variabilität vorhanden. Zur Sortenbestimmung sind Blätter aus der Mitte eines Langtriebes an der Peripherie eines fruchttragenden Baumes zu nehmen. Neben der Form der Blätter sind die Blattspitze und der Blattgrund, der Blattrand wie auch die Länge des Blattstiels zu bewerten.

Ertragsbeginn und Fruchtbarkeit sind ebenso wie die Ertragsregelmäßigkeit weitere Sortenunterscheidungsmerkmale. Manche Sorten fruchten, besonders bei etwas schlechterer Pflege, nur jedes zweite Jahr. Man spricht dann von einer Alternanz.

Für den praktischen Anbau sind Angaben über Standortansprüche, Frostwiderstandsfähigkeit (Holz und Blüte) und die Anfälligkeit für Krankheiten und Schädlinge sowie über die Befruchtungsverhältnisse und geeignete Pollenspender von Bedeutung.

Die Sortenbestimmung bei Steinobst

Die allgemeinen Angaben über die Merkmale der Bäume treffen auch für das Steinobst zu. Die Früchte der einzelnen Steinobstarten sind jedoch in Form, Färbung und Konsistenz sehr unterschiedlich. Da die Besonderheiten der Merkmale und die Methodik der Sortenbeschreibung bei jeder Art zu viel Raum einnehmen würden und diese Obstarten im vorliegenden Buch nur eine untergeordnete Bedeutung haben, muss für den Wissbegierigen auf Spezialliteratur verwiesen werden (Röder).

Der Stein hat bei Pflaume und Zwetsche eine ganz besondere Bedeutung für die Sortenbestimmung und wird auch für zollrecht-

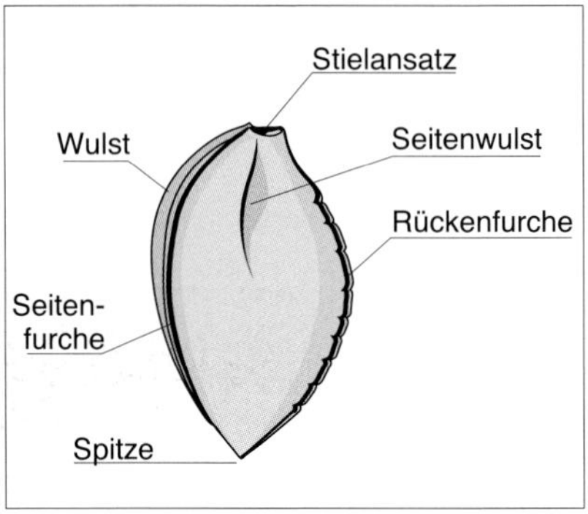

Morphologische Bezeichnungen des Zwetschensteins (nach AEPPLI et al. 1983).

liche Fragen, z.B. beim Brennen, herangezogen. In den Sortenbeschreibungen ist deshalb der Stein in Originalgröße abgebildet. Die einzelnen Steinmerkmale sind in der unten stehenden Abbildung beschrieben.

Da die absoluten Steinmaße in direktem Bezug zur Fruchtgröße stehen und stark variieren, werden die relativen Maße, die so genannten Indizes L:B:D sowie B:D angegeben, z.B. 100:38:70:185. Das bedeutet, die Breite beträgt 38% der Länge, die Dicke 70% der Länge und die Dicke 185% der Breite.

Die Sorten von A-Z

Adams Parmäne

Weitere Namen: 'Norfolk Pippin', 'Norfolk Russet', 'Matchless', 'Hanging Pearmain'.
Herkunft: Von R. Adams in England aus Samen gezogen. 1826 erstmals erwähnt. Wurde unter dem Namen 'Norfolk Pippin' verbreitet. In Deutschland nur als Liebhabersorte im Anbau.

Allgemeine Beurteilung: Für den Handel meist zu klein und zu stark berostet. Da die Früchte aber gut schmecken, die Sorte wenig anfällig ist und jährlich gute Ernten liefert, ist sie für den Liebhaberanbau empfehlenswert.
Verwendung: Tafelapfel.
Frucht: Ernte, wenn möglich, noch vor der Baumreife Anfang Oktober, dann genussreif von November bis März. Mittelgroß (L = 50–60 mm, B = 60–65 mm, 110–140 g). Form regelmäßig, selten ungleichhälftig, kegelförmig wenig abgestumpft, stielbauchig. Oberfläche eben, selten mit ganz schwachen breiten Kanten. Schale grünlich gelb, auf der Sonnenseite schön gerötet und durch karminrote Streifen gekennzeichnet, oft berostet. Stielgrube flach, mittelweit bis weit, meist flächig, ringförmig berostet. Stiel lang und dünn. Kelchgrube flach bis sehr flach, feine Falten, manchmal schwache Rippen. Kelch mittelgroß, halb geöffnet. Kernhaus mittelgroß, mittig, Wände meist halbmondförmig, mit schmalen Rissen. Kerne mittelgroß, mittelbreit, länglich, kurz zugespitzt. Fleisch hellgelb, mäßig saftig, mürbe werdend, mit gutem, zimtartigem Geschmack, weinsäuerlich mit ausreichender Süße.
Baum: Mittelstarker Wuchs, bildet eine nicht sehr große, rundliche bis pyramidale Krone, später mehr breit und leicht überhängend. Blüte früh bis mittelfrüh, nicht sehr witterungsempfindlich. Setzt früh mit dem Ertrag ein. Bringt jährlich gute Ernten. Ist wenig anspruchsvoll, verlangt aber gute, ausreichend feuchte Böden und milde Lagen.
Besondere Merkmale: Kegelförmige Frucht mit kleiner Kelchfläche und stark abgerundeter Stielseite. Typische hellbraune, erhabene, oft verkorkte Lentizellen.

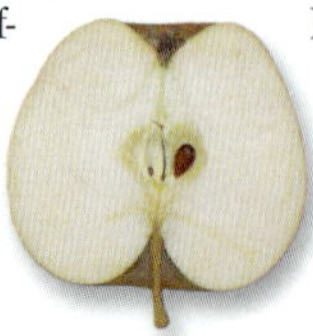

Adersleber Kalvill

Herkunft: 1839 wurden von Amtsrat MEYER im Klostergut Adersleben bei Oschersleben drei Sämlinge aus einer Befruchtung von 'Weißer Winterkalvill' × 'Gravensteiner' selektiert. Sämling Nr. 2 wurde am meisten verbreitet.

Allgemeine Beurteilung: Im Geschmack vorzügliche und fruchtbare Liebhabersorte, sofern die Pflegeansprüche der Sorte erfüllt werden. Ertragssicher auf schwach wachsenden Unterlagen, weshalb sie schon immer bevorzugt im Hausgarten kultiviert wurde. Aufgrund der späten Reife kommen trotz der guten Frosthärte nur warme Lagen in Frage.
Verwendung: Tafelapfel.
Frucht: Für bestes Aroma möglichst erst Ende Oktober ernten. Genussreife Ende November bis Ende Februar; welkt leicht auf dem Lager. Mittelgroß. Kegelförmig abgestumpft, zum Kelch verjüngt, stielbauchig, mit feinen, zahlreichen Rippen und flachen Kanten. Grundfarbe vollreif weißgelb, Deckfarbe verwaschen, fahlrot, durchscheinend.

Schale glatt, mit wenig mittelgroßen Lentizellen. Kelch oft geschlossen, mit länglichen, büschelartigen Blättern. Kelchgrube weit, mitteltief bis tief, am Rand kräftig gerippt, ringförmig berostet. Stielgrube tief, weit und strahlig berostet. Stiel lang, dünn. Kernhaus mittelgroß, Achse geschlossen bis leicht geöffnet, Wände halbmondförmig mit schmalen ausgeblühten Rissen. Kerne zahlreich, eiförmig, mittelgroß, mit feiner weißer Strichelung. Fruchtfleisch grün- bis weißgelb, zart, feinaromatisch, harmonisch süß.
Baum: Wächst mittelstark. Krone breitpyramidal bis flachkugelig, locker aufgebaut, bildet gern kurzes Fruchtholz. Trägt früh, reich und regelmäßig. Wegen Schorfneigung nebelfeuchte Tallagen meiden, insgesamt mittlere Anfälligkeit für Krankheiten und Schädlinge. Bevorzugt kräftige Böden mit guter Wasserführung.
Besondere Merkmale: Tiefe und weite Stielgrube. Langer Stiel. Kelchgrube stark gerippt, teils mit Höckern. Gestrichelte Kerne.
Verwechslersorten: 'Boikenapfel', 'Landsberger Renette', 'London Pepping', 'Minister von Hammerstein', 'Winterbananenapfel'.

Altländer Pfannkuchenapfel

Weitere Namen: 'Altländer', 'Echter Pfannkuchen'.
Herkunft: Im Alten Land bei Hamburg entstanden, seit 1840 bekannt und vorwiegend in den nördlichen Bundesländern verbreitet.

Allgemeine Beurteilung: Der Name der Sorte leitet sich von der flachen Fruchtform ab. Bevorzugt wurde sie wegen ihrer langen Lagerfähigkeit, die bis in den Sommer eine frische Zubereitung der Früchte in der Küche erlaubte, wofür die bei entsprechender Pflege große Frucht gern verwendet wurde. Als schorffeste und auch sonst robuste Sorte eignet sie sich heute besonders für einen extensiven Anbau in Schorflagen. Für eine Erziehung als Hochstamm sollte allerdings ein Stammbildner zwischenveredelt werden.
Verwendung: Wirtschaftsapfel.
Frucht: Pflückreif Ende Oktober, genussreif von Februar bis Mai. Mittelgroß, auch groß. Halbkugel- bis kugelförmig mit kleiner Kelch- und großer Stielfläche. Oberfläche etwas uneben mit breiten, teils auch stark ausgeprägten Kanten. Grundfarbe gelblich grün, Deckfarbe hell- bis trübrot marmoriert, mit kurzen und auch längeren Streifen. Farben hellen erst auf dem Lager auf. Schale glatt und fest, zahlreiche deutliche Lentizellen mit hellem Hof. Stielgrube tief, weit bis sehr weit, Stiel mittellang. Kelchgrube flach, mittelweit und deutlich gerippt. Kelch mittelgroß und geschlossen mit kurzen, aufrechten Blättern. Kelchhöhle mittelbreit und stumpfkegelförmig. Kernhaus mittelgroß, Achse geöffnet, Wände halbmondförmig mit mittelbreiten, ausgeblühten Rissen. Zahlreiche Kerne, breit, langgezogen. Fruchtfleisch grünlich weiß, fest, säuerlich-süß, wenig aromatisch.
Baum: Schwacher bis mittelstarker Wuchs. Breitpyramidale, gewölbte Krone. Blüte und Holz frostempfindlich. Ertrag meist spät, dann aber hoch. Neigt allerdings zu Alternanz. Gering krankheitsanfällig. Bevorzugt luft- und bodenfeuchte Lagen.

Besondere Merkmale: Weite, unregelmäßige, kantige Stielgrube. Weißliche Lentizellen.
Verwechslersorte: 'Porzenapfel'.

Ananasrenette

Herkunft: Unsicher, Belgien oder Holland. Ab 1820 in Zülpich/Rheinland kultiviert. 1826 von DIEL erstmals beschrieben. In Deutschland, Belgien, Holland und der Schweiz verbreitet.

Allgemeine Beurteilung: Eine Sorte mit hohem Zier- und Nutzwert für den Hausgarten durch die günstigen Wuchseigenschaften, das feine Aroma und das dekorative Aussehen. Um gehaltvolle Früchte zu ernten, muss allerdings ausgedünnt werden. Ebenso erfordert die Anfälligkeit der Sorte an den meisten Standorten Pflanzenschutz. Sollte als Hochstamm nur in günstige Lagen gepflanzt werden, wenn darüber hinaus die intensive Kronenpflege gewährleistet werden kann.
Verwendung: Tafelapfel.
Frucht: Pflückreif Mitte bis Ende Oktober, genussreif bis Februar. Klein, selten mittelgroß. Oft kugelförmig sehr wenig abgeflacht, meist jedoch breit-eiförmig. Grundfarbe ansprechend zitronen- bis goldgelb. Schale glatt, stumpf, auch glänzend und wachsig, viele Lentizellen, groß und erhaben, dreieckig und sternchenförmig, verkorkt. Stielgrube flach, manchmal kaum wahrnehmbar, mittelweit bis weit, bleibt meist grün. Stiel sehr kurz, mitteldick. Kelchgrube unterschiedlich, z.T. eng und mitteltief öfter auch flach mit feinen Falten oder nicht verhanden. Kernhaus mittelgroß, mittig, Achse meist geöffnet, Wände hoch, schmal, bogen- bis nierenförmig, mit schmalen, meist ausgeblühten Rissen. Viele Kerne, gut ausgebildet, länglich, kurz zugespitzt. Fruchtfleisch gelblich weiß, abknackend, später mürbe werdend.

Baum: Wächst schwach, bildet kleine hochpyramidale Kronen, blüht früh, trägt regelmäßig und hoch. Anteil kleiner Früchte durch Ausdünnen reduzieren. Trockene Verhältnisse erhöhen den Anteil sehr kleiner, wenig aromatischer Früchte. Anfällig für Mehltau, Obstbaumkrebs und Blutlaus, dagegen sehr widerstandsfähig gegen Schorf.
Besondere Merkmale: Meist breit-eiförmige zitronen- bis goldgelbe Frucht, mit großen verkorkten Lentizellen.
Verwechslersorte: 'Zuccalmaglio'.

Ausbacher Roter

Weitere Namen: 'Roter Ausbacher', 'Ausbacher Rotapfel'.
Herkunft: Soll aus dem Schlossgarten von Philippsthal (Hessen) stammen. Schon um 1870 kannte man in der Umgebung von Ausbach/Rhön 100-jährige Bäume.

Allgemeine Beurteilung: Beliebte, wertvolle Wirtschaftssorte, die in ihrer Herkunftsregion auch als gute Mostobstsorte bekannt ist.
Verwendung: Wirtschafts-, Saft- und Mostapfel.
Frucht: Ernte Ende September, haltbar bis März. Mittelgroß bis groß (L=65–75 mm, B=70–80 mm). Form etwas unregelmäßig, manchmal ungleichhälftig, meist kugelförmig abgeflacht, etwas hochgebaut. Unebene Oberfläche, mit schwachen, breiten Kanten. Grundfarbe gelb, Deckfarbe blutrot verwaschen, oft mittelbreit gestreift. Glatte Schale, fest und mitteldick, wenig kleine, helle Lentizellen und speziell auf dem dunklen Teil der Schale gut sichtbar. Flache bis mitteltiefe Stielgrube, mittelbreit und fein berostet. Kurzer bis mittellanger Stiel, mitteldick, etwas fleischig, am Fruchteingang verdickt und meist mit knopfigem Ende. Kelchgrube flach bis mitteltief, eng, mit feinen Falten, schwachen Rippen und typischen Fleischperlen. Kleiner Kelch, geschlossen bis halb geöffnet, befilzt und grün bleibend. Blätter mittellang, mittelbreit, am Grund sich berührend, Spitzen leicht zurückgeschlagen. Kelchhöhle mitteltief, breit, kegel- bis trichterförmig. Kelchröhre mittelbreit und oft bis zum Kernhaus reichend. Kernhaus klein bis mittelgroß, mittig. Lange, oft weit geöffnete Achse. Kernfächer geräumig, Wände halbmondförmig und meist glatt. Meist gut ausgebildete Kerne, mittelgroß, breit und kurz zugespitzt. Fruchtfleisch weißgelb, locker bis fest, mittelfeinzellig, mäßig saftig, schwach süßsäuerlich mit wenig Aroma.
Baum: Starkwüchsig, mit hochgehender, später dann breiter Krone. Holz und Blüte sehr frosthart. Früh einsetzender, hoher Ertrag, kaum alternierend.

Besondere Merkmale: Intensive Fruchtfarbe, Fleischperlen in der Kelchgrube, Kelchröhre.

Baumanns Renette

Herkunft: Um 1800 von VAN MONS (Belgien) gezüchtet und nach den in Bollweiler im Elsass (Frankreich) ansässigen Baumschulbesitzern Gebrüder BAUMANN benannt.

Allgemeine Beurteilung: Ansprechende Färbung und gute Transportfähigkeit sind die positiven Merkmale der Sorte. Der nicht besonders herausragende Geschmack ist nachteilig, sodass der Anbauwert umstritten ist. Im Streuobstbau befriedigt die Sorte nur, wenn sie gut gepflegt und ernährt ist. Auf trockenen Standorten bleiben die Früchte klein.
Verwendung: Tafel- und Wirtschaftsapfel.
Frucht: Pflückreif im Oktober, ab Anfang Dezember genussreif. Mittelgroß (112 g). Form unregelmäßig, kugelförmig abgeflacht, teils auch etwas breitgedrückt. Oberfläche leicht uneben, mit unregelmäßigen breiten Kanten. Grundfarbe grün bis gelblich grün. Deckfarbe gelblich rot bis trüb purpurrot flächig und fein gestreift, welche die Frucht zur Hälfte und mehr bedeckt. Stielgrube mitteltief bis tief, mittelweit bis weit, mittelfein flächig berostet. Mitteltiefe bis tiefe Kelchgrube mit Falten und flachen Wülsten. Geschlossener bis halb offener Kelch. Kernhausfächer schmal, glatt, Wände halbmond-, auch ohrenförmig, mit schmalen, schwach ausgeblühten Rissen. Kerne klein bis mittelgroß und lang zugespitzt. Fruchtfleisch fest, mittelfein bis grobzellig, mittelsaftig bis trocken, von gelblich weißer Farbe, vorwiegend süß, schwach aromatisch.
Baum: Mittelstarker Wuchs. Unausgeglichene, flatterige Krone. Form sehr schwankend, von kugelig bis flachkronig. Es bilden sich gern Astfahnen. Relativ dicke Jahrestriebe mit engen Internodien und länglich ovalen Blättern. Blüht früh mit großen, rötlichen Blüten. Guter Pollenspender. Ertrag setzt früh ein, ist hoch und regelmäßig. In geschlossenen Lagen schorfanfällig, auf nassen Standorten krebsanfällig.
Besondere Merkmale: Spezifisch schwere und feste Frucht. Lange, teils bis zum Kernhaus reichende Kelchröhre.

Verwechslersorten: 'Roter Bellefleur', 'Roter Berlepsch', 'Ruhm aus Kirchwerder'.

Berner Rosenapfel

Weiterer Name: 'Neuer Berner Rosenapfel'.
Herkunft: Um 1865 im Wald entdeckter Sämling; von Baumschule DAEPP in Oppligen (Schweiz) ab 1888 vermehrt. Heute in Deutschland und der Schweiz verbreitet.

Allgemeine Beurteilung: Durch die gute Widerstandskraft gegen Holz- und Blütenfrost ist die Sorte besonders für mittlere und höhere Lagen empfehlenswert. Die Anfälligkeit für Schorf begrenzt die Empfehlung für windoffene Standorte. Die Früchte ergeben einen hervorragend schmeckenden Saft.
Verwendung: Tafelapfel.
Frucht: Pflückreif Ende September und bis Januar lagerfähig. Mittelgroß. Form insgesamt etwas unregelmäßig; kugelförmig abgeflacht, teils auch kegelförmig abgestumpft. Oberfläche uneben, meist mit breiten Kanten. Grünlich gelbe Grundfarbe, Deckfarbe verwaschen dunkelkarminrot, lila bereift. Schale mit vielen, vertieft liegenden, hellgrauen Lentizellen. Stielgrube mitteltief bis tief, eng bis mittelweit, oft durch Fleischwulst verengt und häufig strahlig berostet. Stiel kurz bis mittellang, rotbraun. Kelch klein bis mittelgroß, geschlossen und schwach befilzt. Kernhaus mittelgroß, Wände halbmond- oder mondsichelförmig, mit schmalen Rissen. Kerne klein, braun und zugespitzt. Fruchtfleisch grünlich weiß, in Schalennähe oft rötlich, sehr saftig, eher süß mit erfrischender Säure.
Baum: Hochpyramidaler, anfangs mittelstarker Wuchs, im Ertragsstadium nachlassend. Mittelgroße hochkugelige Kronenform mit sparriger Verzweigung ohne deutlich hervortretende Leitäste. Die diploide Sorte blüht mittelfrüh bis mittelspät und lang anhaltend. Ertrag früh einsetzend, hoch und regelmäßig. Anfällig für Schorf, in niederen Lagen Mehltau und Fleischbräune, schwefelempfindlich.
Besondere Merkmale: Weiße, vertieft liegende Lentizellen und stark blauviolett bereifte Schale.

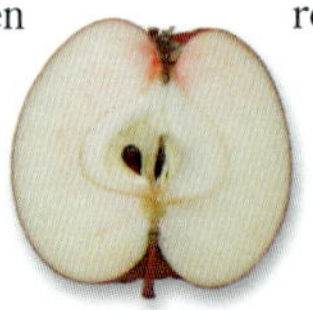

Verwechslersorten: 'Danziger Kantapfel', 'Florina', 'Jonathan', 'Oberländer Himbeerapfel', 'Roter Eiserapfel', 'Spartan'.

Biesterfelder Renette

Herkunft: Anfang des 20. Jahrhunderts auf dem Schloss Biesterfeld (Bad Pyrmont) entstanden, seit 1905 im Anbau.
Abstammung: Als eine Elternsorte wird 'Goldrenette aus Blenheim' vermutet.

Allgemeine Beurteilung: Wohlschmeckender Tafelapfel, der sich wegen seiner regelmäßigen Erträge und seiner geringen Krankheitsanfälligkeit gut für den Selbstversorgerobstbau eignet. Für Kleingärten aufgrund des starken Wuchses weniger zu empfehlen. Von Nachteil ist die Anfälligkeit für Stippe und die geringe Lagerdauer.
Verwendung: Tafelapfel.
Frucht: Genussreif Mitte September bis November. Mittelgroß bis groß. Teils kugelförmig abgeflacht, teils kegelförmig abgestumpft, leicht stielbauchig. Oberfläche meist eben, manchmal mit schwachen breiten Kanten. Grundfarbe gelb, Deckfarbe verwaschen orangerot bis rot, marmoriert, flächig und gestreift. Schale sehr fettig, ohne merklichen Geruch. Stielgrube mitteltief, mittelweit bis weit, mittelfein berostet. Stiel kurz, mitteldick bis dick. Kelchgrube mitteltief bis tief, eng bis mittelweit, mit feinen Falten, strahlig, teils ringförmig berostet. Kelch mittelgroß und halb geschlossen. Kelchhöhle tief, breit kegel-, selten trichterförmig. Kernhaus klein, stielnahe, Wände halbmondförmig, mit schmalen, schwach ausgeblühten Rissen. Fruchtfleisch weißlich gelb, harmonisch feinsäuerlich, edelaromatisch, erfrischend saftig, aber schnell mürbe werdend.

Baum: Wächst mittelstark, garniert sich ausreichend mit Fruchtholz. Kronenform breitpyramidal, ausladend. Blüht mittelfrüh. Da triploid, schlechter Befruchter. Ertrag früh und hoch. Stippe- und krebsanfällig, sonst gesund. Anspruchslos an den Boden.
Besondere Merkmale: Charakteristisch sind die fettige Schale und die marmorierte Deckfarbe in Verbindung mit Wohlgeschmack und geringer Lagerfähigkeit. Breite tiefe kegelförmige Kelchhöhle.
Verwechslersorten: 'Goldrenette aus Blenheim', 'Kaiser Wilhelm'.

Bismarckapfel

Weitere Namen: 'Prince Bismarck', 'Bismarck'.
Herkunft: Um 1870 in Bismarck (1914 in Collinsvalve umbenannt), Tasmanien, entdeckt.

Allgemeine Beurteilung: Sehr fruchtbare Sorte mit großen bis sehr großen Früchten von mäßigem Geschmack. Die geringe Alternanzneigung und die dadurch ausgeglichenen, regelmäßigen Erträge machen die Sorte für den Streuobstbau interessant.
Verwendung: Tafel- und Wirtschaftsapfel.
Frucht: Pflückreif im Oktober, ab November genussreif. Groß, auch sehr groß. Form etwas unregelmäßig, manchmal ungleichhälftig, breit-kegelförmig abgestumpft. Oberfläche uneben, oft auch warzig, mit meist schwachen breiten Kanten. Grundfarbe grünlich gelb, später hellgelb, Deckfarbe lebhaft rot mit teils schmalen, teils breiten, dunkelkarminroten Streifen gezeichnet. Schale glatt, glänzend, rostig marmoriert, graublau bereift und fein punktiert. Stielgrube mitteltief, teils grob und rissig berostet. Stiel kurz. Kelchgrube tief und mittelweit, mit feinen Falten oder schwachen Rippen, teils auch breiten Kanten. Kelch halb bis ganz geöffnet. Kernhaus mittelgroß, Achse meist geschlossen, Wände halbmondförmig, mit feinen Rissen. Kerne mittelgroß, länglich. Fruchtfleisch weiß, mäßig fest, mittelfeinzellig, saftig, säuerlich erfrischend. Schwach aromatisch, angenehm riechend. Zucker-Säure-Werte im mittleren Bereich, Zucker 13 % (55° Oechsle), Säure 10,6 g/l.
Baum: Wuchs mittelstark bis stark, später schwach. Neigt zur Vergreisung. Die Krone wird breit, bleibt relativ flach. Gute Pollenqualität, blüht mittelspät. Fruchtbildung auch am einjährigen Holz. Ertrag früh einsetzend, regelmäßig. Holzfrostfeste Sorte mit Anfälligkeit für Schorf, Mehltau und Spinnmilben.
Besondere Merkmale: Große, breit-kegelförmige, graublau bereifte Frucht, mit typischem starken Geruch. Kurzer Stiel in rau bis schuppig berosteter Stielgrube.

Verwechslersorten: 'Kaiser Alexander', 'Mauks Hybride'.

Bittenfelder Sämling

Herkunft: Zufallssämling aus Bittenfeld bei Waiblingen/Baden-Württemberg, in Baden-Württemberg weit verbreitet.

Allgemeine Beurteilung: Infolge der günstigen Fruchteigenschaften bei vollreifen Früchten eine der besten Sorten für Gär- und Süßmost, in der Saftindustrie als natürlicher Säurelieferant beliebt. Die Sorte reift spät und ist daher nicht für raue Lagen geeignet. Äußerst robuste und langlebige Bäume, daher für den Streuobstbau sehr empfehlenswert. Bewährte Sämlingsunterlage.
Verwendung: Saft- und Mostapfel (Säureträger) und als Sämlingsunterlage.
Frucht: Pflückreif Ende Oktober bis Mitte November, bis März lagerfähig. Klein bis mittelgroß. Kugelförmig, wenig bis stark abgeflacht. Oberfläche meist eben, teils mit ganz schwachen breiten Kanten. Bei Vollreife zitronengelb, sonnenseits manchmal rötlich verwaschen. Schale matt, mit erhabenen, hell umhöften Lentizellen. Stielgrube mitteltief, mittelweit bis weit, mit schwachen breiten

Kanten, strahlig berostet oder grasgrün. Stiel lang und dünn. Kelchgrube flach, mittelweit, mit feinen Falten und schwachen Rippen, manchmal auch mit Fleischperlen versehen. Kelch klein, viertel bis halb geöffnet. Kelchhöhle sehr flach, schmal, in Kelchröhre übergehend. Kernhaus klein bis mittelgroß, mittig, Kernfächer eng, zur Achse geschlossen, Wände halbmondförmig. Viele gut ausgebildete Kerne. Fruchtfleisch weiß, fest und saftig, mit hohem Zucker- und Säuregehalt.
Baum: Großkroniger, breit ausladender Wuchs mit ausgeprägter natürlicher Fruchtbogenbildung. Anfangs schwach wachsend, später stark bis sehr stark. Die Sorte blüht spät. Der Ertrag setzt spät ein, ist dann hoch, aber periodisch. Hohe Widerstandskraft gegen Krankheiten und Frost.
Besondere Merkmale: Zitronengelbe saure Früchte mit fühlbar erhabenen Lentizellen und langem Stiel, die selbst im Winter oft noch fest am Baum hängen.
Verwechslersorten: 'Engelsberger', 'Spätblühender Taffetapfel'.

Böblinger Straßenapfel

Herkunft: Unbekannt, erste Erwähnung in einer Ertragsliste des Gutsbetriebs Hohenheim im Jahr 1907. In mehreren Regionen in Süddeutschland anzutreffen, z.T. häufig.

Allgemeine Beurteilung: Sehr ertragreiche und vitale Verwertungssorte. Gedeiht auch in höheren Lagen, wie im Allgäu.
Verwendung: Saft- und Mostapfel.
Frucht: Die Sorte reift Ende September bis Mitte Oktober und ist 4–6 Wochen lagerfähig. Kleine, kugelförmig abgeflachte Frucht (75–115 g). Weißlich gelbe Grundfarbe, Früchte meist zur Hälfte mit flächigem Rot überzogen, Rest streifig marmoriert oder gestreift, manchmal leicht bläulich bereift. Enge, schüsselförmige Kelchgrube, mitteltief und oft rippig. Kelch hat lange, breite und grüne Blättchen, öfters auch zurückgeschlagen. Kelchhöhle geht direkt in ausgeprägte, breite Kelchröhre über, die bis zum Kernhaus reichen kann. Mittellanger Stiel in meist leicht hellbraun berosteter Grube. Großes

Kernhaus mit weit offener Achse, zu den Kernfächern leicht geöffnet. Wände bohnen- bis nierenförmig, rissig, viele gut ausgebildete, große, länglich-ovale Samen. Weißes Fruchtfleisch, mittelfest, wird relativ schnell mürbe, süßsäuerlich, mild und saftig.
Baum: Kräftiger Wuchs, sehr vital mit kugelförmiger Krone und hängenden Ästen. Dünne bis mittelstarke einjährige Triebe, gräulich braun bis violett, mit kleinen ovalen Lentizellen. Großes, hellgrünes, länglich ovales Blatt, fein gezähnt. Späte Blüte und deshalb wenig spätfrostgefährdet, auch wenig krankheits- und schädlingsempfindlich. Sehr hohe Erträge, alterniert daher.
Besondere Merkmale: Breite Kelchröhre, die bis zum Kernhaus reichen kann. Späte Blüte und hängender Wuchs.
Verwechslersorten: 'Luikenapfel', 'Muskatellerluiken', 'Hofapfel'.

Boikenapfel

Weiterer Name: 'Boiken', 'Echter Boiken'.
Herkunft: Aus dem Raum Bremen, 1828 erstmals beschrieben, benannt nach Deichvogt BOIKEN. 'Burfeinds-', 'Krautsander-', 'Neuhäuser-', 'Rehders Boiken' sowie 'Riesenboiken' sind eigenständige Sorten.

Allgemeine Beurteilung: Für raue Lagen und fast jeden Boden eine interessante Streuobstsorte, die durch lange Haltbarkeit und hervorragende Druckfestigkeit überzeugt. Sie welkt nicht auf dem Lager und gewinnt mit zunehmender Reife an Qualität. Nachteilig ist der unzuverlässige Ertrag.
Verwendung: Tafel- und Wirtschaftsapfel.
Frucht: Pflückreif Mitte bis Ende Oktober, genussreif Januar bis Mai. Mittelgroß bis groß, spezifisch schwer (115–140 g). Form meist breit-kegelförmig. Oberfläche uneben, mit breiten Kanten. Grundfarbe gelblich grün bis wachsgelb, Sonnenseite oft schwach rot verwaschen. Schale glatt, leicht fettig und mit zahlreichen weißen Lentizellen.

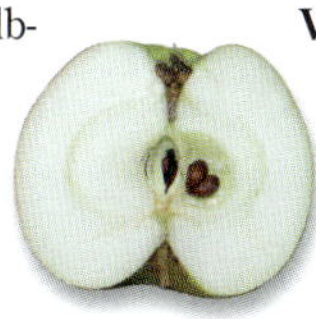

Stielgrube tief, weit bis sehr weit. Stiel mittellang, dünn, holzig. Kelchgrube mitteltief, mittelweit, mit fünf ausgeprägten Rippen, die noch weiter über die Frucht laufen. Kelch geschlossen bis halb offen, an der Basis grün, auffallend befilzt. Kelchhöhle kegel- bis trichterförmig, in schmale bis mittelbreite Kelchröhre übergehend. Kerne mittelgroß, schwarzbraun, schmal, länglich, kurz zugespitzt. Fruchtfleisch weiß, fest, saftig und erfrischend weinsäuerlich.
Baum: Wuchs anfangs stark, später mittelstark. Ältere Kronen werden breitkugelig und sind locker geastet. Blüte mittelspät einsetzend und lang anhaltend, Blütenblätter groß mit wenig Rosa. Ertrag spät einsetzend und unregelmäßig. Auf eher schweren Böden und nicht zu warmen Lagen wenig krankheitsanfällig, aber kupferempfindlich.
Besondere Merkmale: Tiefe und sehr weite Stielgrube. Ausgeprägte Kelchrippen. Blendend weißes, sehr festes Fruchtfleisch.
Verwechslersorten: 'Riesenboiken', 'Weißer Winterkalvill', 'Adersleber Kalvill', 'London Pepping', 'Signe Tillisch', 'Minister von Hammerstein'.

Börtlinger Weinapfel

Herkunft: Angeblich um 1827 in der Gemeinde Börtlingen (Baden-Württemberg) entstanden und zunächst nur in der dortigen Umgebung der Gemeinde angebaut. Seit etwa 40 Jahren auch überregional verbreitet.

Allgemeine Beurteilung: Mostapfel mit guter Ausbeute und ausgewogenem Zucker-Säure-Verhältnis. Der Baum trägt regelmäßig und hoch. Aufgrund seiner Widerstandsfähigkeit ist er für einen extensiven Streuobstanbau gut geeignet. Die eher kleinfrüchtige Sorte benötigt allerdings gut versorgte Böden.
Verwendung: Saft- und Mostapfel.
Frucht: Pflückreif ab Mitte Oktober, Verwertung bis Ende November. Sehr klein bis klein. Kugelförmig wenig abgeflacht. Oberfläche eben. Grundfarbe gelbgrün, Deckfarbe deckend dunkel- bis braunrot. Schale glatt, etwas trocken und hart, mit wenigen unscheinbaren Lentizellen. Stielgrube mitteltief und mittelweit, diese, meist nur im engen Teil, fein berostet. Stiel lang, mitteldick. Kelchgrube flach bis mittelweit, mit feinen Falten, insgesamt etwas unregelmäßig. Kelch klein, geschlossen, Blätter aufrecht, am Grund sich berührend. Kernhaus mittelgroß, Achse geschlossen, Wände halbmond-, auch ohrenförmig, glatt. Kerne zahlreich und gut ausgebildet. Fleisch grünweiß bis gelb, etwas zäh, saftig. Fruchtsäure ohne ausgeprägtes Aroma.

Baum: Starkwüchsig. Mit dichter Krone, Fruchtholz erneuert sich gut und regelmäßig, Triebe bilden Fruchtbögen, die zu einer charakteristisch hängenden Kronenform führen. Blüte mittelfrüh bis spät und ausreichend frosthart. Widerstandsfähig gegen Krankheiten und Schädlinge.
Besondere Merkmale: Kugelförmige, kleine Frucht mit langem Stiel und breiten, langen Kernen.
Verwechslersorten: 'Benoni', 'Bittenfelder Sämling'.

Bramleys Sämling

Weiterer Name: 'Triomphe de Kiel'.
Herkunft: 1809 pflanzt Mary Ann Brailsford in Southwell (Südengland) einen Obstgarten. In diesem fand man den ersten Baum dieser Sorte.

Allgemeine Beurteilung: Ein problemlos lang zu lagernder und vielseitig verwendbarer Wirtschaftsapfel. Die kräftige Säure tritt mit zunehmender Lagerdauer etwas zurück. Der Baum ist kräftigen Wuchses, gut und regelmäßig, für große und kleine Gärten wertvoll.
Verwendung: Wirtschafts-, Saft- und Mostapfel.
Frucht: Pflückreif Mitte bis Ende Oktober, von November bis März genussreif. Groß bis sehr groß. Form insgesamt etwas unregelmäßig, manchmal ungleichhälftig; kugelförmig, stark abgeflacht, oft auch breitgedrückt. Oberfläche uneben, mit häufig schwachen breiten Kanten. Grundfarbe grüngelb, sonnenseitig trüb orangerot gesprenkelt mit breiten roten Streifen, insgesamt etwas düster gefärbt. Schale glatt, wachsig. Stielgrube flach bis mitteltief, mittelweit bis weit, breite wulstige Kanten, mittelfein berostet. Stiel kurz, selten mittellang, mitteldick. Kelchgrube schüsselförmig, flach bis mitteltief, mittelweit bis weit, mit feinen Falten und schwachen Rippen, manchmal Fleischperlen. Kelch groß, viertel bis ganz geöffnet, Blätter kräftig, lang, breit, zurückgeschlagen. Kelchhöhle mitteltief, mittelbreit. Kernhaus groß, Achse meist geschlossen, Wände halbmond-, auch ohrenförmig, mit schwach ausgeblühten Rissen. Kerne oft taub, groß, länglich, zugespitzt. Fruchtfleisch grünlich weiß, fest, später mürbe und von kräftiger Säure.
Baum: Wuchs kräftig. Kronenform breitpyramidal, mit hängendem Fruchtholz. Blüte mittelfrüh, schlechter Pollenspender (triploid). Ertrag mittelhoch, anfällig für Stippe. Mittlere Ansprüche.
Besondere Merkmale: Großer Kelch mit kräftigen Blättern; sonnenseitig einzelne kräftige rote Streifen, stark fettende Schale. Säuerliches Fruchtfleisch.
Verwechslersorten: 'Brettacher', 'Jakob Lebel', 'Raafs Liebling'.

Brauner Matapfel

Weitere Namen: 'Mohrenapfel', 'Schwarzlicher', 'Badischer Brauner', 'Unterländer', 'Schmiede-', 'Bäumle-' und 'Kohlapfel'.
Herkunft: Sehr alte Sorte unbekannter Herkunft. Bereits im 18. Jh. in Süddeutschland stärker verbreitet und im „Teutschen Obstgärtner" 1798 beschrieben. Früher im Streuobstanbau der Pfalz, Badens und Württembergs weit verbreitete Sorte, heute nur noch selten.

Allgemeine Beurteilung: Die Bäume des 'Braunen Matapfels' sind stark wachsend und widerstandsfähig. Damit sind sie als Wirtschaftssorte für den Streuobstbau sowie für Liebhaber von Sortenraritäten interessant.
Verwendung: Wirtschafts- und Mostapfel.
Frucht: Pflückreif Anfang Oktober, bis Mai lagerfähig. Klein bis mittelgroß. Form insgesamt etwas unregelmäßig, manchmal ungleichhälftig; teils kugelförmig abgeflacht, teils kegelförmig abgestumpft, leicht stielbauchig. Oberfläche eben, manchmal mit ganz schwachen breiten Kanten. Grundfarbe gelbgrün, Deckfarbe braunrot bis dunkelviolett mit abgesetzten roten Streifen, teils stark hell (bläulich) bereift. Lentizellen hellgelb, gut sichtbar. Stielgrube mitteltief, eng bis mittelweit, grob berostet. Stiel sehr kurz, mitteldick bis dick, fleischig und wenig behaart. Kelchgrube schüsselförmig, flach, weit, mit fünf ausgeprägten Rippen. Kelch mittelgroß, halb bis ganz geöffnet, mit aufrechten, zurückgeschlagenen Kelchblättern. Kernhaus klein, mittig, Wände ohrenförmig, glatt. Kerne klein bis mittelgroß, breit, rundlich. Fruchtfleisch anfangs gelblich grün, später gelblich weiß, grobkörnig und weinsäuerlich.
Baum: Als Jungbaum sehr stark wachsend, später etwas nachlassend. Die Bäume werden überdurchschnittlich groß mit hochgewölbter, im Alter überhängender Krone und erreichen ein hohes Alter. Späte, lang anhaltende Blüte. Der spät einsetzende Ertrag ist regelmäßig und sehr hoch.
Besondere Merkmale: Braunrote, stark bereifte Schale. Kernfächer sehr klein.

Verwechslersorten: 'Mohrenapfel' (Regionalsorte in Baden-Württemberg), 'Purpurroter Zwiebelapfel'.

Brettacher

Herkunft: 1908 bei Landwirt KUTTRUFF in Brettach bei Heilbronn/Baden-Württemberg entdeckt, in Deutschland weit verbreitet.

Allgemeine Beurteilung: Außerordentlich gesunde und wüchsige Bäume, daher für den Streuobstanbau bestens geeignet. Liebt warme Böden und benötigt lange Vegetationsperioden. Früchte zeigen äußerst lange Haltbarkeit und hohe Saftausbeute, in höheren Lagen aber häufig grasigen Geschmack.
Verwendung: Tafelapfel, vor allem aber Wirtschafts-, Saft- und Mostapfel.
Frucht: Pflückreif Mitte bis Ende Oktober, genussreif Dezember bis April/Mai. Groß, auch sehr groß. Form insgesamt etwas unregelmäßig, kugelförmig abgeflacht, meist auch etwas breitgedrückt. Oberfläche eben, oft mit unregelmäßigen, schwachen breiten Kanten. Grundfarbe anfangs grün, später hellgelb mit leuchtend roter Backe, teils geflammt und gestreift. Schale glatt, mitteldick, wachsig, auf dem Lager fettig.

Stielgrube mitteltief, mittelweit. Stiel kurz, mitteldick. Kelchgrube mitteltief bis tief, mittelweit, mit breiten Kanten. Kelch mittelgroß, viertel bis halb geöffnet. Kernhaus klein, mittig, Kernfächer zur Achse geschlossen oder nur wenig geöffnet, Wände halbmondförmig, teils mit feinen Rissen. Wenige Kerne, lang, mittelbreit, zugespitzt. Fruchtfleisch weiß, sehr saftig, bei Vollreife leicht gewürzt mit erfrischender Säure. Aroma erinnert deutlich an 'Champagner Renette'.
Baum: Anfangs mittelstark, später stark wachsend. Äste wenig verzweigt mit vielen seitlichen Kurztrieben. Bäume mittelgroß, breitkugelig ohne dominierende Mittelachse. Sorte triploid, spät blühend. Ertrag mittelfrüh einsetzend, regelmäßig und hoch. Bäume im Allgemeinen robust und widerstandsfähig, jedoch etwas feuerbrandempfindlich und auf kalten und nassen Böden etwas krebsanfällig.
Besondere Merkmale: Glatte, gesunde, oft leuchtend rote Frucht. Kernhaus mit Gefäßbündellinie und Stielansatz bündig.
Verwechslersorten: 'Bramleys Sämling', 'Hagedornapfel', 'Kronprinz Rudolf', 'Martens Sämling', 'Welschisner'.

Champagner Renette

Weitere Namen: 'Jahrapfel', Käsapfel', 'Loskrieger', 'Zwiebelapfel', 'Zweijährling', 'Schätzle'.
Herkunft: Zufallssämling aus der Champagne (Frankreich), 1799 erstmals beschrieben und heute in Deutschland und Frankreich noch verstreut anzutreffen.

Allgemeine Beurteilung: Infolge des geringen Schnittaufwandes und der lange haltbaren Früchte in wärmeren Lagen für den Hausgarten und am Spalier gut geeignet. Wegen der vorherrschenden Säure nicht vor März zum Verzehr empfohlen. Früchte bleiben häufig zu klein.
Verwendung: Tafel- und Mostapfel.
Frucht: Pflückreif Ende Oktober, bis Mai lagerfähig. Klein bis höchstens mittelgroß (85–110 g). Kugelförmig meist stark abgeflacht, oft auch etwas breitgedrückt. Oberfläche uneben mit schwachen breiten Kanten und teils feinen Rippen. Grundfarbe wachsgelb, sonnenseits teils blassrosa verwaschen. Schale glatt, wachsig und bereift. Stielgrube meist mitteltief, strahlig berostet. Stiel kurz bis mittellang, dünn, am Ansatz fleischig verdickt. Kelchgrube flach, mittelweit, mit feinen Falten und fünf ausgeprägten Rippen versehen. Kelch klein, meist geschlossen. Kelchhöhle mitteltief, breit, kegelförmig. Kernhaus klein, Achse geöffnet, Wände klein, ohrenförmig, mit feinen Rissen. Kerne teils gequetscht, mittelgroß, breit. Fruchtfleisch gelblich weiß, etwas grob, druckempfindlich, oft glasig, Geschmack typisch, weinsäuerlich.

Baum: Anfangs mittelstark, später schwach wachsend mit pyramidaler kompakter Krone. Fruchtholz sehr kurz. Blüte sehr spät und lang anhaltend, Blütenblätter weiß mit wenig Rosa und eher klein. Ertrag früh einsetzend, mittelhoch und gleichmäßig. In warmen Lagen wenig anfällig gegenüber Krankheiten, auf nassen und kalten Böden krebsanfällig.
Besondere Merkmale: Flache, oft breitgedrückte kleine Frucht, mit flacher, gerippter Kelchgrube.
Verwechslersorte: 'Weißer Wintertaffetapfel'.

Charlamowsky

Weitere Namen: 'Borowitzky', 'Duchess of Oldenburg', 'Ernteapfel', 'Augustapfel', 'Herzogin von Oldenburg', 'Early Joe'.
Herkunft: In Russland entdeckt. Erst seit Anfang des 19. Jh. in Deutschland bekannt. 1830 von WALKER in Hohenheim vermehrt.

Allgemeine Beurteilung: Frühsorte, die regelmäßig und reich fruchtet. In Verbindung mit dem nachlassenden Wuchs ist sie ideal für Kleingärten. Allerdings erscheint sie aus heutiger Sicht zu sauer, sodass sie überwiegend als Haushaltsfrucht Verwendung finden dürfte. Das sehr weiße Fruchtfleisch bleibt auch nach dem Kochen noch hell.
Verwendung: Tafel- und Wirtschaftsapfel.
Frucht: Pflückreif Mitte bis Ende August, hält maximal vier Wochen. Mittelgroß. Form insgesamt meist regelmäßig, kugelförmig, wenig abgeflacht. Oberfläche eben. Schale glatt, weißgelb und sonnenseitig meist lebhaft rot gestreift und geflammt ohne auffällige Lentizellen. Stielgrube mitteltief bis tief und

eng bis mittelweit. Stiel mittellang. Kelch geschlossen, mittelgroß bis groß, in einer mitteltiefen, teils auch tiefen und weiten, am Rand fein gerippten und geperlten, schüsselförmigen Kelchgrube. Kelchhöhle kegelförmig, teils in breite zylindrische Kelchröhre übergehend. Kernhaus mittelgroß, Achse geschlossen, bis wenig geöffnet, Wände halbmond-, auch ohrenförmig. Wenige Kerne, groß, kastanienbraun, breitrund. Fruchtfleisch sehr hell, saftig, schmeckt säuerlich und ist nur wenig aromatisch.
Baum: Anfangs stärker wachsend. Bildet meist nur mittelgroße hochpyramidale Kronen. Trägt früh, regelmäßig und reich. Erfordert konsequente Fruchtholzerneuerung, sonst altert der Baum zu rasch. Blüte lang andauernd und sehr widerstandsfähig. In nassen, kühlen Lagen schorf- und krebsanfällig, widerstandsfähig gegen Schädlinge.
Besondere Merkmale: Auffällig geflammte Deckfarbe. Flammen reichen häufig in Kelch- und Stielgrube hinein. Große Kelchgrube. Breite, meist große Kerne.

Cox' Orange

Weitere Namen: 'Cox' Orangenrenette', 'Cox's Orange Pippin', 'Russet Pippin', 'Verbesserte Muskatrenette'.
Herkunft: Von RICHARD COX 1825 in Colnbrook-Lawn bei London vermutlich aus Samen von 'Ribston Pepping' gezogen und 1850 von TH. TURNER eingeführt.

Allgemeine Beurteilung: Äußerst wohlschmeckende Frucht mit allerdings hohen Ansprüchen an Boden, Lage und Pflege. In trockenen Gebieten werden die Früchte leicht rissig. Nicht für extensive Anbauverfahren geeignet, auch im Garten nur bei entsprechender Pflege.
Verwendung: Tafelapfel.
Frucht: Pflückreif Ende September bis Mitte Oktober, genussreif Oktober bis Januar. Mittelgroß. Kugelförmig, wenig abgeflacht, zur Kelchfläche etwas verjüngt. Oberfläche eben, sehr regelmäßig. Grundfarbe bei Vollreife hellgelb, Deckfarbe orangerot bis trübrot marmoriert, häufig gestreift, selten völlig bedeckt. Schale überwiegend rau mit netz- und punktförmiger Berostung. Stielgrube mitteltief, mittelweit, meist strahlig, teils auch schuppig und rissig berostet, manchmal mit Fleischnase. Stiel kurz, auch knopfig. Kelchgrube flach, weit, mit Perlen und flachen Rippen, charakteristisch berostet. Kelch mittelgroß mit büschelartigen, langgespitzten und zurückgeschlagenen Blättern. Kernhaus mittelgroß, Achse geöffnet, Wände rucksackförmig. Zahlreiche Kerne, gut ausgebildet. Fruchtfleisch gelblich, fest, mittelfeinzellig, mit feinwürzigem, edelaromatischem, sortenspezifischem Geschmack.

Baum: Wächst anfangs kräftiger, später mittelstark. Bildet kugelige Kronen mit dünnen, langen Trieben. Blüte lang anhaltend, frostempfindlich. Ertrag setzt früh ein, ist meist nur mittelhoch, nur auf besten Standorten hoch. Geringe Widerstandsfähigkeit gegen Krankheiten und Schädlinge.
Besondere Merkmale: Langgespitzte und zurückgeschlagene Kelchblätter. Stielgrubenberostung. Typisches Aroma.
Verwechslersorten: 'Holsteiner Cox', 'Laxton's Superb', 'Martini', 'Muskatrenette', 'Ribston Pepping'.

Damasonrenette

Weitere Namen: 'Reinette Damason', 'Renette de Mascon', fälschlich auch 'Carpentin', 'Carpentiner' (Schweiz).
Herkunft: Um 1600 (lt. anderen Quellen 1628) in Frankreich entstanden.

Allgemeine Beurteilung: Innerhalb der Gruppe der Lederäpfel oder Grauen Renetten geschmacklich eine der vorzüglichsten und zugleich ältesten Sorten. Ihr edles Aroma entwickelt sie allerdings nur in sonnigen Lagen auf guten Böden. Eine regelmäßige Fruchtbarkeit und mittlere Pflegeansprüche macht sie für Hausgärten interessant.
Verwendung: Tafel- und Wirtschaftsapfel.
Frucht: Pflückreif Ende Oktober, von Januar bis April genussreif. Mittelgroß. Meist kugelförmig abgeflacht (etwas breitgedrückt), teils fast halbkugelförmig, stielbauchig. Oberfläche etwas uneben, mit meist zwei bis drei schwachen breiten Kanten. Grundfarbe grün, intensive braunrote Deckfarbe. Schale ledrig, trocken, dick, mit meist rauer Berostung. Stielgrube mitteltief und mittelweit bis weit, teils mit breiten Kanten. Stiel kurz und holzig. Kelchgrube mitteltief, mittelweit, meist mit schwachen Rippen, oft ringförmig berostet. Kelch klein, geschlossen, Kelchblätter kurz und breit, am Grund sich berührend. Kelchhöhle mitteltief, schmal bis mittelbreit, kegelförmig. Kernhauswände halbmondförmig, glatt. Kerne mittelgroß, länglich, oft taub. Fleisch grünweiß, fest und feinzellig, mit würzigem Aroma.

Baum: Wächst kräftig. Kronenform hochkugelig. Blüht früh, schlechter Pollenspender. Blüte und Holz frostwiderstandsfähig. Bringt gute Erträge. Mittlere Anfälligkeit gegen Krankheiten und Schädlinge. Beansprucht mittlere Lagen und gute Böden.
Besondere Merkmale: Kugelförmig gedrückte Frucht mit abgerundeter Kelchfläche. Meist sehr regelmäßig geformt. Schmale lange, teils taube und anhaftende Kerne. Dichtes mittelfeinzelliges, aromatisches Fruchtfleisch.
Verwechslersorten: 'Coulons Renette', 'Graue Französische Renette'.

Danziger Kantapfel

Weitere Namen: 'Schwäbischer Rosenapfel', 'Liebesapfel', 'Himbeerapfel', 'Erdbeerapfel', 'Kalvillartiger Winterrosenapfel', 'Danziger Kant' u. a.
Herkunft: Unbekannt. Sehr alte Sorte, bereits 1760 beschrieben.

Allgemeine Beurteilung: Frosthärte, kräftiger, gesunder Wuchs und gute Erträge in rauen Lagen machen diese Herbstsorte besonders für den Hochstammanbau in Höhenlagen empfehlenswert. Die Druckempfindlichkeit und die Anfälligkeit für Kernhausfäule schränken die sortenbedingt begrenzte Lagerfähigkeit weiter ein.
Verwendung: Tafel- und Wirtschaftsapfel.
Frucht: Pflückreif Ende September, bis Dezember genussreif. Mittelgroß. Form unregelmäßig, manchmal ungleichhälftig. Kugelförmig abgeflacht. Oberfläche uneben mit breiten Kanten und teilweise starken Rippen, wovon häufig eine nahtförmig stärker hervortritt. Grundfarbe selten sichtbar, grüngelb, Deckfarbe trüb- bis leuchtend rot. Schale fettig, Geruch deutlich, weiß hervortretende Lentizellen mit rötlich verwaschenem Hof. Kelchgrube tief, mittelweit, meist mit breiten Kanten oder ausgeprägten Rippen. Kelch groß, meist geschlossen. Kernhaus mittelgroß, Achse geschlossen, Wände halbmondförmig, mit mittelbreiten ausgeblühten Rissen. Kerne klein und rundlich. Fleisch grünlich weiß, an den Rändern rot geädert, locker, saftig, säuerlich, etwas gewürzt.
Baum: Starker Wuchs mit ausladender, hochgewölbter, lichter Krone. Verzweigung sparrig. Im Alter knorrig durch Befall mit Obstbaumkrebs. Holz und Blüte frosthart. Blüte mittelspät und lang anhaltend sowie witterungsunempfindlich. Fruchtbarkeit setzt spät ein, trägt dann aber reich. Anfällig für Obstbaumkrebs und Schorf, in rauen Lagen meist gesünder.
Besondere Merkmale: Markante Färbung. Meist starke Rippen, vor allem auf der Kelchseite. Oft tritt eine Rippe einseitig scharf hervor. Fettige Schale, druckempfindlich.

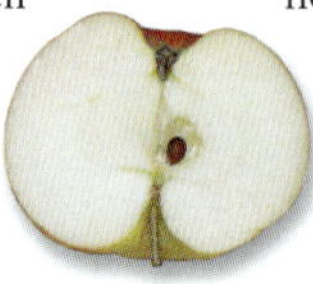

Verwechslersorten: 'Berner Rosenapfel', 'Rosenapfel vom Schönbuch'.

Deans' Küchenapfel

Weiterer Name: 'Deans' Codlin'.
Herkunft: England, um 1870. 1884 erstmals beschrieben.

Allgemeine Beurteilung: Gehört zum Kreis der im 19. Jahrhundert eingeführten englischen Küchenäpfel und verdient als Koch- und Backapfel auch heute noch Beachtung. Für den Hausgarten eignet er sich aufgrund seines schwächeren Wuchses und seiner mäßigen Standortansprüche gut.
Verwendung: Tafel- und Wirtschaftsapfel.
Frucht: Pflückreif Mitte September, genussreif Oktober bis Dezember. Mittelgroß (70–85 mm). Form insgesamt etwas unregelmäßig, manchmal ungleichhälftig, teils kugelförmig abgeflacht (auch hochgebaut), teils kegelförmig abgestumpft (langsam abnehmend), selten auch fassförmig. Oberfläche etwas uneben, mit schwachen breiten Kanten. Grundfarbe grünlich gelb, vollreif sattgelb, sonnenseits leicht orange angehaucht, vereinzelt von hellgrünen Flecken durchzogen. Schale glatt, geschmeidig. Stielgrube mitteltief, mittelweit, mit breiten Kanten, teils berostet. Stiel mittellang, dick und holzig. Kelchgrube mitteltief bis tief, mittelweit mit feinen Falten und schwachen Rippen. Kelch mittelgroß, geschlossen bis halb geöffnet, Blätter mittellang, mittelbreit, intensiv grün gefärbt. Tiefe Kelchhöhle, breit und trichterförmig. Kernhaus groß, mittig, Achse spaltartig geöffnet, Wände bogenförmig, mit ausgeblühten Rissen. Kerne mittelgroß, kurz zugespitzt, kastanienbraun. Fruchtfleisch saftig, weich, ohne ausgeprägtes Aroma, süßsäuerlich.

Baum: Wächst mittelstark, später schwach. Bildet hochpyramidale Krone. Mittelfrühe Blüte. Früher Ertrag, mäßig hoch. Ausreichend frosthart in Holz und Blüte. Anfällig für Fruchtfäule und Spitzendürre.
Besondere Merkmale: Vorwiegend große Frucht, ohne Deckfarbe. Kelchblätter bleiben typisch grün. Tiefe breite Kelchhöhle. Im Vergleich mit dem 'Gelben Edelapfel' ist er unregelmäßiger, auch öfter hochgebaut und die Stielgrube ist nicht so typisch berostet.
Verwechslersorten: 'Gelber Edelapfel', 'Grahams Jubiläumsapfel'.

Dülmener Rosenapfel

Weiterer Name: 'Dülmener Herbstrosenapfel'.
Herkunft: Um 1870 von Lehrer JÄGER (Dülmen/Westfalen) gefunden. Vermutlich Sämling von 'Gravensteiner'.

Allgemeine Beurteilung: Aufgrund ihrer Widerstandsfähigkeit in schorf- und frostgefährdeten Lagen anbauwürdige Herbstsorte, gut geeignet auch für ungünstige Standorte. Allerdings benötigt sie hierfür gut versorgte Böden mit regelmäßiger Wasserführung. Nachteilig ist die Windanfälligkeit und Druckempfindlichkeit der Früchte.
Verwendung: Tafel- und Wirtschaftsapfel.
Frucht: Pflückreif Mitte September, genussreif bis November. Mittelgroß bis groß. Form insgesamt unregelmäßig, oft ungleichhälftig, kugelförmig abgeflacht, teils etwas hochgebaut, teils auch etwas breitgedrückt. Oberfläche uneben, mit breiten Kanten. Grundfarbe bei Vollreife orangegelb, Deckfarbe rot gestreift und geflammt. Schale glatt, fettig. Stielgrube mitteltief, mittelweit, etwas unregelmäßig, oft graubraun berostet. Stiel kurz. Kelchgrube flach bis mitteltief, mittelweit, manchmal mit schwachen Rippen. Kelch klein bis mittelgroß, geschlossen bis halb geöffnet, Blätter mittellang und mittelbreit, uneinheitlich ausgerichtet. Kelchhöhle ist als solche nicht erkennbar, sondern geht übergangslos in eine breite, becherförmige, meist bis zum Kernhaus reichende Kelchröhre über. Kernhaus groß, Achse weit geöffnet, Wände halbmondförmig mit mittelbreiten, schwach ausgeblühten Rissen. Viele Kerne, länglich, kurz zugespitzt. Fruchtfleisch zart, weißgelblich, saftig, mit aromatischer milder Säure.

Baum: Wächst mittelstark. Bildet ausladende Krone mit reichlich Fruchtholz. Unempfindlich in der Blüte, guter Pollenspender. Erträge setzen mittelfrüh ein, alterniert mäßig. Anbau auch in höheren, aber windgeschützten Lagen möglich.
Besondere Merkmale: Breite, oft bis zum Kernhaus reichende Kelchröhre.
Verwechslersorten: 'Geflammter Kardinal', 'Gravensteiner', 'James Grieve'.

Engelsberger

Herkunft: Zufallssämling aus dem Raum Öhringen/Baden-Württemberg. Die von E. Lucas 1854 beschriebenen 'Engelsberger' und 'Engelberger' sind nicht mit obiger Sorte exakt identisch.

Allgemeine Beurteilung: Die spät blühende Sorte ist ein sehr interessanter Mostapfel für spätfrostgefährdete Lagen. Sie zeigt durch ihr günstiges Zucker-Säure-Verhältnis sehr gute Verwertungseigenschaften.

Verwendung: Saft- und Mostapfel (Säureträger).

Frucht: Reift Ende September bis Mitte Oktober und muss zügig verarbeitet werden. Sehr klein bis klein. Form insgesamt sehr regelmäßig, kugelförmig abgeflacht, manchmal etwas breitgedrückt. Oberfläche eben, selten mit kaum spürbaren, schwachen breiten Kanten. Grundfarbe zuerst gelbgrün, bei Vollreife goldgelb, auf der Sonnenseite leichter oranger bis rötlicher Anflug. Schale leicht wachsig und glatt, zeigt deutliche rostfarbene Lentizellen, die rissig werden können und oft rot umhöft sind. Stielgrube mitteltief, eng bis mittelweit, häufig mittelfein, flächig berostet. Stiel lang und dünn, zum Stielansatz hin stärker werdend. Kelchgrube sehr flach und weit, mit ganz feinen Falten. Kelch klein und meist geschlossen, Blätter kurz, schmal und aufrecht. Kernhaus klein und mittig, Achse geschlossen, Wände meist ohrenförmig und glatt. Viele hellbraune, mittelgroße, kurz zugespitzte Kerne. Festes, später lockeres Fruchtfleisch, cremefarben bis weißlich und sehr saftig.

Baum: Bildet mittelstark bis stark wachsende Krone. Hochkugelig mit langen, dünnen Ästen, die endständig fruchten und dann kippen. Die Sorte blüht spät. Der Ertrag setzt mittelfrüh ein und ist hoch, die Sorte neigt aber zur Alternanz. In warm-trockenem Klima ist der Baum sehr widerstandsfähig, auf nassen Böden etwas krebsanfällig.

Besondere Merkmale: Sehr späte Blüte. Kleine gelbe, meist abgeflachte Frucht mit dünner wachsiger Schale und langem Stiel.

Verwechslersorte: 'Bittenfelder Sämling'.

Erbachhofer Weinapfel

Weitere Namen: 'Erbachhofer Mostapfel', 'Erbachhofer', 'Verbesserter Trierer'.
Herkunft: Stammt vermutlich aus dem Sauerland und wurde von der Baumschule Fey in Meckenheim 1925 in den Handel gebracht. Regionalsorte des Mosel-Saar-Gebietes.

Allgemeine Beurteilung: Schon in der ersten Hälfte des 20. Jahrhunderts wurde dieser robuste und sehr ertragreiche Mostapfel verschiedentlich anstelle des schorfanfälligen 'Roten Trierer Weinapfels' empfohlen. Für den Anbau sprechen auch die für eine Verwertung günstigen Inhaltsstoffe (mittleres Mostgewicht von 58° Oechsle). Von Nachteil ist die kleine Frucht.
Verwendung: Saft- und Mostapfel.
Frucht: Pflückreif Ende September, genussreif bis März. Klein. Form insgesamt regelmäßig, manchmal ungleichhälftig, teils kegelförmig, auch spitz-kegelförmig, sehr wenig bis wenig abgestumpft, teils breit-eiförmig. Schale flächig dunkelrot (teils leicht gestreift) glatt, wachsig. Stielgrube mitteltief bis tief, eng bis mittelweit, selten berostet. Stiel mittellang, mitteldick. Kelchgrube flach, mittelweit, mit feinen Falten, teils auch schwachen Rippen. Kelch sehr klein, geschlossen, Blätter mittellang, aufrecht, uneinheitlich ausgerichtet. Kelchhöhle trichterförmig. Kernhaus mittelgroß, mittig, Achse geöffnet, Wände schmal, bogenförmig, glatt. Kleine Kerne, mittelbreit, länglich, kurz zugespitzt und kastanienbraun. Weißes bis gelblich weißes Fruchtfleisch, feinzellig und saftig, süßsäuerlich und leicht herb, ohne besondere Würze und Aroma.

Baum: Wächst mittelstark. Kronenform hochkugelig. Mittelfrühe, frostempfindliche Blüte, guter Befruchter. Ertrag mittelfrüh, sehr fruchtbar, ohne Regulierung alternierend. Mittlere Anfälligkeit für Schorf und Mehltau. Beansprucht gute Böden in warmen Lagen.
Besondere Merkmale: Frucht meist spitz-kegelförmig. Oft sehr schmale, lange Kelchröhre.
Verwechslersorten: 'Öhringer Blutstreifling', 'Roter Trierer Weinapfel'.

Ernst Bosch

Herkunft: Zwischen 1890 und 1900, von Dietrich Uhlhorn jr. in Grevenbroich gezüchtet.
Eltern: 'Manks Apfel' × 'Ananasrenette'.

Allgemeine Beurteilung: Früher sehr geschätzter Herbstapfel, aufgrund seiner regelmäßigen und hohen Erträge und seines angenehmen Geschmacks auch heute noch für alle kleinere Erziehungsformen im Kleingarten empfehlenswert. Die Sorte ist sehr widerstandsfähig, allerdings benötigt sie eine gute Nährstoffversorgung und ausreichend Feuchtigkeit. Die reiche Fruchtbarkeit erfordert regelmäßige Schnitte und Behangsregulierung durch Ausdünnen.
Verwendung: Tafel- und Wirtschaftsapfel.
Frucht: Reift Ende September, bis Ende November haltbar. Klein bis mittelgroß. Form insgesamt etwas unregelmäßig, selten ungleichhälftig, teils kugelförmig, wenig abgeflacht, teils fassförmig. Oberfläche uneben, mit schwachen breiten Kanten. Grundfarbe grün- bis zitronengelb, z. T. leicht orange angehaucht. Schale glatt, fettig, mit auffälligen blassgrün durchschimmernden, hell umhöften Lentizellen. Stielgrube sehr flach, mittelweit, mit breiten schwachen Kanten, fein hellgrau berostet. Stiel mittellang, am Fruchtansatz verdickt. Kelchgrube mitteltief, eng, mit feinen Falten, meist ringförmig berostet. Kleiner, geschlossener Kelch, Blätter mittellang, häufig büschelförmig aufgestellt. Kelchhöhle mitteltief, schmal, trichterförmig. Kernhaus groß, Achse weit geöffnet, Wände nierenförmig, mit schmalen ausgeblühten Rissen. Kleine, längliche, kurz zugespitzte Kerne. Fleisch gelblich, saftig und süß.
Baum: Wächst schwach. Bildet spitzpyramidale Krone, dicht verzweigende Äste mit reichlich kurzem Fruchtholz. Blüte mittelspät und unempfindlich. Früher Ertrag, reich und regelmäßig. Neigt zum Vergreisen. Robust in Holz und Blatt. Liebt nährstoffreiche Böden.
Besondere Merkmale: Schale ohne Deckfarbe, meist nur durchscheinende grünliche Lentizellen. Sehr flache, unberostete Stielgrube. Kernhausachse weit geöffnet.

Verwechslersorte: 'Manks Küchenapfel'.

Fießers Erstling

Herkunft: 1898 von G. H. FIESSER in Baden-Baden aus Samen der Sorte 'Bismarckapfel' gezüchtet.

Allgemeine Beurteilung: Starkes Wachstum bei sehr hoher und früher Ertragsleistung und außergewöhnlich hoher Gesamtvitalität des Baumes sind die hervorragenden Merkmale dieser Wirtschafts- und Mostsorte, die keine wesentlichen Ansprüche an den Standort stellt.
Verwendung: Wirtschafts- und Mostapfel.
Frucht: Pflückreife Mitte September, genussreif ab Mitte November. Mittelgroß bis groß (L= 80–90 mm, B = 80 mm, ca. 140 g). Form etwas unregelmäßig, manchmal ungleichhälftig, kugelförmig abgeflacht, auch kegelförmig wenig abgestumpft, stielbauchig. Grundfarbe hellgrün, später gelb, sonnenwärts roter Anflug mit unregelmäßigen, karminroten Streifen. Stielgrube flach, mittelweit, wirkt meist durch drei breite Kanten schwach dreieckig. Stiel kurz. Kelchgrube flach bis mitteltief und mittelweit, mit teils feinen Falten, teils etwas breiteren Kanten. Kelch grau befilzt. Kernhaus groß, Wände breit, halbmondförmig, mit vielen mittelbreiten, teils auch ausgeblühten Rissen. Wenige, häufig anhaftende, hellbraune Kerne. Weißes, saftiges Fruchtfleisch, weinsäuerliches, erfrischendes Aroma. Zuckerwerte bei 13% (55° Oechsle), Säurewerte bei 10,5 g/l.

Baum: Stark bis sehr stark wachsend, zuerst aufrecht, später dann in die Breite gehend. Mittelspäte und unempfindliche Blüte. Gute Pollenqualität. Gesamtvitalität sehr gut und frosthart. Sehr geringe Anfälligkeit für Schorf und Mehltau. Das Ertragsverhalten ist sehr ausgeglichen, Alternanz tritt selten auf.
Besondere Merkmale: Meist leicht befilzter Kelch. Sehr große, stark rissige, halbmondförmige Kernhauswände. Stielgrube oft „dreieckig“.
Verwechslersorten: 'Gehrers Rambur', 'Lanes Prinz Albert', 'Schwaikheimer Rambur'.

Finkenwerder Prinzenapfel

Weitere Namen: 'Finkenwerder Herbstprinz', 'Finkenwerder Prinz', 'Hasenkopf'.
Herkunft: Um 1860 auf der Elbinsel Finkenwerder im Alten Land bei Hamburg entdeckt. In Norddeutschland verbreitet.

Allgemeine Beurteilung: Ein für den Formenkreis der Prinzenäpfel ungewöhnlich wohlschmeckender Winterapfel, also keine Herbstsorte, wie der ursprüngliche Name fälschlich ausdrückt. Für kühle, feuchte Regionen und schwere Böden geeignet wie kaum eine andere Apfelsorte. Wenig anfällig für Krankheiten und Schädlinge, deshalb auch für Hausgärten interessant. Wichtig ist eine vergleichsweise hohe Luftfeuchtigkeit auf dem Lager, da der Apfel stark welkt.
Verwendung: Tafel- und Wirtschaftsapfel.
Frucht: Pflückreif ab Anfang Oktober, von November bis März genussreif. Mittelgroß bis groß. Meist kegelförmig hochgebaut, zur Kelchfläche verjüngt, manchmal ungleichhälftig. Oberfläche uneben, oft mit fünf mittelstarken Kanten und Zwischenrippen.

Grundfarbe baumreif trüb grüngelb, vollreif hellgelb, schwach bis stärker dunkelrot, gesprenkelt, mit feinen Streifen. Schale glatt, trocken und dünn. Stielgrube tief und eng, bucklig, immer olivbraun schuppig berostet. Stiel mittellang und dünn. Kelchgrube tief, eng, mit Höckern und Falten. Kelchblätter mittelbreit, lang, am Grunde grün bleibend. Kelchhöhle trichterförmig, manchmal in sehr schmale Kelchröhre übergehend. Kernhaus geöffnet, Wände bohnenförmig mit schmalen, teils ausgeblühten Rissen. Kerne gut ausgebildet, mittelgroß, länglich. Fleisch weißgelb, fest, süßsäuerlich, angenehm gewürzt.
Baum: Wächst mittelstark. Neigt zu hängendem Wuchs, bildet gleichmäßig Fruchtholz. Guter Befruchter, blüht mittelspät. Fruchtet früh und bringt gute, regelmäßige Erträge. Frost- und krebswiderstandsfähig.
Besondere Merkmale: Zeigt typische „Prinzenmerkmale“: längliche Form, spitz endender Kelchbereich, dünner Stiel, enge Stielgrube, offenes Kernhaus.
Verwechslersorten: 'Geheimrat Breuhahn', 'Prinzenapfel'.

Fraas' Sommerkalvill

Weitere Namen: 'Fraas' Weißer Sommerkalvill', 'Sommerkalvill'.
Herkunft: Zufallssämling von Dekan FRAAS in Balingen/Baden-Württemberg entdeckt. 1850 erstmals von E. LUCAS beschrieben, heute in Süddeutschland nur noch vereinzelt vorkommend.

Allgemeine Beurteilung: Auch für rauere Lagen ein sehr interessanter, streuobstgeeigneter Herbstapfel, dessen Baum sehr robust ist und einen günstigen Kronenaufbau zeigt.
Verwendung: Tafel- und Wirtschaftsapfel.
Frucht: Pflückreif Anfang bis Mitte September, genussreif bis Oktober. Mittelgroß bis groß. Form etwas unregelmäßig, kugelförmig, wenig abgeflacht, zur kleinen Kelchfläche leicht verjüngt, teils auch etwas hochgebaut, stielbauchig. Oberfläche leicht uneben mit schwachen breiten Kanten, oft ist eine Kante besonders ausgeprägt, sodass die Frucht ungleichhälftig wird. Grundfarbe grünlich gelb, Deckfarbe nur sonnenseitig blassrot verwaschen und gestreift. Schale uneben, manchmal warzig, leicht fettig, glänzend und mit vielen feinen, bräunlichen Lentizellen versehen. Stielgrube tief, eng bis mittelweit, strahlig berostet. Stiel kurz bis mittellang, etwas fleischig und mitteldick. Kelchgrube tief bis mitteltief und weit. Kelch geschlossen, von Falten und kleinen Rippen umgeben. Kernhaus mittelgroß, mit halbmondförmigen Wänden. Wenig vollkommen entwickelte, spitzovale Kerne. Fruchtfleisch weiß, locker und angenehm süß, weinsäuerlich gewürzt.
Baum: Anfangs stark, später schwächer wachsend. Krone hochgewölbt kugelförmig und stark verzweigt. Blüte mittelspät, mittelgroße, etwas rosafarbene Blütenblätter, Kelchblätter lang. Ertrag früh einsetzend und hoch, nur wenig alternierend. Der Baum ist äußerst robust und wenig anfällig für Krankheiten und Schädlinge.
Besondere Merkmale: Unregelmäßige Kelchfläche mit Rippen, die bis an den Kelch verlaufen. Grünliche Streifen in der Grundfarbe. Weißes Fruchtfleisch.
Verwechslersorte: 'Herzogin Olga'.

Französische Goldrenette

Weitere Namen: 'Reinette Doreé', 'Goldrenette', 'Renette von Tettnang', 'Edelroter vom Bodensee'.
Herkunft: Frankreich. Heute in Deutschland und Frankreich noch vereinzelt vorkommend.

Allgemeine Beurteilung: Hervorragend schmeckender Tafelapfel, jedoch häufig kleinfrüchtig. Um gute Fruchtgrößen zu erreichen, ist regelmäßiger Schnitt erforderlich. Benötigt für beste Fruchtqualität hochwertige Böden und ausreichende Düngung.
Verwendung: Tafelapfel.
Frucht: Pflückreif Oktober, genussreif November bis Januar. Klein bis mittelgroß. Kugelförmig abgeflacht (teils auch breitgedrückt), manchmal leicht stielbauchig. Oberfläche teils uneben, oft mit schwachen breiten Kanten. Grundfarbe gelb, rundum leuchtend rot verwaschen. Schale matt, mit vielen grünbraunen, mittelgroßen bis großen, deutlich fühlbaren, erhabenen Lentizellen. Stielgrube mitteltief, eng und meist strahlig. Stiel mittellang und holzig. Kelchgrube flach, mittelweit bis weit, etwas schüsselförmig, unterbrochen ringförmig berostet. Kelch mittelgroß bis groß, halb bis ganz geöffnet. Kelchhöhle mitteltief bis tief und meist breit trichterförmig. Kerne klein bis mittelgroß, teils rundlich. Fruchtfleisch gelb, fest, mäßig saftig, ausgeglichenes Zucker-Säure-Verhältnis, feinaromatischer, leicht würziger Geschmack.

Baum: Mittelstark wachsende Bäume mit aufstrebenden schlanken Ruten. Kronen hochkugelig, nicht sehr alt werdend. Blätter auffallend schmal. Die Sorte blüht mittelfrüh. Der Ertrag setzt früh ein und ist hoch. Wenig anfällig gegenüber Krankheiten und Schädlingen.
Besondere Merkmale: Flach gebaute Frucht, gut schmeckend, mit flacher Kelchgrube und meist weit geöffnetem Kelch. Große helle, fühlbar erhabene, oft berostete Lentizellen. Schmale Blätter.
Verwechslersorten: 'Goldrenette aus Blenheim', 'Königlicher Kurzstiel', 'Orleansrenette'.

Freiherr von Berlepsch

Weitere Namen: 'Goldrenette Freiherr von Berlepsch', 'Berlepsch'.
Herkunft: 1880 von DIETRICH UHLHORN jr. gezüchtet und nach dem damaligen Düsseldorfer Regierungspräsidenten benannt, heute in ganz Deutschland verbreitet.
Eltern: 'Ananasrenette' × 'Ribston Pepping'.

Allgemeine Beurteilung: Hervorragend schmeckender Tafelapfel mit hohem Vitamin-C-Gehalt, der seine geschmacklichen Qualitäten monatelang hält. Der Baum ist jedoch blüten- und holzfrostempfindlich und bevorzugt milde Lagen. Ertragsmäßig oft nicht befriedigend. Die Mutante 'Roter Berlepsch' hat besser gefärbte, kleinere Früchte. Auf trockenen Böden fallen die Früchte häufig vorzeitig ab.
Verwendung: Tafelapfel.
Frucht: Pflückreif Ende September bis Mitte Oktober und bis März genussreif. Mittelgroß (110–130 g schwer). Kugelförmig abgeflacht. Oberfläche durch schwache breite Kanten uneben. Grundfarbe gelb, mit braunroter Deckfarbe, die charakteristisch gestreift oder marmoriert ist. Stielgrube meist mitteltief und meist mittelweit, manchmal mit schwachen Kanten. Stiel kurz bis mittellang und holzig. Kelchgrube mitteltief, meist mittelweit, mit feinen Falten, meist mit fünf ausgeprägten Rippen. Kelch mittelgroß, geschlossen bis halb geöffnet. Kernhaus klein, Wände halbmondförmig. Viele gut ausgebildete Kerne, mittelbreit und kurz zugespitzt. Fleisch gelblich weiß, fest, sehr saftig und gut, edelaromatisch gewürzt.
Baum: Wuchs anfangs stark, später deutlich schwächer. Geschlossene, breit-kugelförmige Krone mit guter Verzweigung. Blüte mittelspät, lang anhaltend und frostempfindlich. Ertrag nur mittelhoch und stark schwankend. Anfällig gegen Krebs, Spitzendürre und Kragenfäule sowie schwefelempfindlich.
Besondere Merkmale: Kelchgrube mit meist fünf deutlichen Rippen oder auch Höckern. Kernfächer geschlossen. Büschelartiger Neutrieb an Triebspitzen.
Verwechslersorte: 'Baumanns Renette'.

Gascoynes Scharlachroter

Weitere Namen: 'Gascoynes Scharlachroter Sämling', 'Gascoyne's Scarlet', 'Friedrich August von Sachsen', 'Schöner von Russdorf'.
Herkunft: Von GASCOYNE in Kent/England gezüchtet. 1871 in den Handel gebracht.

Allgemeine Beurteilung: Eine durch ihre leuchtende Farbe ins Auge fallende Frucht, die mit ihrem charakteristisch feinen Aroma eine Liebhabersorte darstellt. Der Baum ist jedoch sehr schorfanfällig, zeigt keinen schönen Wuchs und trägt unregelmäßig.
Verwendung: Tafelapfel.
Frucht: Pflückreif Ende September, genussreif Oktober bis Dezember. Mittelgroß bis groß (145–170 g). Form insgesamt unregelmäßig, manchmal ungleichhälftig, kugelförmig abgeflacht, teils auch etwas breitgedrückt, leicht stielbauchig. Oberfläche uneben, mit meist drei bis vier mittelstarken bis starken Kanten. Grundfarbe gelblich grün, bei Vollreife hellgelb, sonnenseits hell purpurrot, flächig verwaschen bis marmoriert, hellblau bereift und mit vielen, meist erhabenen Lentizellen versehen. Stielgrube mitteltief bis tief, eng. Stiel mittellang und mitteldick, knopfig. Kelchgrube tief, mittelweit, mit feinen Falten, teils auch ausgeprägten Rippen versehen. Kelch groß, meist ganz geöffnet. Kernhaus klein bis mittelgroß, Achse meist geschlossen, z. T. aber auch offen, Wände bogenförmig, mit wenigen feinen Rissen. Wenige gut ausgebildete, kleine Kerne. Fruchtfleisch grünlich weiß bis weiß, in Schalennähe teils rötlich, fest, saftig mit sortentypisch parfümiertem Aroma.

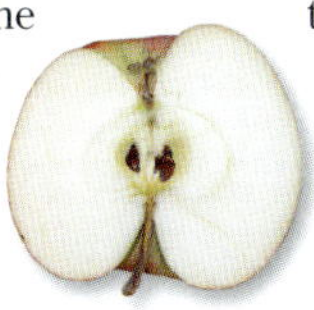

Baum: Wuchs mittelstark. Kronen flachkugelig mit sparrigem Wuchs und flacher Aststellung. Die Blüte setzt mittelspät ein und ist etwas frostanfällig. Ertrag ungleichmäßig und im Durchschnitt nur mittelhoch. Anfällig für Schorf und Fruchtfäule.
Besondere Merkmale: Grün und rot umhöfte Lentizellen. Tiefe Kelchgrube und sehr tiefe Kelchhöhle. Kleines Kernhaus, wenig ausgedehnte Gefäßbündellinie. Parfümierter Geschmack.
Verwechslersorte: 'Jakob Fischer'.

Geflammter Kardinal

Weitere Namen: 'Geflammter Weißer Kardinal', 'Pleissner Rambur', 'Bischofsmütze', 'Dickapfel', 'Falscher Gravensteiner', 'Kaiserapfel', 'Lorenziapfel', 'Straßburger'.
Herkunft: Bereits 1801 von DIEL beschriebener Zufallssämling aus Norddeutschland.

Allgemeine Beurteilung: Alte, sehr robuste und für alle Verwendungszwecke geeignete Sorte, die sich wegen ihrer hohen Vitalität weit verbreiten konnte.
Verwendung: Tafel-, Wirtschafts-, Saft- und Mostapfel.
Frucht: Genussreif von Oktober bis Januar. Groß (150–250 g). Form insgesamt sehr unregelmäßig, oft ungleichhälftig, von kugelförmig abgeflacht über kegelförmig abgestumpft bis fassförmig, meist stielbauchig. Oberfläche uneben, mit drei bis vier breiten Kanten. Grundfarbe hellgelb, mit geflammten roten Streifen überzogen, Sonnenseite mit kaum sichtbaren Lentizellen. Stielgrube hellbraun berostet, mitteltief bis tief, mittelweit. Stiel kurz und mitteldick. Kelchgrube mitteltief, eng bis mittelweit sowie kantig. Kelch geschlossen bis halb geöffnet, Kelchblätter grün, lang und schmal, befilzt. Kernhaus groß, Achse weit geöffnet, Kernfächer geräumig, Wände rissig und ausgeblüht. Kerne braun, manchmal unvollkommen ausgebildet. Fruchtfleisch grünlich bis gelbweiß, saftig und erfrischend, aber ohne spezifische Würze und Geruch.
Baum: Stark wachsende Sorte, bildet breite, leicht hängende Krone. Der Baum wird sehr groß und hat ein langes Lebensalter. Blüte mittelfrüh, sehr lang und robust. Als Pollenspender ungeeignet (triploid). Der regelmäßige Ertrag setzt früh ein und ist gut. Sehr geringe Alternanzneigung. Die Anfälligkeit für Krankheiten und Schädlinge liegt im unteren bis mittleren Bereich. Geringe Klima- und Bodenansprüche.
Besondere Merkmale: Unregelmäßige, breitkantige, oft hochgebaute Frucht mit weit geöffnetem Kernhaus und sich häufig lösenden Kernen (Klapperapfel).
Verwechslersorten: 'Dülmener Rosenapfel', 'Gravensteiner'.

Geheimrat Breuhahn

Herkunft: 1895 in Geisenheim aus 'Halberstädter Jungfernapfel' entstanden, 1934 in den Handel gebracht. In ganz Deutschland verbreitet.

Allgemeine Beurteilung: Eine ertragreiche Wintersorte, die sich gut lagern lässt, vorausgesetzt, die druckempfindlichen Früchte werden schonend geerntet. Aromatische Früchte werden bereits in geschützten mittleren Lagen und durch eine entsprechende Kronenpflege erzielt. Hierzu gehören regelmäßige Fruchtholzerneuerung und Ausdünnen, um den Anteil fader, kleiner Früchte zu vermindern.
Verwendung: Tafel- und Wirtschaftsapfel.
Frucht: Pflückreif Anfang Oktober, bleibt bis Februar genussreif. Mittelgroß. Teils eiförmig, meist breit-eiförmig. Oberfläche eben. Grundfarbe baumreif grüngelb, Deckfarbe orangerot, z. T. auch kräftig rot, etwas trüb, auch verwaschen marmoriert oder gestreift. Schale glatt und fettig. Stielgrube eng bis mittelweit, mitteltief, mit olivfarbenem Rost. Stiel mittellang. Kelchgrube sehr flach und weit, mit feinen Falten und kleinen Höckern. Kleiner geschlossener Kelch, lange Blätter, dicht und aufrecht. Kernhaus sehr groß, Wände bogenförmig, mit feinen, auch schmalen Rissen. Zahlreiche Kerne, gut ausgebildet und lang zugespitzt. Saftiges Fruchtfleisch mit mittlerer Festigkeit, leicht gewürzt.

Baum: Mittlere Wuchsstärke. Kronenform pyramidal. Holz und Blüte frostempfindlich. Mittelfrühe Blüte, gute Befruchtersorte. Wird sehr früh fruchtbar und bringt hohe Erträge, allerdings alternierend. Gering bis mittel anfällig. Bevorzugt gute Böden, hat mittlere Wärmeansprüche.
Besondere Merkmale: Mittelgroße breiteiförmige Frucht mit kleiner Kelchfläche und sehr typischem, ebenfalls eiförmigem Kernhaus mit langen schmalen Wänden.
Verwechslersorten: 'Geheimrat Dr. Oldenburg', 'Halberstädter Jungfernapfel'.

Geheimrat Dr. Oldenburg

Weiterer Name: 'Oldenburg'.
Herkunft: 1897 in Geisenheim gezüchtet.
Eltern: 'Minister von Hammerstein' × 'Baumanns Renette'.

Allgemeine Beurteilung: Der farbige Herbstapfel ist ein Massenträger mit annehmbarer Fruchtqualität. Bei sehr hohem Ertrag sind die Früchte meist zu klein und schmecken fade. Durch Ertragssicherheit und -höhe hat sich die Sorte bewährt. Für Hochstamm allerdings wenig zu empfehlen.
Verwendung: Tafel- und Wirtschaftsapfel.
Frucht: Pflückreif September, genussreif bis November. Mittelgroß (L = 60–70 mm, B = 60–70 mm, 100–140 g). Kugelförmig, wenig abgeflacht, zur kleinen Kelchfläche verjüngt, oft auch hochgebaut. Grundfarbe gelbgrün, Deckfarbe hell- bis dunkelrot, marmoriert und schwach gestreift. Stielgrube flach bis mitteltief, mittelweit, grünlich, auch fein olivgrün und berostet. Stiel kurz, holzig. Kelchgrube flach, mittelweit, mit feinen Falten und schwachen Rippen. Kelch mittelgroß, halb geöffnet. Kernhaus unten mit Gefäßbündellinie bündig. Zahlreiche große und breite Kerne. Fruchtfleisch weißlich gelb, feinzellig, süßsäuerlich, mild, ohne besonderes Aroma.

Baum: Wuchs anfangs stark, später mittelstark, an manchen Standorten auch schwach. Aufrechter Kronenaufbau mit später geneigten Gerüstästen und guter Verzweigung. Sehr kräftige, rotbraune Jahrestriebe und große, feste Blätter. Mittelfrühe, auffallend rote Blüten mit kleinen Blütenblättern. Der Ertrag setzt früh ein. Die Sorte trägt oft schon am einjährigen Holz und ist ein Massenträger. Sie ist wenig empfindlich gegenüber Mehltau und Schorf und wird auch vom Apfelwickler wenig befallen, ist aber krebsanfällig.
Besondere Merkmale: Hochgebaut erscheinende Frucht mit typisch marmorierter, schnell fettiger Schale. Stielgrube auch bei Vollreife matt olivgrün gefärbt.
Verwechslersorten: 'Geheimrat Breuhahn', 'Goldparmäne', 'Schöner aus Herrnhut'.

Gehrers Rambur

Herkunft: 1885 auf dem Grundstück des Kammersängers Sontheimer in Göppingen-Jebenhausen/Baden-Württemberg zufällig entstanden. Nach dem späteren Grundstückseigentümer Heinrich Gehrer benannt. Soll von 'Roter Trierer Weinapfel' abstammen.

Allgemeine Beurteilung: Robustheit, Widerstandsfähigkeit gegen Feuerbrand und gute Fruchtbarkeit zeichnen diese Sorte für den Streuobstbau aus. In höheren Lagen bleiben die Früchte jedoch zu sauer.
Verwendung: Saft- und Mostapfel (hohe Saftausbeute, Säureträger).
Frucht: Pflückreif Mitte bis Ende Oktober, muss sofort verwertet werden, um Fruchtfäulen zu verhindern. Mittelgroß bis groß. Form unregelmäßig, kugelförmig, wenig abgeflacht, auch breit-eiförmig oder fassförmig, stielbauchig. Oberfläche eben, mit schwachen breiten Kanten. Grundfarbe grünlich gelb bis grün, sonnenseits bräunlich rot verwaschen. Schale glatt, leicht wachsig und zäh. Stielgrube meist mitteltief und mittelweit, manchmal mit breiten Kanten, oft nur am Grunde berostet. Stiel kurz bis mittellang und mitteldick. Kelchgrube mitteltief, eng, auch mittelweit, mit feinen Falten und teils ausgeprägten Rippen. Kelch mittelgroß, geschlossen, Blätter lang, mit schmalen Spitzen, teils zurückgeschlagen. Kernhaus mittelgroß, Achse geschlossen, teils geöffnet, Kernfächer wenig geräumig. Kerne mittelgroß sowie kurz zugespitzt. Fruchtfleisch grünlich weiß, fest und sehr saftig, wird schnell braun, neigt zur Glasigkeit.
Baum: Mittelstarker Wuchs. Hochpyramidale Krone und deutliche Mittelachse, stark hängende Fruchtäste. Die triploide Sorte blüht spät. Der früh einsetzende Ertrag ist sehr hoch und regelmäßig. Anfällig für Apfelwickler- und Lausbefall, aber widerstandsfähig gegen Feuerbrand.
Besondere Merkmale: Breit-eiförmige Frucht mit meist unberosteter Stielgrube. Hohe Krone mit stark hängenden Ästen.

Verwechslersorten: 'Fießers Erstling', 'Lanes Prinz Albert', 'Schwaikheimer Rambur'.

Gelber Bellefleur

Weitere Namen: 'Yellow Bellflower', 'Metzgers Kalvill', 'Bellflower', 'Lineous Pippin', 'Schafsnase' (Schweiz).
Herkunft: Vermutlich 1750 in Burlington, USA, entstanden. Durch die Gebrüder BAUMANN um 1834 zu METZGER nach Baden gekommen, von dort aus verbreitet.

Allgemeine Beurteilung: Die an den Standort anspruchsvolle und für verschiedenste Schaderreger anfällige Sorte erfordert eine intensive Boden- und Baumpflege. Befriedigende Ernten werden weiterhin nur erzielt, wenn der Schnitt an das Triebwachstum, insbesondere die Fruchtholzbildung des Baumes angepasst wird.
Verwendung: Tafelapfel.
Frucht: Pflückreif Mitte bis Ende Oktober, genussreif von November bis März. Mittelgroß, auch groß. Meist kegelförmig gebaut, wenig abgestumpft, häufig auch breiteiförmig. Oberfläche uneben, mit fünf deutlichen breiten Kanten. Grundfarbe helles Gelb, Deckfarbe trüborange bis braunrot. Schale trocken, fest, mit zahlreichen, fühlbar erhabenen, dreieckigen verkorkten Lentizellen. Stielgrube tief und eng, teils mit schwachen Kanten, manchmal einseitig verengt, auch mit Nase. Kelchgrube flach bis mitteltief, eng bis mittelweit, mit feinen Falten und ausgeprägten Rippen, auf dem Rand auch große Höcker, die als Kanten über die Frucht weiterlaufen. Kelchblätter mittellang, mittelbreit, meist aufrecht. Flache Kelchhöhle, mittelbreit und trichterförmig, stark abgestumpft, in röhrenförmige Kelchröhre übergehend. Kernhauswände schmal, bogen- auch nierenförmig, mit stark ausgeblühten Rissen. Kerne groß, lang und breit. Fleisch weiß- bis lachsgelb, fest, abknackend, mäßig saftig, fein gewürzt, bananenartig.
Baum: Wächst mittelstark. Bildet lange Fruchtruten. Strenger Fruchtholzschnitt ungeeignet. Mittelspäte Blüte, wenig witterungsempfindlich.
Besondere Merkmale: Teils starke Rippen oder Höcker auf der Kelchseite. Erhabene hellbraune, teils eckig verkorkte Lentizellen.

Verwechslersorten: 'Gelber Richard', 'Golden Delicious', 'Grahams Jubiläumsapfel'.

Gelber Edelapfel

Weitere Namen: 'Golden Noble', 'Gelber Scheibenapfel', 'Glasrenette', 'Wachsapfel', 'Zitronenapfel'.
Herkunft: Zufallssämling aus Downham, England, ab 1820 verbreitet.

Allgemeine Beurteilung: Zählt zu den ausgesuchten englischen Küchenäpfeln. Er gehört als säuerlicher Apfel nicht zu den vorrangigen Tafeläpfeln, sondern hat seine Vorzüge nach wie vor als Back- und Dessertapfel. Im Anbau ist die Sorte anspruchslos, nicht zu schwere Böden vorausgesetzt, und gut im Garten zu kultivieren.
Verwendung: Tafel- und Wirtschaftsapfel.
Frucht: Pflückreif Ende September, genussreif bis Dezember/Januar. Mittelgroß bis groß. Meist kugelförmig abgeflacht. Oberfläche eben, selten mit kaum wahrnehmbaren schwachen breiten Kanten. In der Vollreife leuchtend zitronengelb, meist ohne Deckfarbe. Schale glatt, wachsig, fein bereift. Stielgrube flach bis mitteltief, mittelweit bis weit, mit markantem, meist asymmetrischem „Rostklecks". Stiel kurz, fleischig, vereinzelt durch Wulst zur Seite gedrückt. Flache bis mitteltiefe Kelchgrube, schüsselförmig, teils mit feinen Falten, teilweise berostet. Kelch mittelgroß, dreiviertel bis ganz geöffnet. Trichterförmige Kelchhöhle, in schmale röhrenförmige Kelchröhre übergehend. Kernhaus groß, Wände halbmondförmig. Mittelgroße, gut ausgebildete Kerne. Fruchtfleisch weißgelblich und feinzellig, mit feinwürziger, teils kräftiger Säure, reich an Vitamin C.

Baum: Mittelstarker bis starker Wuchs. Bildet breite Krone. Mittelfrüh einsetzende, lange Blüte, witterungsunempfindlich. Bringt regelmäßige Erträge. Holz und Blüten sind frosthart. Auf schweren Böden krebsgefährdet, nicht für trockene Böden geeignet wegen Fruchtfall. Auch in kalten, ungeschützten Lagen anbauwürdig.
Besondere Merkmale: Frucht mit gelber Grundfarbe. Schmale, teils breite, oft fast bis zum Kernhaus reichende Kelchröhre. Einjährige Triebe bis zur Mitte oft ohne Blätter.
Verwechslersorten: 'Deans' Küchenapfel', 'Landsberger Renette', 'Seestermüher Zitronenapfel'.

Gelber Richard

Weitere Namen: 'Gelber Grand Richard', 'Eutiner Gelber Richard', 'Winter-Richard', 'Stintenburger' u. a.
Herkunft: Sehr alte Sorte aus Mecklenburg, Anfang 1800 beschrieben. Früher besonders in der Ostseeregion später auch spärlich bis Süddeutschland verbreitet.

Allgemeine Beurteilung: Früher hochgelobter, als Ersatz für den 'Gravensteiner' gehandelter Apfel. Vorzeitiges Abwerfen der Früchte, hohe Schorf- und Krebsanfälligkeit sorgten dafür, dass die Sorte heute nicht mehr häufig anzutreffen ist.
Verwendung: Tafel-, Wirtschafts- und Mostapfel.
Frucht: Pflückreif Mitte Oktober, genussreif bis Dezember. Mittelgroß. Form etwas unregelmäßig, meist kegel-, auch spitzkegelförmig abgestumpft, hochgebaut. Oberfläche etwas uneben, mit fünf breiten schwachen Kanten. Schale grünlich weiß, bei Reife hellgelb, glatt, geschmeidig, wie hell bereift, mit vielen weißen typischen Lentizellen. Sonnenseite selten ganz schwach gerötet. Stielgrube eng bis mittelweit, grob berostet. Stiel kurz. Kelchgrube flach, eng, mit feinen Falten und Rippen. Kelch geschlossen bis halb geöffnet mit langen Kelchblättern. Kernhaus groß, Achse spaltartig bis weit geöffnet, Kernfächer geräumig, zur Achse wenig geöffnet. Gut ausgebildete, kleine, braune Kerne, länglich zugespitzt. Fleisch weiß, dicht, süßaromatisch, sehr saftig. Zuckergehalt bei 14% (59° Oechsle).

Baum: Mittelstark bis stark wachsend. Hohe Krone. Späte Erträge, selten hoch. Mittelfrühe Blüte, relativ robust. Guter Pollenspender. Stark mehltau-, schorf- und krebsanfällig.
Besondere Merkmale: Meist hochgebaute Frucht, wie weiß bereift mit weißen Lentizellen auf gelbem Grund. Typisch raue, oft über den Rand hinaus berostete Stielgrube.
Verwechslersorten: 'Gelber Bellefleur', 'Golden Delicious'.

Gewürzluiken

Weitere Namen: 'Gewürzluike', 'Gewürzluikenapfel'.
Herkunft: Zufallssämling, seit etwa 1885 von Nordwürttemberg aus verbreitet.

Allgemeine Beurteilung: Für wärmere bis mittlere Lagen eine empfehlenswerte, geschmackvolle Sorte, die allerdings in manchen Jahren etwas schorf- und krebsanfällig ist.
Verwendung: Tafel- und Mostapfel.
Frucht: Pflückreif Mitte bis Ende Oktober, bis März haltbar. Mittelgroß (100–125 g). Form etwas unregelmäßig, meist kegelförmig wenig abgestumpft, teils kugelförmig wenig abgeflacht, stielbauchig. Oberfläche uneben, oft mit fünf starken Kanten. Grundfarbe zunächst gelbgrün, später gelb, Deckfarbe karminrot gesprenkelt bis dunkelrot verwaschen mit kräftigen braunroten, häufig unterbrochenen Streifen versehen. Stielgrube meist mitteltief, eng und zimtfarben berostet. Stiel meist kurz und knopfig. Kelchgrube flach, mittelweit, mit feinen Falten. Kelch mittelgroß, meist geschlossen. Kernhaus klein, mittig, Achse geschlossen, Kernfächer eng. Kerne gut ausgebildet, mittelgroß und länglich. Gefäßbündellinie mittelgroß und kelchnahe. Fruchtfleisch weiß bis grünlich weiß, etwas grob, frisch saftig, angenehm säuerlich und leicht würzig.

Baum: Wuchs mittelstark und gut verzweigend. Baum rundkronig und ziemlich dicht. Bildet viele vorzeitige Triebe und benötigt regelmäßiges Auslichten sowie gute Ernährung für befriedigenden Wuchs. Blüht spät und lang anhaltend, Blütenblätter höchstens mittelgroß und mit viel Rosa. Ertrag mittelhoch, aber gleichmäßig. In manchen Jahren und Lagen anfällig für Schorf und auf nassen Böden für Krebs. Empfindlich für Holzfrost, daher Neigung zu Spitzendürre.
Besondere Merkmale: Früchte meist sehr dunkel gestreift und ausgefärbt. Zimtfarbig berostete Stielgrube. Feste Frucht mit harter, beim Verzehr störender Schale. Fleisch in Schalennähe teils rot geädert.
Verwechslersorte: 'Luikenapfel'.

Glockenapfel

Weitere Namen: 'Weißer Winterglockenapfel', 'Schweizer Glockenapfel', 'Altländer Glockenapfel', 'Echter Glocken'.
Herkunft: Aus dem Alten Land bei Hamburg.

Allgemeine Beurteilung: Die erfrischende Säure und die gute Lagerfähigkeit zeichnen diese Sorte aus. Sie neigt jedoch zum Vorerntefruchtfall. Der Baum benötigt einen fachkundigen Schnitt, denn er verkahlt sehr gern und bildet senkrecht stehende Triebe.
Verwendung: Tafel- und Backapfel.
Frucht: Pflückreif Mitte bis Ende Oktober, genussreif Januar bis April. Mittelgroß bis groß (170–200 g). Form oft sehr unregelmäßig und ungleichhälftig, kegelförmig, wenig abgestumpft und glockenförmig, stielbauchig. Oberfläche uneben, teils beulig und warzig, mit schwachen breiten Kanten. Grundfarbe grünlich gelb, sonnenseits mehr oder weniger ziegelrot angehaucht und mit rot umhöften Lentizellen versehen. Stielgrube mitteltief und mittelweit. Stiel kurz, mitteldick und holzig. Durch die kurzen Stiele können sich die Früchte vorzeitig abdrücken. Kelchgrube mittelweit bis weit, flach, mit feinen Falten, teils auch schwachen Rippen. Kelch mittelgroß, geschlossen oder halb offen, Blätter grün und wollig, teils am Grund getrennt. Kernhaus mittelgroß, Achse mittellang, weit geöffnet, Wände mittelgroß, bogen-, auch nierenförmig. Kerne sehr gut ausgebildet, rehbraun, mittelgroß bis groß, kurz zugespitzt, häufig anhaftend. Fruchtfleisch weiß, anfangs wenig saftig, feinsäuerlich.
Baum: Wuchs zunächst mittelstark, später schwächer. Die im oberen Bereich büschelartig verzweigten Langtriebe verkahlen an der Basis, was zu sortentypisch hängendem Wuchs führt. Häufig bilden sich senkrecht stehende Jungtriebe. Die Sorte blüht mittelspät und hat rosa gefärbte Kronblätter. Ertrag mittelfrüh einsetzend, mittelhoch und alternierend.
Besondere Merkmale: Hängende Kronenform. Glockenförmige, oft hochgebaute, feste Frucht. Fruchtfleisch mit erfrischender Säure. Dicke, häufig anhaftende Kerne.

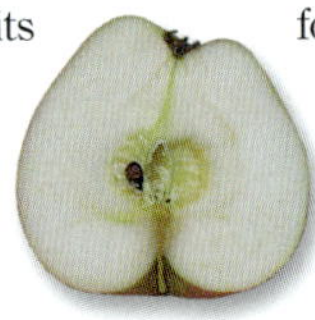

Gloria Mundi

Weitere Namen: 'Josephinenapfel', 'Herrenapfel', 'Pfundapfel', 'Stiefmütterchen' (Bodensee).
Herkunft: Zufallssämling, Nordamerika.

Allgemeine Beurteilung: Die Sortenbezeichnung – übersetzt bedeutet der Name „Ruhm der Welt" – erscheint angesichts des allenfalls mittleren Geschmacks etwas überzogen, auch wenn es sich um einen Apfel von beachtlicher Größe handelt (vor allem Schaufrucht). Verwendung findet er hauptsächlich in der Küche.
Verwendung: Wirtschaftsapfel.
Frucht: Pflückreif Mitte Oktober, bis Mai lagerfähig. Meist sehr groß. Form etwas unregelmäßig, manchmal ungleichhälftig, meist kugelförmig abgeflacht. Oberfläche meist eben, teils mit schwachen breiten Kanten. Grundfarbe grünlich gelb, bildet nur wenig fahlorange Deckfarbe. Schale glatt, glänzend, mit sonnenseitig kleinen, hell umhöften, gut sichtbaren Lentizellen. Stielgrube tief und weit, teils durch flache Kanten unregelmäßig. Kurzer, dicker, oft fleischiger Stiel. Kelchgrube mitteltief bis tief, eng bis weit, mit ausgeprägten Rippen. Kelch mittelgroß, geschlossen bis halb geöffnet, befilzt, Blätter breit, kurz, flach nach innen gerichtet. Kelchhöhle mitteltief bis tief, kegel-, auch trichterförmig, teils als breite Röhre ins Kernhaus führend. Kernhaus groß, Achse weit geöffnet, Wände schmal bogen-, auch mondsichelförmig mit mittelbreiten meist ausgeblühten Rissen. Kleine, teils fast kugelige Kerne. Fleisch mäßig saftig, grobe Textur, wenig Aroma, etwas süß.
Baum: Wächst sehr stark mit pyramidaler Krone. Deshalb im Ertrag unbeständig und fast nie befriedigend. Witterungsempfindliche Blüte. Soll auf guten Böden auch noch in rauer Lage gedeihen.
Besondere Merkmale: Sehr große Frucht, mit groß umhöften kleinen Lentizellen, die sehr deutlich sichtbar sind. Großes offenes Kernhaus mit schmalen langen Wänden. Kleine rundliche Kerne.
Verwechslersorten: 'Riesenboiken', 'Hausmütterchen'.

Goldparmäne

Weitere Namen: 'Englische Wintergoldparmäne', 'Wintergoldparmäne', 'King of the Pippins', 'Reine de Reinette'.
Herkunft: Die Sorte soll 1204 in der englischen Grafschaft Worcestershire entstanden sein. 1800 von DIEL eingeführt.

Allgemeine Beurteilung: Dass die über Jahrhunderte bestehende Spitzensorte heute aus den Sortimenten des Erwerbsanbaus nahezu verschwunden ist, hat verschiedene Gründe. Neben Vorerntefruchtfall ist es vor allem die mangelnde innere Qualität auf schwach wachsenden Unterlagen.
Verwendung: Tafelapfel.
Frucht: Pflückreif Ende September, genussreif von Oktober bis Januar. Mittelgroß. Form insgesamt etwas unregelmäßig, teils kugelförmig abgeflacht, meist aber kegelförmig abgestumpft (langsam abnehmend). Grundfarbe vollreif goldgelb, Deckfarbe verwaschen goldrot, auch trübrot. Schale glatt und trocken. Stielgrube mitteltief, eng bis mittelweit, oft bis zum Rand fein berostet. Stiel mittellang und mitteldick. Flache Kelchgrube, schüsselförmig und weit. Kelch mittelgroß, ganz geöffnet, mit grünen, langen Blättchen. Kelchhöhle flach, breit und trichterförmig. Kernhaus mittelgroß, Wände halbmondförmig mit sehr schmalen, schwach ausgeblühten Rissen. Rehbraune, ovale, mittelgroße Kerne. Fleisch gelborange, abknackend, saftig, sortentypisch nussig gewürzt, häufig glasig.

Baum: Wuchsstärke lässt ertragsbedingt bald nach. Neigt zum Vergreisen, Fruchtholz ist regelmäßig zu erneuern. Blüte etwas frostempfindlich, blüht mittelspät. Anfällig für verschiedenste Schaderreger, vor allem Obstbaumkrebs. Verlangt nährstoffreiche Böden, bis in mittlere Lagen anbaufähig.
Besondere Merkmale: Flache schüsselförmige Kelchgrube. Kelch teils weit geöffnet mit kurzen, breiten grünlichen Blättern. Fleisch oft glasig.
Verwechslersorten: 'Geheimrat Dr. Oldenburg', 'Geheimrat Wesener', 'Goldrenette aus Blenheim', 'Linsenhofer Sämling'.

Goldrenette aus Blenheim

Weitere Namen: 'Blenheim Orange', 'Blenheim', 'Woodstock Pippin'.
Herkunft: Um 1740 in Woodstock, England, im Schlosspark des HERZOGS VON MARLBOROUGH gefunden und nach dem benachbarten Landsitz genannt.

Allgemeine Beurteilung: Bereits um 1900 als Liebhabersorte eingestuft, denn auf den meisten Standorten trägt sie nur unbefriedigend. Warme Lagen, normal feuchte und wegen der Stippe- und Krebsgefahr keinesfalls schwere Böden müssen für einen befriedigenden Anbau zur Verfügung stehen. Die intensive Pflege dankt die Sorte allerdings mit aromatischen Früchten.
Verwendung: Tafelapfel.
Frucht: Pflückreif ab Anfang Oktober, genussreif bis Januar/Februar. Groß bis sehr groß. Form regelmäßig, kugelförmig wenig abgeflacht, leicht stielbauchig. Grundfarbe vollreif orangegelb, Deckfarbe matt- bis trübrot, marmoriert, deckend und gestreift. Schale ledrig, trocken, Schattenseite teilflächig berostet. Viele hell umhöfte Lentizellen. Stielgrube flach, weit bis sehr weit, teils mit Nase, die den Stiel beiseite drückt, rau und flächig berostet. Stiel kurz und mitteldick. Kelchgrube sehr flach bis flach, weit bis sehr weit. Kelch groß, weit geöffnet, Blätter kurz, sehr breit, mit scharf zurückgebogenen Spitzen. Kelchhöhle meist kaum zu erkennen, wenn vorhanden mitteltief, schmal kegelförmig. Kernhaus mittelgroß, Wände bogenförmig, mit schmalen, teils schwach ausgeblühten Rissen. Kerne lang, zugespitzt, oft Laub, oft taub. Fruchtfleisch mittelfest, wenig saftig, sehr typisch gewürzt, mit Walnussaroma.
Baum: Wächst sehr stark. Kronenform breitpyramidal, ausladend, sparrig. Die Sorte blüht mittelfrüh, ist witterungsempfindlich und ein schlechter Befruchter (triploid). Sie kommt spät in Ertrag. Anfällig für Krebs und Monilia, kaum für Schorf.
Besondere Merkmale: Sehr flache weite Kelchgrube, mit weit geöffnetem großem Kelch. Kerne oft taub, schmal und lang.

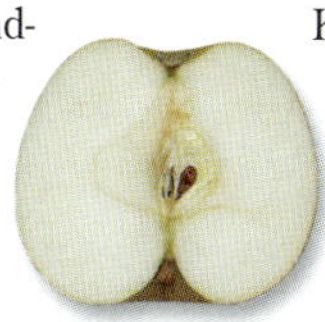

Verwechslersorten: 'Goldparmäne', 'Harberts Renette', 'Kaiser Wilhelm'.

Goldzeugapfel

Weitere Namen: 'Drap d'or de Bretagne', 'Goldstück-Apfel', 'GoldgestrickterApfel', 'Berlinger', 'Berlichinger', 'Donauers reinettenartiger Rambur' und zahlreiche andere.
Herkunft: Soll aus der Bretagne stammen, LE LECTIER hat ihn schon 1628 erwähnt, 1857 zur allgemeinen Anpflanzung in Deutschland empfohlen.

Allgemeine Beurteilung: Großer Tafelapfel mit gutem zitronenartigem Geschmack, der sehr fruchtbar und gut haltbar ist und früher in Deutschland weit verbreitet war.
Verwendung: Tafel- und Wirtschaftsapfel.
Frucht: Pflückreife Mitte bis Ende Oktober, haltbar bis Februar. Großer, flachkugelförmiger Apfel (150–250 g) mit gelblich grüner, glänzender Schale, die später gelb wird, auf der Sonneseite oft goldgelb. Viele kleine Lentizellen, oft grünlich umhöft, z. T. kleinere Rostfiguren. Kurzer holziger Stiel, oft auch fleischig und flaumig, in mitteltiefer, schwach faltiger Grube. Geschlossener bis halb offener Kelch mit kleinen Blättchen in flacher Kelchgrube mit Fleischperlen. Trichterförmige Kelchröhre, die z. T. bis zum Kernhaus geht. Hohlachsig, mit geräumigen, ohrenförmigen Kammern, mit ausgeblühten Rissen und kleinen, gut ausgebildeten eiförmig zugespitzten Samen. Hellgelbliches, feinzelliges und mürbes Fleisch, weinsäuerlich und leicht zitronenartig.

Baum: Kräftiger Wuchs mit hochkugelförmiger Krone und leicht hängenden Ästen. Die Knospen an den Jahrestrieben sind leicht wollig, klein, spitz und anliegend. Dunkelgrüne, eiförmige Blätter, Rand schwach gezähnt. Die Sorte blüht ziemlich spät und ist fruchtbar. Sie liebt warme und nicht zu trockene Standorte.
Besondere Merkmale: Große Frucht mit glatter, grüngelber, auf Sonnenseite goldgelber Schale. Meist weit geöffnete Achse mit großen Kammern.
Verwechslersorte: 'Landsberger Renette'.

Grahams Jubiläumsapfel

Weitere Namen: 'Royal Jubilee', 'Graham's Royal Jubilee' u. a.
Herkunft: Gezogen von JOHN GRAHAM aus Hounslow, England. 1888 wurde die Sorte registriert und ab 1893 durch die Baumschule BUNYARD, Maidstone, verbreitet.

Allgemeine Beurteilung: Die allgemeine Robustheit und Gesundheit des Baumes sowie eine feste gelbe Frucht sind die positiven Merkmale dieser Sorte. Sie eignet sich auch für rauere Mittelgebirgslagen und ist in solchen noch häufiger aufzufinden. Die frostharte Sorte wurde auch häufig als Sämlingsunterlage benutzt. Guter Backapfel.
Verwendung: Wirtschafts- und Tafelapfel.
Frucht: Pflückreif Mitte September, genussreif Oktober bis November/Dezember. Groß, durchschnittliches Fruchtgewicht bei 130 g. Form unregelmäßig, meist kegelförmig, wenig abgestumpft, hochgebaut, stielbauchig. Oberfläche durch breite, schwache Kanten etwas uneben. Grundfarbe gelbgrün, später hellgelb, Deckfarbe nur selten als hellroter Hauch vorhanden. Schale fest, glatt, matt glänzend. Stielgrube tief, weit, oft etwas strahlig berostet. Stiel kurz, dick und fleischig. Kelchgrube mitteltief, eng, selten berostet. Kelchhöhle trichterförmig, in breite röhrenförmige, teils fast bis zum Kernhaus reichende Röhre übergehend. Kernhauswände lang, bogenförmig, mit schmalen Rissen. Fruchtfleisch weißlich gelb, locker, mittelfeinzellig, mäßig saftig, feinsäuerlich, vorwiegend süß. Zuckergehalt bei 13% (55° Oechsle), Säurewerte knapp bei 10 g/l.

Baum: Mittelstark wachsend. Bildet breite, schirmartige Kronen. Späte Blüte von kurzer Dauer, witterungsunempfindlich. Beachtliche Holzfrosthärte. Früchte sind bei Reife windempfindlich, fallen leicht. Gegenüber den Hauptkrankheiten Schorf, Mehltau und Krebs ist die Sorte sehr widerstandsfähig. Keine besonderen Standortbedingungen.
Besondere Merkmale: Gelbe, feste und hochgebaute Frucht. Kelchröhre breit und lang. Kernhauswände lang, rissig.
Verwechslersorten: 'Deans' Küchenapfel', 'Gelber Bellefleur'.

Graue Herbstrenette

Weitere Namen: 'Graue Renette', 'Große Renette', 'Gelbe Renette', 'Lederapfelrenette', 'Sommer-' und 'Herbst-Rabau' u.a.
Herkunft: Alte Sorte, die wahrscheinlich aus Frankreich stammt. DIEL erhielt sie Anfang des 19. Jh. aus Metz.

Allgemeine Beurteilung: Unansehnliche Frucht mit lederartiger Schale und würzigem Fruchtfleisch, die sich in der Küche vielfältig verwerten lässt. Anspruchslose Sorte für den Streuobstanbau.
Verwendung: Tafel-, Wirtschafts- und Mostapfel.
Frucht: Pflückreif Mitte Oktober, genussreif bis Dezember. Mittelgroß. Form etwas unregelmäßig, kugelförmig abgeflacht, stielbauchig. Oberfläche uneben, meist mit drei bis fünf schwachen breiten Kanten. Grundfarbe grün, bei Vollreife gelbgrün, die oft nur auf der Schattenseite sichtbar wird, meist ohne Deckfarbe. Schale ledrig, häufig flächig berostet. Graue, in der Berostung grünliche, deutlich fühlbare Lentizellen. Stielgrube mitteltief, eng, etwas unregelmäßig. Stiel mittellang bis lang. Kelchgrube mitteltief, unregelmäßig. Kelch geschlossen bis halb geöffnet, befilzt, Kelchblätter mittellang, aufrecht, teils nach innen gerichtet. Kernhaus klein, Achse meist spaltartig geöffnet, Wände ohrenförmig. Kleine bis mittelgroße, längliche Kerne. Leicht mürbes, aber feines, grünlich weißes Fruchtfleisch, saftreich, weinsäuerlich und würzig.

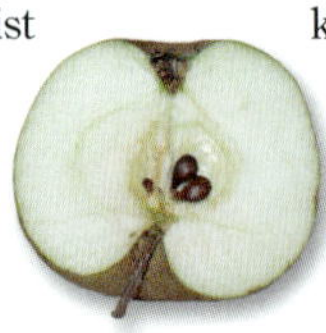

Baum: Große, gesunde Bäume mit breitgewölbter Krone, dichter als bei der 'Grauen Französischen Renette'. Mittelfrühe, lang andauernde Blüte, empfindlich gegen Nässe und Frost. Die Sorte trägt sehr gut, oft überreich. Keine großen Ansprüche an Standort. Auf trockenen Böden kleinere Früchte und Fruchtfall, auf schweren Böden krebsig.
Besondere Merkmale: Im Gegensatz zur 'Grauen Französischen Renette' zwiebelförmige Gefäßbündellinie, meist geschlossene Achse, frühere Reifezeit, stärkere Fruchtwelke und keine Deckfarbe.
Verwechslersorten: 'Coulons Renette', 'Graue Französische Renette', 'Zabergäurenette'.

Grauer Kurzstiel

Weitere Namen: ‘Courtpentu gris’, ‘Herrenapfel’, ‘Lederapfel’, ‘Raugast’.
Herkunft: Alte französische Sorte, bereits 1423 in der Stadt Rouen bekannt, von OLIVER DE SERRES 1608 erstmals beschrieben.

Allgemeine Beurteilung: Fruchtbarer, sehr guter Tafelapfel, mit weinigem Reinettengeschmack, auch für die Wirtschaft und zu Most vorzüglich. Auch für höhere Lagen geeignet.
Verwendung: Tafel- und Wirtschaftsfrucht.
Frucht: Pflückreif Mitte Oktober, genussreif ab Mitte November, haltbar bis Februar. Großer plattrunder Apfel (180–230 g). Hälften nicht immer gleich. Teils glatte, teils feinraue Schale durch zimtgraue Berostung. Grundfarbe hellgrün, später grünlich gelb , Sonnenseite z. T. mit matter Röte, große Lentizellen. Kurzer und mitteldicker, z. T. auch fleischiger Stiel in weiter, mitteltiefer, stark berosteter Höhle. Halboffener Kelch mit breiten, aufrecht stehenden, nach außen gebogenen Blättchen. Grube mitteltief und mittelweit, flache, zum Bauch laufende Rippen. Breite kegelförmige Kelchhöhle, Achse leicht geöffnet, Kammern bogen- bis ohrenförmig, leicht rissig. Große, länglich spitze Kerne, oft unvollkommen. Grünlich weißes, bei Vollreife auch gelblich weißes, saftiges Fleisch. Süßsäuerlicher, reinettenartig würziger, guter Geschmack.

Baum: Kräftiger Wuchs mit hochkugelförmiger, dichter Krone und stark belaubt. Äste leicht abstehend und mit viel Fruchtholz besetzt. Mittelgroße ovale Blätter, Rand gekerbt z. T. auch gesägt, Beiblätter ganz klein.
Besondere Merkmale: Große plattrunde, gelbgrüne Frucht, mit starker, zimtfarbener Berostung und kurzem Stiel.
Verwechslersorten: ‘Graue Französische Renette’, ‘Graue Herbstrenette’, ‘Zabergäurenette’.

Gravensteiner

Weitere Namen: 'Blumenkalvill', 'Ernteapfel'.
Herkunft: Unsicher, seit 1669 in Dänemark und Schleswig bekannt.

Allgemeine Beurteilung: Der starke Wuchs sowie die ungleichmäßige Reife verbunden mit vorzeitigem Fruchtfall beeinträchtigen die hohe Qualität dieser Sorte. Die Sorte bevorzugt ausgeglichenes Klima ohne starke Wärme- und Feuchteschwankungen. Vollreif geerntete Früchte entwickeln ein hervorragendes Aroma und einen raumfüllenden Geruch.
Verwendung: Tafelapfel, Brennfrucht.
Frucht: Pflückreif Anfang September und bis November haltbar. Groß (175–195 g). Form unregelmäßig, manchmal ungleichhälftig, kugelförmig abgeflacht, auch hochgebaut. Oberfläche uneben, mit breiten unregelmäßigen Kanten. Grundfarbe grüngelb bis gelb, Deckfarbe sonnenseits karminrot marmoriert oder geflammt. Stielgrube tief, mittelweit, oft mit strahliger Berostung im engen Teil. Stiel kurz, dick und knopfig. Kelchgrube tief und mittelbreit, mit ausgeprägten Rippen. Kelch geschlossen bis halb offen mit langen, an der Basis grünen Kelchblättern. Kernhaus mittelgroß, Achse spaltartig geöffnet, Wände rissig, ausgeblüht. Wenige Kerne, meist taub. Fruchtfleisch gelblich, locker, sehr saftig und mit charakteristischem, edlem Aroma, sehr druckempfindlich. Es gibt zahlreiche Mutanten, die sich vor allem in der Fruchtfarbe unterscheiden. Die so genannten 'Roten Gravensteiner' sind meist weniger geschmackvoll.
Baum: Wuchs stark bis sehr stark, mit steil bis schräg aufrecht wachsenden Leitästen. Kronen breit ausladend mit hängendem Fruchtholz. Die Blüte der triploiden Sorte setzt früh ein und ist frostanfällig. Blütenblätter sehr groß und rosa. Ertrag spät einsetzend, dann mittelmäßig und alternierend. Anfällig für Schorf, Mehltau und Spätfröste.
Besondere Merkmale: Edelaromatische Frucht, mit sortentypischem starken Geruch. Rote Streifung bis in die Stielgrube.
Verwechslersorten: 'Dülmener Rosenapfel', 'Geflammter Kardinal'.

Große Kasseler Renette

Weitere Namen: 'Echte Kasseler Renette', 'Deutsche Goldrenette', 'Holländische Goldrenette' u. a.
Herkunft: Unsicher, vermutlich aus Holland. Von SICKLER 1797 beschrieben und abgebildet, von DIEL 1801 beschrieben.

Allgemeine Beurteilung: Die früh einsetzende, reich tragende und für den Streuobstbau geeignete Sorte ist nur noch selten anzutreffen, obwohl sie Früchte mit guter Tafelapfelqualität und guter Haltbarkeit produziert. Sie wurde früher vor allem für sehr feuchte Standorte empfohlen.
Verwendung: Tafel- und Wirtschaftsapfel.
Frucht: Pflückreif Mitte Oktober, genussreif Januar bis April. Mittelgroß. Form regelmäßig, manchmal ungleichhälftig, kugelförmig, teils wenig, teils stärker abgeflacht, nur selten etwas breitgedrückt. Grundfarbe gelblich grün, Deckfarbe bräunlich rot, gestreift und marmoriert. Schale glatt, teils flächig berostet, teils nur mit Rostfiguren. Viele mittelgroße, weißliche und meist nur durchscheinende Lentizellen. Stielgrube tief, mittelweit, manchmal mit breiten Kanten. Berostung mittelfein, auch schuppig. Stiel mittellang. Kelchgrube flach, weit, mit flächiger, auch rissiger Berostung. Kelch groß, halb bis ganz geöffnet, Blätter breit, zugespitzt und flach nach innen gerichtet. Kernhaus klein, Achse meist geschlossen. Zahlreiche Kerne, groß, lang, oft einseitig flach. Fruchtfleisch grünlich weiß, fest, saftig, süßsäuerlich und schwach aromatisch. Zuckergehalt bei 14 % (59° Oechsle).

Baum: Wächst mittelstark. Bildet hochovale, im späteren Alter breitovale Kronen. Mittelspäte Blüte. Gute Pollenqualität. Mittlere Anfälligkeit für Schorf und Krebs. Der Baum gedeiht auf jedem Boden.
Besondere Merkmale: Flache Kelchgrube mit großem, meist geöffnetem Kelch. Viele weißliche, oft durchscheinende Lentizellen. Breite, tiefe bis sehr tiefe Kelchhöhle. Große, breite, einseitig abgeflachte Kerne.

Großherzog Friedrich von Baden

Herkunft: 1894 vom Hofgärtner des Großherzogs Friedrich von Baden, FIESSER, in Baden-Baden aus einem Kern des 'Bismarckapfels' gezogen.

Allgemeine Beurteilung: Die ausgesprochen großen Früchte gelten als Schaufrüchte. Sie sind so genannte „Blender“, weil die innere Qualität nicht halten kann, was das Aussehen verspricht. Die Sorte eignet sich für Liebhaber zur Erziehung eines Wandspaliers. Für Hochstämme sind die schweren Früchte zu windempfindlich.
Verwendung: Tafel- und Wirtschaftsapfel.
Frucht: Pflückreif Anfang September und bis Ende Oktober haltbar. Groß bis sehr groß. Form unregelmäßig, manchmal ungleichhälftig, kugelförmig abgeflacht, auch kegelförmig abgestumpft, stielbauchig. Oberfläche uneben, mit breiten Kanten. Grundfarbe bei Vollreife zitronengelb, sonnenseits teilweise von heller Röte überdeckt. Schale zart und leicht fettig, Lentizellen mitunter rot umhöft. Stielgrube mitteltief und mittelweit, grob, teils auch schuppig berostet. Stiel kurz und mitteldick. Kelchgrube mitteltief, eng und von ausgeprägten Rippen oder Höckern umgeben. Kelch mittelgroß, viertel bis halb geöffnet, Kelchblätter mittellang, mit teils zurückgebogenen Spitzen. Kernhaus mittelgroß, Achse wenig geöffnet, Wände halbmondförmig. Wenige kleine, kurz zugespitzte Kerne. Fruchtfleisch gelblich weiß, mürbe, druckempfindlich, locker und wenig gewürzt. Zur Baumreife angenehm säuerlich und saftig. Wird auf dem Lager schnell mehlig und fade.
Baum: Wuchs anfangs stark, mit Beginn der früh einsetzenden Fruchtbarkeit schwächer werdend. Krone hochgebaut, gut verzweigt und mit viel kurzem Fruchtholz versehen. Bäume frosthart und anspruchslos an den Standort. Frühe Blüte, aber etwas frostempfindlich. Ertrag hoch.
Besondere Merkmale: Große, kantige Frucht, mit starkem Geruch. Breite, tiefe, unten abgerundete Kelchhöhle.

Verwechslersorten: 'Landsberger Renette', 'Minister von Hammerstein', 'Signe Tillisch'.

Hagedornapfel

Weitere Namen: 'Hawthornden', 'Apfel aus Hawthornden', 'Weißer Hawthornden', 'Lincolnshire Pippin', 'Lord Kingston'.
Herkunft: Zufallssämling aus England. In Hawthornden bei Edinburgh entstanden. 1780 im Katalog der Fa. LESLIE u. ANDERSON erwähnt, ab 1790 von London aus verbreitet. Der deutsche Name ist falsch übersetzt.

Allgemeine Beurteilung: Der Anbauwert ist umstritten. Einer Verwendung für extensive Hochstammkultur stehen der schwache Wuchs und die damit verbundene relative Kurzlebigkeit des Baumes entgegen. Durch den allenfalls mittleren Geschmack empfiehlt er sich auch nicht als Tafelapfel für den Kleingarten. Nur als Massenträger für die Erzeugung von Küchenäpfeln interessant.
Verwendung: Wirtschaftsapfel.
Frucht: Pflückreif Mitte September und bis Dezember genussreif. Mittelgroß bis groß. Form unregelmäßig, oft ungleichhälftig, kugelförmig stark abgeflacht, oft breitgedrückt, mittelbauchig. Oberfläche uneben, mit sehr breiten Kanten. Grundfarbe grüngelb, später gelblicher, Deckfarbe sonnenseitig verwaschen blassrot. Schale glatt, wachsig, mit zahlreichen, feinen, weißen Lentizellen. Stielgrube tief, mittelweit, etwas uneben und strahlig berostet. Stiel mittellang bis lang. Kelchgrube flach bis mitteltief, mittelweit, mit feinen Falten und flachen Rippen. Kelch geschlossen bis halb geöffnet. Kernhaus groß, Achse weit geöffnet. Kleine Kerne, kurz zugespitzt. Fleisch weiß, feinzellig, saftig, herbsäuerlich.

Baum: Schwacher Wuchs, bildet kleine, breitkugelige Krone mit viel Quirlholz. Die Sorte blüht früh bis mittelfrüh, kurze Blühzeit, wenig witterungsempfindlich. Trägt früh, hoch und regelmäßig, verlangt aber gut versorgte Böden mit regelmäßiger Wasserführung. Holz ist etwas frostempfindlich. Geringe Schorfanfälligkeit.

Besondere Merkmale: Flacher Apfel mit langem Stiel. Großes, offenes Kernhaus und kleine rundliche Kerne.
Verwechslersorten: 'Brettacher', 'Jakob Lebel', 'Königinapfel'.

Halberstädter Jungfernapfel

Weitere Namen: 'Jungfernapfel', 'Ziemerling', fälschlich auch 'Prinzenapfel'.
Herkunft: Aus der Gegend um Halberstadt, Harz, stammend, 1885 erstmals erwähnt.

Allgemeine Beurteilung: Die in Sachsen-Anhalt und im Südharz früher weit verbreitete Sorte kann aufgrund ihrer Wüchsigkeit, der späten Blüte und vielseitigen Verwendungsmöglichkeiten vor allem in rauen und nicht zu warmen Lagen für den Streuobstbau empfohlen werden.
Verwendung: Wirtschafts- und Tafelapfel.
Frucht: Pflückreif im September, genussreif November bis Februar. Mittelgroß. Form insgesamt etwas unregelmäßig, meist kugelförmig wenig abgeflacht, manchmal kegelförmig abgestumpft, selten fassförmig. Im Querschnitt unrund, kantig. Grundfarbe gelblich grün, Deckfarbe karminrot, verwaschen, etwas streifig, auch marmoriert. Schale glatt, wachsig, matt glänzend mit hellen Lentizellen. Stielgrube flach bis mitteltief, mittelweit und mittelfein berostet. Stiel mittellang bis lang, mitteldick. Kelchgrube flach bis mitteltief, mittelweit, mit feinen Falten und ausgeprägten Rippen. Kelch mittelgroß, geschlossen bis halb geöffnet, Blätter kurz, breit bis sehr breit, am Grund sich berührend. Kelchhöhle mitteltief, mittelbreit und trichterförmig, manchmal in eine dünne Kelchröhre übergehend. Kernhaus groß und mittig, Achse wenig bis weit geöffnet, Wände halbmondförmig, auch abgerundet mondsichelförmig, mit schmalen, schwach ausgeblühten Rissen. Viele Kerne, gut ausgebildet, groß, länglich, kurz zugespitzt, seitlich schwach stumpfnasig. Fruchtfleisch weißgelblich, mit grüner Äderung, saftig, ausgeglichen süßsauer ohne besonderes Aroma.
Baum: Wuchs mittelstark bis stark, mit steilen Leitästen und später breiter, etwas hängender Krone. Späte Blüte, lang anhaltend. Anfällig für Spitzendürre und Schorf.

Besondere Merkmale: Kantige, schön gefärbte Frucht. Kelchgrube grundfarbig, Kelch grün bleibend. Große Kerne.
Verwechslersorten: 'Geheimrat Breuhahn', 'Schöner aus Herrnhut'.

Harberts Renette

Weitere Namen: 'Immapfel', 'Königsapfel', 'Harberts Ramburrenette', 'Goldrenette'.
Herkunft: Anfang 19. Jh. in Westfalen entstanden. Ab 1830 von Landpfenningmeister HARBERT (Soest) verbreitet.

Allgemeine Beurteilung: Der sehr starke Wuchs sowie der damit verbundene späte Ertragseintritt und die Stippeanfälligkeit lassen die Sorte aus heutiger Sicht vorwiegend für den Streuobstanbau geeignet erscheinen. Für diese Verwendung sprechen auch die Unempfindlichkeit gegen Schaderreger sowie die geringen Ansprüche an Witterungs- und Bodenverhältnisse, die einen Anbau auch in kühlen Höhenlagen zulassen.
Verwendung: Tafelapfel.
Frucht: Pflückreife Anfang Oktober, genussreif bis Dezember/Januar. Mittelgroß bis groß. Breit-kegelförmig abgestumpft sowie zur Kelchfläche schwach verjüngt. Oberfläche eben, meist mit drei bis vier schwachen breiten Kanten. Grundfarbe weißgelb, sonnenseits rötlich gelb bis zart orangerot. Schale matt, mit vereinzelt netzartigen Rostfiguren. Braune, mittelgroße Lentizellen, oft dreieckig verkorkt und fühlbar erhaben. Stielgrube mitteltief und mittelweit, mit teils breiten Kanten, flächig und strahlenförmig berostet. Stiel mittellang. Kelchgrube mitteltief und mittelweit, manchmal mit feinen Falten. Kelch mittelgroß bis groß, halb geöffnet, lange breite Blättchen. Kernhaus mittelgroß, Wände halbmondförmig, mit schwach ausgeblühten Rissen. Breite, teils lang zugespitzte Kerne, oft taub (triploide Sorte). Fleisch mittelfest, saftig, feinaromatisch und süßsäuerlich abgerundet.
Baum: Sehr starkwüchsig, bildet mächtige, kugelige Krone. Lang anhaltende Blüte, witterungsunempfindlich. Große, dunkelgrüne, gesunde Blätter. Später Ertragsbeginn mit wechselnden Erträgen. Breit anbaufähig bis in kühlere Höhenlagen.

Besondere Merkmale: Breit-kegelförmige Früchte, oft stippig. Lentizellen eckig aufgerissen und verkorkt. Berostete Stielgrube.
Verwechslersorten: 'Goldrenette aus Blenheim', 'Kaiser Wilhelm'.

Hauxapfel

Weitere Namen: 'Haux', 'Haux' Apfel'.
Herkunft: Um 1920 von ANDREAS HAUX aus Göppingen-Jebenhausen/Baden-Württemberg aus Samen von 'Roter Trierer Weinapfel' gezogen und 1925 ausgepflanzt.

Allgemeine Beurteilung: Der Baum ist sehr robust und frohwüchsig und somit für den Streuobstbau insbesondere als Stammbildner sehr gut geeignet. Die Früchte eignen sich gut zur Verwertung.
Verwendung: Wirtschaftsapfel.
Frucht: Pflückreif Mitte bis Ende Oktober und bis März lagerfähig. Mittelgroß bis groß. Form unregelmäßig, meist kugelförmig abgeflacht, zur kleinen Kelchfläche verjüngt oder kegelförmig abgestumpft, auch etwas hochgebaut. Grundfarbe gelblich grün, Deckfarbe orange- bis dunkelrot verwaschen, gestreift und leicht marmoriert, mit hellen Lentizellen. Stielgrube tief, mittelweit und innen fein hellbraun berostet. Stiel mittellang und dünn bis mitteldick. Kelchgrube mitteltief, mittelweit mit typischen Fleischperlen. Kelch mittelgroß, geschlossen bis halb geöffnet. Kernhaus klein, stielnah mit glatten, halbmondförmigen Wänden, Achse kurz und geöffnet, Kernfächer klein, zur Achse wenig geöffnet. Zahlreiche Kerne, mittelgroß, teils rundlich und kurz zugespitzt. Fruchtfleisch weißlich grün, später gelblich, wenig saftig und fest, später mürbe und mit fruchtiger Säure. Mittelhoher Zucker- und hoher Säuregehalt (50–60° Oechsle und 10–14 g/l Säure).

Baum: Die sehr stark wachsenden Bäume ergeben anfangs aufrechte, später hochgewölbte Kronen. Der Kronenhabitus ist aufwärts gerichtet und bei ungeschnittenen Kronen ziemlich ungeordnet. Die Blüte ist mittelfrüh und lang anhaltend. Der Ertrag setzt leicht verzögert ein, ist dann hoch und regelmäßig. Auf nassen Böden ist die Sorte etwas mehltauanfällig, ansonsten sehr robust.
Besondere Merkmale: Helle Lentizellen. Fleischperlen in der Kelchgrube.
Verwechslersorte: 'Roter Bellefleur'.

Herzogin Olga

Weitere Namen: 'Olgaapfel', 'Zitronenapfel' (in Franken), 'Später Klarapfel'.
Herkunft: 1860 von Hofgärtner MÜLLER an der Wilhelma in Stuttgart gezogen und 1879 von N. GAUCHER in den Handel gebracht. Nach der HERZOGIN OLGA VON WÜRTTEMBERG benannt. Vor allem in Baden-Württemberg verbreitet.

Allgemeine Beurteilung: Ein für den Liebhaber alter Sorten interessanter Apfel, der aber aufgrund seiner frühen Reife und kurzen Haltbarkeit schnell verbraucht werden muss.
Verwendung: Tafel- und Wirtschaftsapfel, auch Brennfrucht.
Frucht: Pflückreif Ende August und etwa drei Wochen haltbar. Mittelgroß (100–130 g). Kugelförmig, wenig abgeflacht, in Richtung der sehr kleinen Kelchfläche schwach verjüngt, stielbauchig. Oberfläche eben, mit nur schwachen breiten Kanten. Grundfarbe grün, später gelbgrün, sonnenseits höchstens mit leichtem rötlichem Anflug. Schale glatt, etwas glänzend und leicht hell bereift, mit wenig kleinen Lentizellen versehen, Geruch deutlich. Stielgrube mitteltief, mittelweit, kaum berostet. Stiel sehr kurz, holzig. Kelchgrube sehr flach, mit feinen Falten oder schwachen Rippen. Kelch klein, geschlossen, Blätter mittellang, befilzt und übereinander gefaltet. Kernhaus klein, Achse geschlossen, z. T. leicht geöffnet. Große, breite, rundliche, hellbraune Kerne. Fruchtfleisch grünlich weiß, locker, mürbe und kräftig weinsäuerlich.

Baum: Stark wachsende Sorte, bildet oft große Bäume mit kurzem Fruchtholz, sodass die Leitäste deutlich hervortreten. Früher war die Sorte auch als Stammbildner bekannt. Mittelfrühe Blüte. Erträge sind regelmäßig und mittelhoch. Widerstandsfähig gegen Schorf, aber leicht moniliaanfällig.
Besondere Merkmale: Dem 'Klarapfel' ähnliche Sorte. Deutlicher Geruch und Geschmack, aber etwas später reifend und weniger säurebetont. Große, breite, sehr helle Kerne.
Verwechslersorten: 'Fraas' Sommerkalvill', 'Klarapfel'.

Heslacher Gereutapfel

Weitere Namen: 'Kräuterapfel', 'Heslacher'.
Herkunft: Um 1820 im Gewann Neugereuth in Stuttgart-Heslach entstanden. Vermutlich Sämling von 'Luikenapfel'.

Allgemeine Beurteilung: Sehr spät blühende robuste, reich tragende Mostapfelsorte mit prachtvollen, leuchtend roten Früchten, die auch zur Weihnachtsdekoration verwendet werden.
Verwendung: Saft- und Mostapfel.
Frucht: Reife Ende September, bis Dezember haltbar. Mittelgroß (60–90 g). Form insgesamt unregelmäßig, oft ungleichhälftig, meist kugelförmig abgeflacht (teils hochgebaut, teils etwas breitgedrückt). Oberfläche uneben, mit schwachen breiten, auch mittelstarken Kanten. Grundfarbe weißlich gelb, Deckfarbe flächig rot marmoriert und dunkelrot gestreift. Schale glatt, matt, stark bläulich bereift mit wenigen, sehr kleinen Lentizellen. Stielgrube mitteltief, weit, mit breiten Kanten, manchmal auch mit einer breiten Nase. Stiel lang bis sehr lang, mitteldick, knopfig. Kelchgrube mitteltief, eng bis mittelweit, teils mit feinen Falten und Fleischperlen, teils mit ausgeprägten Rippen versehen. Kelch sehr klein, geschlossen. Kelchhöhle sehr flach, schmal, direkt in die röhrenförmige, meist bis zum Kernhaus reichende Kelchröhre übergehend. Achse mittelweit bis weit geöffnet, Wände halbmondförmig, auch ohrenförmig, teils mit schmalen bis mittelbreiten Rissen. Viele gut ausgebildete Kerne, mittelbreit, mittelgroß und länglich. Fruchtfleisch weißgelblich, vor allem unter der Schale mit rötlicher Äderung, fest, saftig, vorwiegend säuerlich, herb.
Baum: Kräftiger Wuchs. Zuerst mit hochgehenden, dünnen Trieben, die dann später hängen. Rundliche Krone mit etwas problematischem Baumaufbau, sachgerechtes Auslichten ist notwendig. Große, derbe, dunkelgrüne Blätter.

Besondere Merkmale: Rote, graubläulich bereifte Schale. Rippige Kelchgrube und ausgeprägte Kelchröhre.
Verwechslersorten: 'Luikenapfel', 'Muskatellerluiken'.

Himbacher Grüner

Herkunft: 1890 von Adam Frank in Himbach, Kreis Büdingen (Hessen) entdeckt.

Allgemeine Beurteilung: Anbauwürdig vorrangig für den extensiven Landschaftsobstbau aufgrund des starken Wuchses, der Widerstandsfähigkeit gegen Schaderreger und der Anspruchslosigkeit an Boden und Klima. Die Widerstandsfähigkeit gegen Schorf und Krebs lassen einen Anbau sowohl in feuchten Lagen als auch auf schweren kalten Böden zu. Eine mindestens mittlere Fruchtgröße und gute Saftausbeute sind weiter wichtige Eigenschaften dieser Wirtschaftssorte.

Verwendung: Saft- und Mostapfel.

Frucht: Pflückreif Anfang Oktober, von November bis März verwertbar. Mittelgroß. Form etwas unregelmäßig, kugelförmig abgeflacht, teils stielbauchig. Oberfläche uneben mit breiten Kanten. Grundfarbe gelbgrün, später aufgehellt, Deckfarbe trübrot, oft nur angedeutet. Schale glatt, sehr viele große, helle Lentizellen. Stielgrube mitteltief, eng bis mittelweit, mit teils schwachen Kanten. Stiel lang, am Ende knopfig. Kelchgrube flach, mittelweit, mit feinen Falten und breiten Rippen. Kelch klein, meist geschlossen bis halb geöffnet. Kelchhöhle breit, mitteltief, etwas trichterförmig, übergehend in breitbecherförmige Kelchröhre. Kernhauswände halbmond-, auch bogenförmig, mit feinen, teils ganz schwach ausgeblühten Rissen. Zahlreiche, lange, meist asymmetrische Kerne, gut ausgebildet. Fleisch sehr fest mit hoher Saftausbeute, säuerlich, etwas gewürzt.

Baum: Wächst stark. Bildet eine breit ausladende, lockere Krone. Bringt jährlich wechselnde Erträge. Holz und Blüte unempfindlich, bestandessicher. Auch für weniger nährstoffreiche Böden geeignet.

Besondere Merkmale: Viele, fast weiße mittelgroße bis große über die ganze Frucht verteilte Lentizellen. Meist sehr typische breit-becherförmige, fast bis zum Kernhaus reichende Kelchröhre.

Holsteiner Cox

Weitere Namen: 'Vahldieks Sämling Nr. 3', 'Holsteiner Gelber Cox', 'Holstein'.
Herkunft: Von VAHLDIEK um 1900 in Eutin (Raum Holstein) aus Samen von 'Cox' Orange' gezogen.

Allgemeine Beurteilung: Empfehlenswerte Alternative für Freunde des 'Cox'-Aromas, da die Sorte nicht die hohen Ansprüche wie 'Cox' Orange' stellt. Allerdings benötigt sie ebenfalls wintermilde Regionen und eine regelmäßige Wasserversorgung. Schwere Böden erhöhen die Anfälligkeit für Stippe. Als starkwüchsige Sorte auch streuobstgeeignet.
Verwendung: Tafelapfel.
Frucht: Pflückreif ab Mitte Oktober, genussreif bis Dezember. Mittelgroß. Meist kugelförmig wenig abgeflacht, zur Kelchfläche leicht verjüngt. Stiel- und mittelbauchig, ebenmäßig geformt. Grundfarbe grüngelb, vollreif goldgelb, Deckfarbe orangerot verwaschen, flächig oder leicht gestreift. Schale rau, teils mit Rostfiguren. Stielgrube flach bis mitteltief, mittelweit, fein- bis grobschuppig strahlig berostet. Stiel kurz und dick. Kelchgrube flach und weit, faltig, oft ringförmig und rissig berostet. Kelch groß und offen, Blätter grünlich mit dunklen Spitzen. Kernhaus mittelgroß, offen, Wände halbmond-, auch ohrenförmig, selten rucksackförmig. Kerne häufig taub. Fleisch gelblich, grobzellig, später mürbe, würzig aromatisch, ähnlich 'Cox' Orange'.

Baum: Starkwüchsig. Bildet breite, flachkugelige Krone mit kräftigen, waagerechten Seitenästen. Typische graubraune, filzige Langtriebe. Blüht mittelspät, schlechter Pollenspender (triploide Sorte), setzt spät mit Erträgen ein, etwas alternierend. Höhere Erträge als 'Cox' Orange'. Holzfrostempfindlich, krebs-, schorf- und mehltauanfällig.
Besondere Merkmale: Raue Schale. Flache bis sehr flache Kelchgrube mit rissigem, schuppigem Rost. Grob, oft schuppig berostete Stielgrube. Breite und flache Baumkrone.
Verwechslersorten: 'Cox' Orange', 'Laxton's Superb', 'Ribston Pepping'.

Horneburger Pfannkuchenapfel

Weitere Namen: 'Horneburger', 'Horneburger Pfannkuchen'.
Herkunft: Horneburg, Niederelbe, um 1875 zufällig entstanden. Möglicherweise Sämling von 'Boikenapfel' oder 'Birkenapfel'. Ursprünglich hauptsächlich im Alten Land verbreitet. Es gibt noch weitere lokale, unterschiedlich gefärbte Mutanten.

Allgemeine Beurteilung: Vorzügliche Verwertungsfrucht für den Haushalt. Wenig druckempfindlich, deshalb gut transportfähig. Empfehlenswert für Küstenregionen oder in klimatisch vergleichbaren Regionen, z.B. Bodenseeraum. Trockene Standorte sind ebenso nachteilig (Mehltau) wie stark wechselfeuchte Böden (Obstbaumkrebs).
Verwendung: Wirtschafts- und Tafelapfel.
Frucht: Pflückreif ab Mitte Oktober, genussreif von Januar bis März/April. Groß bis sehr groß. Form unregelmäßig, meist breitkegelförmig, auch kugelförmig abgeflacht und selten hochgebaut. Oberfläche uneben mit breiten Kanten. Grundfarbe grüngelb, Deckfarbe glänzend rot mit bläulichem Anflug, geflammt und sehr typisch marmoriert. Schale geschmeidig, leicht wachsig. Stielgrube tief bis sehr tief, mittelweit und häufig grünlich berostet. Stiel mittellang bis kurz und dick. Kelchgrube tief bis sehr tief, eng bis mittelweit, am Rand mit breiten, teils starken Kanten. Kelch groß, Öffnung variabel. Kernhaus groß, Achse mittelweit geöffnet, Wände bogenförmig, rissig, ausgeblüht. Wenige Kerne, oft taub, breit-eiförmig. Fleisch grünlich weiß, saftig und feinsäuerlich.

Baum: Wuchs stark. Kronenform breitpyramidal. Auffällig große, breitovale Blätter. Mittelfrühe und lang anhaltende Blüte. Schlechter Befruchter (triploid), Fruchtbarkeit setzt früh ein, trägt jährlich hoch. Holz und Blüte wenig frostempfindlich. Mäßig anfällig für Pilzkrankheiten. Liebt frische Böden in luftfeuchten, mäßig warmen Regionen.
Besondere Merkmale: Große Frucht mit kräftigen Kanten, tiefer Kelch- und Stielgrube und typisch marmorierter Deckfarbe.
Verwechslersorte: 'Schwaikheimer Rambur'.

Ingrid Marie

Weitere Namen: 'Ingrid Maries Aeble', 'Hoed Orange'.
Herkunft: Um 1910 an der Gartenbauschule Flemlöse/Dänemark entdeckt. Vermutlich Sämling von 'Cox' Orange'. Nach der Tochter des Lehrers MADSEN benannt. Ab 1936 durch die Baumschule C. MATTHIESEN stärker verbreitet.

Allgemeine Beurteilung: Fruchtbare Sorte für maritime Regionen in Nordeuropa (Niederelbe, Südschweden, Dänemark). Wohlschmeckender Apfel, der etwas an 'Cox' Orange' erinnert. Wenig druckempfindlich und transportfest. Schrumpft allerdings auf dem Lager stark.
Verwendung: Tafelapfel, auch Weihnachtsapfel.
Frucht: Pflückreif Mitte bis Ende September und bis Januar genussreif. Mittelgroß. Form sehr regelmäßig, kugelförmig abgeflacht und mittelbauchig. Grundfarbe gelbgrün, später hellgelb, Deckfarbe vorherrschend dunkel- bis purpurrot. Schale wachsig, mit vielen hellen, meist durchscheinenden Lentizellen. Stielgrube mitteltief und weit, meist grob bis schuppig berostet. Stiel mittellang bis lang und holzig. Kelchgrube flach, weit, teils mit feinen Rissen. Kelch groß, offen mit aufrechten Kelchblättern. Kernhaus klein bis mittelgroß, mittig, Achse wenig geöffnet, Kernfächer schmal mit gut ausgebildeten, ovalen und zugespitzten Kernen. Fruchtfleisch cremegelb, außen grünlich, unter der Schale rötlich, saftig und weinsäuerlich, aber schnell mürbe werdend.

Baum: Mittelstark wachsend mit aufrechten Leitästen und dicht verzweigt. Die ausladende Krone ist breitkugelig mit hängendem Wuchs und durch die starke Verzweigung sehr dicht. Blüte mittelspät und mittellang. Erträge sehr unterschiedlich, in geeigneten Regionen hoch, aber alternierend. Die Sorte ist anfällig für Fruchtfäule und Krebs sowie kupferempfindlich.
Besondere Merkmale: Sehr regelmäßige Frucht mit hellen Lentizellen auf dunkelroter Deckfarbe. Schuppig berostete Stielgrube.
Verwechslersorten: 'Purpurroter Zwiebelapfel', 'Rote Sternrenette'.

Jakob Fischer

Weiterer Name: 'Schöner vom Oberland'.
Herkunft: Zufallssämling, um 1903 von Landwirt JAKOB FISCHER in Rottum, Kreis Biberach/Baden-Württemberg, gefunden, heute in ganz Deutschland vorkommend.

Allgemeine Beurteilung: Der Baum zeigt einen kräftigen Wuchs und hohe Widerstandskraft gegen Frost. Die Sorte galt lange als wenig schorfanfällig, dies bestätigte sich in den letzten Jahren aber nicht. Sie ist für den Streuobstanbau und als Stammbildner, gerade in höheren Lagen, sehr empfehlenswert, und mag trockene Böden. Die Frucht ist äußerlich sehr ansprechend, allerdings wenig haltbar.
Verwendung: Tafel- und Wirtschaftsapfel.
Frucht: Pflückreif Anfang bis Mitte September und etwa vier Wochen haltbar. Groß bis sehr groß. Form sehr unregelmäßig, auch ungleichhälftig, kugelförmig abgeflacht. Oberfläche uneben und oft grobkantig. Grundfarbe hellgelb, sonnenseits leuchtend rot verwaschen und blauviolett bereift. Stielgrube mitteltief, eng, teils mit breiten Kanten. Stiel sehr kurz und dick, dadurch gegenseitiges Abdrücken der Früchte. Kelchgrube tief und eng mit breiten Kanten und deutlichen Höckern. Kelch geschlossen und mittelgroß. Kernhaus mittelgroß, Achse teils geöffnet, Fächer eng und mit wenigen oft tauben Kernen versehen. Gefäßbündellinie mittelgroß, flachrund. Fruchtfleisch grünlich weiß bis weiß, rasch braun werdend, saftig und aromatisch feinsäuerlich.
Baum: Stark bis sehr stark wachsend. In der Kronenmitte und an den Scheitelpunkten der Leitäste aufrecht wachsend, im äußeren Bereich hängend. Die breitpyramidale Krone bildet peitschenartige Langtriebe mit großen Blättern, die durch den starken Behang überkippen. Die triploide Sorte blüht früh und hat große Blütenblätter. Ertrag früh einsetzend, regelmäßig und hoch. Bäume auf schweren Böden krebsanfällig.
Besondere Merkmale: Meist grobkantige große Frucht, blauviolett bereift. Kelchgrube faltig, mit typischen Fleischperlen.

Verwechslersorten: 'Gascoynes Scharlachroter', 'Martens Sämling'.

Jakob Lebel

Weiterer Name: 'Jacques Lebel'.
Herkunft: Um 1825 von Jacques Lebel in Amiens/Nordfrankreich gezogen und von der Baumschule Leroy 1849 in den Handel gebracht.

Allgemeine Beurteilung: Eine für den Streuobstanbau und rauere Lagen empfehlenswerte Obstsorte, deren Früchte gute Verwertungseigenschaften haben. Aufgrund des ungleichmäßigen Wuchses der Jungbäume empfiehlt sich eine Veredelung auf Stammbildner. Die Sorte war früher bei Bäckereien sehr beliebt.
Verwendung: Tafel-, Wirtschafts-, Saft- und Mostapfel.
Frucht: Pflückreif Ende September bis Mitte Oktober und bis Dezember haltbar. Mittelgroß bis groß (170–195 g). Form etwas unregelmäßig, teils kugelförmig abgeflacht. Oberfläche eben, mit schwachen breiten Kanten. Grundfarbe zunächst gelbgrün, später gelb bis hellorange, sonnenseits rot gestreift bis geflammt. Schale fettig. Stielgrube flach und weit mit teils breiten Kanten und strahliger Berostung. Stiel kurz bis sehr kurz, dick und fleischig sowie häufig knopfig. Kelchgrube flach, weit und leicht höckrig. Kelch meist ganz geöffnet, selten geschlossen. Kelchblätter am Grund getrennt, grün und wollig. Kernhaus klein, mittig, Wände ohrenförmig glatt. Lang zugespitzte, hellbraune Kerne, oft taub. Fruchtfleisch gelblich weiß mit leichtem grünen Anflug, feinkörnig, sehr saftig, jedoch später mürbe und leicht säuerlich.
Baum: Die stark wachsende, triploide Sorte bildet eine breit ausladende, schirmartige Krone mit im Alter nahezu waagerechten Leitästen. Jungbäume bilden häufig keine geraden Stämme. Die Blüte erscheint mittelfrüh und ist lang anhaltend. Ertrag mittelfrüh einsetzend, hoch, aber alternierend. Etwas anfällig gegen Holzfrost und Schorf.
Besondere Merkmale: Flache, breitgedrückt wirkende Frucht. Grob, teils schuppig berostete Stielgrube mit meist sehr kurzem, häufig knopfigem Stiel. Lange Kerne.

Verwechslersorten: 'Bramleys Sämling', 'Hagedornapfel', 'Königinapfel', 'Hibernal'.

James Grieve

Herkunft: Von JAMES GRIEVE in Edinburgh (Schottland) gezogen, ab 1880 verbreitet. Muttersorte 'Potts Seedling' oder 'Cox' Orange'.

Allgemeine Beurteilung: Aromatische Frühherbstsorte mit jährlich hohen Erträgen und einer breiten Anbaufähigkeit bis in kühlere Höhenlagen. Die hohe Fruchtbarkeit verlangt allerdings nährstoffreiche Böden und regelmäßige, kräftige Verjüngung durch Schnittmaßnahmen. Zunehmend nachteilig ist sicher die Anfälligkeit für Feuerbrand der ansonsten robusten Sorte. Es gibt verschiedene Mutanten mit unterschiedlich starker Rotfärbung.

Verwendung: Tafelapfel.

Frucht: Pflückreif Anfang September, genussreif bis Oktober. Mittelgroß bis groß. Form etwas unregelmäßig, manchmal ungleichhälftig, meist kugelförmig und wenig abgeflacht, stielbauchig. Oberfläche eben, mit schwachen breiten Kanten. Grundfarbe vollreif gelborange, sonnenseitig orangerot gestreift, bei 'Roter James Grieve' flächig. Schale glatt, wachsig. Stielgrube tief, mittelweit bis weit. Stiel mittellang, dick und holzig. Kelchgrube mitteltief, mittelweit, mit feinen Falten und schwachen Rippen. Kelch geschlossen bis halb geöffnet, Kelchblätter lang, mittelbreit, Spitzen weit zurückgeschlagen. Kelchhöhle flach, mittelbreit bis breit. Kernhaus mittelgroß, mittig, Wände halbmondförmig, auch ohrenförmig, mit mittelbreiten Rissen. Zahlreiche, mittelgroße, langovale, hellbraune Kerne, mit seitlicher Nase. Cremefarbenes Fleisch, locker, feinzellig und aromatisch.

Baum: Zunächst mittelstarker Wuchs, später ertragsbedingt schwach. Kronenform breitpyramidal, gedrungen, gering verzweigt. Gute Befruchtersorte. Mittelfrühe, lang andauernde Blüte, witterungsunempfindlich. Ertrag frühzeitig, jährlich hoch. Anfällig für Blutlaus, Monilia, Krebs und Feuerbrand.

Besondere Merkmale: Lange grüne, zurückgeschlagene Kelchblätter. Mittelgroße, oft lange, hellbraune Kerne.

Verwechslersorten: 'Dülmener Rosenapfel', 'Gravensteiner'.

Jonathan

Weitere Namen: 'King Philipp', 'Ulster Seedling'.
Herkunft: Sämling von 'Esopus Spitzenberg', auf der Farm von PHILIP RICK in Woodstock (USA) um 1800 (oder 1820) entstanden. 1826 erstmals beschrieben.

Allgemeine Beurteilung: Obwohl 'Jonathan' in Holz und Blüte ausreichend frosthart ist, benötigt er warme Standorte, um aromatische Früchte auszubilden. Darüber hinaus ist er breit anbaufähig und ein sicherer, jährlicher Träger. Die hohe Anfälligkeit für Mehltau lässt sich im Kleingarten durch konsequenten Schnitt beherrschen. Die Sorte neigt zu schwarzen Flecken auf der Frucht, den so genannten „Jonathan-Spots". Es existieren zahlreiche Mutanten.
Verwendung: Tafelapfel.
Frucht: Pflückreif Ende September, November bis März genussreif. Klein bis mittelgroß. Form etwas unregelmäßig, manchmal ungleichhälftig, teils kugelförmig abgeflacht, teils kegelförmig abgestumpft, stielbauchig. Oberfläche meist eben, teils mit schwachen breiten Kanten. Grundfarbe vollreif zitronengelb, Deckfarbe dunkelrot, trüb verwaschen. Schale trocken, mit netzartiger Berostung. Stielgrube mitteltief, eng bis mittelweit, manchmal mit Nase. Stiel lang und dünn. Kelchgrube tief, eng, mit teils feinen Falten, manchmal auch breiten Kanten. Kleiner Kelch, viertel bis halb geöffnet. Kernhauswände ohrenförmig, glatt. Zahlreiche lange, mittelgroße Kerne. Fleisch fahlgelb, fest, saftig, mildaromatisch und leicht parfümiert.
Baum: Schwacher bis mittelstarker Wuchs. Kronenform kugelig, dünntriebig, hängende Fruchtruten vorherrschend. Blüte mittelspät, wenig empfindlich. Ertrag früh einsetzend und regelmäßig. Stark mehltau- und feuerbrand-, aber wenig schorfanfällig. Wärmeliebende Sorte.
Besondere Merkmale: Früchte häufig netzartig durch Mehltau berostet. Tiefe mittelbreite, kegelförmige Kelchhöhle. Typischer Geschmack. Oft schwarze Flecken auf der Schale („Jonathan-Spots").
Verwechslersorten: 'Benoni', 'Berner Rosenapfel'.

Josef Musch

Weiterer Name: 'Musch'.
Herkunft: Von JOSEPH MUSCH entdeckt. Soll von 'Baumanns Renette' abstammen. 1872 erstmals erwähnt, heute noch besonders in Höhenlagen zu finden.

Allgemeine Beurteilung: Die Sorte zeichnet sich in Lagen über 500 m durch beste Gesundheit und Früchte mit Tafelqualität aus. Sie stellt wenig Ansprüche an den Boden und ist daher für Hausgarten und Streuobstanbau empfehlenswert.
Verwendung: Tafel-, Saft- und Mostapfel.
Frucht: Pflückreif Mitte September bis Anfang Oktober, bis Januar haltbar. Groß bis sehr groß. Form etwas unregelmäßig, manchmal ungleichhälftig, teilweise kugelförmig abgeflacht. Oberfläche eben, mit schwachen breiten Kanten. Grundfarbe grünlich gelb, später strohgelb, sonnenseits karminrot verwaschen und geflammt, teilweise netzartig berostet und mit vielen berosteten Lentizellen versehen. Stielgrube flach und weit. Stiel kurz, dick und flaumig behaart.

Kelchgrube mitteltief, eng bis mittelweit, teils mit feinen Falten. Kelch mittelgroß, halb bis ganz geöffnet. Kernhaus mittelgroß, mittig, Achse wenig geöffnet. Enge Kernfächer. Mittelgroße und mittelbreite Kerne, lang zugespitzt, oft taub. Gefäßbündellinie gegen Kelch und Stielansatz symmetrisch zulaufend. Fruchtfleisch weißlich gelb, grobzellig und etwas trocken bei angenehmem Geschmack und wenig Säure.
Baum: Anfangs starker, später nachlassender Wuchs. Die Bäume zeigen sattgrünes, glänzendes Laub, werden mittelgroß und flach pyramidal. Es bilden sich lichte Kronen, die bei hohem Ertrag früh vergreisen. Die Blüte erscheint früh. Die Blütenblätter sind groß. Bei ausreichender Düngung sind die Erträge mittel bis hoch. Die triploide Sorte ist sehr robust, neigt bei Überdüngung allerdings etwas zu Stippe.
Besondere Merkmale: Typische Gefäßbündellinie. Kerne lang zugespitzt, matt rotbraun, oft taub und anhaftend.
Verwechslersorten: 'Rheinischer Winterrambur', 'Roter Bellefleur', 'Sonnenwirtsapfel'.

Kaiser Alexander

Weitere Namen: 'Albertin', 'Aporta Nalivia', 'Korallenapfel', 'Allerweltsapfel'.
Herkunft: Alte ukrainisch-russische Sorte aus dem 17. Jh. Von DIEL unter 'Aporta Nalivia' beschrieben. Ab 1830 von WALKER in Hohenheim vermehrt.

Allgemeine Beurteilung: Der besondere Wert dieser Sorte liegt in der hohen Robustheit und Unempfindlichkeit auch auf schlechten Standorten. Die großen Früchte eignen sich gut zur Verwertung und weniger als Tafelfrucht. Sie faulen allerdings leicht. Für raue Lagen und Mittelgebirge ist die Sorte auch heute noch zu empfehlen.
Verwendung: Tafel- und Wirtschaftsapfel.
Frucht: Pflückreif im Oktober, hält sich bis Dezember. Sehr groß. Form insgesamt sehr regelmäßig, breit-kegelförmig abgestumpft. Oberfläche leicht uneben, mit schwachen breiten Kanten. Grundfarbe hellgrün, später hellgelb, Sonnenseite punktiert gerötet, dunkelrot gestreift und geflammt. Schale glatt, etwas fettig, Lentizellen fein und braun. Deutlicher Geruch. Kelchgrube mitteltief bis tief, eng, mit feinen Falten oder auch mit schwachen breiten Kanten. Kernhaus mittelgroß, Achse geschlossen oder wenig geöffnet, Wände halbmond-, teils auch ohrenförmig. Fruchtfleisch weiß, locker, mürbe, saftig und süßweinig. Zuckergehalte liegen mit 14% (59° Oechsle) im hohen bis mittleren Bereich, die Säurewerte mit 8 g/l im niedrigen Bereich.

Baum: Wächst kräftig. Bildet große Bäume mit flacher Krone bei relativ frühem Ertragsbeginn. Blüte mittelfrüh, relativ robust mit guter Pollenqualität. Die Alternanzneigung liegt im mittleren Bereich. Frosthart und anspruchslos. Widerstandsfähig gegenüber den Hauptkrankheiten Schorf, Mehltau und Krebs. Dagegen ist die Frucht für Apfelwickler (Obstmade) und Fäulnis sehr anfällig.
Besondere Merkmale: Große, teils auch sehr große breit-kegelförmige, leichte Frucht mit langem Stiel und strahlig berosteter Stielgrube. Teils netzartige Rostfiguren auf der Frucht.
Verwechslersorten: 'Bismarckapfel', 'Peasgoods Sondergleichen'.

Kaiser Wilhelm

Weiterer Name: 'Wilhelmapfel'.
Herkunft: Von Lehrer HESSELMANN (Witzhelden, Kreis Solingen) 1864 im Gutsgarten von Haus Bürgel bei Burscheid entdeckt. Vermutlich von 'Harberts Renette' abstammend.

Allgemeine Beurteilung: Sehr wüchsige und gesunde Sorte. Als landschaftsprägender Baum für den Streuobstbau empfehlenswert. Jedoch neigen insbesondere die großen Früchte zu Fleischbräune und Stippe und werden häufig schnell trocken.
Verwendung: Tafel-, Saft- und Mostapfel.
Frucht: Pflückreif Ende September bis Mitte Oktober, bis Januar/Februar genussreif. Mittelgroß bis groß. Meist kugelförmig abgeflacht, selten kegelförmig abgestumpft, leicht stielbauchig. Oberfläche eben, teils mit schwachen breiten Kanten. Grundfarbe grüngelb. Sonnenseits hell bis dunkelrot, teils flächig oder gestreift gefärbt. Viele deutlich sichtbare, hell umhöfte Lentizellen. Stielgrube mitteltief und mittelweit, teils mit schwachen breiten Kanten, strahlig bis flächig, teils auch schuppig berostet. Stiel mittellang bis lang, mitteldick. Kelchgrube flach und weit, Kelch ganz bis weit geöffnet, Blätter kurz, sehr breit. Kernhaus mittelgroß bis groß, Kernfächer eng, Wände rissig und ausgeblüht. Wenige Kerne, lang zugespitzt und hellbraun, oft taub (triploide Sorte). Fruchtfleisch weißgelb, fest, und nur anfangs saftig. Geschmack säuerlich süß mit wenig Aroma.
Baum: Sehr stark wachsend, zur Verkahlung neigend. Die Bäume werden groß mit hochkugeliger Krone und erreichen ein hohes Alter. Die triploide Sorte blüht mittelfrüh und lang anhaltend. Sie hat große Blütenblätter. Der Ertrag setzt spät ein, ist dann zwar hoch, aber etwas alternierend. Die Bäume sind sehr robust, aber auf schweren nassen Böden krebsanfällig.
Besondere Merkmale: Typische Stielgrubenberostung. Helle Lentizellen. Breite grüne, am Grund getrennte Kelchblätter.

Verwechslersorten: 'Biesterfelder Renette', 'Goldrenette aus Blenheim', 'Harberts Renette', 'Prinz Albrecht von Preußen'.

Kanadarenette

Weitere Namen: 'Pariser Ramburrenette', 'Weiberrenette', 'Große Englische Renette', 'Sternrenette', 'Kaiserrenette' u. a.
Herkunft: Unsicher, vermutlich Frankreich. 1771 beschrieben, schon vor 1800 in Deutschland bekannt. Die 'Graue Kanadarenette' ist eine Mutante der 'Kanadarenette'.

Allgemeine Beurteilung: Die Sorte verdient aufgrund ihrer geschmacklichen Qualität auch heute noch Beachtung. Sie eignet sich als Spalier, da für die Aromabildung wärmste Standorte günstig sind. Verträgt eher trockene Lagen, in feuchtkühlen Gegenden treten Krebs und Schorf auf, ebenso sollten wegen der anhaltenden Blüte spätfrostgefährdete Standorte gemieden werden.
Verwendung: Tafel- und Wirtschaftsapfel.
Frucht: Pflückreif ab Mitte Oktober, von Dezember bis April genussreif. Mittelgroß bis groß. Form etwas unregelmäßig, manchmal ungleichhälftig, meist kugelförmig abgeflacht, teils auch breit-kegelförmig. Oberfläche uneben, mit meist fünf mittelstarken Kanten. Grundfarbe grüngelb bis blass goldgelb. Sonnenseite trüborange verwaschen. Schale rau, ledrig, mit vielen, meist großen, etwas erhabenen, teils hellbraun berosteten Lentizellen. Stielgrube mittelweit und mitteltief, flächig berostet. Stiel kurz und dick. Kelchgrube mitteltief, mittelweit mit teils ganz feinen Falten, teils breiten Kanten. Kelch mittelgroß, geschlossen bis halb geöffnet. Kernhaus mittelgroß, Achse wenig geöffnet, Wände halbmondförmig, etwas rau. Wenige Kerne, oft taub. Fleisch gelb geadert, feinzellig, sehr saftig, kräftig aromatisch, ausgewogen säuerlich-süß.
Baum: Kräftiger Wuchs mit breitkugeliger, großer Krone. Triploide Sorte. Blüte mittelfrüh, anhaltend, frostempfindlich. Ertrag setzt eher spät ein, trägt dann aber gut und jährlich. Holz frost- und krebsanfällig, wenig anfällig für Schorf und Mehltau.
Besondere Merkmale: Teils große, erhabene und verkorkte Lentizellen. Kelchgrube meist ringförmig berostet.
Verwechslersorten: 'Luxemburger Renette', 'Schöner aus Boskoop'.

Kandil Sinap

Weitere Namen: 'Russischer Taubenapfel', 'Candile Sinope', 'Kantil Sinap'.
Herkunft: Vermutlich Anfang 18. Jahrhundert auf der Halbinsel Krim, Ukraine entstanden. 1880 erstmals von E. LUCAS in den pomologischen Monatsheften beschrieben.

Allgemeine Beurteilung: Die Sorte hatte im 19. Jahrhundert im Ursprungsgebiet eine große Bedeutung. Die Bäume der sehr fruchtbaren, robusten Sorte können sehr alt werden und die festen bis ins Frühjahr lagerfähigen Früchte sind nicht nur für Sortenliebhaber interessant.
Verwendung: Tafel- und Wirtschaftsapfel, Schaufrucht.
Frucht: Pflückreif Mitte September, genussreif November bis März. Mittelgroß und sehr lang. Form regelmäßig, meist ei- oder fassförmig hochgebaut, auch walzenförmig, mittel- bis stielbauchig. Oberfläche etwas uneben mit schwachen, breiten Kanten. Farbe vollreif hellzitronengelb, sonnenseitig meist schwach rosa bis hellrot verwaschen. Schale trocken, matt, am Baum weiß bereift mit hellen Lentizellen, die in der Deckfarbe rot umhöft sind. Stielgrube tief, eng und nur selten fein berostet. Langer bis mittellanger Stiel, dünn und holzig. Mitteltiefe Kelchgrube, eng bis mittelweit, mit feinen Falten und ohne Berostung. Kleiner bis mittelgroßer Kelch, meist geschlossen, seltener halb geöffnet. Kegelförmige, enge Kelchhöhle. Großes Kernhaus mit sehr langer, oft schmal geöffneter Achse. Wände lang und schmal, leicht nierenförmig. Mittelgroße, sehr lange und schlank zugespitzte Kerne. Weißes bis leicht gelbliches, saftiges Fruchtfleisch, fein säuerlich, mit feiner Würze.

Baum: Schwacher bis mittelstarker Wuchs mit schlanker, kegelförmiger Krone, dicht und gut verzweigt, später hängend und zur Vergreisung neigend. Späte, unempfindliche Blüte. Baum sehr frosthart, aber etwas anfällig für Krebs. Ertrag setzt spät ein, dann regelmäßig. Die Sorte beansprucht gute, nährstoffreiche Böden.
Besondere Merkmale: Fruchtform und Farbe. Sehr langes, schmales Kernhaus mit schmalen Wänden.
Verwechslersorte: 'Prinzenapfel'.

Kardinal Bea

Herkunft: Zufallssämling, in Neuhausen auf den Fildern (Kreis Esslingen) gefunden, von Kreisobstbaufachberater K. MACK empfohlen, benannt nach dem Kurienkardinal A. BEA, vorwiegend in Süddeutschland vorkommend.

Allgemeine Beurteilung: Trotz des lediglich mittelstarken Wuchses ist diese Sorte für den Streuobstanbau empfehlenswert. Die Bäume sind gesund und die Früchte als Tafel- und Verwertungsobst interessant.
Verwendung: Tafel-, Saft- und Mostapfel.
Frucht: Pflückreif Anfang bis Mitte Oktober und nur bis November haltbar. Mittelgroß bis groß. Kegelförmig abgestumpft. Oberfläche meist eben, teils mit schwachen breiten Kanten. Farbe nur im Schattenbereich grünlich gelb, überwiegend flächig kräftig dunkelrot. Stielgrube mitteltief und mittelweit, manchmal mit breiten Kanten, meist nur im engen Bereich berostet. Stiel mittellang und dünn bis mitteldick. Kelchgrube flach bis mitteltief, mittelweit, ringförmig grob berostet, teils schuppig und aufgerissen. Kelch sehr groß und weit geöffnet, Kelchblätter mittellang. Kernhaus mittelgroß, Achse geschlossen bis wenig geöffnet. Gut ausgebildete, kastanienbraune Kerne. Fruchtfleisch grünlich weiß, saftig, feinzellig und süßfruchtig mit wenig Säure.

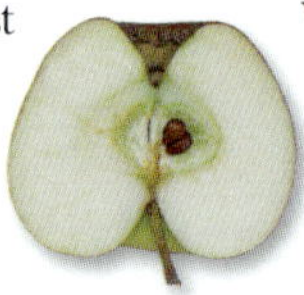

Baum: Mittelstarker Wuchs mit schwacher Verzweigung. Die wenigen Äste, die nur mit kurzen Seitentrieben versehen sind, kippen im Ertragsalter und verursachen einen hängenden Wuchs. Die Sorte blüht mittelfrüh. Der Ertrag setzt früh ein und ist hoch und regelmäßig. Die Sorte ist etwas anfällig für Lausbefall, ansonsten sehr robust.
Besondere Merkmale: Kegelförmig abgestumpfte Frucht mit großer, flacher, rissig berosteter Kelchgrube sowie großem, geöffnetem Kelch und meist bis in die Stielgrube reichender dunkelroter Deckfarbe. Sehr große trichterförmige Kelchhöhle. Kerne breit, kurz und schwach gestrichelt.
Verwechslersorte: 'Prinz Albrecht von Preußen'.

Karmeliterrenette

Weitere Namen: 'Reinette des Carmes', 'Forellen Renette', 'Getüpfelte Renette', 'Ludwigsburger Renette', 'Grüne Renette'.
Herkunft: 1667 von MERLET/Frankreich als weit verbreitete Sorte beschrieben.

Allgemeine Beurteilung: Obwohl diese über so viele Jahrhunderte bekannte und beliebte Sorte kaum noch vorzufinden ist, verdient sie doch aufgrund ihrer vielseitigen Verwendungsmöglichkeiten wieder mehr Beachtung.
Verwendung: Tafel-, Wirtschafts-, Saft- und Mostapfel.
Frucht: Pflückreif Oktober, genussreif Dezember bis März. Mittelgroß. Kugelförmig abgeflacht, zur Kelchfläche schwach verjüngt, auch kegelförmig abgestumpft. Oberfläche eben mit schwachen breiten Kanten. Grundfarbe grün bis grünlich gelb, Deckfarbe düster dunkel- bis braunrot. Schale glatt, wachsig, mit vielen typischen großen, verkorkten Lentizellen, teils mit grüner oder heller Umhöfung. Stielgrube mitteltief, mittelweit und strahlig berostet, manchmal durch Fleischwulst verengt. Stiel kurz bis mittellang, mitteldick, holzig. Kelchgrube flach, weit mit feinen Falten, auch stärkeren Rippen. Kelch groß und offen, Blätter mittellang, breit, am Grunde getrennt. Kelchhöhle flach, breitkegelförmig. Kernhaus mittelgroß und mittig, Achse geschlossen, Wände glatt, ohrenförmig. Kerne mittelgroß, länglich, oft taub. Fruchtfleisch hellgelb, feinzellig und fest, später mürbe werdend, saftig, gewürzt und süßweinig.
Baum: Wuchs mittelstark, mit mittelgroßer, regelmäßiger, kugelförmiger Krone. Relativ dünne, feinbefilzte Jahrestriebe mit länglichen Blättern. Blüte früh bis mittelfrüh, wenig empfindlich. Trägt früh und reichlich, sollte deshalb rechtzeitig verjüngt werden. Für raue Lagen nicht so gut geeignet, anfällig für Schorf und Blutlaus.
Besondere Merkmale: Flache, rippige Kelchgrube mit geöffnetem Kelch. Sehr deutliche, typische, oft eckig verkorkte Lentizellen (deshalb 'Forellen Renette'). Strahlig berostete Stielgrube.

Klarapfel

Weitere Namen: 'Weißer Klarapfel', 'Durchsichtiger Sommerapfel', 'White Transparent'.
Herkunft: Vermutlich Baltikum. Von der Baumschule WAGNER in Riga (Lettland) 1852 nach Frankreich geliefert und von dort aus verbreitet.

Allgemeine Beurteilung: In der frühen Reife nach wie vor unerreicht, deshalb in Hausgärten beliebt. Kann angesichts seiner hohen Frosthärte im Holz auch in Raulagen kultiviert werden. Für extensive Anbauverfahren ist die Sorte wegen der kurzen Haltbarkeit problematisch.
Verwendung: Tafel- und Wirtschaftsapfel.
Frucht: Pflückreif Mitte Juli bis Anfang August, nur kurze Zeit haltbar. Mittelgroß. Form unregelmäßig, oft ungleichhälftig, kugelförmig zugespitzt. Oberfläche uneben mit unregelmäßigen Kanten. Schale grün- bis weißgelb, glatt, wachsartig bereift, ohne Deckfarbe, mit zahlreichen, hellgrünen Lentizellen. Stielgrube mitteltief, mittelweit. Stiel lang, grün,

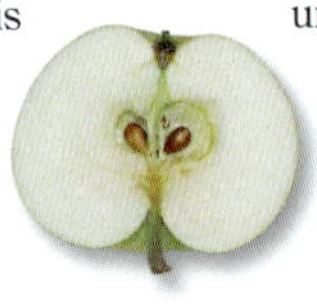

befilzt. Kelchgrube flach bis mitteltief, eng, mit feinen Falten und Rippen. Kelch mittelgroß, geschlossen, Blätter mittellang und grau befilzt mit zurückgebogenen Spitzen. Kernhaus groß, Wände glatt, bogenförmig. Mittelgroße, rundliche Kerne. Fleisch grünweiß, locker, saftig, mit erfrischender Säure, wenig Aroma, aber charakteristischem Geruch.
Baum: Mittelstarker Wuchs mit hochkugeliger, lockerer Krone. Frühe Blüte und trotzdem wenig frostempfindlich. Die Sorte blüht lang und ist ein guter Befruchter. Der Ertrag setzt früh ein, ist mittelhoch. Nach hohen Erträgen und auf weniger wüchsigen Standorten bedarf es mitunter eines kräftigen Verjüngungsschnitts. Anfällig für Mehltau, Krebs und Blutlaus. Holz relativ frosthart. Ansprüche an den Boden höher als an Wärme.
Besondere Merkmale: Angenehm riechende, sehr früh reifende Frucht mit grüngelber Schale und hellgrünen Lentizellen. Rippen und Kanten an den Seiten, wovon eine sich gelegentlich wie eine Naht ausbildet.
Verwechslersorten: 'Früher Viktoria', 'Herzogin Olga', 'Lodi'.

Kleiner Fleiner

Weitere Namen: 'Fleiner Petit', 'Glasfleiner'.
Herkunft: Unsicher; sehr alte Sorte. Verwandt mit der aus Flein bei Heilbronn/Baden-Württemberg stammenden Sorte 'Fleiner', die schon 1760 erwähnt wurde.

Allgemeine Beurteilung: Diese früher sehr weit verbreitete und beliebte Sorte aus der 'Fleiner'-Gruppe, ist heute fast verschwunden. Für den Streuobstanbau ist sie aber aufgrund der vielseitigen Verwendungsmöglichkeiten sehr gut geeignet.
Verwendung: Tafel-, Wirtschafts-, Saft- und Mostapfel.
Frucht: Pflückreif Oktober, genussreif Dezember bis Februar. Klein bis mittelgroß. Form insgesamt unregelmäßig, oft ungleichhälftig, meist kegelförmig, sowohl wenig als auch stärker abgestumpft, selten kugelförmig etwas abgeflacht. Grundfarbe hellgrün, später ins Weißliche übergehend, Deckfarbe leicht hellrot verwaschen.

Schale glatt, matt glänzend, mit Warzen versehen und wenigen Lentizellen, klein und hell, mit hellroter Umhöfung. Stielgrube mitteltief, eng, fein und strahlig berostet. Stiel kurz, mitteldick und holzig. Kelchgrube mitteltief bis tief, eng, mit feinen Falten. Kelch klein und geschlossen, Blätter lang, mittelbreit, am Grund sich berührend. Kelchhöhle flach, mittelbreit und kegelförmig. Kernhaus klein bis mittelgroß. Achse geschlossen, Wände halbmond- bis ohrenförmig, mit feinen Rissen. Zahlreiche Kerne, gut ausgebildet, mittelgroß, mittelbreit und fein gestrichelt. Fruchtfleisch weiß, fest, mittelfeinzellig, saftig, vorwiegend süß.
Baum: Wuchs stark. Bildet eine kräftige hochgewölbte, später hängende Krone. Die Äste sind stark und gut mit Fruchtholz besetzt. Blüte früh, etwas frostanfällig. Sehr fruchtbare Sorte, wenig alternierend.
Besondere Merkmale: Typische kegelförmig abgestumpfte Form. Tiefe, enge Kelchgrube. Weißes Fruchtfleisch. Gestrichelte Kerne. Rot umhöfte Lentizellen.
Verwechslersorten: 'Unseldapfel' und andere 'Fleiner'-Typen.

Kleiner Langstiel

Weiterer Name: 'Blauschwanz'.
Herkunft: Vermutlich Halle a. d. Saale, vor 1800. Von DIEL erstmals beschrieben.

Allgemeine Beurteilung: Nur noch selten anzutreffende Sorte mit kleinen, aber geschmacklich interessanten Früchten. Ende des 19. Jahrhunderts vorwiegend als Straßenbaum angepflanzt. Die hierfür maßgeblichen Eigenschaften, wie Robustheit, Anspruchslosigkeit und aufrechter Wuchs, machen die Sorte auch heute noch für Landschaftspflanzungen, auch in rauen Lagen, interessant. Bemerkenswert ist die lange Genussreife der Früchte und ihre Eignung, als ganze Frucht gedörrt zu werden. Eignet sich gut für Saft, die Frucht ist aber sehr klein. Eng verwandt mit 'Edelborsdorfer'.
Verwendung: Tafel- und Wirtschaftsapfel.
Frucht: Reift November, haltbar bis April. Sehr klein bis klein. Form sehr regelmäßig, kugelförmig wenig abgeflacht. Oberfläche eben, selten mit kaum wahrnehmbaren schwachen, breiten Kanten. Grundfarbe vollreif zitronengelb, sonnenseits verwaschen mattrot, bläulich bereift. Matte Schale, öfters leicht netzartig berostet. Stielgrube mitteltief, eng bis mittelweit. Stiel lang und dünn. Flache Kelchgrube, mittelweit bis weit, mit feinen Falten. Kelch klein, viertel bis dreiviertel geöffnet. Kelchhöhle flach bis mitteltief, mittelbreit und kegelförmig abgestumpft. Kernhaus klein, mittig, Wände glatt, halbrund. Wenige mittelgroße Kerne. Festes Fleisch, saftig, würzig und säuerlich.

Baum: Wächst mittelstark bis stark. Bildet hochovale, lichte Krone. Die Blüte ist unempfindlich. Der Ertrag setzt mittelfrüh ein und ist hoch. Sehr robust in Holz und Blüte. Der Baum wird sehr alt und hat geringe Ansprüche an Boden und Lage.
Besondere Merkmale: Sehr regelmäßig geformter kleiner Apfel, mit langem Stiel und bläulich roter Deckfarbe. Sehr kleines Kernhaus, mit kleinen Kernfächern, gerade ausreichend für maximal zwei mittelgroße breite Kerne.
Verwechslersorten: 'Engelsberger'.

Königinapfel

Weitere Namen: 'Queen', 'The Queen', 'Königin'.
Herkunft: 1858 von W. BULL in Billericay/England gezogen. 1874 erste Früchte und 1880 in den Handel gebracht.

Allgemeine Beurteilung: Eine Sorte, die am Ende des 19. Jahrhunderts aufgrund ihrer Größe und ihres Aussehens zunächst sehr beachtet wurde. Wegen ihres geringen Aromas und ihrer Stippeneigung konnte sie sich als Marktfrucht aber nicht durchsetzen. In windgeschützten und wenig krebsgefährdeten Lagen kann sie als großfruchtiger Küchenapfel und zum Frischverzehr interessant sein. Anfällig für Stippe.
Verwendung: Tafel- und Wirtschaftsapfel.
Frucht: Pflückreif Mitte Oktober, genussreif bis November. Groß bis sehr groß. Form insgesamt regelmäßig, halbkugel- bis kugelförmig stark abgeflacht, oft etwas breitgedrückt, leicht stielbauchig. Grundfarbe gelb, Sonnenseite intensiv rot geflammt und gesprenkelt, mit leichtem bläulichem Schimmer. Glatte, etwas fettige, glänzende Schale. Stielgrube mitteltief bis tief, weit, mit breiten Kanten, oft über den Rand hinaus berostet. Stiel kurz und mitteldick. Kelchgrube mitteltief bis tief, eng bis mittelweit, mit mehr oder weniger ausgeprägten Rippen. Kelch mittelgroß, halb bis ganz geöffnet, mit kurzen, breiten Blättern. Kelchhöhle mitteltief bis tief, mittelbreit, kegel-, manchmal auch trichterförmig. Kernhaus klein, Wände halbmond-, manchmal auch rucksackförmig, mit schmalen schwach ausgeblühten Rissen. Mittelgroße, längliche und gut ausgebildete Kerne. Fleisch weißgelb, locker, saftig, säuerlich und wenig aromatisch.

Baum: Mittelstarker Wuchs mit breitpyramidaler Krone. Blüte unempfindlich. Der Ertrag setzt früh ein, ist aber unregelmäßig. Anfällig für Krebs. Mittlere Ansprüche an Bodenfruchtbarkeit.
Besondere Merkmale: Flache, rot geflammte Frucht mit tiefer, weiter und teils netzartig berosteter Stielgrube. Gefäßbündellinie eng am Kernhaus liegend.
Verwechslersorten: 'Hagedornapfel', 'Jakob Lebel', 'Peasgoods Sondergleichen'.

Königlicher Kurzstiel

Weitere Namen: 'Court Pendu', 'Kurzstieler', 'Käsapfel', 'Ringapfel', 'Rinkenapfel'.
Herkunft: Sehr alte Sorte, schon 1565 in einem Verzeichnis von Bäumen des Lustgartens von Herzog FRIEDRICH I. in Stuttgart als 'Carpenduapfel' aufgeführt.

Allgemeine Beurteilung: Die historische Sorte kann auch heute noch geschmacklich mithalten und ist eine ausgezeichnete Tafelfrucht für den Hausgarten. Der relativ schwach wachsende Baum ist problemlos und pflegeleicht.
Verwendung: Tafel- und Wirtschaftsapfel.
Frucht: Pflückreif Ende Oktober, genussreif Dezember bis April. Mittelgroß, kugelförmig stark abgeflacht, teils auch etwas breitgedrückt. Oberfläche eben, manchmal mit ganz schwachen breiten Kanten. Grundfarbe schmutzig grün, später gelb. Deckfarbe orange- bis karminrot, verwaschen, etwas marmoriert, nur unscheinbar gestreift. Schale rau, matt, trocken, teils figurenartig berostet, mit großen hellbraunen Lentizellen. Stielgrube tief, weit, berostet. Stiel kurz sowie holzig und dick. Kelchgrube flach und sehr weit. Kelch groß, geöffnet mit kurzen breiten, am Grund getrennten Blättern. Kernhaus klein. Fruchtfleisch gelblich, mäßig saftig, sehr würzig und süß.

Baum: Wächst schwach. Bildet kleine, aufrechte Krone. Triebe verzweigen sich weitgehend von selbst und brauchen nur wenig Unterstützung durch Schnittmaßnahmen. Späte, robuste Blüte, benötigt entsprechend spät blühende Befruchter. Gute Pollenqualität. Der hohe und nicht ganz regelmäßige Ertrag setzt früh ein. Unempfindlich und robust gegen die Hauptkrankheiten Schorf, Mehltau und Krebs. Geringe Anforderung an den Boden. In Spätlagen reifen die Früchte nicht vollständig aus, deshalb vor allem für wärmere Lagen empfohlen.
Besondere Merkmale: Stark abgeflachte Frucht mit typischer rauer Schale und Färbung. Flache, sehr weite Kelchgrube mit offenem Kelch. Kurzer Stiel.
Verwechslersorten: 'Französische Goldrenette', 'Linsenhofer Sämling', 'Orleansrenette'.

Kronprinz Rudolf

Herkunft: Um 1860 entdeckter Zufallssämling aus der Steiermark. 1873 auf der Weltausstellung in Wien vorgestellt.

Allgemeine Beurteilung: Über diesen Apfel gingen die Meinungen bereits vor 120 Jahren auseinander, so wurden das süßweinige Aroma und die schöne Farbe hervorgehoben, andere bewerteten ihn als Frucht für Lokalpatrioten und meinten, die Sorte sollte in der Steiermark bleiben. Die Güte scheint daher sehr standortabhängig zu sein. Tatsächlich hat er sich wenig über die Grenzen der Steiermark und von Kärnten hinaus verbreitet. In dieser Gegend sind die Bedingungen für diese Sorte offensichtlich optimal.
Verwendung: Tafel- und Wirtschaftsapfel.
Frucht: Pflückreif im September und von November bis Februar genussreif. Klein bis mittelgroß, ca. 45 mm hoch und 60 mm breit. Form insgesamt regelmäßig, z. T. kugelförmig abgeflacht. Grundfarbe grünlich gelb, sonnenseits von verwaschen hellrot bis deckend dunkelrot. Schale glatt und geschmeidig. Stielgrube mitteltief, eng bis mittelweit und rau berostet. Stiel kurz bis mittellang, meist dünn. Kelchgrube mitteltief, eng bis mittelweit, mit feinen Falten und kleinen Höckern. Kelch klein, geschlossen, Blätter mittellang, schmal, zusammengeneigt. Kernhaus klein, mittig, Achse geschlossen bis mittelweit geöffnet, Wände bogen-, auch ohrenförmig, glatt. Viele gut ausgebildete Kerne, zugespitzt, dunkelbraun. Gefäßbündellinie flachrund. Fleisch gelblich weiß, saftig, feinzellig, mildsäuerlich und mäßig süß.

Baum: Die Sorte wächst stark. Verzweigt sich gut und bildet eine hochpyramidale Krone. Blüte und Holz sind relativ frosthart. Sie trägt früh, bringt hohe Ernten und ist schorfanfällig. Geeignet für durchlässige, nährstoffreiche Böden in freien Lagen.
Besondere Merkmale: Kräftig rote Deckfarbe, teilweise sehr scharf begrenzt. Kleiner Kelch.
Verwechslersorten: 'Brettacher', 'Roter Stettiner', 'Welschisner'.

Krügers Dickstiel

Weitere Namen: 'Celler Dickstiel', 'Woltmanns Renette', 'Krügers Goldrenette', 'Achimer Goldrenette', 'Feldkirchner Renette', 'Sulzbacher Renette'.
Herkunft: In Mecklenburg um 1850 entdeckt.

Allgemeine Beurteilung: „Hochfeiner, nur von Kennern gesuchter Tafelapfel." So wurde die Sorte um 1930 beurteilt, was auch heute noch zutreffend ist. Die Frucht färbt sich zudem kurios, was ihr auch den Namen „Farbenschachtel" einbrachte. Gute Eignung für Streuobstanbau und Spätfrostlagen durch die sehr späte Blüte. Die Sorte ist wenig schorf-, aber stark mehltauanfällig und neigt etwas zur Stippe.
Verwendung: Tafel-, Wirtschafts-, Saft- und Mostapfel.
Frucht: Pflückreif im Oktober, genussreif Dezember bis Februar. Mittelgroß. Form insgesamt regelmäßig, selten ungleichhälftig, kugelförmig abgeflacht. Oberfläche eben, teils mit schwachen breiten Kanten. Grundfarbe zitronengelb, sonnenseits vielfarbig, von gestreift samtig grün über verwaschen orange bis silbrig grau, zahlreiche Roststriche über der ganzen Frucht. Schale glatt, matt. Stielgrube mitteltief, weit, oft strahlig berostet. Stiel kurz und dick. Kelchgrube leicht schüsselförmig, mittelweit, mitteltief mit feinen Falten, ringförmig berostet. Kelch mittelgroß, meist ganz geöffnet, Blätter kurz und breit, mit zurückgeschlagenen Spitzen. Kelchhöhle kegel-, auch trichterförmig. Kernhaus mittelgroß, mittig, Achse geschlossen, Wände halbmondförmig und glatt. Kleine, längliche Kerne. Fleisch weiß, saftig, locker, feinzellig und feinaromatisch.
Baum: Mittelstarker, teils starker, hochkugeliger Wuchs mit langen, später kippenden Fruchtruten und deshalb hängender Krone. Späte, lang anhaltende Blüte. Jährlich hoher Ertrag. Ansprüche an Boden und Lage gering, auch Spätfrostlagen sind für den Anbau geeignet.

Besondere Merkmale: Mehrfarbige Schale. Meist sehr kurzer und dicker, oft knopfiger Stiel.
Verwechslersorte: 'Laxton's Superb'.

Kugelapfel

Weitere Namen: 'Reinette', 'Weinsäuerling', 'Sauerracher', 'Weißscheibling', 'Grüner-', 'Weißer-', 'Feld-', 'Bietigheimer' u. a.
Herkunft: Eine ältere Sorte, nach E. LUCAS (1860) stammt sie aus der Umgebung von Esslingen, vor allem südlich der Mainlinie vorkommend.

Allgemeine Beurteilung: Guter Wirtschaftsapfel mit langer Haltbarkeit, besonders zur Mostbereitung geschätzt, wenig anspruchsvoll und mit guten Erträgen. Die Sorte bildet mächtige, langlebige Bäume.
Verwendung: Wirtschafts- und Mostapfel.
Frucht: Pflückreif Mitte bis Ende Oktober, genussreif ab November, hält bis in den April. Plattrunde, mittelgroße Frucht (120–230 g). Oberfläche mit breiten Kanten. Grüne, bei Vollreife gelbgrüne Grundfarbe, auf der Sonnenseite trübrot bis leicht orangerot, deutliche Lentizellen und einzelne Rostfiguren. Flache, mitteltiefe Stielgrube, strahlig berostet mit dünnem Stiel. Kelchgrube flach und mittelweit, leicht wulstig. Halboffener Kelch, Blättchen an der Basis ziemlich breit, wollig, aufrecht und leicht nach außen geneigt. Breite, kegelförmige Kelchhöhle, meist offene Achse und ohren- bis bogenförmige Kernfächer mit Rissen. Grünlich weißes, festes Fruchtfleisch, saftig und erfrischend weinsäuerlich. Mittelgroße, oval bis längliche, braune Kerne, oft nicht ganz ausgebildet.

Baum: Starkwüchsig und langlebig, bildet mächtige, hochgewölbte und breit ausladende Krone. Dunkelgrüne große, längsovale Blätter, Rand gebuchtet. Die Sorte kommt mittelfrüh in Ertrag, trägt aber reich und regelmäßig. Stellt keine großen Ansprüche an Boden und Klima, Blatt etwas schorfempfindlich.
Besondere Merkmale: Mittelgroße gelbgrüne Frucht, trübrote Sonnenseite mit festem, weinsäuerlichem Fleisch, breite, kurze Kelchblätter. Große mächtige Bäume.
Verwechslersorten: 'Grüner Stettiner', 'Welschisner', 'Grüner Fürstenapfel'.

Landsberger Renette

Herkunft: Um 1850 in Landsberg a. d. Warthe (heute Polen) von Justizrat Burchhardt gezogen.

Allgemeine Beurteilung: Aufgrund Mehltau- und Schorfanfälligkeit lediglich für windoffene und kühle Lagen empfehlenswert.
Verwendung: Tafel- und Wirtschaftsapfel.
Frucht: Pflückreif Ende September bis Mitte Oktober, bis Januar haltbar. Mittelgroß bis groß (90–140 g). Form etwas unregelmäßig, manchmal ungleichhälftig, teils kugelförmig wenig abgeflacht, teils kegelförmig, wenig abgestumpft stielbauchig. Oberfläche etwas uneben, mit schwachen breiten bis mittelstarken Kanten. Grundfarbe grünlich gelb bis weißgelb, Sonnenseite hauchartig gelblich orange verwaschen und mit braunen, hell umhöften Lentizellen versehen. Stielgrube mitteltief, mittelweit, gleichmäßig hellbraun berostet. Stiel mittellang, holzig, knopfig. Kelchgrube flach, mitteltief, mit feinen Falten, oft auch ausgeprägten Rippen, teils breiten Kanten. Kelch mittelgroß, geschlossen bis halb offen, Blätter grün bleibend, etwas weiß befilzt. Tiefe, kegelförmige Kelchhöhle. Kernhaus groß, mittig, Achse mittelweit bis weit geöffnet, Kernfächer geräumig. Mittelgroße, gut ausgebildete, kastanienbraune Kerne. Fruchtfleisch gelblich weiß, unter der Schale hellgrün, feinzellig, saftig, süßsäuerlich mit feinem Aroma.
Baum: Die mittelstark bis stark wachsenden Bäume bilden anfangs steile, schräg aufwärts gerichtete Leitäste. Im Ertragsstadium sind sie deutlich flacher, sodass sich eine breitkugelige Krone mit hängendem Fruchtholz bildet. Blüte mittelfrüh und lang anhaltend. Der Ertrag setzt früh ein, ist hoch und regelmäßig. Der Baum ist anfällig für Schorf- und Mehltaubefall sowie schwefel- und kupferempfindlich.
Besondere Merkmale: Gerippte Kelchgrube. Achse lang, oft weit geöffnet und zu den Kernfächern meist geschlossen. Früchte hängen sehr lange am Baum. Sonnenseite orange.

Verwechslersorten: 'Adersleber Kalvill', 'Großherzog Friedrich von Baden', 'Minister von Hammerstein', 'Signe Tillisch'.

Lanes Prinz Albert

Weitere Namen: 'Prinz Albert', 'Albert'.
Herkunft: 1840 von TH. SQUIRE oder J. LANE gezogen. 1857 von H. LANE und Söhne/ England, in den Handel gebracht.
Eltern: 'Russet Nonpareil' × 'Wellington'.

Allgemeine Beurteilung: Infolge des schwachen Wuchses ist diese Sorte eher für Wandspaliere als für den Streuobstbau geeignet. Der Ertrag setzt häufig bereits im Pflanzjahr ein und ist hoch. Dies führt zu frühem Erschöpfen des Baumes und zu relativ kurzer Lebensdauer. Auch für Höhenlagen geeignet.
Verwendung: Tafel- und Wirtschaftsapfel.
Frucht: Pflückreif Mitte Oktober, bis März genussreif. Groß bis sehr groß (125–200 g). Form insgesamt unregelmäßig, oft ungleichhälftig, kugelförmig abgeflacht, teils etwas hochgebaut. Oberfläche uneben mit breiten Kanten. Grundfarbe grünlich gelb, sonnenseits karminrot gestreift oder verwaschen. Stielgrube mitteltief und mittelweit bis weit, mit breiten Kanten, manchmal mit Nase. Stiel kurz und mitteldick. Kelchgrube mitteltief, mittelweit mit feinen Falten und breiten Kanten. Kelch mittelgroß, halb geöffnet mit kurzen, mittelbreiten Blättern. Kernhaus groß, Achse geöffnet, Gefäßbündellinie stark ausgeprägt, breit-zwiebelförmig. Kerne gut ausgebildet, mittelgroß, breit und länglich. Fruchtfleisch cremeweiß, wenig saftig und feinzellig. Frischsäuerlich im Geschmack, mit wenig Zucker und schwach gewürzt.

Baum: Wuchs anfangs mittelstark und sparrig, später flach. Die breitkugeligen Bäume zeigen hängenden Wuchs und neigen zur Vergreisung, daher regelmäßiges Auslichten ratsam. Blüte mittelfrüh, lang anhaltend und wenig frost- und nässeempfindlich. Blütenblätter sortentypisch rötlich. Ertrag sehr früh einsetzend, regelmäßig und hoch. Baum anfällig für Mehltau und Lausbefall.
Besondere Merkmale: Große Frucht mit grünlich bleibender Stielseite und meist dreieckiger Stielgrube.
Verwechslersorten: 'Fießers Erstling', 'Gehrers Rambur', 'Goldparmäne', 'Schwaikheimer Rambur'.

Laxton's Superb

Herkunft: Im Jahr 1897 von der Baumschule LAXTON BROTHERS in Bedford (England) gezüchtet, 1922 in den Handel eingeführt.
Eltern: 'Wyken Pippin' × 'Cox' Orange'.

Allgemeine Beurteilung: Außer der längeren Haltbarkeit ist 'Laxton's Superb' in ihren Eigenschaften und Ansprüchen, u. a. auch im edlen Geschmack, der Muttersorte 'Cox' Orange' weitgehend ähnlich. Nachteilig und bei einem Anbau im Garten zu bedenken ist die starke Anfälligkeit für Schorf und die ausgeprägte Neigung zu jährlich stark wechselnden Erträgen. Fruchtausdünnung und Maßnahmen gegen Schorf sind daher unumgänglich.
Verwendung: Tafelapfel.
Frucht: Pflückreif Anfang Oktober, haltbar bis Februar. Mittelgroß. Teils kugelförmig abgeflacht, teils breit-kegelförmig abgestumpft, stielbauchig. Oberfläche eben, nur selten sind schwache breite Kanten sichtbar. Grundfarbe grünlich, bei Vollreife gelb, sonnenseits trüb orangerot bis bläulich rot. Schale trocken, teils bereift, mit hellen Lentizellen. Stielgrube mitteltief, mittelweit, flächig und über den Rand hinaus auch strahlenförmig berostet. Stiel mittellang. Kelchgrube flach, weit, mit feinen Falten, ringförmig berostet. Kelch geöffnet, Blätter kurz, breit und spitz. Kernhaus mittelgroß, Wände halbmondförmig, mit manchmal schwach ausgeblühten Rissen. Wenige, lang zugespitzte Kerne. Fleisch gelblich weiß, feinzellig, saftig, edel, aromatisch, im Geschmack ähnlich 'Cox' Orange'.

Baum: Mittelstarker Wuchs mit breitpyramidaler Krone, Fruchtholz mittellang. Blüte lang andauernd, witterungsunempfindlich. Ertrag mittelfrüh, alterniert sehr stark. Hochanfällig für Schorf und Monilia, aber kaum für Mehltau. Mäßig frostempfindlich. Benötigt gute Böden mit ausgeglichenem Klima.
Besondere Merkmale: Düstere, stumpfe Deckfarbe mit hellen Lentizellen. Abgerundete Stielseite mit bis an den Rand rau berosteter Stielgrube.
Verwechslersorten: 'Cox' Orange', 'Holsteiner Cox', 'Krügers Dickstiel', 'Martini'.

Linsenhofer Sämling

Weitere Namen: 'Linsenhofer', 'Schöner aus Beuren', 'Linsenhofer Renette'.
Herkunft: Zufallssämling aus dem Raum Linsenhofen-Beuren bei Nürtingen/Baden-Württemberg. Stammt vermutlich von 'Goldparmäne' ab. Vor allem in Baden-Württemberg verbreitet.

Allgemeine Beurteilung: Aufgrund des regelmäßigen, wenn auch nur mittelhohen Ertrags eine interessante Sorte, die sich durch späte Blüte und das günstige Zucker-Säure-Verhältnis auszeichnet. Für die Herstellung naturtrüber Säfte besonders geeignet.
Verwendung: Wirtschafts-, Saft- und Mostapfel.
Frucht: Pflückreif Mitte bis Ende Oktober, genussreif bis März. Klein, meist mittelgroß. Form sehr regelmäßig, kugelförmig abgeflacht. Oberfläche eben. Grundfarbe goldgelb, sonnenseits braunrot geflammt bis gestreift. Schale glatt und leicht fettig. Stielgrube mitteltief und mittelweit. Stiel lang, dünn. Kelchgrube schüsselförmig, flach bis mitteltief, weit und häufig schwach berostet, mit feinen, teils rauen, ringförmigen Rissen und manchmal leicht rippigem Rand. Kelch mittelgroß bis groß, meist weit geöffnet, mit grünen, schmalen, am Grund getrennten Blättchen. Kernhaus klein und mittig. Kleine, längliche Kerne. Fruchtfleisch gelblich weiß, fest und saftig. Geschmack etwas säurebetont ohne besonderes Aroma, jedoch ähnlich 'Goldparmäne'.

Baum: Wuchs mittelstark und im Jugendstadium steil aufwärts gerichtet (ähnlich wie 'Goldparmäne'). Im Ertragsstadium kippen die Langtriebe ab, sodass die Krone breiter wird. Blätter auffallend schmal und klein. Krone hochpyramidal mit hängendem Fruchtholz. Sehr späte Blüte. Mittelhoher Ertrag, alternierend. Sehr widerstandsfähig gegen Krankheiten und Schädlinge.
Besondere Merkmale: Flache, breitgedrückte Frucht mit sehr weiter, schüsselförmiger und ringförmig berosteter Kelchgrube und großem offenem Kelch.
Verwechslersorten: 'Goldparmäne', 'Königlicher Kurzstiel'.

London Pepping

Weitere Namen: 'London Pippin', 'Grüner-', 'Deutscher-', 'Englischer-', 'Werderscher-' oder 'Bastard-Kalvill'.
Herkunft: England, vor 1580.

Allgemeine Beurteilung: Guter, früher weit verbreiteter Tafelapfel mit allerdings hohen Ansprüchen an Standort und Pflege. In Verbindung mit dem eher schwachen Wuchs wurde die Sorte daher für niederstämmige Baumformen bevorzugt und empfiehlt sich auch heute nur für Obstfreunde, die die speziellen Ansprüche der Sorte befriedigen können. Extensiv geführte Kulturen scheiden für den 'London Pepping' aus.
Verwendung: Tafelapfel.
Frucht: Pflückreif Ende Oktober, genussreif von Dezember bis April. Mittelgroß bis groß. Form unregelmäßig, kugelförmig wenig abgeflacht, meist stielbauchig. Oberfläche unrund und kantig. Grundfarbe vollreif hellgelb, Sonnenseite trüborange verwaschen. Schale glatt, etwas fettig, mit vielen hellen Lentizellen. Stielgrube mitteltief, mittelweit, mit schwachen Kanten, teils berostet. Stiel meist kurz, dünn. Kelchgrube flach, manchmal kaum wahrnehmbar und weit, mit ausgeprägten Rippen und meist fünf kräftigen Höckern. Kelch mittelgroß, meist halb geöffnet. Kelchhöhle mitteltief, spitz-kegelförmig, in Kelchröhre übergehend. Kernhaus groß, Achse weit geöffnet, zahlreiche mittelgroße, hellbraune Kerne. Wände halbmond- bis ohrenförmig mit schmalen, schwach ausgeblühten Rissen. Wenige Kerne, klein, mittelbreit und kurz. Fleisch gelblich weiß, saftig, fest, ausgewogen säuerlich-süß, aromatisch.
Baum: Schwacher bis mittelstarker Wuchs mit breitkugeliger, kleiner Krone. Blüte mittelspät und anhaltend, wenig empfindlich. Der Ertrag setzt früh ein und ist hoch. Die Sorte ist anfällig für Schorf, Mehltau und Krebs. Benötigt leichte, feuchte Böden in geschützten Lagen.
Besondere Merkmale: Fünf stark ausgeprägte Rippen oder Höcker, die von der Kelchseite über die halbe Frucht laufen.

Verwechslersorten: 'Adersleber Kalvill', 'Boikenapfel', 'Signe Tillisch', 'Weißer Winterkalvill'.

Lord Grosvenor

Weiterer Name: 'Grosvenor'.
Herkunft: In England um 1872 entstanden, 1880 nach Deutschland eingeführt.

Allgemeine Beurteilung: Sehr fruchtbarer und robuster Kochapfel mit großen Früchten, der früh reift und reich trägt. Er ist aufgrund seiner Robustheit zudem unproblematisch im Anbau. Das Fruchtholz muss regelmäßig verjüngt und überreicher Fruchtbehang ausgedünnt werden. Eine Verwendung im Streuobstanbau ist wegen der frühen Reife nicht ratsam.
Verwendung: Wirtschaftsapfel.
Frucht: Pflückreif bereits im August, nur zwei bis drei Wochen verwertbar. Groß, manchmal sehr groß. Kugelförmig wenig abgeflacht, zur Kelchfläche verjüngt, auch hochgebaut, oft etwas ungleichmäßig mit breiten Rippen, deutlich über die Frucht laufend. Grundfarbe gelb bis hellgelb, Deckfarbe fehlt. Schale geschmeidig, fettig und fest. Stielgrube flach und weit, kaum berostet. Stiel lang und mitteldick. Kelchgrube flach, zwischen deutlichen Rippen und Perlen. Kelch groß, geschlossen, mit breiten, lang zugespitzten Blättern. Kelchhöhle lang, spitz-kegelförmig. Kernhaus groß, weit geöffnet, Wände halbmond- bis mondsichelförmig. Kerne dunkelbraun, eiförmig, kurz zugespitzt. Fleisch grünlich weiß, mürbe, mild süßsäuerlich, wenig aromatisch und schwach gewürzt.

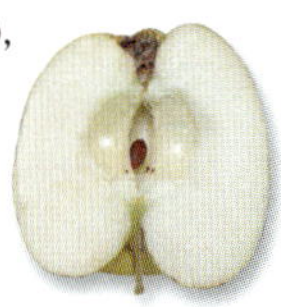

Baum: Mittelstarker Wuchs mit hochkugeliger Krone und dichter Belaubung. Blüte erscheint mittelfrüh, ist anhaltend und unempfindlich gegen Frost und Nässe, guter Pollenspender. Ertrag setzt früh ein, sehr hoch. Die Sorte ist wenig krankheitsanfällig. Ansprüche an Boden und Lage gering, sofern ausreichend feucht.
Besondere Merkmale: Früh reifende gelbe, etwas fettige Frucht, ohne Deckfarbe. Faltige, rippige Kelchgrube mit langen Kelchblättern, lange spitz-kegelförmige Kelchhöhle, weit geöffnetes Kernhaus.
Verwechslersorte: 'Lord Suffield'.

Luikenapfel

Weitere Namen: 'Ludwigsapfel', 'Luiken', 'Luyke', 'Alte Luiken'.
Herkunft: Baden-Württemberg, schon 1823 von WALKER als Luykenapfel beschrieben. Soll bereits um 1801 eine weit verbreitete Sorte in Württemberg gewesen sein. Schon JOHANN KASPAR SCHILLER erwähnt 1795 die Sorte 'Luigen'. Die Bezeichnung soll auf einen Weingärtner namens LUIK in Sulzgries bei Esslingen zurückgehen.

Allgemeine Beurteilung: Der 'Luikenapfel' ist in Baden-Württemberg selten geworden. Hier war er vor etwa 100 Jahren die meistverbreitete Sorte und bestimmte den Mostobstmarkt. Er zeichnet sich durch eine sehr späte Blüte und hervorragende Verwertungseigenschaften aus. Aus ihm sind viele Sämlinge hervorgegangen, die oft nur schwer unterscheidbar sind.
Verwendung: Saft-, Most-, früher auch Tafelapfel.
Frucht: Pflückreif Ende September und bis Dezember verwertbar. Klein bis mittelgroß. Form insgesamt regelmäßig, manchmal ungleichhälftig, kugelförmig wenig abgeflacht, leicht stielbauchig. Grundfarbe weißgelb, Deckfarbe leuchtend rot, verwaschen oder marmoriert, überwiegend mit kurzen, dunkelroten Streifen und Flammen versehen. Stielgrube mitteltief und mittelweit, strahlig zimtfarben berostet. Stiel kurz, mitteldick. Kelchgrube flach, mit feinen Falten, teils auch schwachen Rippen. Kelch klein und geschlossen. Fruchtfleisch weißlich, saftig, fest, feinzellig, in Schalennähe rötlich. Geschmack süßweinig, kaum Aroma.
Baum: Die stark wachsenden Bäume können ein hohes Alter erreichen. Krone flachkugelig und infolge der schlanken, dünnen und wenig verzweigten Triebe stark hängend und leicht verkahlend. Sehr späte Blüte, lang andauernd. Ertrag sehr spät einsetzend, nicht immer regelmäßig, aber hoch. Bäume etwas schorf- und krebsanfällig.
Besondere Merkmale: Sehr späte Blüte, stark hängender Wuchs. Schale am Baum teils stark blauviolett bereift, meist leuchtend rot, geflammt.

Verwechslersorten: 'Gewürzluiken', 'Heslacher Gereutapfel'.

Martini

Weitere Namen: 'Martiniapfel', 'Großherzogs Liebling'.
Herkunft: 1875 bei Kollmar in Holstein vermutlich am Elbdeich neben der Kollmar-Schleuse gefunden. Soll von 'Cox' Orange' abstammen. Der Name leitet sich vom Zeitpunkt der Pflücke ab.

Allgemeine Beurteilung: Spät reifender Apfel (um Martini), relativ kleinfruchtig und gut schmeckend. Fruchtbar und regelmäßig tragend, wenig krankheitsanfällig. Hat sich vor allem in Norddeutschland bewährt, kommt gut mit feuchtem Boden und Klima sowie windigen Lagen zurecht.
Verwendung: Tafelapfel.
Frucht: Pflückreif Anfang bis Mitte November, genussreif Dezember bis März. Mittelgroß (90–120 g). Kugelförmig wenig abgeflacht, selten breit-kegelförmig abgestumpft, stielbauchig. Grundfarbe grüngelb bis gelb, Deckfarbe dunkelrot, leicht geflammt. Lentizellen zahlreich, mittelgroß, hell und deutlich sichtbar. Stiel mittellang, kräftig, oft mit fleischigem Ansatz. Kelchgrube sehr flach und sehr weit, mit typischen feinen Falten, teils schwachen Rippen. Kelch halb, auch ganz geöffnet, Kelchblätter breit, flach nach innen gerichtet. Kelchhöhle flach, breit, mit becherförmiger Röhre. Kernhauswände halbmond-, auch ohrenförmig, mit feinen Rissen. Festes, weißes Fruchtfleisch, sehr saftreich, abknackend, fein gewürzter, weiniger und erfrischender Geschmack.

Baum: Mittelstarker Wuchs. Feine Triebe mit sehr festem Holz, bilden viel Seitenholz und viele Fruchtspieße. Rotbraune Jahrestriebe, leicht filzig, kleine, leicht gewellte Blätter. Die Sorte blüht spät und kommt früh in Ertrag, trägt reich und regelmäßig. Sie ist sehr gesund, krebsfest und kaum schorfanfällig.
Besondere Merkmale: Kugelförmiger Apfel mit sehr flachem und bis zum Rand geripptem Kelch. Typische Kelchhöhle mit ganz kurzem, breitem, wie abgeschnitten endendem Röhrenansatz. Helle Lentizellen. Späte Reife.
Verwechslersorten: 'Cellini', 'Cox' Orange', 'Laxton's Superb'.

Maunzenapfel

Herkunft: Raum Göppingen/Baden-Württemberg. Wurde aufgrund seiner Frosthärte nach dem kalten Winter 1928/29 verbreitet und ist deshalb in Süddeutschland relativ häufig anzutreffen.

Allgemeine Beurteilung: Die außerordentlich hohe Frosthärte des Holzes und der kräftige, gesunde Wuchs sowie eine gute Verzweigung zeichnen diese Sorte als Stamm- und Gerüstbildner aus. Die schönen Früchte eignen sich gut zur Verwertung, sind aber als „Blender" kaum zum Verzehr geeignet.
Verwendung: Saft- und Mostapfel sowie Stammbildner.
Frucht: Baumreif Mitte Oktober, bis März verwertbar. Klein bis mittelgroß. Form insgesamt regelmäßig, kegelförmig wenig abgestumpft. Oberfläche eben, manchmal etwas warzig. Grundfarbe gelblich grün und sonnenseits hell karminrot gestreift und verwaschen. Schale leicht fettig. Stielgrube mitteltief bis tief, eng bis mittelweit, strahlig braunoliv berostet. Stiel dünn und mittellang. Kelchgrube mitteltief bis tief, eng, mit feinen Falten und Fleischperlen, häufig unregelmäßig kantig. Kelch klein bis mittelgroß, geschlossen. Kernhaus klein bis mittelgroß, Achse wenig, auch weit geöffnet, Kernfächer geräumig, Wände ohrenförmig, glatt, ganz selten mit feinen Rissen. Kleine Kerne, mittelbreit, länglich und glänzend. Gefäßbündellinie mittelgroß und herzförmig. Fruchtfleisch gelblich weiß, saftig, sehr fest und säuerlich.
Baum: Die stark wachsenden Bäume verzweigen sich gut. Bilden kugelige bis hochkugelige Kronen mit etwas hängenden Ästen. Die Sorte blüht spät und bringt hohe, etwas alternierende Erträge. Holz frosthart und krebsfest, Laub widerstandsfähig. Sehr große Schorfbeständigkeit, aber etwas mehltauanfällig.
Besondere Merkmale: Sehr schöne, kegelförmige Frucht mit roter Deckfarbe und leicht fettiger Schale. Stark verzweigte Baumkronen mit hängenden Ästen.

Verwechslersorten: 'Roter Trierer Weinapfel', 'Roter Ziegler'.

Minister von Hammerstein

Herkunft: 1882 von R. Goethe in Geisenheim aus einem Kern von 'Landsberger Renette' gezogen. 1891 erste Früchte.

Allgemeine Beurteilung: Gehaltvoller Apfel, der sein besonderes Aroma allerdings nur bei optimaler Fruchtgröße und später Ernte erhält. Hierfür benötigt er warme Standorte mit langer Vegetationsdauer und nährstoffreichen Böden. Der Baum ist sehr fruchtbar und sollte regelmäßig verjüngt werden. Eine Ausdünnung ist oft angebracht. Die Frucht ist erst nach längerem Lagern genussreif.
Verwendung: Tafelapfel.
Frucht: Ernte so spät wie möglich, von Dezember bis März genussreif. Mittelgroß bis groß. Form insgesamt unregelmäßig, manchmal ungleichhälftig, kugelförmig abgeflacht, teils auch etwas hochgebaut. Oberfläche uneben, teils beulig, meist mit fünf breiten Kanten. Grundfarbe vollreif mattgelb, Deckfarbe selten, dann leicht trüborange verwaschen. Schale glatt und fein. Stielgrube mitteltief bis tief, mittelweit bis weit und mittelfein strahlig berostet. Stiel kurz bis mittellang. Kelchgrube flach bis mitteltief und mittelweit, mit ausgeprägten Rippen. Kelch klein bis mittelgroß, halb geöffnet. Flache bis mitteltiefe Kelchhöhle, mittelbreit und kegelförmig abgestumpft, in oft breite, manchmal bis zum Kernhaus reichende Kelchröhre übergehend. Kernhaus mittelgroß, mittig, Achse wenig geöffnet, Wände halbmondförmig, mit mittelbreiten Rissen. Zahlreiche Kerne, mittelbreit und länglich, kurz zugespitzt. Gelblich weißes Fleisch, locker und feinzellig, sehr saftig, süßsäuerlich, markant gewürzt.
Baum: Mittelstarker Wuchs. Krone aufgrund des kräftigen Behangs später schirmförmig. Frühe Blüte hält lange an und ist witterungsunempfindlich. Früh einsetzende, jährlich gute Erträge. Die Sorte ist anfällig für Mehltau und Schorf. Sie beansprucht gute, feuchte Böden und warme Lagen.
Besondere Merkmale: Die Frucht hat meist fünf deutliche Kanten.

Verwechslersorten: 'Adersleber Kalvill', 'Boikenapfel', 'Großherzog Friedrich von Baden', 'Landsberger Renette', 'Signe Tillisch'.

Muskatellerluiken

Weitere Namen: 'Baschesapfel', 'Roter Baschesapfel', 'Bastlesapfel', 'Schmiedbästlesapfel'.
Herkunft: Schon 1854 von LUCAS erwähnt. Eine der vielen Luikensorten, die in Württemberg stark verbreitet sind.

Allgemeine Beurteilung: Eine interessante Verwertungssorte, liefert hervorragenden aromatischen Saft sowie ein aromareiches Destillat. Robuste Sorte, die auch auf schlechteren Standorten gut gedeiht und durch die späte Blüte wenig spätfrostanfällig ist.
Verwendung: Saft- und Mostapfel, Brennerei.
Frucht: Pfückreif ab Mitte September und bis Dezember verwertbar. Klein bis mittelgroß (60–85 g), flachrund und am Stiel stark abgeplattet, Hälften meistens ungleich. Weißlich gelbe Grundfarbe, die oft vollständig von kräftigem Rot überzogen ist, mit kurzen dunkelroten Streifen. Die ganze Frucht ist stark hellblau bereift. Mitteltiefe bis tiefe Stielgrube, hellbraun berostet. Kurzer, mitteldicker, holziger Stiel. Enge, mitteltiefe, leicht faltige Kelchgrube. Geschlossener bis halboffener Kelch mit breiten und langen, hellgrünen Blättchen, deren Spitzen zurückgeschlagen sind. Breit zwiebelförmige Gefäßbündellinie, Achse leicht geöffnet. Die Kelchgrube geht in eine fast bis zum Kernhaus reichende Kelchröhre über. Wände ohrenförmig und glatt, mit zahlreichen, großen, ovalen Kernen. Gelblich weißes bis weißes Fleisch, unter der Schale und z.T. auch die Gefäßbündellinie oft leicht gerötet, feinzellig und saftig, wird bald mürbe, süßsäuerlich mit leichtem Muskatellergeschmack.
Baum: Mittelgroß bis groß, flachkugelförmig mit hängenden Ästen. 1-jährige Triebe dunkelbraun, leicht behaart mit flachen, breitgedrückten, anliegenden Knospen. Große, ovale, dicke Blätter, Rand doppelt gesägt. Späte Blüte, sehr fruchtbar und wenig kankheitsanfällig.

Besondere Merkmale: Starke Bereifung, ausgeprägte Kelchröhre und späte Blüte.
Verwechslersorten: 'Luikenapfel' u. a. 'Luiken'-Typen, 'Hofapfel'.

Muskatrenette

Weitere Namen: 'Gewürzrenette', 'Muskatellerrenette', 'Rote Badener Renette'.
Herkunft: Schon 1608 erwähnt und vermutlich um 1670 von Kartäusern aus der Normandie nach England gebracht. Möglicherweise Großeltern von 'Cox' Orange'.

Allgemeine Beurteilung: Sehr alte Sorte mit edlem, muskatartigem Geschmack. Dazu müssen die Früchte aber ihre sortentypische Größe erreichen, was durch Ausdünnen gefördert wird. Auch für Gärten in raueren Lagen geeignet, doch sollten wegen der Anfälligkeit für Obstbaumkrebs schwere Böden gemieden werden.
Verwendung: Tafelfrucht.
Frucht: Pflückreif Ende Oktober, bis März lagerfähig. Mittelgroß. Kugelförmig und wenig abgeflacht, Oberfläche meist eben, teils mit schwachen breiten Kanten. Grundfarbe goldgelb, sonnenseits kräftig braunrot marmoriert. Schale glatt, trocken, später geschmeidig, mit teils flächiger und netzartiger Berostung, die vom Kelch bis zur Fruchtmitte reicht. Stielgrube mitteltief, eng, manchmal auch einseitig verengt, teils schuppig über den Rand hinauslaufend berostet. Stiel mittellang. Kelchgrube flach, teils mit feinen Falten, teils ausgeprägten Rippen. Kelch klein und geschlossen mit mittellangen, aufrechten Blättern. Kelchhöhle flach, schmal, kegelförmig, in Kelchröhre übergehend. Kernhaus klein, Achse geschlossen, Wände ohrenförmig, glatt, mit feinen, teils schwach ausgeblühten Rissen. Kerne mittelgroß und kastanienbraun. Fleisch gelblich weiß, feinzellig, weinsäuerlich und muskatartig.

Baum: Wächst schwach. Bildet hochkugelige Krone, fein verzweigt, mit lanzettlichen, etwas zusammengeklappten Blättern. Blüte unempfindlich. Guter Träger, aber krebs- und mehltauanfällig. Die Sorte verlangt mäßig fruchtbare, durchlässige Böden.
Besondere Merkmale: Kugelförmige Frucht mit flachem Kelch und typisch über die ganze Frucht bis in die Stielgrube sich fortsetzenden, abgesetzten Streifen.
Verwechslersorten: 'Cox' Orange', 'Ribston Pepping'.

Nathusius' Taubenapfel

Weitere Namen: 'Großer Roter Althaldensleber Pigeon', 'Rote Schafsnase'.
Herkunft: Im Jahr 1824 von Obergärtner DIESKAU in der Althaldensleber Baumschule aus einem Kern gezogen und nach dem Obstbauförderer GOTTLOB NATHUSIUS benannt.

Allgemeine Beurteilung: Die Sorte ist vor allem eine Schaufrucht. Die inneren Werte entsprechen nicht der äußeren Schönheit.
Verwendung: Schau- und Wirtschaftsfrucht.
Frucht: Ernte im Oktober, haltbar bis März Mittelgroß (L = 70–80 mm, B = 60–70 mm), Form regelmäßig, kegelförmig abgestumpft, oft auch oval bis eiförmig. Bauch stielnah und dort schön abgerundet. Glatte, glänzende und ziemlich zähe Schale mit weißgelber Grundfarbe, oft ist die ganze Frucht verwaschen rot und rosa gefärbt, z. T. auch streifig. Öfters sind die Früchte bläulich weiß bereift. Stielgrube mitteltief bis tief, eng, selten berostet. Stiel mittellang, mitteldick und holzig. Kelchgrube mitteltief, eng, mit feinen Falten, teils auch schwachen Rippen. Kelch klein, geschlossen, Blätter lang, aufrecht, uneinheitlich ausgerichtet. Kelchhöhle trichterförmig mit kurzer bis langer, schmaler Röhre, die wie abgeschnitten endet. Kernhaus mittelgroß, stielnah, Achse mittelweit bis weit geöffnet, Wände schmal, bogenförmig, glatt. Kleine Kerne, länglich, kurz zugespitzt und dunkelbraun. Feinzelliges, rein weißes Fleisch, zuerst fest, später mürbe, erfrischend weinsäuerlich, mit deutlichem Bittermandelgeschmack.

Baum: Schwach wachsend, bildet mittelgroße, breitpyramidale Krone, Äste mit kurzem Fruchtholz dicht besetzt. Kräftige, etwas wellige Jahrestriebe mit kurzen Internodien. Schmale, mattgrüne und dicht behaarte Blätter. Die Sorte blüht spät und bevorzugt schwere, eher feuchte Böden und nicht zu windige Lagen. Sie kommt früh in Ertrag und ist ein dankbarer Träger.
Besondere Merkmale: Lange Fruchtform und Schalenfarbe. Bittermandelgeschmack.
Verwechslersorte: Untypische Früchte von 'Erbachhofer Weinapfel'.

Oberdiecks Renette

Herkunft: Von Müller um 1850 in Cannstatt (bei Stuttgart) entdeckt, durch E. Lucas 1865 benannt und 1866 beschrieben.

Allgemeine Beurteilung: Eine echte Liebhabersorte für Obstsortensammler, da sie nach einem der größten Pomologen, J. G. C. Oberdieck, benannt wurde. Empfehlenswert für Freunde haltbarer, süßsäuerlicher Früchte. Problematisch ist die hohe Anfälligkeit der Früchte für Schorf. Je nach Standort auch anfällig für Mehltau und Krebs.
Verwendung: Tafelapfel.
Frucht: Pflückreif Anfang Oktober, genussreif von Januar bis März. Mittelgroß. Form etwas unregelmäßig, teils schwach kegelförmig, abgestumpft, teils kugelförmig stark abgeflacht, zur Kelchfläche verjüngt. Grundfarbe gelbgrün, später in Goldgelb übergehend, Deckfarbe selten, verwaschen trüborange. Schale trocken, etwas rau mit zahlreichen Rostfiguren. Deutliche fühlbare Lentizellen, in der Deckfarbe rot umhöft, oft rissig und verkorkt. Stielgrube mitteltief, weit, ringförmig fein bis grob berostet. Stiel lang bis sehr lang. Kelchgrube flach und weit, mit feinen Falten und Fleischperlen, ringförmig berostet. Kelch mittelgroß, halb bis ganz geöffnet, Blätter mittellang sowie grau befilzt und Spitzen zurückgeschlagen. Kelchhöhle trichterförmig, mittelbreit bis schmal. Kernhaus klein, geschlossen, Wände ohren- bis bogenförmig, glatt. Kerne groß bis mittelgroß, breit-eiförmig, kastanienbraun. Fleisch grünlich weiß, mürbe, wenig saftig, mild süßsäuerlich, etwas aromatisch.
Baum: Anfangs mittelstarker, später nachlassender Wuchs mit hochkugeliger Krone. Blüht mittelspät bis spät. Trägt regelmäßig und gut. Sehr anfällig für Pilzinfektionen, besonders Schorf. Bevorzugt offene Lagen mit durchlässigen Böden.
Besondere Merkmale: Kelch- und Stielseite gleichstark abgeflacht. Kelchgrube ringförmig berostet. Große, rot umhöfte, oft verkorkte Lentizellen. Welkt auf dem Lager.
Verwechslersorten: 'Zuccalmaglio'.

Oberländer Himbeerapfel

Weitere Namen: 'Roter Winter-Himbeerapfel', 'Himbeerapfel', 'Hansenapfel', 'Erdbeerapfel'.
Herkunft: Stammt aus Oberschwaben/Baden-Württemberg, wurde von E. LUCAS 1854 beschrieben und ist heute nur noch selten zu finden.

Allgemeine Beurteilung: Der meist dunkelpurpurrote Apfel hat einen fein gewürzten Geschmack und gute Lagereigenschaften. Die Sorte ist aufgrund der vielseitigen Verwendbarkeit der Frucht und der Robustheit des Baumes auch für den Streuobstanbau empfehlenswert.
Verwendung: Tafel- und Wirtschaftsapfel.
Frucht: Pflückreif Ende September, genussreif Oktober bis Dezember. Mittelgroß bis groß. Form insgesamt unregelmäßig, manchmal ungleichhälftig, hochgebaut, meist kegelförmig abgestumpft. Oberfläche uneben, mit schwachen breiten Kanten. Grundfarbe nur im Schattenbereich grünlich gelb, sonst kräftig karmin- bis purpurrot verwaschen, punktiert gerötet und violett bereift. Geruch schwach bis stark. Stielgrube mitteltief bis tief, mittelweit, etwas unregelmäßig durch schwache Kanten. Kurzer Stiel, mitteldick und holzig. Kelchgrube mitteltief bis tief, eng, zimtfarbig berostet, manchmal auch mit breiteren Kanten. Kelch klein bis mittelgroß, geschlossen bis halb geöffnet und meist grün bleibend. Kernhaus klein, mittig, mit kleinen engen Fächern. Kleine bis mittelgroße Kerne, flach und mittelbreit. Fruchtfleisch gelblich weiß bis weiß, häufig bis zur Gefäßbündellinie rot geädert, wenig saftig und von feinem, zimtartig gewürztem Zuckergeschmack.
Baum: Die starkwüchsigen Bäume verzweigen gut und werden ziemlich groß. Sie sind sehr frosthart und damit auch für Höhenlagen geeignet. Die Blüte erscheint spät. Der Ertrag setzt früh ein, ist gleichmäßig und hoch.
Besondere Merkmale: Purpurrote Schale mit violetter Bereifung und durchscheinenden hellen Lentizellen. Rote Adern im fast weißen Fruchtfleisch.
Verwechslersorte: 'Berner Rosenapfel'.

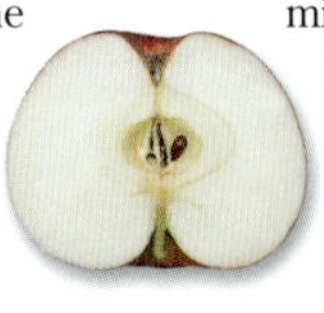

Odenwälder

Weiterer Name: 'Schwarzwälder Renette'.
Herkunft: Vermutlich Odenwald/Hessen. Heute vereinzelt noch in Süddeutschland und Österreich vorkommend.

Allgemeine Beurteilung: Die reich tragende Sorte ist sehr widerstandsfähig gegen Krankheiten und Schädlinge und damit für den Streuobstanbau empfehlenswert. Die innere Qualität der Früchte ist hingegen gering. In den ersten Jahren sind eine gute Pflege sowie eine Fruchtausdünnung erforderlich, um ausreichendes Wachstum zu gewährleisten.
Verwendung: Wirtschafts- und Tafelapfel.
Frucht: Pflückreif Anfang Oktober und bis Dezember genussreif. Mittelgroß. Form etwas unregelmäßig, oft ungleichhälftig, kegelförmig abgestumpft, zur kleinen Kelchfläche verjüngt, Stielseite weit abgerundet. Oberfläche eben, teils mit schwachen, auf der Kelchseite stärker ausgeprägten Kanten. Grundfarbe anfangs gelblich grün, später goldgelb, Deckfarbe nur bei gut besonnten Früchten auf der Sonnenseite leicht orange verwaschen. Wenige Lentizellen, grün umhöft, sonnenseitig dagegen deutlich rot. Stielgrube mitteltief, mittelweit und häufig berostet. Stiel kurz, dünn bis mitteldick und grün. Kelchgrube mitteltief, eng und faltig. Kelch klein bis mittelgroß, geschlossen bis halb geöffnet. Kernhaus groß, Achse geöffnet, Wände halbmondförmig. Zahlreiche Kerne, klein, rundlich und kurz zugespitzt. Fruchtfleisch weiß, saftig, später mürbe und trocken, feinsäuerlich, mit wenig Aroma.
Baum: Der Wuchs ist kräftig, aber der frühzeitige und starke Behang führt zu eher schwacher Neutriebbildung und vorzeitigem Vergreisen des Baumes. Die höchstens mittelgroßen Bäume bilden eine breitpyramidale Krone. Der Ertrag setzt sehr früh, häufig bereits im Pflanzjahr ein, ist regelmäßig und hoch. Die Bäume sind sehr widerstandsfähig gegen Krankheiten und Schädlinge.

Besondere Merkmale: Faltige Kelchgrube. Lentizellen auf Sonnenseite rot umhöft.
Verwechslersorte: 'Landsberger Renette', 'Transparent aus Croncels'.

Öhringer Blutstreifling

Herkunft: Aus dem Raum Öhringen/ Baden-Württemberg. Der Mutterbaum stand 1929 noch in Unterohrn. 1907 erstmals von F. LUCAS beschrieben. In den 30er- bis 60er-Jahren des vorigen Jahrhunderts in Baden-Württemberg und in der Schweiz häufig angepflanzt.

Allgemeine Beurteilung: Die Sorte ist zur Mischung mit säurereichen Sorten zur Verwertung bestens geeignet. Die früher beobachtete starke Schorfanfälligkeit war in den letzten Jahren nicht mehr festzustellen.
Verwendung: Tafel-, Wirtschafts-, Saft- und Mostapfel.
Frucht: Reift Mitte Oktober und ist bis April lagerfähig. Mittelgroß (100–120 g). Meist breit-eiförmig, teils kugelförmig abgeflacht, selten auch fassförmig. Oberfläche eben, nur mit schwachen breiten Kanten. Grundfarbe anfangs hellgrün, später strohgelb, sonnenseits leuchtend blutrot mit dunklen Streifen durchsetzt, auf der Schattenseite oft marmoriert. Stielgrube meist mitteltief und eng, oft mit breiten Kanten. Stiel kurz und dick. Kelchgrube meist eng, mitteltief, mit feinen Falten oder schwachen Rippen und breiten Kanten. Kleiner, geschlossener Kelch, Blätter mittellang und mittelbreit, büschelartig aufgestellt. Kernhaus klein bis mittelgroß, Achse mittellang, geschlossen. Mittelbreite, lange Kerne, kurz zugespitzt, kastanienbraun. Weißliches Fruchtfleisch, fest und saftig, süß, mit wenig Aroma und kaum Säure.

Baum: Wuchs anfangs mittelstark, im Ertragsstadium schwach. Krone höchstens mittelgroß und hochgewölbt, mit wenig verzweigten, überhängenden Fruchtästen. Mittelfrühe, lang anhaltende Blüte. Ertrag früh einsetzend, hoch und regelmäßig. Die Triebe werden häufig von Zwergschorf (Grind) und Krebs befallen.
Besondere Merkmale: Frucht breit-eiförmig mit kleinem geschlossenem Kelch und schwach aromatischem, süßlichem Fruchtfleisch. Der Baum ist meist von weitem erkennbar durch lange schmale gefaltete Blätter und oft starken Knotenkrebs.
Verwechslersorten: 'Erbachhofer Weinapfel', 'Roter Trierer Weinapfel'.

Ontario

Weiterer Name: 'Ontarioapfel'.
Herkunft: 1820 in Paris, Ontario County, New York (USA), von CHARLES ARNOLD selektiert.
Eltern: 'Wagenerapfel' × 'Northern Spy'.

Allgemeine Beurteilung: Beliebter und früher weit verbreiteter, frischsäuerlicher Apfel mit hohem Vitamin-C-Gehalt. Vorteilhaft sind die lange, unproblematische Lagerfähigkeit auch im Naturlager und die hohe Fruchtbarkeit. Sehr frosthart in der Blüte, jedoch mit geringer Holzfrosthärte. Die Sorte eignet sich daher für warme Lagen mit Spätfrostgefahr, nicht für Lagen mit starken Winterfrösten, dort allenfalls mit frosthartem Stammbildner.
Verwendung: Tafel- und Wirtschaftsapfel.
Frucht: Pflückreif Ende Oktober, genussreif Dezember bis Mai. Große Frucht, unregelmäßig in der Form, oft ungleichhälftig, kugelförmig abgeflacht, z.T. auch stark abgeflacht, leicht stielbauchig. Oberfläche uneben, meist kantig. Grundfarbe grünlich gelb, Sonnenseite braun bis braunviolett verwaschen. Schale glatt, stark bläulich bereift. Stielgrube tief bis sehr tief, mittelweit bis weit, mit breiten Kanten, strahlig hell berostet. Stiel mittellang. Kelchgrube tief, teils mit breiten Kanten. Kelch mittelgroß, meist halb geöffnet, Blätter mittellang, uneinheitlich ausgerichtet. Kernhaus mittelgroß, Achse wenig geöffnet, Wände halbmondförmig. Kerne gut ausgebildet, länglich, kastanienbraun. Fruchtfleisch grünlich weiß, fest, saftig, ausgereift spritzig säuerlich, wenig aromatisch.
Baum: Schwacher bis mittelstarker Wuchs mit breitkugeliger, kleiner Krone. Blüte mittelspät und lang, witterungsunempfindlich. Ertrag setzt früh ein, ist mittelhoch und alternierend. Der Baum ist anfällig für Obstbaumkrebs, das Holz sehr frostempfindlich. Blüte äußerst frosthart. Bevorzugt warme Lagen mit gut strukturierten Böden.
Besondere Merkmale: Sehr feste, meist etwas flache, oft sehr unregelmäßige, auch kantige, weißbläulich bereifte Frucht. Tiefe bis sehr tiefe Kelch- und Stielgrube.

Verwechslersorten: 'Schöner aus Pontoise', 'Schweizer Orangenapfel'.

Orleansrenette

Weitere Namen: 'Princesse Noble', 'Goldrenette', 'Triumph Renette', 'New Yorker Renette', 'Holländer Pepping', 'Dörells Renette'.
Herkunft: Sehr alte Sorte, die aus Frankreich stammt und dort 1621 erstmals erwähnt wurde.

Allgemeine Beurteilung: Hervorragend schmeckender, ertragreicher Tafelapfel mit guter Haltbarkeit, auch bestens zum Dörren geeignet.
Verwendung: Tafelapfel, Dörrfrucht.
Frucht: Ernte Anfang Oktober, haltbar bis Februar. Mittelgroß (L = 55–60 mm, B = 65–75 mm), kugelförmig abgeflacht bis plattrund, Oberfläche etwas uneben, teils mit schwachen, breiten Kanten. Blassgelbe, später goldgelbe Grundfarbe, die Sonnenseite verwaschen gerötet bis orange, eben „orlean" gefärbt, z. T. auch leicht streifig. Schale matt und etwas rau. Große, eckige, erhabene Lentizellen und einzelne Rostfiguren. Kurzer (10–15 mm), oft dicker Stiel in weiter, mitteltiefer, hellbraun berosteter Grube. Flache, schüsselförmige Kelchgrube, mittelweit bis weit, unterbrochen ringförmig berostet. Kelch mittelgroß bis groß, halb bis ganz geöffnet, mit kurzen, sehr breiten Blättern. Kelchhöhle flach mit kurzer Röhre. Kerne klein bis mittelgroß, kurzoval. Feines weißgelbliches Fruchtfleisch mit delikatem, würzigem und weinsäuerlichem Geschmack, harmonisches Zucker-Säure-Verhältnis.

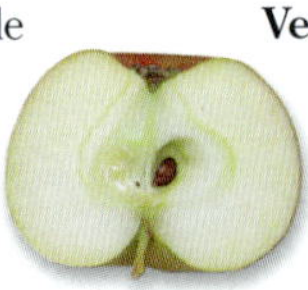

Baum: Mittelgroßer Wuchs, bildet eine breite, pyramidenförmige Krone. Relativ schmale, leicht filzige braunrote Jahrestriebe mit anliegenden Blattknospen. Länglich eiförmige, filzige Blätter. Die Sorte blüht mittelfrüh, kommt früh in Ertrag, ist sehr fruchtbar und wenig schorfanfällig. Sie verlangt aber einen guten, warmen Boden und milde, nicht zu trockene Lagen.
Besondere Merkmale: Typische Fruchtfarbe. Weite, flache Kelchgrube, offener Kelch.
Verwechslersorten: 'Französische Goldrenette', 'Königlicher Kurzstiel'.

Osnabrücker Renette

Herkunft: Osnabrücker Raum, vor 1800 zufällig entstanden.

Allgemeine Beurteilung: Wie die meisten „grauen Renetten“ wird die ‘Osnabrücker Renette’ wegen ihres würzigen, süßsäuerlichen Geschmacks und der langen Haltbarkeit geschätzt. Sie stellt keine hohen Anforderungen an Pflege, benötigt aber eher obstbaulich günstige Anbaubedingungen, vor allem krebsfördernde Lagen sind zu meiden.
Verwendung: Tafelapfel.
Frucht: Pflückreif Mitte Oktober, ab Dezember genussreif, haltbar bis März. Klein bis mittelgroß. Form etwas unregelmäßig, manchmal ungleichhälftig, meist sehr typisch halbkugelförmig, kelchseitig sehr wenig abgeflacht, stielbauchig. Oberfläche uneben, meist mit drei schwachen Kanten. Grundfarbe grünlich gelb, Deckfarbe rot marmoriert, meist vollständig von feinem Rost bedeckt, mit Ausnahme des Kelchbereichs. Schale ledrig, rau. Stielgrube mitteltief bis tief und mittelweit, teils mit schwachen Kanten, flächig ringförmig berostet. Stiel mittellang. Kelchgrube sehr flach und sehr weit, mit feinen Falten, oft auch nicht vorhanden. Kelch mittelgroß, geschlossen bis halb geöffnet. Blätter lang, aufrecht, übereinander gefaltet. Kelchhöhle sehr flach und breit, auch breit trichterförmig. Kernhaus klein, Achse wenig, teils auch weiter geöffnet, Wände meist halbmondförmig. Mittelgroße Kerne, breit, lang und kastanienbraun. Fleisch grünlich weiß, mürbe, säuerlich und würzig.
Baum: Mittelstarker Wuchs. Bildet schnell und viel Fruchtholz. Mittelspäte Blüte. Schlechter Befruchter (triploide Sorte). Der Ertrag setzt früh ein und ist hoch. Anfällig für Obstbaumkrebs. Beansprucht gut strukturierte Böden in warmen Lagen.
Besondere Merkmale: Typische teilflächig berostete Frucht, mit meist unberosteter Kelchseite. Kelch flach, teils aufsitzend.
Verwechslersorte: Der in der Schweiz und angrenzenden Gebieten verbreitete ‘Zeienapfel’, dort ‘Falscher Osnabrücker’ genannt.

Parkers Pepping

Weitere Namen: 'Parker's Pippin', 'Graue Renette', 'Lederapfel', 'Lederer', 'Rabau', 'Pelzapfel' u. a.
Herkunft: Alte, englische Sorte. DIEL erhielt sie Anfang des 19. Jh. aus England.

Allgemeine Beurteilung: Die Sorte nimmt unter den „grauen Renetten" durch das feine Fruchtfleisch und den guten Geschmack einen der ersten Plätze ein. Sehr positiv ist auch, dass sie auf dem Lager nicht welkt. Oft bleibt die Frucht zu klein.
Verwendung: Tafel-, Wirtschafts- und Mostapfel.
Frucht: Sollte erst Ende Oktober geerntet werden, genussreif von Dezember bis März. Klein bis mittelgroß. Form meist regelmäßig, kugelförmig, wenig, teils auch stärker abgeflacht. Schale ledrig, vollflächig fein berostet. Häufig raue, schuppige und warzige Stellen. Grundfarbe anfangs grünoliv, später zimtfarben, Sonnenseite wenig braunorange durchschimmernd, manchmal bei aufgerissener Berostung auch heller

gerötet. Stielgrube meist mitteltief und mittelweit. Stiel kurz und dünn. Kelchgrube mitteltief, mit feinen Falten. Kelch geschlossen bis halb geöffnet, Kelchblätter mittellang, mittelbreit, am Grund getrennt. Kernhaus klein, Wände halbmond-, auch ohrenförmig. Kleine mittelbreite Kerne, manchmal taub. Fruchtfleisch gelblich weiß, saftig und renettenartig gewürzt, kräftig, aber angenehm weinig.
Baum: Die Sorte wächst in der Baumschule schon sehr schwach, deshalb auf Stammbildner veredeln. Schwache und dünne Jahrestriebe, filzig. Schmale Blätter, wellenförmig nach innen gebogen. Die Sorte blüht mittelspät und nur kurz. Früh einsetzender hoher und regelmäßiger Ertrag, der zur Erschöpfung führt, wenn der Baum nicht ausreichend mit Wasser und Nährstoffen versorgt wird. Die Sorte liebt keine trockenen Standorte, eignet sich aber für höhere Lagen.
Besondere Merkmale: Vollflächig fein berostete Frucht mit schuppigen Stellen. Am Baum schmales Blatt und kurzes Fruchtholz.

Peasgoods Sondergleichen

Weitere Namen: 'Peasgood's Nonsuch', 'Goldrenette von Peasgood', 'Peasgoods Unvergleichlicher'.
Herkunft: Um 1858 von PEASGOOD in Stamford, Lincolnshire/England, aus Samen der Sorte 'Catshead' gezogen. 1872 von der königlichen Gartenbaugesellschaft in London ausgezeichnet.

Allgemeine Beurteilung: Die stark wachsende Sorte hat sehr große und optisch sehr schöne Früchte, die auf Obstsortenschauen das Publikum beeindrucken (Schaufrucht). Die Früchte sind von mäßiger Qualität. Früchte neigen in trockenen Gebieten zur Rissbildung mit anschließender Fäulnis. Stippigkeit tritt häufig auf. Der relativ robuste Baum bildet gewaltige Kronen von hoher Lebensdauer und ist als Strukturelement für die Landschaft sehr geeignet.
Verwendung: Tafel- und Wirtschaftsapfel.
Frucht: Pflückreif Anfang September, bis November haltbar. Sehr groß, Gewicht ca. 300 g. Form regelmäßig, kugelförmig abgeflacht, stielbauchig. Grundfarbe grünlich gelb, später gelb, Sonnenseite kurz abgesetzt rot gestreift. Stielgrube weit, tief bis sehr tief, grünlich berostet. Stiel mittellang, mitteldick. Kelchgrube schüsselförmig, mitteltief und weit, mit schwachen Rippen. Kelch groß, weit geöffnet. Fruchtfleisch gelblich weiß, mürbe werdend, saftig, weinsäuerlich und schwach gewürzt. Zuckergehalte liegen bei 14% (59° Oechsle), Säurewerte bei 12 g/l. Die Sorte fault sehr leicht und neigt zum Fruchtfall vor dem Erntetermin.

Baum: Mittelstark bis stark wachsend, mit zunächst hoher, später sehr breiter Krone. Frühe Blüte, gute Pollenqualität. Ertrag setzt früh ein und ist ziemlich regelmäßig. Der Baum ist relativ robust und gedeiht auch noch in rauen Lagen.
Besondere Merkmale: Sehr große, regel- und ebenmäßige Frucht, mit mittelbreiter, meist sehr langer Kelchröhre und relativ kleinen Kernen.
Verwechslersorten: 'Kaiser Alexander', 'Königinapfel'.

Pfirsichroter Sommerapfel

Weitere Namen: 'Sommer Rosenapfel', 'Pfirsichroter Sommer Rosenapfel'.
Herkunft: Von DITTRICH (1837) erstmals beschrieben. Vermutlich von SICKLER aus Frankreich mitgebracht, einst in Thüringen sehr verbreitet.

Allgemeine Beurteilung: Diese alte Sommersorte kann auch heute noch dem Liebhaber empfohlen werden. Der relativ kleine Apfel hat eine herrliche blutrote Färbung und zum richtigen Zeitpunkt gepflückt, einen für eine Sommersorte guten Geschmack. Wie die meisten Sommersorten hat auch er eine sehr begrenzte Haltbarkeit und muss am Baum durchgepflückt werden.
Verwendung: Tafelapfel.
Frucht: Pflückreif Mitte August, bis Anfang September haltbar. Klein bis mittelgroß. Kugelförmig, zur kleinen Kelchfläche verjüngt. Oberfläche durch fünf breite Kanten etwas uneben. Grundfarbe gelbweiß, fast vollständig von einer hellrosa bis dunkelkarminroter Deckfarbe überzogen. Schale glatt mit roten Lentizellen. Stielgrube mitteltief, mittelweit. Stiel lang, mitteldick und gekrümmt. Kelchgrube eng mit kleinen Falten und starken Rippen. Kelch geschlossen, mit langen befilzten, aufrecht stehenden Blättern. Lange Kelchröhre. Fruchtfleisch weiß, unter der Schale etwas rötlich, feinzellig, saftig, mürbe, geschmackvoll und weinsäuerlich. Schon nach wenigen Tagen wird die Frucht mehlig.

Baum: Wächst in der Jugend stark, später mittelstark. Krone hochkugelig, später breit bis überhängend, sparrig und unordentlich. Verlangt nur wenig Erziehung und Aufbau. Der Ertrag setzt früh ein und ist regelmäßig. Die Sorte blüht mittelfrüh, ist klimatisch robust und hat eine gute Pollenqualität. Baum und Frucht sind sehr widerstandsfähig gegen Schorf, Mehltau und andere Krankheiten.
Besondere Merkmale: Die rote Frucht hat meist fünf deutliche Kanten, einen langen, dünnen Stiel, lange, schmale Kelchblätter, lange Kelchröhre und weißes, in Schalennähe auch gerötetes Fruchtfleisch.
Verwechslersorte: 'Roter Astrachan'.

Porzenapfel

Herkunft: Zufallssämling aus dem Kreis Trier, etwa seit 1920 bekannt. Im Saar- und Moselraum sowie in Luxemburg verbreitet.

Allgemeine Beurteilung: Der 'Porzenapfel' ist auch heute noch eine aktuelle Mostapfelsorte des Saar-/Moselraumes, speziell für die Apfelweinherstellung (im Moselraum 'Viez' genannt). Wegen seiner vorzüglichen technologischen Qualität, Ertragstreue und Unanfälligkeit gegenüber Krankheiten und Schädlingen wird er für den Kelterobst-Vertragsanbau empfohlen.
Verwendung: Most- und Saftapfel.
Frucht: Pflückreif im Oktober, kann bei guter Lagerung bis Dezember verarbeitet werden. Mittelgroß. Teils kugelförmig abgeflacht, teils kegelförmig (langsam abnehmend). Oberfläche eben, Querschnitt etwas unrund. Grundfarbe strohgelb, Deckfarbe sonnenseits dunkelrot, gestreift. Schale glatt, etwas wachsig. Stielgrube meist mitteltief, mittelweit und beulig, grob bis schuppig grünbraun berostet. Stiel mittellang. Kelchgrube mitteltief und mittelweit, mit feinen Falten, teils auch schwachen Rippen. Kelch mittelgroß, meist halb geöffnet. Kleines Kernhaus. Fruchtfleisch weiß, herbsäuerlich und würzig. Zuckergehalte bei 14% (59° Oechsle), Säurewerte bei 13 g/l.
Baum: Stark wachsend, bildet breitpyramidale Krone, kommt spät in Ertrag, trägt dann aber reich. Alternanzneigung sehr gering. Für den Most- und Kelterobstanbau werden auch mit dieser Sorte halbintensive Anlagen auf mittelstark wachsenden Unterlagen (MM 106, MM 111) gepflanzt. Die Sorte blüht spät und ist ein guter Befruchter. Sie ist sehr widerstandsfähig gegen Krankheiten und Schädlinge sowie gegen Frost. Insgesamt eine auch heute noch empfehlenswerte Keltersorte für die intensive Produktion.
Besondere Merkmale: Beulige Stielgrube, flächig grünbraun, teils grob und schuppig berostet. Kleines Kernhaus.

Verwechslersorten: 'Altländer Pfannenkuchenapfel', 'Laxton's Superb'.

Prinz Albrecht von Preußen

Weitere Namen: 'Albrechtapfel', 'Albrechtsapfel', 'Prinz Albrecht'.
Herkunft: 1865 von Hofgärtner BRAUN in Schloss Kamenz bei Glatz (Polen) als Sämling von 'Kaiser Alexander' ausgelesen und nach dem Besitzer des Schlosses benannt.

Allgemeine Beurteilung: Sehr ansprechend gefärbte Herbstsorte. Wegen ihrer Robustheit für den Gartenobstbau und aufgrund der Frosthärte auch für rauere Lagen empfehlenswert. Hohe Erträge und ausreichende Fruchtgrößen benötigen jedoch gut versorgte Böden und eine Behangregulierung (Handausdünnung) des überreichen Fruchtansatzes, sonst bleiben die Früchte klein und der Baum erschöpft sich schnell.
Verwendung: Tafelapfel.
Frucht: Pflückreif Mitte bis Ende September, genussreif bis Dezember. Mittelgroß bis groß. Kugelförmig abgeflacht, auch etwas breitgedrückt. Oberfläche eben, mit ganz schwachen breiten Kanten. Grundfarbe grünlich gelb, Deckfarbe flächig orangerot bis bläulich rot, eng gestreift und marmoriert. Schale glatt und trocken, angenehm riechend. Lentizellen als grünliche Rostpunkte. Stielgrube tief bis sehr tief, eng bis mittelweit, grünbraun und kräftig berostet. Stiel kurz bis mittellang. Kelchgrube mitteltief bis tief, weit, schwach gerippt. Kelch groß, weit offen, Blätter breit, kurz, am Grunde getrennt. Kelchhöhle breit, tief, trichterförmig. Kernhaus klein und wenig geöffnet, Wände bogen- bis rucksackförmig. Kerne breit, stumpfnasig und kastanienbraun. Fruchtfleisch grünlich weiß, locker, saftig, süßlich und typisch aromatisch.

Baum: Schwacher Wuchs mit breitkugeliger, kurztriebiger Krone. Blüht mittelspät, guter Pollenspender. Ertrag früh einsetzend, hoch und regelmäßig. Holz und Blüte sehr frosthart. Etwas anfällig für Fäulnis und Stippe, sonst widerstandsfähig gegen Krankheiten und Schädlinge.
Besondere Merkmale: Kronenartiger Kelch, markant gefärbter Rost in einer weiten Stielgrube, breite Kerne.
Verwechslersorten: 'Cox' Pomona', 'Kaiser Wilhelm', 'Kardinal Bea', 'Martens Sämling'.

Purpurroter Zwiebelapfel

Weitere Namen: 'Kohlenbacher', 'Christkindler', 'Franzosenapfel', 'Talapfel'. Das Synonym 'Christkindler' wird auch für andere Sorten verwendet und kann daher zu Verwechslungen führen.
Herkunft: Regionalsorte aus Baden, auch in der Nordwestschweiz verbreitet.

Allgemeine Beurteilung: Diese äußerst robuste Sorte ist als Mostapfel in ihrer Heimat sehr beliebt. Auf ältere Bäume veredelt, zeichnet die Sorte sich durch besonders kräftigen und gesunden Wuchs aus.
Verwendung: Saft- und Mostapfel, ab Februar auch als Tafelapfel verwendbar. Sehr beliebt als Christbaumschmuck.
Frucht: Pflückreif Mitte bis Ende Oktober und bis April haltbar. Klein bis mittelgroß. Form sehr regelmäßig, kugelförmig abgeflacht, manchmal etwas breitgedrückt. Grundfarbe selten vorhanden, dann gelb, Deckfarbe purpurrot, zur Stielseite streifig. Schale glatt, typisch stark blauviolett bereift. Große Lentizellen, hell umhöft, oft nur durchscheinend, über die ganze Frucht verteilt. Stielgrube flach bis mitteltief, grob, strahlig berostet. Stiel kurz und am Ansatz knopfig verdickt. Kelchgrube mitteltief, schüsselförmig, mit feinen Falten. Kelch geschlossen bis geöffnet, mit langen, grau befilzten Blättern. Kurze, ganz schmale Kelchröhre. Breite mittelgroße Kerne. Fruchtfleisch grünlich, sehr fest, säuerlich und saftreich bei feiner Würze.

Baum: Die stark wachsende Krone bildet kräftige, hochgehende Triebe, die später unter der Last der Früchte einen hängenden Wuchs entwickeln. Die Blüte erscheint spät und ist sehr widerstandsfähig. Der Ertrag ist hoch und regelmäßig, die Früchte bleiben jedoch klein.
Besondere Merkmale: Purpurrot gefärbte, blau violett bereifte Frucht. Kurzer, knopfiger Stiel. Grünes Fruchtfleisch. Breite mittelgroße Kerne. Kurze, ganz schmale Kelchröhre.
Verwechslersorten: 'Ingrid Marie', 'Brauner Matapfel'.

Raafs Liebling

Weitere Namen: 'Butterballen', 'Später Transparent', 'Falscher Theuringer'.
Herkunft: Von Baumwart Raaf aus Nagold in den Jahren 1820 bis 1850 entdeckt und ab 1930 stärker verbreitet. In verschiedenen Regionen von Baden-Württemberg und Bayern, vereinzelt auch in anderen Bundesländern.

Allgemeine Beurteilung: Reich und regelmäßig tragende, robuste Sorte, keine großen Ansprüche an Boden und Klima. Große Früchte, als Kuchen- und Küchenapfel beliebt.
Verwendung: Tafel-, vor allem aber Wirtschaftsapfel.
Frucht: Anfang bis Mitte September pflückreif, genussreif September bis Anfang Dezember. Abgeplattete, große, ramburartige Frucht (150–250 g). Im Querschnitt unregelmäßig kantig. Gelbgrüne, bei Vollreife auch gelbe Grundfarbe mit rosa bis braunroter, marmorierter Deckfarbe mit bläulichem Unterton und kurz geflammten, dunkelroten Streifen. Frucht typisch weißlich überzogen. Große bis sehr große Lentizellen. Schale relativ dick und glänzend. Tiefe, enge Stielgrube, kantig und grobschuppig berostet. Kurzer mitteldicker Stiel. Kelchgrube eng und tief, leicht filzig. Breite, am Grund getrennte Blättchen, mittellang und meist aufrecht. Achse leicht geöffnet. Trichterförmige Kelchhöhle mit kurzer Röhre. Kleine halbmond- bis ohrenförmige Kernfächer mit vielen länglichen Kernen. Fleisch gelblich weiß und feinzellig, später mürbe, leicht säuerlich.
Baum: Wächst stark und bildet breite, charakteristische Krone mit leicht hängenden Ästen. Hohe und regelmäßige Erträge. Große, eirunde, dicke, dunkelgrüne, stark glänzende Blätter, Rand doppelt gekerbt. Jahrestriebe relativ stark behaart. Allgemein robust und wenig krankheitsanfällig.
Besondere Merkmale: Große abgeplattete Frucht mit enger und tiefer Kelch- und Stielhöhle. Bläulich durchschimmernde Grundfarbe und weißlicher Überzug.
Verwechslersorten: 'Sonnenwirtsapfel', 'Brettacher', 'Bramleys Seedling'.

Rheinischer Bohnapfel

Weitere Namen: 'Großer Rheinischer Bohnapfel', 'Bohnapfel', 'Weißer Bohnapfel'.
Herkunft: Zwischen 1750 und 1760 im Neuwieder Becken am Niederrhein entdeckt. Bereits 1794 von CHRIST und dann auch 1797 von SICKLER beschrieben.

Allgemeine Beurteilung: Bei guter Ausreife gehört der 'Rheinische Bohnapfel' als Aromaträger zu den besten Apfelsorten für die Verwertung. In ausgesprochenen Hochlagen reift er jedoch nicht genügend aus.
Verwendung: Wirtschafts- und Mostapfel.
Frucht: Baumreif Mitte Oktober bis Anfang November, bis Mai/Juni haltbar. Mittelgroß. Oft fassförmig, teils auch kugelförmig, manchmal breit-eiförmig. Oberfläche eben. Grundfarbe gelbgrün, Deckfarbe braunrot marmoriert bis kurzgeflammt mit bläulichem Unterton. Stielgrube flach und eng, oft strahlig hellbraun berostet. Stiel kurz bis mittellang, dick und meistens knopfig. Kelchgrube sehr flach bis flach, mittelweit, oft berostet. Kelch mittelgroß und geschlossen bis halb geöffnet, Blätter kurz, am Grunde getrennt. Kelchröhre schmal, manchmal bis zum Kernhaus reichend. Kernhaus mittelgroß, mittig, Achse lang, teils spaltartig geöffnet. Mittelgroße Kerne, lang zugespitzt, braun, oft taub. Gefäßbündellinie mittelgroß, stark ausgeprägt, flachrund, zum Kelch typisch zugespitzt. Fruchtfleisch gelblich weiß, grob, sehr fest, später saftig säuerlich und nur schwach gewürzt.
Baum: Wuchs anfangs mittelstark, später stark. Die Bäume können sehr alt werden und bilden eine großvolumige, kugelige, auch pyramidale Krone mit vielen mittellangen Trieben und kurzen Seitenverzweigungen. Die triploide Sorte blüht mittelfrüh und lang anhaltend. Der Ertrag setzt spät ein, ist mittel bis hoch und stark alternierend. Etwas schorfanfällig, ansonsten recht robust und widerstandsfähig.

Besondere Merkmale: Fassförmige Frucht mit knopfigem Stiel. Häufig sehr schmale, kurze bis mittellange Kelchröhre.
Verwechslersorten: 'Rheinischer Krummstiel', 'Winterprinzenapfel', 'Mautapfel'.

Rheinischer Krummstiel

Herkunft: Rheinland, zwischen Köln und Bonn, vermutlich vor 1800 zufällig entstanden. 1821 erstmals beschrieben.

Allgemeine Beurteilung: Eine empfehlenswerte, sehr lange haltbare Sorte für den Selbstversorgerobstbau, die an geeigneten Standorten hohe Erträge abwirft. In Gärten muss ihrem ausladenden Wuchs durch geeignete Pflanzabstände Rechnung getragen werden. Ihre Robustheit macht sie auch für den hochstämmigen Landschaftsobstbau interessant. Wegen des überhängenden Wuchses ist sie aber nicht für Pflanzungen an Wegen geeignet.

Verwendung: Tafel- und Wirtschaftsapfel.

Frucht: Pflückreif Ende Oktober, genussreif Dezember bis Mai. Mittelgroß. Form unregelmäßig, teils eiförmig bis fassförmig, teils kugelförmig abgeflacht. Oberfläche leicht uneben, mit ganz schwachen breiten Kanten. Deckfarbe trüb bis leuchtend rot, gestreift, geflammt und marmoriert. Schale glatt, fest. Stielgrube meist mitteltief, eng, oft mit drei breiten Kanten, häufig mit schmaler Nase, die den kurzen, fleischigen, auch knopfigen Stiel zur Seite drückt. Kelchgrube flach, eng, mit feinen Falten, teils auch kleinen Höckern. Kelch klein, geschlossen bis halb geöffnet, Blätter mittelbreit und aufrecht. Kernhaus mittelgroß, Wände groß, meist ohrenförmig, teils halbmondförmig, mit schmalen, teils ausgeblühten Rissen. Mittelgroße, längliche, hell rehbraune Kerne. Fruchtfleisch grünlich bis gelblich weiß, sehr fest, mäßiges Aroma, das sich erst während Lagerreife bildet.

Baum: Starker Wuchs mit dichter, breit überhängender Krone. Blüte mittelspät, wenig empfindlich. Ertrag setzt mittelspät ein, ist sehr hoch und regelmäßig. Holz und Blüte frosthart, gesund. Benötigt mittlere, regelmäßig feuchte Böden in warmen Lagen.

Besondere Merkmale: Meist ei- oder fassförmige Frucht, mit namensgebendem, häufig krummem, knopfigem Stiel.

Verwechslersorten: 'Mautapfel', 'Rheinischer Bohnapfel', 'Winterprinzenapfel'.

Rheinischer Winterrambur

Weitere Namen: 'Winterrambur', 'Teuringer', 'Teuringer Rambur', 'Menznauer Jägerapfel' (Schweiz).
Herkunft: Sehr alte, schon im 17. Jh. bekannte Sorte. Vermutlich aus den Benelux-Ländern stammend.

Allgemeine Beurteilung: Bis zur ersten Hälfte des 20. Jahrhunderts sehr verbreitete Marktsorte des bäuerlichen Hochstammobstbaus. In luftfeuchten Lagen und auf durchlässigen Böden eine robuste und ertragreiche Sorte. Eignet sich unter diesen Bedingungen auch wegen des starken Wuchses besonders für den extensiven Streuobstanbau. Trockene und frostgefährdete Lagen sind zu meiden.
Verwendung: Tafel- und Wirtschaftsapfel.
Frucht: Pflückreif Mitte bis Ende Oktober, genussreif Dezember bis April. Mittelgroß bis groß. Form sehr unregelmäßig, meist kugelförmig stark abgeflacht bis breitgedrückt, oft etwas stielbauchig. Oberfläche uneben, mit unregelmäßigen breiten Kanten.

Grundfarbe gelbgrün, wird auf dem Lager ansprechend gelb, Deckfarbe zunächst mattrot, später kräftig bräunlich rot mit hell umhöften Lentizellen. Stielgrube mitteltief, eng bis weit, mit breiten Kanten, mittelfein strahlig berostet. Stiel kurz und dick. Kelchgrube mittelweit, je nach Stärke der Rippen und Wülste, mitteltief. Kelch mittelgroß und halb geöffnet. Kelchhöhle flach, breit-trichterförmig, mit Ansatz zur Röhre. Kernhaus klein, Wände halbmondförmig und glatt. Längliche Kerne, häufig taub. Fleisch gelblich weiß, fest, mäßig saftig und säuerlich sowie schwach aromatisch.
Baum: Starker Wuchs mit breiter, schirmartiger Krone. Triploide Sorte mit mittelspäter, lang andauernder Blüte. Ertrag setzt spät ein, Höhe standortabhängig. Anfällig für Mehltau und Krebs, aber kaum für Schorf.
Besondere Merkmale: Meist sehr unregelmäßige, breitgedrückte, harte Frucht. Kleines, meist geschlossenes Kernhaus mit wenigen, fast immer tauben, langen Kernen.
Verwechslersorten: 'Josef Musch', 'Roter Bellefleur'.

Ribston Pepping

Weitere Namen: 'Ribston Pippin', 'Granatrenette', 'Goldrabau', 'Travers Renette'.
Herkunft: 1706 auf Schloss Ribston bei Karesborough in Yorkshire als Zufallssämling aus einem von drei Kernen aus der Normandie entstanden.

Allgemeine Beurteilung: Diese sehr alte Sorte zählt zu den Goldrenetten, unter deren Namen meist sehr edle, würzige Sorten zusammengefasst werden. Noch heute wird der Geschmack als überragend empfunden. Die Anfälligkeit der Sorte gegen verschiedene Schaderreger sowie eine gute Pflege und der Nährstoffbedarf des Baums sind allerdings beim Anbau zu berücksichtigen.
Verwendung: Tafelapfel.
Frucht: Pflückreif ab Mitte Oktober, genussreif bis Februar. Mittelgroß. Form teils kugelförmig abgeflacht, teils breit-kegelförmig wenig abgestumpft, stielbauchig. Oberfläche durch flache breite Kanten etwas uneben. Schale trocken, rau, glänzt kaum, vollreif goldgelb, Deckfarbe teils braun-, bis karminrot, teils gelborange, marmoriert, ansprechend. Stielgrube tief, eng bis mittelweit, bronzefarben berostet. Stiel meist kurz, höchstens mittellang. Kelchgrube mitteltief bis tief, mit deutlichen Falten und Rost um den Kelchbereich, Kelch mittelgroß, mit langen spitzen, manchmal nach hinten gerollten Blättern. Kelchhöhle kegelförmig. Kernhauswände ohrenförmig, rissig und ausgeblüht. Große, länglich zugespitzte Kerne, oft taub. Fleisch gelblich weiß, fest, wird auf dem Lager mürbe. Edelaromatisch, ähnlich 'Cox' Orange', süß und würzig.
Baum: Mittelstarker bis starker Wuchs mit großer, breitpyramidaler Krone. Die Blüte der triploiden Sorte ist unempfindlich. Früh einsetzender Ertrag, jedoch durch Fruchtfall und Alternanz beeinträchtigt. Anfällig für Mehltau, Krebs und Blutlaus. Für durchlässige, nährstoffreiche Böden bis in mittlere Lagen.

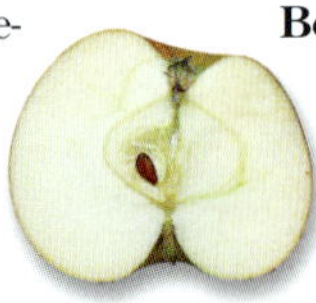

Besondere Merkmale: Kelchbereich berostet. Lange, meist taube und anhaftende Kerne. Edles Aroma.
Verwechslersorten: 'Cox' Orange', 'Holsteiner Cox', 'Muskatrenette'.

Rosenapfel vom Schönbuch

Weitere Namen: 'Kernrosenapfel', 'Wilder Rosenapfel', 'Macks Sämling'.
Herkunft: Vermutlich im Schönbuch bei Schönaich (Nähe Tübingen/Baden-Württemberg) gefunden. 1924 erstmals beschrieben. Von Lehrer MACK verbreitet, heute noch vereinzelt in Baden-Württemberg zu finden.

Allgemeine Beurteilung: Die lange haltbare, nur der Farbe wegen als 'Rosenapfel' bezeichnete Sorte ist sehr starkwüchsig und daher an sich gut für den Streuobstanbau geeignet, allerdings verhindert die Schorfanfälligkeit eine vorbehaltlose Empfehlung.
Verwendung: Tafel- und Wirtschaftsapfel.
Frucht: Pflückreif Oktober, genussreif November bis Januar. Mittelgroß. Kugelförmig, gleichmäßig abgeflacht. Oberfläche uneben, mit schwachen breiten Kanten. Grundfarbe hellgelb, Deckfarbe dunkel- bis rosarot, verwaschen, wenig geflammt. Helle Lentizellen, die sehr typisch im meist hellen Kelchbereich rot umhöft sind. Stielgrube mitteltief, eng und berostet, teils durch schwache Kanten eingeengt. Stiel kurz bis mittellang. Kelchgrube mitteltief, mittelweit, mit feinen Falten, schwachen Rippen und Fleischperlen. Kelch klein, geschlossen. Kernhaus groß. Kerne kastanienbraun und lang zugespitzt. Gefäßbündellinie breitoval. Fruchtfleisch weißlich und vereinzelt mit roten Adern durchzogen, fest, mäßig saftig und weinsäuerlich.

Baum: Stark wachsend mit kräftigen Jungtrieben, die sich nur im Spitzenbereich verzweigen. Die mittelgroßen Bäume bilden eine breitkugelige Krone und zeigen im Alter ein verworrenes Geäst. Späte Blüte. Der Ertrag setzt spät ein und ist hoch, aber alternierend. Die Bäume sind ziemlich schorfanfällig.
Besondere Merkmale: Kegelförmige, rote Frucht mit faltiger Kelchgrube und typischen Fleischperlen sowie rot umhöfte Lentizellen.
Verwechslersorten: 'Danziger Kantapfel', 'Roter Stettiner'.

Rote Sternrenette

Weitere Namen: 'Calville Etoilée', 'Reinette Rouge Etoilée', 'Perlrenette', 'Herzapfel'.
Herkunft: Schon über 200 Jahre alte Sorte, stammt wahrscheinlich aus der Umgebung von Maastricht, 1830 erstmals beschrieben.

Allgemeine Beurteilung: Tafelapfel mit hohem Zierwert (Weihnachtsapfel) und zudem sehr widerstandsfähig. Heute wird diese Sorte aufgrund ihres starken Wachstums wieder für den Streuobstanbau entdeckt und eignet sich für Pflanzungen auf Wiesen und Weiden sowie für größere Gärten.
Verwendung: Tafel- und Wirtschaftsapfel.
Frucht: Pflückreif Ende September, genussreif bis Dezember. Mittelgroß. Form sehr regelmäßig, kugelförmig abgeflacht, leicht stielbauchig. Oberfläche eben. Grundfarbe gelbgrün, vollreif gelb, Deckfarbe tiefrot bis scharlachrot, meist vollständig überzogen. Schale glatt, trocken mit vielen verkorkten, fühlbar erhabenen Lentizellen, sehr groß, und sternförmig. Stielgrube eng bis mittelweit, mitteltief sowie strahlig berostet. Stiel mitteldick und kurz, oft fleischig und knopfig. Kelchgrube mitteltief, flach, teils mit feinen Falten und schwachen Rippen. Kelch halb bis ganz geöffnet. Kelchhöhle sehr flach, kegelförmig oder breit-trichterförmig. Kernhaus klein, Achse geschlossen, Wände halbmond-, auch ohrenförmig, glatt. Mittelgroße, oft rundliche, kastanienbraune Kerne. Fleisch mittelfest, meist zartrosa geadert, ausgeglichen süßsauer und leicht aromatisch, nur mäßig saftig.

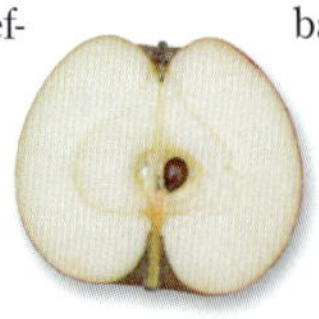

Baum: Sehr starker Wuchs mit breiter, steil nach oben strebender, später ausladender und hängender Kronenform. Blüht spät und lange, wenig empfindlich. Ertragsbeginn mittelspät, Ertrag unregelmäßig. Wenig anfällig gegen Schorf, Mehltau und Obstbaumkrebs, sehr frosthart. Für tiefgründige, feuchte Böden, auch in ungünstigen Lagen.
Besondere Merkmale: Regelmäßig gebaute, sehr schön gefärbte Frucht, mit großen, sehr typischen, meist sternförmig verkorkten Lentizellen.
Verwechslersorte: 'Ingrid Marie'.

Roter Astrachan

Weitere Namen: 'Roter Augustapfel', 'Roter Jakobiapfel', 'Ernteapfel', 'Red Astrachan'.
Herkunft: In Russland/Wolgagebiet zufällig entstanden. 1780 erstmals beschrieben, 1816 in England und ab 1840 auch in Deutschland verbreitet.

Allgemeine Beurteilung: Ertrag und Geschmack sind durchschnittlich und die Fruchtreife folgernd, jedoch wegen der schön rot gefärbten Früchte für Liebhaber alter Sorten interessant.
Verwendung: Tafelapfel.
Frucht: Pflückreif folgernd von Anfang bis Mitte August, etwa zwei bis drei Wochen haltbar. Klein bis mittelgroß. Form etwas unregelmäßig, kugelförmig, wenig abgeflacht, zur kleinen Kelchfläche schwach verjüngt. Oberfläche leicht uneben, mit breiten schwachen Kanten. Grundfarbe hellgelb, später gelblich weiß, Deckfarbe verwaschen hell- bis dunkelrot. Schale glatt, fein, bläulich bereift, mit vielen kleinen, teils rot umhöften Lentizellen. Stielgrube flach bis mitteltief, weit und oft strahlig berostet. Stiel mittellang sowie mitteldick und leicht befilzt. Kelchgrube flach, eng und häufig leicht höckerig. Kelch geschlossen bis halb offen, Kelchblätter lang, grünlich mit zurückgeschlagener Spitze. Kernhaus mittelgroß bis groß, mittig, Achse wenig geöffnet. Kerne mittelgroß, eiförmig und kurz zugespitzt, kastanienbraun. Fruchtfleisch gelblich weiß, unter der Schale häufig rot geädert, saftig und nur bei richtigem Pflückzeitpunkt wohlschmeckend, vorher fad, nachher mehlig.
Baum: Wuchs anfangs mittelstark bis stark, später nachlassend. Krone hochkugelig und mittelgroß. Blüte früh bis mittelfrüh. Ertrag mittelfrüh einsetzend und mittelhoch, jedoch sehr standortabhängig. Anfällig für Krebs, Schorf und Spitzendürre. Eignet sich für den Anbau in höheren und kälteren Regionen.
Besondere Merkmale: Spezifisch leichte, druckempfindliche, bläulich bereifte Frucht. Frühe Reife und kurze Haltbarkeit. Fruchtfleisch in Schalennähe rot geädert.

Verwechslersorte: 'Pfirsichroter Sommerapfel'.

Roter Bellefleur

Weitere Namen: 'Annweiler Schläfer', 'Basliesle', 'Bonbonnier', 'Eisenacher', 'Holländischer Bellefleur', 'Pfingstapfel', 'Sankt Wendeler', 'Siebenschläfer', 'Weberapfel'.
Herkunft: Sehr alte Sorte, bereits 1760 beschrieben, ziemlich sicher aus Holland stammend. Lt. KOLOC identisch mit dem dortigen 'Brabanter Bellefleur'. Vor allem im Rhein- und Moselgebiet verbreitet.

Allgemeine Beurteilung: Die sehr alte Wintersorte hat sich wegen ihrer Robustheit und Haltbarkeit über die Jahrhunderte in vielen Gebieten als Tafel- und Wirtschaftsapfel gehalten. Der relativ genügsame Baum hat eine hohe Vitalität. Die äußerlich sehr ansprechende und schmackhafte Frucht mit guten Verwertungseigenschaften macht die Sorte auch heute noch interessant.
Verwendung: Tafel- und Wirtschaftsapfel.
Frucht: Pflückreife Mitte bis Ende Oktober, genussreif Dezember bis Mai. Mittelgroß. Kugelförmig abgeflacht, zur Kelchfläche etwas verjüngt. Oberfläche uneben, mit schwachen breiten Kanten. Grundfarbe grüngelb bis gelb, Deckfarbe hell- bis dunkelkarminrot, schwach gestreift, marmoriert. Schale glatt, glänzend. Stielgrube mitteltief bis tief, berostet. Stiel kurz und dick, etwas fleischig und knopfig. Kelchgrube mitteltief bis tief, mit deutlichen Rippen. Kelch mittelgroß, geöffnet, mit breiten grünen Blättern. Kleine, rundliche Kerne. Fleisch gelblich weiß, fest, saftig und vorwiegend süß.
Baum: Wuchs anfangs schwach, später stark. Für Hochstämme sollten Stammbildner verwendet werden. Sehr späte Blüte, deshalb auch der Name „Siebenschläfer" (27. Juni). Guter Pollenspender für spät blühende Sorten. Sehr widerstandsfähig gegen Krankheiten und Schädlinge. Geringe Standortansprüche. Für raue und Mittelgebirgslagen geeignet.
Besondere Merkmale: Gerippte Kelchgrube. Stielgrube im engen Teil berostet. Kleine, rundliche Kerne.
Verwechslersorten: 'Baumanns Renette', 'Hauxapfel', 'Josef Musch', 'Rheinischer Winterrambur'.

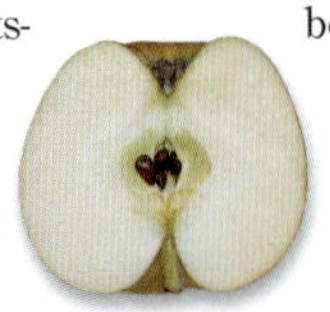

Roter Eiserapfel

Weitere Namen: 'Roter Krieger', 'Paradiesapfel', 'Kohlapfel', 'Schornsteinfeger'.
Herkunft: Unbekannt, vermutlich aus dem 16. Jh., von CHRIST beschrieben.

Allgemeine Beurteilung: Eine bis in die 50er-Jahre des 20. Jahrhunderts weit verbreitete, zunehmend als Wirtschaftsobst verwertete Sorte. In obstreichen Jahren wurde sie früher in Erdmieten bis ins übernächste Jahr aufbewahrt. Im Naturlager hält sie bis Juli ohne zu welken und ist deshalb für den Selbstversorger weiter interessant. Sie eignet sich aufgrund ihrer Gesundheit und Wüchsigkeit auch für extensive Anbauformen.
Verwendung: Wirtschaftsapfel.
Frucht: Pflückreif Ende Oktober, genussreif von Dezember bis Juni. Mittelgroß, auch groß. Form etwas unregelmäßig, manchmal ungleichhälftig, meist halbkugelförmig, teils kugelförmig, wenig abgeflacht. Oberfläche meist eben, teils mit schwachen breiten Kanten. Grundfarbe vollreif hellgrün, Deckfarbe bläulich bis braunrot verwaschen, kräftig deckend. Schale trocken, dick, meist weißbläulich bereift, mit zahlreichen, mittelgroßen, etwas erhabenen, hellbraunen Lentizellen. Stielgrube mittelweit, eng, strahlig graubraun berostet. Kelchgrube häufig sehr flach, mittelweit, mit schwachen, teils ausgeprägten Rippen, manchmal auch großen Höckern. Kernhauswände halbmond- bis bogenförmig, mit schmalen, ausgeblühten Rissen. Kerne mittelgroß, lang, kurz zugespitzt, rehbraun. Fleisch fest, wenig saftig, kaum aromatisch, vorwiegend süßlich.
Baum: Starker bis sehr starker Wuchs mit breitkugeliger Krone. Die Blüte ist lang andauernd und witterungsunempfindlich. Triploide Sorte, sie bringt mittelhohen Ertrag, der spät einsetzt und alterniert. Holz und Blüte frosthart. Anfällig für Fruchtfall, vereinzelt Krebs und Schorf. Gedeiht auch auf weniger fruchtbaren, aber feuchten und schweren Böden. Anbau bis in raue Lagen möglich.
Besondere Merkmale: Schwere, druckfeste Frucht. Fruchtfleisch trocken, grünlich und süßlich. Schale weißbläulich bereift, mit großen, hellen Lentizellen.
Verwechslersorte: 'Berner Rosenapfel'.

Roter Fresquin

Herkunft: Alte Sorte, stammt aus der Normandie (Frankreich), dort als 'Fresquin rouge' bekannt. In der 2. Hälfte des 19. Jahrhunderts in Deutschland verbreitet.

Allgemeine Bedeutung: Bittersüßer Mostapfel mit guten Erträgen. Als Ciderapfel mit hohem Gehalt an Polyphenolen interessant. Früher als Unterlage und Stammbildner verwendet. Die Sorte ist allerdings sehr schorfempfindlich. In Teilen von Württemberg häufig zu finden.
Verwendung: Cider- und Mostapfel.
Frucht: Erntereif Anfang bis Mitte Oktober, haltbar bis Januar. Mittelgroße Frucht (90–170 g), im Relief glatt bis leicht kantig. Hellgrüne Grundfarbe, die z. T. vollständig durch die rote Deckfarbe verdeckt ist, oft nur die Fläche um den Kelch herum noch grün, z. T. mit kurzen roten Streifen, vor allem auf der Schattenseite. Auffallend große weiße Lentizellen. Enge, mitteltiefe bis tiefe Stielhöhle, strahlig, z. T. auch schuppig berostet, mit mittellangem Stiel. Flache, enge Kelchgrube mit leichten Rippen. Aufrechte, lange schmale Blättchen, zurückgeschlagen, hellgrün und filzig. Kernhaus mittig, Achse leicht geöffnet, Wände glatt und bogen- bis ohrenförmig. Mittelgroße Kerne, breitrund und leicht zugespitzt. Gelblich weißes Fleisch, süßherb, adstringierend (hoher Gehalt an Polyphenolen).

Baum: Relativ starker Wuchs mit breitpyramidaler Krone und brüchigem Holz, fast alle alten Bäume mit Höhlen. Große, länglich elliptische Blätter mit rotem Stiel und gesägtem Rand. Dünne, bordeauxbraune Jahrestriebe mit kleinen, anliegenden, rundlichen Knospen. Die ertragreiche Sorte ist stark schorfanfällig.
Besondere Merkmale: Große, helle Lentizellen, das bittersüße Fruchtfleisch unterscheidet ihn deutlich von allen anderen Sorten.
Verwechslersorte: 'Kaiser Wilhelm'.

Roter Herbstkalvill

Weitere Namen: 'Calville Rouge d'Automne', 'Braunroter Himbeerapfel', 'Brautapfel', 'Edelkönig', 'Fässleapfel', 'Französischer Herbstkalvill', 'Fürstenblut', 'Himbeerapfel', 'Jungfernapfel', 'Roter Kardinal', 'Roter Paradiesapfel' u. a.
Herkunft: Vermutlich in der Auvergne (Frankreich) entdeckt, 1617 erstmals erwähnt und 1670 beschrieben.

Allgemeine Beurteilung: Die nur noch sehr selten anzutreffende Sorte galt in der Vergangenheit durch ihr starkes himbeer- bis erdbeerartiges Aroma und das rote Fruchtfleisch unter der Schale als pomologische Besonderheit. Aus diesen zwei Eigenschaften ergaben sich viele Synonyme.
Verwendung: Tafelapfel.
Frucht: Pflückreif im September, genussreif bis Oktober/November. Mittelgroß. Form sehr unregelmäßig, teils halbkugelförmig, teils kugelförmig, wenig abgeflacht. Oberfläche uneben, mit breiten Kanten, die sich mit starken Rippen abwechseln. Die grüngelbe Grundfarbe ist fast vollständig purpur- bis schwarzrot überdeckt. Schale glatt, stark fettig. Stielgrube mittelweit und mitteltief, mit ausgeprägten Rippen und breiten Kanten, strahlig berostet. Stiel kurz und holzig. Kelchgrube mitteltief und mittelweit, mit ausgeprägten Rippen, teils auch großen Höckern. Kelch meist geschlossen. Fleisch weißlich, oft jedoch rosarot gefärbt, harmonisch süßsäuerlich, mit himbeerartigem Geschmack.

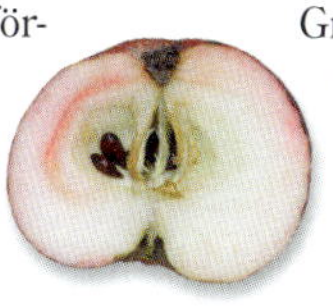

Baum: Stark wachsend mit flachrunder Krone, schneller Ertragsbeginn. Gilt als anfällig für Krankheiten und Schädlinge und benötigt entsprechende Pflanzenschutzmaßnahmen. Frühe und frostempfindliche Blüte. Der Ertrag ist selten üppig, aber regelmäßig. Verlangt gute, tiefgründige Böden und warme Standorte.
Besondere Merkmale: Starke Rippen. Sehr dunkle, fettige, an der Sonnenseite mit auffälligen Lentizellen versehene Schale. Meist bis zur Gefäßbündellinie rötliches Fruchtfleisch. Großes, weit offenes Kernhaus. Insgesamt unverwechselbar.

Roter Stettiner

Weitere Namen: 'Roter Winterstettiner', 'Stettiner', 'Roter Bietigheimer', 'Rotapfel', 'Roter Backapfel', 'Roter Herrenapfel', 'Rostocker'.
Herkunft: Sehr alte Sorte. Nach GUSSMANN (1896) als 'Türkischer Weinling' von Kreuzfahrern in der Hohenstaufenzeit nach Deutschland gebracht. Ende des 18. Jh. der bekannteste Apfel in Deutschland.

Allgemeine Beurteilung: Der zu der historischen Familie der Plattäpfel gezählte 'Rote Stettiner' war früher wegen seiner ungewöhnlich langen Lagerfähigkeit sehr verbreitet. Es wurde immer wieder auf seine vielseitige Qualität als Wirtschaftsfrucht hingewiesen (Dörrfrucht, Apfelwein) und als solche auch empfohlen. Dies macht die Sorte weiterhin für den Selbstversorgeranbau auf Hochstamm interessant, wobei tiefgründige Böden bevorzugt werden sollten.
Verwendung: Wirtschaftsapfel.
Frucht: Pflückreif Ende Oktober, haltbar bis Mai/Juni. Mittelgroß. Form etwas unregelmäßig, manchmal ungleichhälftig, kugelförmig abgeflacht. Grundfarbe gelblich grün, Deckfarbe tief trübrot, bedeckt fast die ganze Frucht. Schale etwas fettig, matt glänzend. Lentizellen klein, auf der Deckfarbe hell, in der Grundfarbe rötlich umhöft. Stielgrube mitteltief und mittelweit, meist grün bleibend und wenig berostet. Stiel kurz. Kelchgrube flach bis mitteltief und mittelweit. Kelch mittelgroß und geschlossen. Kernhaus klein, Wände glatt, bogenförmig. Kerne rundlich-eiförmig, kastanienbraun, oft taub. Fleisch grünlich weiß, fest, mäßig saftig, wenig aromatisch, säuerlich-süß.
Baum: Mittelstarker Wuchs mit breitpyramidaler Krone. Holz und Blüte unempfindlich. Ertrag setzt spät ein, dann meist jährlich. Der Baum ist robust, langlebig, stellt geringe Ansprüche an den Standort, bevorzugt aber gut versorgte Böden.
Besondere Merkmale: Flache, intensiv rot gefärbte, lange haltbare Frucht. Stielgrube mit bläulich roten Flecken und kurzem Stiel.

Verwechslersorten: 'Kronprinz Rudolf', 'Rosenapfel vom Schönbuch'.

Roter Trierer Weinapfel

Weitere Namen: 'Roter Trierer', 'Roter Trierscher Holz- bzw. Mostapfel', 'Roter Holzapfel', 'Trankapfel'.
Herkunft: Sämling aus der Trierer Gegend. 1872 zum ersten Mal beschrieben. In West- und Süddeutschland, Luxemburg, Frankreich, Schweiz und Österreich verbreitet, früher oft an Straßen.

Allgemeine Beurteilung: Hohe Ertragsfähigkeit macht die Sorte wertvoll. Sie leidet aber an vielen Standorten stark unter Schorfbefall, bringt oft sehr kleine Früchte, und kann deshalb heute nicht mehr generell empfohlen werden.
Verwendung: Saft- und Mostapfel.
Frucht: Ernte möglichst spät, kann bis Dezember am Baum hängen, lagerfähig bis April. Klein. Breit-eiförmig, teils kugelförmig, sehr wenig bis wenig abgeflacht. Oberfläche eben, teils mit schwachen breiten Kanten. Die gelblich grüne Grundfarbe ist oft nur schwach sichtbar, da sie von düsterem bräunlichem bis bläulichem Rot verwaschen und streifig bedeckt ist. Schale derb, glatt, etwas glänzend. Stielgrube eng, mitteltief. Mittellanger und mitteldicker Stiel. Kelchgrube kaum wahrnehmbar, sehr flach, mit schwachen Rippen und häufig Fleischperlen. Kelch sehr klein, halb offen bis geschlossen. Kernhaus mittelgroß. Zahlreiche Kerne, gut ausgebildet, meist klein, kurz zugespitzt. Fruchtfleisch sehr fest und saftig, grünlich gelb, vorwiegend säuerlich und leicht herb.
Baum: Anfänglicher starker Wuchs, wird mit Ertragseintritt schwächer. Die zuerst aufrechte, hohe Krone wird später breit und hängend. Länglich ovale, leicht wollige Blätter, dunkelgrün und fein gesägt. Durch die sehr späte Blüte hohe Ertragssicherheit. Früher Ertragsbeginn und sehr hohe, regelmäßige Ernten, bei Überbehang nur jedes zweite Jahr. Verlangt gute Böden mit reichlich Wasser und Weinbauklima.
Besondere Merkmale: Kleine, meist breiteiförmige Frucht mit saurem, grünem Fruchtfleisch.

Verwechslersorten: 'Erbachhofer Weinapfel', 'Öhringer Blutstreifling'.

Roter Ziegler

Weiterer Name: 'Zieglerapfel'.
Herkunft: Von Pfarrer ZIEGLER in Riedhausen bei Saulgau/Baden-Württemberg verbreitet. 1901 für raue Lagen der Schwäbischen Alb empfohlen. 1932 als Stammbildner erwähnt.

Allgemeine Beurteilung: Die Sorte 'Roter Ziegler' war in der ersten Hälfte des 20. Jahrhunderts als stark wachsender Stammbildner in Baden-Württemberg weit verbreitet. Die hohe Anfälligkeit für Krebsbefall hat jedoch dazu geführt, dass die Sorte seit 50 Jahren kaum noch vermehrt wird, ist aber noch häufiger anzutreffen.
Verwendung: Stammbildner, Mostapfel.
Frucht: Pflückreif Anfang Oktober und bis Januar lagerfähig. Für die Verwertung wenig interessant. Mittelgroß. Form unregelmäßig, meist kugelförmig wenig abgeflacht, teils auch hochgebaut. Grundfarbe grünlich gelb, vollreif dunkelgelb, Deckfarbe kräftig rot, abgesetzt gestreift bis geflammt, die Flammung reicht häufig bis in die Stielgrube. Bei entsprechenden Witterungsbedingungen sind die Früchte auch vollflächig dunkelrot ohne jegliche Streifen. Stielgrube mitteltief, mittelweit und innen fein berostet. Stiel mittellang. Kelchgrube flach bis mitteltief mit kleinen Falten und schwachen Rippen. Kelch überwiegend geschlossen, selten halb offen und leicht flaumig befilzt. Kernhaus groß mit breiten, halbmondförmigen Wänden. Kerne groß, lang zugespitzt, rehbraun. Fruchtfleisch weiß, mürbe und mit kräftiger, unangenehmer Säure.
Baum: Durch den starken Wuchs bildet sich eine große, hochkugelige, teils hochpyramidale, auch hängende Krone. Jungbäume bilden gerade, kräftige Stämme und Triebe. Die Sorte ist schorfanfällig und auf schweren, kalten Böden krebsgefährdet. Der Krebsbefall tritt überwiegend am Astwerk und an den Veredlungsstellen auf.
Besondere Merkmale: Unangenehm sauer schmeckendes Fruchtfleisch. Viele Krebsbeulen an den Ästen. Typische langschuppige Rinde.
Verwechslersorten: 'Maunzenapfel', 'Schöner aus Herrnhut'.

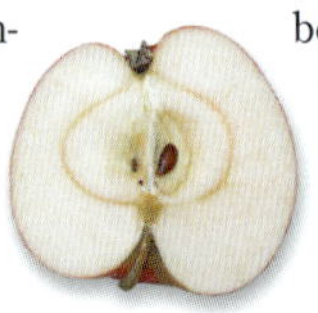

Ruhm aus Kirchwerder

Weiterer Name: 'Johannsens Roter Herbstapfel'.
Herkunft: Zufallssämling, vermutlich aus Kirchwerder bei Hamburg.

Allgemeine Beurteilung: Erfrischende, appetitlich gefärbte Frühherbstsorte mit Vorzügen für den Garten- und Landschaftsobstbau bis in 600 m Höhe. Kräftige Jugendentwicklung mit unproblematischem Kronenaufbau, unempfindlicher Blüte und daher regelmäßig auch hohen Erträgen. Nachteilig ist der starke Fruchtfall zum Zeitpunkt der Reife.
Verwendung: Tafel- und Wirtschaftsapfel.
Frucht: Pflückreif Anfang September, genussreif bis Ende Oktober. Mittelgroß. Kugelförmig abgeflacht. Oberfläche eben, teils mit schwachen breiten Kanten. Grundfarbe grüngelb bis gelb, fast vollständig mit dunkelroter, streifiger Deckfarbe überzogen. Schale glatt, fest, später leicht fettig. Stielgrube mitteltief und eng. Stiel kurz. Kelchgrube tief, eng bis mittelweit mit feinen Falten und teils auch breiten Kanten. Kelch geschlossen bis halb geöffnet, Blätter grün, breit und mittellang, gedrängt. Kelchhöhle trichterförmig, Kelchröhre meist becherförmig, kurz bis mittellang. Kernhaus klein, Achse teils geschlossen, teils geöffnet, Wände glatt, halbmondförmig. Mittelgroße bis große, breite Kerne. Fleisch weiß, oft bis zu der Gefäßbündellinie gerötet, saftig, mittelfeinzellig, fein säuerlich und schwach aromatisch.

Baum: Zunächst starker, später mittelstarker Wuchs mit hochkugeliger, ausgedehnter Krone. Frühe, frostharte Blüte. Ertrag setzt früh ein, ist regelmäßig hoch. Auf sehr feuchten, kalten Böden krebsgefährdet, sonst wenig krankheitsanfällig. Mittlere Ansprüche an Boden und Lage, sehr trockene und sehr feuchte Standorte sind weniger geeignet.
Besondere Merkmale: Kräftig rot gefärbter Frühherbstapfel. Deckfarbe weit in Stiel- und Kelchgrube reichend. Fleisch oft rötlich durchzogen. Breite, becherförmige Kelchröhre, breite Kerne.

Verwechslersorte: 'Baumanns Renette'.

Schnabelsapfel

Weitere Namen: 'Konstanzer', 'Dürrengretlensapfel', 'Dürrer Graitlesapfel', 'Glucker', 'Hohlweger', 'Zeeb Michel'.
Herkunft: Sehr alte Sorte, schon 1790 durch J. K. SCHILLER und 1791 durch RÖSSLER erwähnt.

Allgemeine Beurteilung: Robuste fruchtbare Streuobstsorte mit guten Verwertungseigenschaften. Nachteilig ist der vorzeitige Fruchtfall.
Verwendung: Wirtschafts-, Saft- und Mostapfel.
Frucht: Reift Anfang Oktober und ist bis Mitte November haltbar. Mittelgroß bis groß (L = 60–80 mm, B = 55–65 mm, 110–150 g). Meist kegelförmig abgestumpft, hochgebaut, oft ungleichhälftig. Hellgrüne bis grüngelbe Grundfarbe mit roter Deckfarbe, die bei Sonnenfrüchten die ganze Oberfläche bedecken kann. Oft mit unregelmäßigen, abgesetzten Streifen. Typisch sind die sehr großen, hellen Lentizellen. Stielgrube tief, eng, flächig berostet. Stiel kurz, dünn und holzig. Kelchgrube tief und eng mit starken Rippen, einzelne davon laufen über die ganze Frucht. Durch die Schiefe der Frucht ist die Kelchgrube auf einer Seite ganz flach. Kelch geschlossen mit großen filzigen Kelchblättern, teils leicht zurückgebogen. Mittelbreite, trichter- bis kegelförmige Kelchhöhle. Kernfächer geräumig, Wände bogenförmig, mit mittelbreiten, stark ausgeblühten Rissen. Mittelgroße Kerne, gut ausgebildet, graubraun, breitrundlich, kurz zugespitzt und gestrichelt. Gelblich weißes Fruchtfleisch, feinzellig und weinsäuerlich, ohne besondere Würze.
Baum: Stark wachsende Sorte mit rundlich ovaler, auch hochgewölbter Krone. Mittelstarkes, gut verzweigtes, dichtes Fruchtholz, nach außen hängend. Mitteldicke, rötlich braune, leicht filzige Jahrestriebe mit länglichen Lentizellen und eng anliegenden Blattknospen. Sehr große, länglich ovale Blätter.
Besondere Merkmale: Große helle Lentizellen. Rundliche, kurz zugespitzte, gestrichelte Kerne, die sich häufig lösen.
Verwechslersorte: 'Gloster'.

Schöner aus Bath

Weiterer Name: 'Beauty of Bath'.
Herkunft: Angaben widersprüchlich. Sehr wahrscheinlich von G. Cooling vor 1864 in der Nähe von Bath, England, gefunden.

Allgemeine Beurteilung: Die eigentliche Bedeutung dieser Sorte lag und liegt in der sehr frühen Reife, in warmen Lagen etwa ab Mitte Juli, und der ansprechenden inneren und äußeren Qualität der Früchte. Bis Mitte des letzten Jahrhunderts war 'Schöner aus Bath' eine der Hauptsorten im ganz frühen Bereich der Garten- und Marktsorten. Als wohlschmeckende Frühsorte kann man sie für den Hausgarten auch heute noch empfehlen.
Verwendung: Tafel- und Wirtschaftsapfel.
Frucht: Pflückreif Mitte bis Ende Juli und bis Anfang September genussreif. Mittelgroß, kugelförmig abgeflacht. Grundfarbe grüngelb, später orangegelb. Deckfarbe kräftiges, auch dunkles Rot, gestreift und marmoriert. Schale glatt, anfangs bereift, später fettig mit deutlich sichtbaren, großen, hellen Lentizellen. Stielgrube mitteltief, eng. Stiel kurz, mitteldick und fleischig. Kelchgrube flach. Kelch geschlossen mit langen, kräftigen, etwas zurückgebogenen Kelchblättern. Fruchtfleisch gelblich, einzelne Partien rötlich angehaucht, stark bräunend, fest und saftig. Besitzt für eine Frühsorte einen guten, würzigen, etwas säuerlich erfrischenden und insgesamt sehr angenehmen Geschmack. Die Zuckerwerte liegen bei 14 % (59° Oechsle), die Säurewerte bei 14 g/l.
Baum: Mittelstark wachsend. Anfangs hochgewölbte, später breite, hängende und sparrige Krone. Mittelfrühe und wenig empfindliche Blüte. Der Ertrag setzt früh ein und ist sehr regelmäßig. Die Frucht ist sehr hangfest, sollte mehrmals durchgepflückt werden. Mittlere Anfälligkeit gegenüber Krankheiten und Schädlingen. Gute Holzfrosthärte. Der Anbau sollte nur auf besten Böden und in warmer Lage erfolgen.

Besondere Merkmale: Zahlreiche helle, große Lentizellen. Lange, kräftige, etwas zurückgebogene Kelchblätter.
Verwechslersorte: 'Ingrid Marie'.

Schöner aus Boskoop

Herkunft: 1856 von K. J. W. OTTOLANDER in Boskoop/Niederlande gefunden. Vermutlich Mutante von 'Reinette de Montfort'. Heute in Mitteleuropa noch weit verbreitet. Verschiedene Mutanten im Anbau, vor allem 'Roter Boskoop'.

Allgemeine Beurteilung: Für die Liebhaber säurebetonter Äpfel eine unentbehrliche, lange haltbare Sorte, die allerdings auf dem Naturlager gern schrumpft. Als stark wachsende Sorte für den Streuobstanbau empfehlenswert. Die Sorte ist anfällig für Frost, Kernhaus- und Fleischbräune.

Verwendung: Tafel- und Wirtschaftsapfel.

Frucht: Pflückreif ab Ende September bis Mitte Oktober, genussreif Dezember bis Februar. Mittelgroß bis groß. Form etwas unregelmäßig, manchmal ungleichhälftig, meist kugelförmig abgeflacht. Oberfläche uneben, mit meist schwachen breiten Kanten. Grundfarbe gelbgrün, sonnenseitig leicht karmin- bis ziegelrot verwaschen und marmoriert. Schale teilweise flächig berostet und ledrig. Stielgrube eng, mitteltief und flächig berostet. Stiel mittellang, meist holzig. Kelchgrube flach, eng bis mittelweit, mit teils feinen Falten. Kelch mittelgroß, meist geschlossen bis halboffen, Blätter mittellang und breit, Spitzen zurückgeschlagen. Kernhaus klein, mittig. Mittelgroße Kerne, braunrot, lang zugespitzt, oft taub. Fruchtfleisch gelblich, fest und grob, vorwiegend säuerlich mit hohem Vitamin-C-Gehalt. Bei Überlagerung mürbe und welkend, wenn zu früh geerntet, auch etwas bitter.

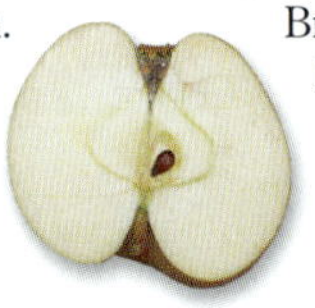

Baum: Die stark wachsenden Bäume werden sehr groß und bilden eher breit ausladende Kronen mit lockerem Aufbau. Blätter auffallend groß und breit. Die triploide Sorte blüht mittelfrüh und hat große, hellrosa Kronenblätter. Der Ertrag setzt spät ein, ist dann hoch, aber alternierend.

Besondere Merkmale: Große gelbgrüne, berostete, säuerlich schmeckende Frucht mit langen, matten und häufig tauben Kernen. Breite, tiefe Kelchhöhle, teils in breite Röhre übergehend.

Verwechslersorten: 'Coulons Renette', 'Graue Herbstrenette', 'Kanadarenette', 'Zabergäurenette'.

Schöner aus Herrnhut

Herkunft: Um 1880 von A. HEINTZE in Herrnhut, Nordostsachsen, gefunden und seit 1900 im Handel. Zufallssämling.

Allgemeine Beurteilung: Die für kalte Gebiete besonders geeignete Sorte hat sich auch in den kontinental geprägten Gebieten Deutschlands bewährt und durchgesetzt. Als guter Tafel- und Wirtschaftsapfel ist sie auch heute noch eine beliebte Gartensorte.

Verwendung: Tafel-, Wirtschafts- und Saftapfel.

Frucht: Genussreif Oktober bis Januar. Klein bis mittelgroß. Form unregelmäßig, kugelförmig wenig abgeflacht, meist aber breit-eiförmig. Grundfarbe grüngelb, Deckfarbe dunkelrot, intensiv gestreift und geflammt. Schale glatt, im Lager wachsig bis fettig, mit hell umhöften Lentizellen. Enge, mitteltiefe Stielgrube, oft durch breite Kanten verengt, etwas berostet. Stiel mittellang, dünn, manchmal durch breite Nase eingeengt. Kelchgrube flach, mittelweit, mit feinen Falten und schwachen Rippen, teils auch breiten Kanten. Kelch klein und geschlossen. Kerne sehr schmal und lang. Fruchtfleisch gelblich weiß, mittelfest, saftig, süßweinig und etwas gewürzt. Die Zuckerwerte liegen bei 13% (55° Oechsle), die Säurewerte um 11 g/l. Wegen ihrer Druckempfindlichkeit konnte sich die Sorte nicht als Marktfrucht durchsetzen.

Baum: Mittelstark bis stark wachsend. Bildet hochkugelige Krone. Blüte mittelfrüh und klimatisch sehr robust. Gute Pollenqualität. Bei gutem Blühverlauf neigt die Sorte zu Massenertrag, dadurch Tendenz zur Alternanz. Ausreichende Baumernährung und Ausdünnung lösen das Problem. Gegenüber Krankheiten und Schädlingen erweist sich die Sorte als sehr robust und gering anfällig. Geringe Ansprüche an Boden und Klima. Hohe Frosthärte.

Besondere Merkmale: Meist breit-eiförmige, fettige Frucht. Streifung bis in die oft „dreieckige" Stielgrube reichend. Kerne sehr schmal und lang.

Verwechslersorten: 'Geheimrat Dr. Oldenburg', 'Halberstädter Jungfernapfel', 'Himbeerapfel aus Holovaus'.

Schöner aus Nordhausen

Weiterer Name: 'Belle de Nordhausen'.
Herkunft: Von Gärtner KAISER aus Nordhausen um 1810 aus Samen gezogen und ab 1892 von Baumschulen vermehrt.

Allgemeine Beurteilung: Robuste Tafel- und Wirtschaftssorte, die sich im Garten- und Streuobstanbau bewährt. Obwohl sie geschmacklich nicht überzeugt, ist ihr ausgeglichenes Ertragsverhalten auch unter ungünstigen Verhältnissen hervorzuheben. Durch geringe Anfälligkeit für Krankheiten und Schädlinge nach wie vor empfehlenswert.
Verwendung: Tafel- und Wirtschaftsapfel, besonders auch Saftapfel.
Frucht: Pflückreif Mitte Oktober, genussreif November bis März/April. Mittelgroß (ca. 130–150 g). Form insgesamt variabel, von kugelförmig abgeflacht bis kegelförmig abgestumpft. Oberfläche eben, teils mit schwachen breiten Kanten. Grundfarbe bei Baumreife hellgrün bis gelb, Sonnenseite mattrosa bis ziegelrot überdeckt. Schale glatt, fettig und glänzend. Stielgrube mitteltief und mittelweit, stark berostet. Stiel kurz und dick. Kelchgrube flach, mittelweit bis weit, mit feinen Falten und schwachen Rippen. Kelch mittelgroß, halb bis ganz geöffnet. Viele rundliche Kerne. Fleisch weiß, sehr saftig, mürbe, weinsäuerlich. Angenehmes Zucker-Säure-Verhältnis.

Baum: Wächst in der Jugend kräftig, später etwas nachlassend, bildet hochkugelige, später breit ausladende Krone. Bäume fruchten mittelfrüh, dann aber ziemlich regelmäßig und reichlich. Mittelfrühe Blüte. Gute Pollenqualität, relativ gering anfällig gegenüber Krankheiten und Schädlingen. Die Widerstandsfähigkeit gegen Frost ist ungewöhnlich hoch. Bäume können durch regelmäßigen Überwachungs- und Auslichtungsschnitt in einem guten Fruchtungsverhalten gehalten werden. Sich selbst überlassene Bäume werden schnell unproduktiv und vergreisen. Auch für kühle Lagen und Mittelgebirge geeignet.
Besondere Merkmale: Markanter Rost in der Stielgrube, viele rundliche Kerne.
Verwechslersorte: 'Winterbananenapfel'.

Schöner aus Pontoise

Weiterer Name: 'Belle de Pontoise'.
Herkunft: 1869 von Gärtnereibesitzer REMY in Pontoise (bei Paris), aus Kernen von ‚Kaiser Alexander' gezogen. 1879 eingeführt.

Allgemeine Beurteilung: Empfehlenswerte Wirtschaftsfrucht mit guter Haltbarkeit, besonders zum Kochen und Backen geeignet.
Verwendung: Wirtschaftsapfel, auch als Tafelapfel geeignet.
Frucht: Pfückreif Oktober, genussreif November bis März. Groß bis sehr groß (L = 60–75 mm, B = 80–100 mm). Kugelförmig abgeflacht, auch etwas breitgedrückt. Oberfläche eben mit schwachen breiten Kanten. Grundfarbe hellgrün, später blassgelb. Deckfarbe trübrot bis bläulich rot, eng gestreift und marmoriert. Schale glatt und trocken, am Baum bläulich weiß bereift. Helle Lentizellen, teils auch groß und berostet. Stielgrube tief bis sehr tief, mittelweit bis weit, grünbraun und flächig berostet. Stiel mittel, dünn, holzig und lang. Kelchgrube mitteltief bis tief, weit mit feinen Falten. Großer, offener Kelch, Blätter breit, kurz, am Grunde getrennt, aufrecht, etwas nach innen geneigt, Spitzen nach außen gebogen. Kelchhöhle breit, tief, kegelförmig, mündet direkt in die oft weit geöffnete Kernhausachse. Kernfächer geschlossen, Wände halbmondförmig. Kerne breit, kurz, stumpfnasig, kastanienbraun. Feines Fruchtfleisch, locker und saftig, später mürbe, gelblich weiß, mit angenehmem, weinsäuerlichem Geschmack, ohne besonderes Aroma.

Baum: Stark bis sehr stark wachsend, mit breiter Krone und hängendem Wuchs. Braunrote Jahrestriebe und sehr große, dicke, dunkelgrüne Blätter, leicht gewellt und gewölbt mit auffallend gezahntem Rand. Die Sorte kommt relativ schnell in Ertrag und bringt regelmäßig hohe Ernten. Etwas anfällig für Fäulnis am Baum, sonst wenig anspruchsvoll an Boden und Klima.
Besondere Merkmale: Offene, zu den Kernfächern geschlossene Kernhausachse, breite, kurze Kerne, berostete Stielgrube.
Verwechslersorten: 'Prinz Albrecht von Preußen', 'Ontario'.

Schöner aus Wiltshire

Weitere Namen: 'Wiltshire Beauty', 'Weiße Wachsrenette'.
Herkunft: Lt. W. LAUCHE (1883) wurde die Sorte von Standish in England gezogen.

Allgemeine Beurteilung: Die Wärmeansprüche der Sorte sind gering. Holz und Blüte sind ausreichend frosthart, sodass raue Mittelgebirgslagen aufgrund der allgemeinen Robustheit auch für einen extensiven Anbau noch in Frage kommen. Die hohe Fruchtbarkeit der Sorte verlangt Böden mit ausreichender Nährkraft.
Verwendung: Tafel-, Wirtschafts-, Saft- und Mostapfel.
Frucht: Pflückreif Mitte Oktober, genussreif von November bis März. Mittelgroß. Form insgesamt regelmäßig, meist kegelförmig, teils kugelförmig abgeflacht, vereinzelt auch etwas breitgedrückt. Oberfläche eben, z.T. mit schwachen breiten Kanten. Grundfarbe strohgelb, sonnenseitig meist nur vereinzelt schwach rot geflammt. Schale wachsig, wird auf dem Lager etwas fettig. Stielgrube mitteltief, eng bis mittelweit, manchmal mit schwachen Kanten, mittelfein berostet. Stiel kurz bis mittellang. Kelchgrube flach, selten mitteltief, schüsselförmig, mit sehr schwachen, feinen Falten. Kelch mittelgroß und halb geöffnet, Blätter oft abgefallen. Kelchhöhle trichterförmig, oft mit sehr kurzer Kelchröhre. Kernhaus groß, Achse meist geschlossen, Wände halbmondförmig mit ausgeblühten Rissen. Kleine Kerne, länglich, kurz zugespitzt und kastanienbraun. Festes, weißes Fruchtfleisch, säuerlich und sortentypisch gewürzt.
Baum: Mittelstarker Wuchs mit hochgewölbter Krone, später hängend. Blüht mittelfrüh, lang anhaltend und ist witterungsunempfindlich. Guter Pollenspender. Ertrag früh und hoch, kaum alternierend. Wenig anfällig für Schorf, etwas für Stippe, allgemein robust. Ansprüche allgemein gering. Eignet sich noch für mittlere Böden und raue Lagen.
Besondere Merkmale: Wenig rote Flammen auf strohgelber Schale. Schöne glänzende Kerne, oft abgefallene Kelchblätter.
Verwechslersorte: 'Hibernal'.

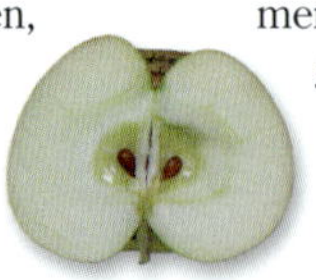

Schwaikheimer Rambur

Weitere Namen: 'Lohrer Rambur', 'Zocklerapfel'.
Herkunft: Vermutlich aus Schwaikheim bei Waiblingen/Baden-Württemberg stammend, genaue Herkunft unsicher.

Allgemeine Beurteilung: Nur für den Streuobstbau empfehlenswert, da geschmacklich nur mittelmäßig. Die Sorte bildet breite und widerstandsfähige Bäume. Die durchweg großen Früchte sind bei guter Besonnung sehr saftig und ohne Lagerverluste haltbar.
Verwendung: Tafel- und Wirtschaftsapfel.
Frucht: Pflückreif Ende Oktober und bis Mai lagerfähig. Groß bis sehr groß. Form unregelmäßig bis sehr unregelmäßig, oft auch ungleichhälftig, sowohl kugelförmig abgeflacht, als auch fassförmig. Oberfläche eben, mit starken Kanten. Grundfarbe hellgrün, später hellgelb und nur auf der Sonnenseite mit kurz abgesetzten, breiten hellroten Streifen versehen. Lentizellen hellbraun und gleichmäßig über die Frucht verteilt. Stielgrube mittelweit und mitteltief, oft mit breiten Kanten, häufig strahlig berostet. Stiel kurz. Kelchgrube eng und mitteltief, mit breiten Kanten, teils auch großen Höckern. Kelch meist ganz geöffnet, Blätter schmal und befilzt. Kernhaus groß, mittig, Achse weit geöffnet, Wände teils mit breiten ausgeblühten Rissen. Wenige Kerne, lang zugespitzt, oft taub. Fruchtfleisch gelblich weiß, fest, sehr saftig, schwach säuerlich und wenig gewürzt.
Baum: Bäume sehr stark wachsend, bilden im Jugendstadium jedoch keine geraden Stämme und sollten daher auf geeignete Stammbildner aufveredelt werden. Krone breit ausladend und im Ertragsstadium leicht hängend. Blüte mittelfrüh und lang anhaltend. Ertrag mittelfrüh einsetzend, reichlich und regelmäßig. Bäume widerstandsfähig gegen Krankheiten und Schädlinge.
Besondere Merkmale: Sehr unregelmäßige, ungleichhälftige, meist hochgebaute, durch breite Kanten geprägte Frucht. Kernhaus groß, Achse geöffnet, Wände mit oft breiten ausgeblühten Rissen.

Verwechslersorten: 'Fießers Erstling', 'Gehrers Rambur', 'Horneburger Pfannkuchenapfel', 'Lanes Prinz Albert'.

Seestermüher Zitronenapfel

Herkunft: Von K. Möller aus Schlickburg im Kreis Pinneberg, Holstein, gefunden. Besonders in Norddeutschland und Holstein verbreitet.

Allgemeine Beurteilung: Die Mitte September reifende großfrüchtige Sorte ist eine gute Wirtschafts- und Keltersorte mit einem sehr hohen und ausgeglichenen Ertragsverhalten. Der relativ robuste Baum wächst eher schwach und setzt sehr schnell mit den Erträgen ein. Den Zusatz 'Zitronenapfel' hat er vom gelben Aussehen, denn seine Säurewerte liegen im unteren Bereich.
Verwendung: Wirtschafts- und Saftapfel.
Frucht: Pflückreif Mitte September. Groß bis sehr groß (230–260 g). Form insgesamt etwas unregelmäßig, kugelförmig abgeflacht. Oberfläche uneben, mit schwachen breiten Kanten. Grundfarbe grüngelb, später zitronengelb, Schale glatt, mit hellen Lentizellen versehen. Stielgrube mitteltief bis tief, mittelweit, über den Rand hinaus berostet. Stiel kurz und mitteldick. Kelchgrube mitteltief bis tief, mittelweit, mit Kanten und feinen schwachen Falten. Kelch geöffnet. Fleisch weiß bis hellgelb, fest, etwas fasrig-grob, ausgeglichenes Zucker-Säure-Verhältnis. Zuckergehalt 13% (55° Oechsle), Säuregehalt bei 11 g/l.

Baum: Schwach wachsender Baum. Runde, aufrechte Krone, später durch hohen Ertrag etwas hängend. Die mittelfrühe Blüte ist klimatisch robust und bildet guten Pollen. Der Ertrag setzt früh ein, auch nach Überbehang kommt die Sorte nicht in die Alternanz. Sie kann als alljährlicher Massenträger bezeichnet werden. Mittlere Toleranz gegenüber Krankheiten und Schädlingen.
Besondere Merkmale: Kugelförmige grüngelbe Frucht. Sehr typische, teils raue, oft über den Rand hinausgehende Stielgrubenberostung. Kernhauswände stark rissig.
Verwechslersorten: 'Gelber Edelapfel', 'Hibernal'.

Signe Tillisch

Herkunft: Von Kammerherr TILLISH in Bjerre, Jütland (Dänemark) 1866 aus Samen gezogen und nach seiner Tochter benannt. Seit 1884 verbreitet.

Allgemeine Beurteilung: „Hochfeiner Herbst-Tafelapfel. Liebhabersorte." So urteilt Obstbauinspektor SCHAAL um 1930. Noch heute wird der Geschmack gehobenen Ansprüchen gerecht. Sie muss aber als Liebhabersorte bezeichnet werden, da sie wegen des späten Ertragsbeginns und ihrer Druckempfindlichkeit nicht für den Erwerbsobstbau empfohlen werden kann. Auch im Hausgarten ist ein Mindestmaß an Pflanzenschutz für die recht anfällige Sorte notwendig.

Verwendung: Tafel- und Wirtschaftsapfel.

Frucht: Pflückreif Ende September, genussreif bis November. Meist mittelgroß. Form unregelmäßig, manchmal ungleichhälftig, teils kugelförmig abgeflacht bis stark abgeflacht, teils breit-kegelförmig, stielbauchig. Oberfläche uneben mit mittelstarken bis starken Kanten. Grundfarbe grünlich gelb, Deckfarbe, wenn vorhanden, hellrot verwaschen. Schale dünn und fettend. Stielgrube teils weit, mitteltief, mit schwachen Kanten. Kelchgrube tief, mit ausgeprägten Rippen oder breiten Kanten. Kelch groß, meist halb offen, Blätter lang, breit, Spitzen teilweise weit zurückgebogen. Kelchhöhle kegelförmig abgestumpft, in Kelchröhre übergehend. Kernhauswände halbmond-, auch bogenförmig. Wenige, mittelgroße, asymmetrische Kerne. Fleisch cremegelb, saftig, weich, mildsäuerlich und sehr aromatisch.

Baum: Mittelstarker Wuchs mit breitpyramidaler Krone. Blüte witterungsunempfindlich. Fruchtbarkeit setzt spät ein, ausreichende Erträge. Neigt zu Alternanz. Stark krankheitsanfällig. Gedeiht auf guten Standorten bis in mittlere Lagen.

Besondere Merkmale: Starker Geruch, Schale fettig. Kelchhöhle direkt in breite, unregelmäßige, oft bis zum Kernhaus reichende Röhre, übergehend.

Verwechslersorten: 'Boikenapfel', 'Landsberger Renette', 'Großherzog Friedrich von Baden', 'Minister von Hammerstein', 'Weißer Winterkalvill'.

Sonnenwirtsapfel

Herkunft: In Backnang/Baden-Württemberg auf dem Grundstück des Sonnenwirts als Sämling gefunden, vermutlich von 'Geflammter Kardinal' abstammend. 1932 beschrieben. In Süddeutschland verbreitet.

Allgemeine Beurteilung: Gute Wüchsigkeit und ausgesprochen hohe Widerstandskraft gegen Krankheiten zeichnen diese Sorte aus. Die Bäume werden sehr groß und alt und sind daher für den landschaftsprägenden Streuobstanbau besonders empfehlenswert. Die Früchte eignen sich für die häusliche Verwertung gut.
Verwendung: Tafel- und Wirtschaftsapfel.
Frucht: Pflückreif Ende September bis Anfang Oktober, hält bis Februar. Mittelgroß bis groß (160–190 g). Form insgesamt unregelmäßig, manchmal ungleichhälftig, kugelförmig abgeflacht, teilweise breit-kegelförmig abgestumpft, selten auch walzenförmig, stielbauchig. Oberfläche uneben, mit drei bis fünf breiten Kanten. Grundfarbe grünlich gelb, sonnenseits flächig mattrot marmoriert und dunkelrot geflammt, mit hell umhöften Lentizellen. Stielgrube tief, mittelweit und stark berostet. Stiel sehr kurz, bis kurz, selten mittellang, dick und knopfig. Kelchgrube mitteltief, mittelweit und mit deutlichen Rippen versehen. Kelch halb offen bis offen, Blätter kurz, mittelbreit, am Grunde sich berührend. Kernhaus groß, mittig. Große Kerne, lang zugespitzt, hellbraun. Fruchtfleisch gelblich weiß, sehr saftig, angenehm feinsäuerlich und fruchtig.
Baum: Mittelstark bis stark wachsend mit wenig verzweigtem Fruchtholz und hängendem Wuchs im äußeren Kronenbereich. Die sehr groß werdenden Bäume bilden eine gleichmäßig kugelige Krone und erreichen ein hohes Alter. Blüte mittelfrüh. Ertrag mittelhoch bis hoch und regelmäßig. Die Bäume sind sehr robust und widerstandsfähig gegen Krankheiten.
Besondere Merkmale: Stielgrube stark berostet. Breite und tiefe bis sehr tiefe Kelchhöhle. Lange, schmale, hellbraune Kerne.

Verwechslersorten: 'Geflammter Kardinal', 'Josef Musch'.

Spätblühender Taffetapfel

Herkunft: Von E. LUCAS in Hohenheim bei Stuttgart entdeckt und 1860 als 'Ebners Taffetapfel' erstmals beschrieben. Hat sich bis heute im Streuobstanbau gehalten und ist vereinzelt noch weit verbreitet.

Allgemeine Beurteilung: Die Sorte blüht als letzte der Apfelsorten Anfang Juni und reift bereits im September. Sie ist damit ideal für Hochlagen und spätfrostgefährdete Standorte. Die Bäume sind äußerst widerstandsfähig und langlebig, zeigen in den letzten Jahren aber Triebmonilia.
Verwendung: Wirtschafts- und Mostapfel.
Frucht: Pflückreif Mitte September/Anfang Oktober, haltbar bis Dezember. Klein bis mittelgroß. Form teils sehr unregelmäßig, meist kugelförmig abgeflacht, stielbauchig. Oberfläche uneben, mit unregelmäßigen mittelstarken Kanten. Grundfarbe grünlich gelb, später wachsartig weiß, Sonnenseite oft blassrot angehaucht. Schale glatt, leicht fettig, mit vielen kleinen Lentizellen versehen. Stielgrube mitteltief, mittelweit und zart hellbraun berostet. Stiel mittellang, mitteldick und knopfig. Kelchgrube mitteltief, eng, mit feinen Falten und schwachen Rippen. Kelch klein bis sehr klein, geschlossen, Staubfäden oft sichtbar. Kernhaus klein, mittig, Achse geöffnet. Kleine Kerne, rundlich, matt glänzend und kastanienbraun. Fruchtfleisch weißlich, feinzellig, sehr saftig, vollreif jedoch weich werdend. Geschmack etwas süßweinig, vorherrschend säuerlich, nur bedingt zum Verzehr geeignet.

Baum: Wuchs mittelstark. Neutriebe auffallend dünn. Krone mittelgroß kugelig, mit langem, oft hängendem Fruchtholz und vielen Wasserschossern. Die Sorte blüht äußerst spät. Ertrag spät einsetzend, dann hoch und regelmäßig.
Besondere Merkmale: Äußerst späte Blüte, verbunden mit früher Reife. Schale wachsartig weiß mit durchscheinenden Lentizellen versehen. Kleine, rundliche, glänzende Kerne.
Verwechslersorten: 'Bittenfelder Sämling', 'Weißer Wintertaffetapfel'.

Süße Grüne Schafsnase

Weitere Namen: 'Süßling', 'Menzenhälsling', 'Hänselesapfel', 'Spitzapfel'.
Herkunft: Unbekannt, von RÖSSLER (1790) als 'Menzenhälsling' erwähnt und von E. LUCAS (1854) kurz beschrieben.

Allgemeine Bedeutung: Ein früher Herbstapfel zum Kochen, Backen und Dörren. Früher in Württemberg und auch in Bayern in vielen Bauerngärten zu finden, heute selten.
Verwendung: Wirtschaftsapfel.
Frucht: Pflückreif im September, mittelgroße Frucht, im Verhältnis zur Größe sehr leicht, nur 80 bis 100 g. Größte Breite an der Stielseite und hat die Form einer Schafsnase. Fünf breite Kanten, die sich streifig über die Frucht ziehen. Hell graugrüne Farbe mit abgesetzten dunkelgrünen Streifen, stark bereift. Enge, mitteltiefe Stielgrube, strahlig berostet mit kurzem Stiel. Mitteltiefe Kelchgrube, eng und faltig. Grüne, aufrechte Kelchblätter, mittellang und wie die ganze Kelchgrube flaumig behaart. Kelchhöhle geht in eine kurze Kelchröhre über. Achse geöffnet, ausgeprägte Gefäßbündellinie in der Form der Frucht. Kernhaus mittig mit bohnenförmigen Fächern, mit z.T. ausgeblühten Rissen. Samen rundlich zugespitzt bis rundlich oval. Das feinzellige Fleisch hat kaum Säure, schmeckt süßlich und leicht fad und wird bald mürbe.

Baum: Mittelstark bis stark wachsend mit breiter, etwas hängender Krone. Die Sorte ist ertragreich und hat dunkelgrüne, rundliche, dicke Blätter mit gekerbtem Rand. Unterseite, wie auch der einjährige Trieb, der breitgedrückte und anliegende Knospen hat, stark filzig.
Besondere Merkmale: Typische Form der Frucht mit gelbgrüner Schale. Süßer, leicht fader Geschmack.
Verwechslersorte: 'Saure grüne Schafsnase', hat keine Röhre und schmeckt säuerlich.

Transparent aus Croncels

Weitere Namen: ‘Croncels’, ‘Apfel aus Croncels’, ‘Transparente de Croncels’, ‘Transparent’, ‘Eisapfel aus Croncels’, ‘Glasapfel’.
Herkunft: Von Baumschule BALTET in Frankreich gezogen, seit 1869 im Handel. Vermutlich Sämling von ‘Antonowka’.

Allgemeine Beurteilung: Für alle Erziehungsformen, vom Niederstamm bis zum Hochstamm, geeignet. Allerdings nur in beschränktem Umfang im Hausgarten, die druckempfindlichen, früh reifenden Früchte schmecken zwar sehr gut, sind aber kaum lagerfähig. Nur in trockenen Regionen zu empfehlen, da stark schorfempfindlich.
Verwendung: Tafel- und Wirtschaftsapfel.
Frucht: Pflückreif Ende August bis Mitte September, bis Oktober genussreif. Mittelgroß bis groß. Kugelförmig wenig bis stark abgeflacht. Oberfläche eben, mit schwachen breiten Kanten. Grundfarbe weißgelb, Deckfarbe selten, dann schwach orangerot angehaucht. Schale transparent mit durchscheinenden hellen, bläulich grün umhöften Lentizellen. Stielgrube tief, mittelweit bis weit und strahlig berostet. Stiel kurz und dick. Kelchgrube mitteltief bis tief, weit, am Rand mit flachen Höckern und Falten. Kelch groß, geschlossen bis halb geöffnet, mit aufrechten, breiten Blättern. Kernhaus mittelgroß, mit geöffneter Achse, Wände halbmond-, auch bogenförmig. Kerne typisch schwarzbraun, kurz und breit. Fleisch gelblich weiß bis cremefarben, lockerzellig und druckempfindlich, mit charakteristischem, mildsäuerlichem Geschmack.

Baum: Mittelstarker Wuchs. Bildet kugelige Krone. Gut verzweigt, bildet reichlich Fruchtholz. Blüht früh, guter Pollenspender. Erträge früh einsetzend, reich und regelmäßig. Die Sorte neigt zu Vorerntefruchtfall.
Besondere Merkmale: Druckempfindliche, früh reifende Frucht mit transparenter Schale und durchscheinenden Lentizellen. Tiefe weite Kelchgrube. Kurze, breite, schwarzbraune Kerne.
Verwechslersorte: ‘Antonowka’.

Unseldapfel

Weitere Namen: 'Unselds Apfel', 'Ulmer Renette'.
Herkunft: Vor 1920 von Baumwart Jakob Unseld aus Ulm/Baden-Württemberg gefunden und bis in die 60er-Jahre des vorigen Jahrhunderts in Süddeutschland vermehrt.

Allgemeine Beurteilung: Diese äußerst stark wachsende und frostharte Sorte ist bestens als Stammbildner geeignet, die Frucht hingegen wenig interessant. Obwohl die jungen Triebe krebsanfällig sind, bleiben Stamm und stärkere Äste gesund.
Verwendung: Wirtschafts- und Mostapfel.
Frucht: Pflückreif Mitte bis Ende Oktober, bis April haltbar. Mittelgroß. Kegelförmig abgestumpft. Oberfläche meist eben, manchmal warzig, mit kaum wahrnehmbaren schwachen breiten Kanten. Grundfarbe grünlich gelb. Sonnenseite teils blassrot verwaschen. Schale bläulich weiß bereift mit vielen erhabenen Lentizellen. Stielgrube mittelweit, mitteltief und oft über den Rand reichend braungrün berostet. Stiel kurz bis mittellang und mitteldick. Kelchgrube sehr flach, weit, schüsselförmig, mit schwachen, häufig auch ausgeprägten Rippen. Kelch groß, ganz geöffnet, Blätter schmal zugespitzt, Spitzen zurückgeschlagen. Kernhaus mittelgroß, Achse mittellang und geschlossen, Wände halbmondförmig. Kerne gut ausgebildet, lang, kurz zugespitzt. Fruchtfleisch zunächst sehr fest, ab Januar/Februar genießbar und häufig glasig, schwach säuerlich.
Baum: Wuchs außergewöhnlich stark mit vielen vorzeitigen Trieben und reicher Seitentriebbildung. Jungbäume zeigen stabiles Gerüst mit vollkommen geraden Leitästen und kräftigem Dickenwachstum. Blätter auffallend stark gezähnt. Blüte mittelfrüh, frosthart. Ertrag entsprechend hoch. Bäume sehr widerstandsfähig, nur im Feinastbereich krebsanfällig.
Besondere Merkmale: Schwere und sehr feste kegelförmige Frucht. Kugelige, beulige, berostete Stielgrube. Flache Kelchgrube, mit weit geöffnetem Kelch.
Verwechslersorte: 'Kleiner Fleiner'.

Wagener Apfel

Weitere Namen: 'Wagener Apple', 'Wageners Preisapfel', in Südtirol 'Gassners Rosenapfel'.
Herkunft: Von Georg Wheeler 1791 in Penn Yann, New York, aus Samen gezogen und von Abraham Wagener übernommen. Seit 1853 in Deutschland.

Allgemeine Beurteilung: Großfruchtige, spät reifende Sorte mit gutem Geschmack, die sich bis ins Frühjahr hält, mit nur mittelstarkem Wuchs. Bei schlechter Versorgung erschöpft sie sich durch den hohen und regelmäßigen Behang bald.
Verwendung: Tafel- und Wirtschaftsapfel.
Frucht: Pflückreif Ende Oktober, genussreif ab Ende November und bis ins Frühjahr haltbar. Groß (150–285 g), flach- bis plattrund, mittelbauchig, breitrippig, mit glatter, glänzender, leicht fettiger Schale. Gelbgrüne, später hellgelbe Grundfarbe, Sonnenseite je nach Jahr, Lage und Reifegrad mit etwas mattem bis auch kräftigem Rot, mit abgesetzten roten Streifen, die sich besonders bei Schattenfrüchten zeigen. Kräftiger Stiel in tiefer, trichterförmiger Grube. Meist geschlossener Kelch in flacher, schüsselförmiger, rippiger Einsenkung. Große trichterförmige Kelchhöhle, hohlachsig, mit geräumigen Kammern und mittelgroßen, gut ausgebildeten Kernen. Gelblich weißes Fleisch, feinzellig, saftig, rosenapfelartig und mit feiner Säure.

Baum: Mittelgroßer, breitkugeliger Wuchs, mit viel kurzem Fruchtholz. Kommt früh in Ertrag und bringt regelmäßige hohe Ernten. Elliptisches, großes Blatt, kahnförmig gebogen, Rand stark gezahnt. Wenig anfällig für Krankheiten, etwas transportempfindlich. Braucht gute und feuchte Böden, in trockenen Böden vergreisen die Bäume schnell und die Früchte bleiben zu klein.
Besondere Merkmale: Große plattrunde Frucht, mit glänzender, leicht fettiger, rot gefärbter Schale, feinzellig und stark hohlachsig.

Verwechslersorten: 'Kronprinz Rudolph', 'Roter Stettiner', 'Idared'.

Weißer Matapfel

Weitere Namen: 'Gestreifter Matapfel', 'Würz-Apfel', 'Weißer Würzapfel', 'Tiefbutzen', 'Stielapfel', 'Spätblühender Matapfel' u. a.
Herkunft: Alte süddeutsche Sorte. Bereits im 18. Jh. stärker verbreitet und von SICKLER im „Teutschen Obstgärtner" 1797 beschrieben.

Allgemeine Beurteilung: Die alte süddeutsche Sorte hat ihre Bedeutung als Wirtschafts- und besonders als Kelterapfelsorte wegen ihrer früh eintretenden, hohen und gleichmäßigen Fruchtbarkeit. So schreibt schon E. LUCAS (1854): „Die berühmten Frankfurter Apfelweine werden größtentheils von diesem Apfel bereitet".
Verwendung: Saft-, Most- und Tafelapfel.
Frucht: Pflückreif Ende Oktober, bis Mai lagerfähig. Mittelgroß. Form etwas unregelmäßig, kugelförmig abgeflacht, teils auch kegelförmig abgestumpft. Oberfläche uneben, mit breiten, teils ausgeprägten Kanten. Grundfarbe hellgrün bis trübgelb, Deckfarbe sonnenseitig rötlich bis rotbräunlich verwaschen und leicht gestreift. Schale glatt, anfangs weißlich bereift, später glänzend, mit vielen, auf der Sonnenseite deutlich sichtbaren, weißen Lentizellen. Stielgrube tief, eng bis mittelweit und zimtfarbig berostet. Stiel kurz und dick. Kelchgrube flach bis mitteltief, mittelweit, mit feinen Falten zwischen starken Rippen. Kelch geschlossen bis offen. Zahlreiche Kerne, eiförmig, dunkelbraun und gut ausgebildet. Das Fleisch ist gelblich weiß, locker, körnig, saftreich und von angenehmem süßsäuerlichem Weingeschmack. Zuckergehalt bei 14% (59° Oechsle), Säuregehalt 9 g/l.

Baum: Starkes Wachstum, wird sehr groß und bildet eine breit-kugelförmige Krone mit überhängenden Ästen. Späte Blüte und gute Pollenqualität. Widerstandsfähig gegen die Hauptkrankheiten Schorf, Mehltau und Krebs. Anspruchslose und klimatisch sehr robuste Sorte.
Besondere Merkmale: Flache, deutlich gerippte Kelchgrube. Weiße Lentizellen.

Weißer Winterkalvill

Weitere Namen: 'Calville blanche d'hiver', 'Quittenapfel', 'Paradiesapfel', 'Sternapfel', 'Eckapfel', 'Weißer Kardinal' u. a.
Herkunft: Vermutlich Frankreich, vor 1600, schon 1598 in Bad Boll bei Göppingen als 'Weißer Züricher Apfel' von BAUHIN erwähnt.

Allgemeine Beurteilung: Wohl eine der pflegeintensivsten, aber auch geschmacklich hochwertigsten Sorten. Stellt überdurchschnittliche Ansprüche an den Standort. Wegen der hohen Schorfanfälligkeit nicht unbedingt für den Liebhaberobstbau empfehlenswert.
Verwendung: Tafelapfel.
Frucht: Pflückreif im Oktober, genussreif ab Dezember bis April. Mittelgroß bis groß. Form unregelmäßig, kegelförmig abgestumpft, teils kugelförmig abgeflacht, oft ungleichhälftig, stielbauchig. Oberfläche durch meist fünf starke Kanten sehr uneben. Grundfarbe vollreif gelb, Deckfarbe meist nur ein rötlicher Hauch. Schale glatt, wachsig, dünn. Stielgrube tief, eng bis mittelweit, mit breiten Kanten, mittelfein strahlig berostet. Stiel mittellang und mitteldick. Kelchgrube mitteltief und mittelweit, meist mit fünf großen Höckern. Kelch groß, halb geöffnet, Blätter mittellang, uneinheitlich ausgerichtet. Kelchhöhle tief, kegelförmig abgestumpft, auch trichterförmig. Kernhaus mittelgroß bis groß, Wände halbmond-, auch ohrenförmig. Graubraune, lange Kerne, fein gestrichelt und kurz zugespitzt. Fleisch grünlich weiß, locker, mildaromatisch, erdbeerartig gewürzt.
Baum: Kräftiger Wuchs trotz starker Fruchtholzbildung. Frühe und kurze Blüte, sehr witterungsempfindlich. Ertrag früh, unregelmäßig. Sehr anfällig für Krankheiten und Schädlinge. Sehr hohe Ansprüche an Pflege und Standort.
Besondere Merkmale: Fünf sehr ausgeprägte Kelchhöcker. Geöffnete Kernhausachse. Fein gestrichelte, graubraune Kerne.

Verwechslersorten: 'Boikenapfel', 'London Pepping', 'Signe Tillisch'.

Weißer Wintertaffetapfel

Weitere Namen: 'Weißer Wachsapfel', 'Spiegelapfel', 'Weißapfel', 'Winter Taffeter'.
Herkunft: Unbekannt, sehr alt, vermutlich von DIEL erstmals beschrieben.

Allgemeine Beurteilung: Ein um 1900 sehr verbreiteter, vorwiegend zur Mostbereitung genutzter Apfel. Sein Marktwert als Tafelfrucht ist, obwohl er auf dem Lager ein feines Aroma entwickelt, aufgrund der Fruchtgröße gering. Die Sorte ist genügsam und eignet sich gut für den Streuobstbau, aufgrund der breit überhängenden Kronen jedoch nicht an Wegen.
Verwendung: Tafel- und Wirtschaftsapfel.
Frucht: Pflückreif Mitte Oktober, genussreif Dezember bis März. Klein. Kugelförmig abgeflacht, z. T. auch stark abgeflacht. Oberfläche meist eben, teils mit ganz schwachen breiten Kanten. Grundfarbe gelblich bis weißlich grün, Sonnenseite oft hellrot verwaschen. Schale glatt und wachsig. Sehr kleine, auf der Grundfarbe durchscheinende, rot umhöfte Lentizellen. Stielgrube mitteltief, meist eng, strahlig berostet, mit oft drei breiten Kanten und schmaler Nase, die den kurzen Stiel beiseite drückt. Kelchgrube mittelweit und mitteltief, mit feinen Falten und auch breiten Kanten. Kelch geschlossen, Blätter mittellang, büschelartig aufgestellt. Kernhaus sehr klein, Achse meist geschlossen, Wände halbmondförmig. Kerne klein, breit, fast rundlich. Fleisch weiß, feinzellig, mildsäuerlich und saftig.

Baum: Wuchs mittelstark bis stark, mit breitgewölbter, großer, dichter Krone und hängenden Fruchttrieben. Mittelspäte, kurze Blüte, etwas frostgefährdet. Fruchtet spät und bringt mittelhohe Erträge. Anfällig für Obstbaumkrebs. Nur mäßige Ansprüche an Boden und Lage.
Besondere Merkmale: Flache Frucht mit typischer „dreieckiger" oder mit Fleischnase versehener, teils strahlenförmig berosteter Stielgrube. Tiefe Kelchröhre.
Verwechslersorten: 'Champagner Renette', 'Spätblühender Taffetapfel'.

Welschisner

Weitere Namen: 'Welsch Isnyer', 'Isnyer Jahrapfel', 'Großer Böhmischer Brünnerling', 'Welschecker', 'Steiner'.
Herkunft: Vermutlich aus Oberösterreich, um 1600 entstanden, 1659 erstmals erwähnt und bis heute in mehreren Typen vor allem in raueren Lagen Deutschlands und Österreichs verbreitet.

Allgemeine Beurteilung: Für Höhenlagen und den Streuobstanbau empfehlenswerte Sorte, die auch auf schlechten Böden noch gute Erträge bringt, kräftig wächst und lange ohne Ausfälle lagerfähig ist. Als 'Geisinger Liebling' ist eine interessante Mutante aus dem Ludwigsburger Raum bekannt.
Verwendung: Wirtschafts-, Saft- und Mostapfel.
Frucht: Pflückreif Mitte Oktober, bis Mai haltbar. Mittelgroß, selten groß. Teils halbkugel-, teils kugelförmig wenig abgeflacht, leicht stielbauchig. Oberfläche oft mit drei schwachen breiten Kanten. Grundfarbe grüngelb, Deckfarbe flächig hell- bis braunrot, meist mit scharfem Farbübergang. Schale glatt und leicht stumpf. Stielgrube flach und mittelweit, selten berostet. Stiel kurz und mitteldick. Kelchgrube sehr flach und weit, mit schwachen, auch ausgeprägten Rippen. Kleiner Kelch, geschlossen bis halb geöffnet. Kernhaus mittelgroß. Wenig Kerne, mittelgroß und länglich. Fruchtfleisch weiß, fest, säuerlich und mäßig saftig bis trocken.
Baum: Die Bäume sind stark wachsend und bilden eine kugelige Krone, im Alter werden sie flachkugelig bis schirmförmig mit überhängenden Trieben und Ästen. Jungtriebe neigen zu Verkahlungen und erfordern daher einen kurzen Anschnitt. Die triploide Sorte blüht mittelfrüh und lang anhaltend. Der Ertrag setzt spät ein, ist dann aber hoch und regelmäßig. Gegen Schorf und Krebs ist die Sorte nur mäßig anfällig.
Besondere Merkmale: Flächig rot gefärbte Sonnenseite mit scharfem Übergang zwischen Grund- und Deckfarbe. Feste, schwere, halbkugel- bis kugelförmige Frucht, meist mit fast ebenem Kelch. Lange überhängende Äste.

Verwechslersorten: 'Brettacher', 'Kronprinz Rudolf'.

Wettringer Taubenapfel

Weiterer Name: 'Wettringer'.
Herkunft: Fränkische Regionalsorte. Ende des 19. Jh. in Wettringen (Rothenburg o.d. Tauber) gefunden. Ab 1930 stärker verbreitet.

Allgemeine Beurteilung: Ein sehr schöner Vertreter der historischen Gruppe der 'Taubenäpfel'. Als robuster, spät blühender Tafel- und Wirtschaftsapfel mit kräftigem Wuchs für den Streuobstbau sehr empfehlenswert.
Verwendung: Tafel- und Wirtschaftsapfel.
Frucht: Pflückreif September, bis Dezember genussreif. Mittelgroß. Form etwas unregelmäßig, manchmal ungleichhälftig, meist kegelförmig wenig abgestumpft, selten kugelförmig wenig abgeflacht. Oberfläche eben, mit ganz schwachen breiten Kanten. Grundfarbe gelb, Deckfarbe dunkelrosa verwaschen, schmal gestreift. Schale glatt, wachsig, mitteldick und bläulich bereift, Lentizellen, klein, kaum sichtbar, mit heller Umhöfung. Stielgrube mitteltief, mittelbreit, fein und strahlig berostet. Stiel lang bis sehr lang und dünn. Kelchgrube flach bis mitteltief, eng bis mittelweit, mit feinen Falten und schwachen Rippen. Kelch klein, geschlossen bis halb geöffnet, leicht befilzt, Blätter mittellang, mittelbreit, am Grund sich berührend, Spitzen zurückgeschlagen. Kelchhöhle mitteltief, mittelbreit, kegel-, manchmal auch trichterförmig. Kernhaus klein bis mittelgroß, mittig, Achse teils geöffnet und mittellang, Kernfächer eng, Wände halbmondförmig. Zahlreiche Kerne, gut ausgebildet, klein, länglich, kurz zugespitzt. Fruchtfleisch weißgrünlich, locker bis fest, mittelfeinzellig, mäßig saftig, schwach süßsäuerlich mit wenig Aroma.

Baum: Starkwüchsig, mit hochgehender, später hängender und breiter Krone. Holz und Blüte spät und sehr frosthart. Ertrag früh, hoch, kaum alternierend. Wird auch als Stammbildner verwendet.
Besondere Merkmale: Typisch konisch zulaufende Frucht mit dunkelrosa gefärbter und bläulich bereifter Schale. Kelch grün bleibend.

Winterbananenapfel

Weiterer Name: 'Flory of Winter Banana'.
Herkunft: In den USA um 1870 zufällig entstanden. Unterschiedliche Angaben zum Ort.

Allgemeine Beurteilung: Die widerstandsfähige Sorte fruchtet gut auf schwachen Unterlagen und benötigt nur mäßigen Schnittaufwand, dies spricht für eine Verwendung im Kleingarten. Für die Aromabildung werden warme Lagen benötigt. In Lagerfähigkeit und Güte ähnlich wie 'Ontario', jedoch weniger holzfrostempfindlich.
Verwendung: Tafel- und Wirtschaftsapfel.
Frucht: Pflückreif Mitte Oktober, genussreif von Januar bis April. Mittelgroß bis groß. Form unregelmäßig, manchmal ungleichhälftig, teils kugelförmig abgeflacht, teils kegelförmig, stielbauchig. Oberfläche etwas uneben, mit schwachen breiten Kanten und oft einer typischen Naht. Grundfarbe gelbgrün, Deckfarbe hell- bis trüborange verwaschen. Schale wachsig glänzend, teils mit netzartigen Rostfiguren. Stielgrube flach bis mitteltief, mittelweit, teils mit breiten Kanten, Berostung asymmetrisch, oft nur im engen Bereich. Kelchgrube meist flach, weit, mit feinen Falten, teils schwachen Rippen oder kleinen Höckern. Kelch groß, meist ganz geöffnet. Kernhaus groß, Wände schmal bogen-, auch mondsichelförmig, mit schmalen, teils stark ausgeblühten Rissen. Längliche, mittelgroße Kerne, reh- oder graubraun, kurz zugespitzt. Fleisch gelblich weiß, fest, wenig saftig, mildsäuerlich bis süß, wenig Aroma.
Baum: Starker Wuchs mit breitpyramidaler Krone, bildet ausreichend Fruchtholz. Blüte gering frostempfindlich, guter Pollenspender. Ertrag mittelspät, hoch. Wenig anfällig für Schorf. Mittlere Ansprüche an Boden und Klima.
Besondere Merkmale: Typische seitliche Naht. Flache, teils unregelmäßige Kelchgrube mit geöffnetem Kelch. Kernhaus groß, weit geöffnet mit schmalen, rissigen und ausgeblühten Wänden.

Verwechslersorten: 'Adersleber Kalvill', 'Schöner aus Nordhausen'.

Winterprinzenapfel

Weiterer Name: 'Friedberger Bohnapfel'.
Herkunft: Unbekannt, um 1933 erstmals von G. BLASER beschrieben. Die Sorte ist nicht identisch zu 'Winterprinzenapfel' bei ENGELBRECHT (1889).

Allgemeine Beurteilung: Anfang des 20. Jahrhunderts wurde die Sorte als „Massenträger für Mostzwecke" charakterisiert. Eine Verwendung als Tafelapfel kam schon damals nicht in Betracht. Als reich tragende, widerstandsfähige und starkwüchsige Sorte bereichert sie auch heute noch das Sortiment für den extensiven Streuobstanbau.
Verwendung: Wirtschafts- und Mostapfel.
Frucht: Pflückreif Anfang Oktober, genussreif von November bis Januar. Mittelgroß. Ei- oder fassförmig. Oberfläche leicht uneben mit schwachen breiten Kanten. Grundfarbe vollreif gelbgrün, Deckfarbe sonnenseits tiefrot bis braunrot, gesprenkelt auch deckend, mit silbrig bläulicher Strichelung. Schale glatt und trocken. Stielgrube eng, mitteltief, mit oft drei breiten Kanten, selten berostet. Stiel lang und dünn. Kelchgrube flach, eng, mit feinen Falten, oft auch mit ausgeprägten Rippen. Kelch klein, meist geschlossen, Blätter mittellang und büschelartig aufgestellt. Kelchhöhle tief und kegel-, auch spitz-kegelförmig. Kernhaus groß, Wände sehr schmal bogenförmig, mit teils schwach ausgeblühten Rissen. Mittelgroße und mittelbreite Kerne, kurz zugespitzt, manchmal taub. Fleisch weißlich grün, saftig, säuerlich, gering aromatisch.
Baum: Wächst stark bis sehr stark, Kronenform hochkugelig, ausladend, mit hängenden Ästen. Unempfindliche Blüte. Ertrag sehr hoch, daher oft alternierend. Krebsanfällig, sonst widerstandsfähig. Sehr anspruchslos an Boden und Lage.
Besondere Merkmale: Sehr typische, meist hochgebaute ei- oder fassförmige, weißlich bereifte Frucht. Kernhauswände sehr lang, schmal bogenförmig. Stielgrube oft „dreieckig".

Verwechslersorten: 'Rheinischer Bohnapfel', 'Rheinischer Krummstiel'.

Zabergäurenette

Weitere Namen: 'Graue Renette vom Zabergäu', 'Zabergäu', 'Hausener Graue Renette'.
Herkunft: 1885 nach Aussaat von Samen in Hausen a. d. Zaber/Baden-Württemberg entstanden. 1926 erstmals öffentlich vorgestellt.

Allgemeine Beurteilung: Große, vielseitig verwendbare Früchte. Weniger säurebetonte Alternative zu 'Schöner aus Boskoop'. Die Sorte eignet sich gut für den Streuobstbau in wärmeren Klimaten.
Verwendung: Tafel- und Wirtschaftsapfel.
Frucht: Pflückreif Mitte bis Ende Oktober und bis März genießbar. Groß bis sehr groß (140–210 g). Meist kugelförmig abgeflacht, zur Kelchfläche verjüngt, seltener auch breitkegelförmig abgestumpft. Grundfarbe gelbgrün, Schale jedoch fast vollständig mit zimtfarbenem Rost überzogen, sonnenseitig vereinzelt weinrot marmoriert. Stielgrube tief, mittelweit, oft grobschuppig und rissig berostet. Stiel mittellang, mitteldick und holzig. Kelchgrube selten flach, meist mitteltief und weit, Kelch groß, halb bis ganz geöffnet, mit langen, sehr breiten, am Grund getrennten Kelchblättern. Kernhaus klein, stielnah und mit geöffneter Achse. Kerne dunkelbraun und oval. Fruchtfleisch gelblich, mittelfest und feinzellig, anfangs saftig, später eher trocken und mürbe. In guten Lagen würzig, süßer als 'Schöner aus Boskoop'.
Baum: Wuchs anfangs stark mit schräg aufrechten Leitästen, später mittelstark mit flachen Ästen. Krone breit und flachkugelig, mit flachem Fruchtholz. Blätter groß, breitoval und mit klar abgesetzter Spitze, kupferempfindlich. Späte und lang anhaltende Blüte. Triploide Sorte. Ertrag früh einsetzend, mittelhoch und etwas alternierend. Bäume sind anfällig für Krebs, in warmen Lagen für Mehltau. Die Früchte neigen zur Stippe.
Besondere Merkmale: Vollständig berostete Schale mit grün bleibendem Kelch. Deutlich weniger Fruchtsäure als 'Schöner aus Boskoop', sehr regelmäßig geformt.

Verwechslersorten: 'Coulons Renette', 'Graue Herbstrenette', 'Graue Kanadarenette', 'Schöner aus Boskoop'.

Zuccalmaglio

Weitere Namen: 'Von Zuccalmaglios Renette', 'Zuccalmaglios Renette'.
Herkunft: Züchtung von D. UHLHORN jun. in Grevenbroich im Jahr 1878, benannt nach dem Justizrat VON ZUCCALMAGLIO.
Eltern: 'Ananasrenette' × 'Purpurroter Agatapfel'.

Allgemeine Beurteilung: Vorzügliche Tafelsorte für den Garten. Geringe Schorfanfälligkeit, schwacher Wuchs, hohe Erträge und feinwürziges Aroma sind hierbei von Vorteil. Der reiche Fruchtbehang muss ausgedünnt werden, weshalb sich die Sorte in Verbindung mit ihrem schwachen Wuchs für den Anbau als Hochstamm weniger empfiehlt.
Verwendung: Tafelapfel.
Frucht: Pflückreif Oktober, von November bis Februar genussreif. Klein bis mittelgroß. Form sehr variabel, manchmal ungleichhälftig, teils kugelförmig abgeflacht, teils kegelförmig wenig abgestumpft, oft auch hochgebaut, stielbauchig. Oberfläche eben, selten mit schwachen breiten Kanten. Grundfarbe weißlich grün, vollreif zitronengelb, Deckfarbe orange bis rötlich verwaschen, meist weißlich bereift. Schale etwas uneben, trocken, viele fühlbar erhabene Lentizellen, oft eckig berostet. Stielgrube eng und mitteltief, meist schwach berostet. Stiel mittellang und dünn. Weite Kelchgrube, sehr flach bis flach, mit feinen Falten, häufig auch schwachen Rippen, fein ringförmig berostet. Kelch mittelgroß, halb bis ganz geöffnet, Blätter mittellang mit leicht zurückgebogenen Spitzen. Kelchhöhle flach, breit, trichterförmig, mit Ansatz zur Röhre. Zahlreiche Kerne, länglich, kurz zugespitzt. Fleisch weißgelb, fest, saftig und fein aromatisch.
Baum: Schwacher Wuchs mit kleiner, pyramidaler Krone. Blüte mittelfrüh, wenig empfindlich. Ertrag früh und sehr hoch. Anfällig für Holzfrost und Krebs, wenig anfällig für Schorf- und Blutlausbefall. Bevorzugt nährstoffreiche Böden.

Besondere Merkmale: Weißlich bereifte, matte Schale, mit etwas erhabenen, teils aufgerissenen, verkorkten Lentizellen.
Verwechslersorten: 'Ananasrenette', 'Oberdiecks Renette'.

Alexander Lucas

Weitere Namen: 'Beurré Alexandre (Lucas)', 'Alexander Lucas Butterbirne'.
Herkunft: Um 1870 von ALEXANDER LUCAS in einem Wald in Blois (Frankreich) gefunden und ab 1874 durch die Baumschule der Gebrüder TRANSON bei Orléans in den Handel gebracht.

Allgemeine Beurteilung: Im Erwerbsobstbau weit verbreitete Tafelbirne mit günstiger Fruchtgröße. Im Handel aufgrund ihrer problemlosen Lagerfähigkeit geschätzt. Die Sorte stellt keine besonders hohen Ansprüche an den Standort. Auf kalkhaltigen Standorten tritt Chlorose auf.
Verwendung: Tafelbirne.
Frucht: In warmen Klimaten ist die Sorte Anfang Oktober pflückreif, ab Ende Oktober genussreif und bis Weihnachten haltbar. Die Früchte sind groß (L = 70–85 mm, B = 70–80 mm, 150–250 g) und stumpfkegelförmig mit breiter Auflage. Die Grundfarbe ist anfänglich grün, in der Vollreife dann hellgelb. Sonnenseits bildet sich manchmal marmorierte orangefarbene Deckfarbe aus. Die kleinen Lentizellen sind braun und nur schlecht sichtbar. Kurzer, dicker Stiel, braun gefärbt. Der Kelch ist klein und meistens geschlossen, in leicht schüsselartig eingesenkter und meist gefältelter Grube. Mittellange Kelchblätter, an der Basis fleischig. Das weißfarbene Fruchtfleisch ist sehr saftig und schmelzend. Der Geschmack hängt sehr von den äußeren Bedingungen ab, meist süßlich, oft etwas flach und z.T. rübig. Kleines kelchnahes Kernhaus. Kerne oft unvollständig, lang und schmal, mit deutlicher seitlicher Nase.

Baum: Mittelstarker bis starker Wuchs mit dominantem Mitteltrieb. Die Seitenverzweigungen sind lang und dünn, dadurch ergibt sich eine sortentypisch hochpyramidale Krone. Die triploide Sorte blüht mittelfrüh, als Befruchtersorte ungeeignet. Die Blütenblätter stehen getrennt. Der Ertrag setzt früh ein, ist regelmäßig und reichlich.
Besondere Merkmale: Typische Fruchtfarbe und Fruchtform.
Verwechslersorten: 'Diels Butterbirne', 'Präsident Drouard'.

Amanlis Butterbirne

Weitere Namen: 'Beurré d'Amanlis', 'Wilhelmine', 'Hängebirne'.
Herkunft: Umstritten. Wahrscheinlich Ende des 18. Jh. in dem Dorf Amanlis in der Bretagne gefunden.

Allgemeine Beurteilung: Früh reifende Herbstbirne, von unscheinbarer Farbe und geschmacklich sehr unterschiedlich, jedoch wenig krankheitsanfällig und ein Massenträger. Interessant für höhere Lagen und im Streuobstanbau, dort auch noch öfters zu finden.
Verwendung: Tafelbirne, Kompott- und Dörrbirne.
Frucht: Anfang September pflückreif und nur 8–10 Tage haltbar. Mittelgroß bis groß, kegel-, birnen- oder auch glockenförmig (L = 60–80 mm, B = 60–90 mm, 150–250 g), zum Stiel öfter leicht eingezogen. Düstere, gründgelbe Farbe, sonnenseitig leicht bräunlich, viele braune Punkte und Rostflecken. Mittellanger, dünner und krummer Stiel, holzig und knospig, wie eingesteckt, von der Frucht her grün.

Großer, offener Kelch, sternchenförmig, oft abgebrochen, am Grund verwachsen, in flacher Grube. Grünlich weißes Fruchtfleisch, feinzellig und sehr saftig, schmelzend, wird butterweich. Geschmack je nach Ertrag sehr unterschiedlich, von angenehm aromatisch und feinwürzig bis fad. Große, meist gut ausgebildete Kerne, lang, stark zugespitzt, mit ausgeprägter Nase.
Baum: Sehr starker Wuchs mit großer, breitpyramidaler Krone. Nach außen stark hängende Äste und Zweige, dicht mit Fruchtholz besetzt. Kräftige Jahrestriebe. Gesundes, dunkelgrünes, glänzendes Blatt, oval bis elliptisch, Rand deutlich gesägt. Ziemlich frühe und kurze Blüte, aber nicht witterungsempfindlich. Die Sorte ist sehr anspruchslos an den Standort.
Besondere Merkmale: Düstere grüngelbe Fruchtfarbe. Gekrümmter, zur Frucht hin grüner Stiel.
Verwechslersorten: 'Diels Butterbirne', 'Triumph aus Vienne'.

Anjou

Weitere Namen: 'Beurré d'Anjou', 'Winter Meuris'.
Herkunft: Nicht ganz klar, wahrscheinlich eine alte französische Sorte, die aus der Gegend von Angers stammt. Nach anderen Angaben soll sie VAN MONS 1819 aus Samen gezogen und nach seinem Obergärtner PIERRE MEURIS benannt haben.

Allgemeine Beurteilung: Spätherbst-/Winterbirnensorte mit guter Fruchtqualität und Lagerfähigkeit. In Frankreich, England und den USA eine der Hauptsorten. Die Erträge sind allerdings unregelmäßig und oft nicht befriedigend.
Verwendung: Tafelbirne.
Frucht: Ende September bis Anfang Oktober pflückreif. Die Genussreife erstreckt sich von November bis Dezember. Große, fassförmige Frucht (L = 80–90 mm, B = 60–70 mm, 200–280 g). Etwas ungleichhälftig und im Relief leicht beulig. Glatte bis feinraue und trockene Fruchtschale. Hellgrüne Grundfarbe, vollreif gelblich grün, sonnenseits gelegentlich stumpfrote Deckfarbe. Fruchtberostung flächig um den Kelchbereich herum und als Kappe am Stielansatz. Zahlreiche, graubraune kleine Lentizellen. Stielgrube flach und eng, Fruchtstiel kurz (10–15 mm) und sehr dick. Sitzt oft auch zwischen Fleischwülsten, ist dann schiefgedrückt. Flache Kelchgrube mit offenem Kelch. Kelchblätter kurz und schmal, am Grunde sich berührend. Leicht geöffnete Achse mit schmalen, länglichen Kernfächern. Grünlich weißes Fruchtfleisch, mittelfein bis fein. Zur Genussreife ist der Geschmack saftig süß mit einem weinsäuerlichen Muskatellerton. Um das Kernhaus größere Ansammlungen von Steinzellen. Meist nur wenige, gut ausgebildete, lange, zugespitze Kerne mit seitlich stumpfer Nase.
Baum: Mittelstarker Wuchs mit unregelmäßig verteilten Gerüst- und Tragästen und steilem Astabgang. Die Erträge setzen früh ein, sind allerdings gering und unregelmäßig. Hohe Ansprüche an Boden und Standort.
Besondere Merkmale: Fruchtstiel und Form.
Verwechslersorte: 'Köstliche aus Charneux'.

Aurate

Weitere Namen: 'Muscat de Nancy', 'Kleine rote Sommermuskateller', 'Goldbirne', 'Goldsterzen', 'Goldstiel'.
Herkunft: Sehr alte Sorte, von LE LECTIER 1628 als 'Muscat de Nancy' beschrieben, soll schon mehr als 300 Jahre früher in Nancy verkauft werden sein. DIEL erhielt sie 1805 aus der Pariser Carthause.

Allgemeine Beurteilung: Kleine, sehr früh reifende Muskatellerbirne, geschmacklich gut, für die heutigen Ansprüche aber zu klein. Interessant für Liebhaber, da heute nur noch selten zu finden.
Verwendung: Tafel- und Dörrfrucht, auch zum Brennen geeignet.
Frucht: Pflückreife Mitte Juli, frisch gepflückt 14 Tage haltbar. Kleine Frucht (L = 35–50 mm, B = 30–40 mm, 45–60 g), abgestumpft kreiselförmig, dem Stiel zu leicht eingezogen. Glatte Schale mit blass-hellgrüner Farbe, später auch zitronengelb, Deckfarbe verwaschen rot bis braunrot. Kleine Lentizellen auf der Sonnenseite rot umhöft. Hellgrüner, relativ dicker und kurzer Stiel, sitzt wie eingesteckt oder in kleiner Einsenkung und von kleinen Fleischperlen umgeben. Der für die Frucht große Kelch ist weit offen und liegt sternchenförmig auf. Schwach hohlachsig, mit kleinem Kernhaus und engen Kammern. Kerne für die kleine Frucht relativ groß, oft auch taub. Gelblich weißes Fleisch, abknackend und mit süßem Muskatellergeschmack.

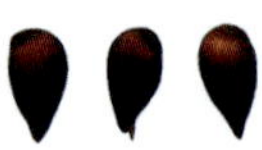

Baum: Wächst stark und bildet eine hohe, stark belaubte Krone. Rotbraune Jahrestriebe mit vielen kleinen, runden Lentizellen. Rundliches, mittelgroßes, dunkelgrünes, glänzendes Blatt. Rand ganz fein gezähnt. Die Sorte kommt früh in Ertrag und bringt hohe und regelmäßige Ernten, sie liebt aber einen warmen Boden.
Besondere Merkmale: Frühe Reife, kleine stumpfkegelförmige Früchte mit roter Farbe.
Verwechslersorte: 'Sommermuskatellerbirne', ist länger und deutlich größer.

Blumenbachs Butterbirne

Weitere Namen: 'Soldat Laboureur', 'Auguste van Mons Soldat', 'Poire de Soldat'.
Herkunft: Belgien, 1820 von ESPEREN gezüchtet. OBERDIECK erhielt sie ohne Namen von VAN MONS und widmete sie dem Göttinger Lehrer Hofrat BLUMENBACH.

Allgemeine Beurteilung: Einst weit verbreitete, späte Herbstbirne mit lang andauernder Genussreife und breiter Anbaufähigkeit von den Küstenbezirken bis in mittlere Höhenlagen.
Verwendung: Tafelbirne, Kompott- und Dörrbirne.
Frucht: Pflückreife ab Ende September bis Mitte Oktober, die Genussreife folgt etwa 2–3 Wochen später. Die weißgrüne Grundfarbe verleitet zu früher Ernte, spätere Ernte bei beginnendem Fruchtfall bringt bessere Fruchtqualität bei unveränderter Haltbarkeit. Mittelgroße, birnen- bis glockenförmige Frucht (L = 70–80 mm, B = 60–70 mm, 120–180 g). Die Grundfarbe ist typisch weißgrün, vollreif aufgehellt weißlich gelb. Eine Deckfarbe fehlt in der Regel, nur manchmal blassrötlich angehaucht. Die glatte Fruchtschale ist mit zahlreichen typischen Schalenpunkten und etwas fleckiger Berostung überzogen. Mittellanger Stiel in enger, mitteltiefer, berosteter Grube. Flache, enge Kelchgrube, häufig berostet. Mittelgroßer, offener Kelch, am Grunde verwachsene, aufrechte, meist hornartige Kelchblätter. Das Fruchtfleisch ist gelblich weiß, halbschmelzend, saftig, feinkörnig und schmeckt süß bis weinsäuerlich, mit melonenartiger Würze. Kerne meist gut ausgebildet, mittelgroß, und breitrundlich.

Baum: Mittelstarker Wuchs mit aufrechten, wellig gekrümmten Ästen und breitpyramidaler Krone. Frühe Blüte, lang andauernd und wenig frostempfindlich. Der Ertrag ist hoch und regelmäßig. An kalten, nassen Standorten schorfanfällig.
Besondere Merkmale: Weißgrüne Grundfarbe und Schalenpunkte.
Verwechslersorten: 'Diels Butterbirne', 'Hofratsbirne', 'Jeanne d'Arc'.

Boscs Flaschenbirne

Weitere Namen: 'Calebasse Bosc', 'Kaiserkrone', 'Kaiser Alexander', 'Alexanderbirne', 'Humboldtsbirne', 'Beurré d'Apremont' u. a.
Herkunft: Umstritten, entweder von VAN MONS (1807) in Belgien und nach dem Direktor des Pariser Botanischen Gartens benannt oder 1793 bei Apremont (Frankreich) als Sämling gefunden.

Allgemeine Beurteilung: Wertvolle, sehr gut schmeckende und weit verbreitete, späte Herbstsorte, die wenig druckempfindlich und gut transportfähig ist. Die Sorte kann auch für den Streuobstanbau empfohlen werden.
Verwendung: Tafelbirne für den Frischverzehr, Kompott- und Dörrbirne.
Frucht: Mitte bis Ende September pflückreif und ab Mitte Oktober genussreif. 3–4 Wochen haltbar. Mittelgroß bis groß (L = 90–110 mm, B = 50–70 mm, 120–180 g). Langachsig, flaschenförmig und betont kelchbauchig. Grünlich gelbe bis gelbe Grundfarbe, selten sichtbar, da sortentypisch meist völlig mit graubraunem, später zimtfarbigem Rost überzogen. Sortentypisch fehlt die Stielgrube bzw. ist nur ganz leicht ausgeprägt. Langer (30–50 mm), dünner und meist gebogener Stiel. Kelchgrube klein, flach und ganz leicht höckrig. Kleiner, offener Kelch mit mittellangen, spitzen Kelchblättern, am Grunde nicht verwachsen. Gelblich weißes Fruchtfleisch, feinkörnig bis schmelzend und saftig. Süß mit leichter Säure, fein aromatisch gewürzt. Kleine, meist gut ausgebildete, ovale Kerne.

Baum: Mittelstarker Wuchs mit aufrechten Leitästen und meist waagerechten bis hängenden, langen, dünnen Seitenästen. Breitpyramidale Krone, später hängend. Auf Quittenunterlagen sind Zwischenveredlungen unumgänglich. Späte und lang andauernde Blüte, daher wenig anfällig für Spätfröste. Blütenblätter deutlich getrennt. Die Sorte ist als Befruchtersorte gut geeignet. Ertragseintritt spät, dann regelmäßig mittlere Ernten.
Besondere Merkmale: Stiel und Fruchtform sowie zimtfarbige Berostung.
Verwechslersorten: 'Prinzessin Marianne', 'Tongern', 'Trockener Martin'.

Bunte Julibirne

Weitere Namen: 'Colorée de Juillet', 'Gefärbte Julibirne', 'Julischönheit', 'Schönste Julibirne'.
Herkunft: Von Baumschuler Boisbunel jun. (Rouen, Frankreich) angezogen, 1837 erste Früchte, 1857 in den Handel gebracht.

Allgemeine Beurteilung: Früheste mittelgroße Sommerbirne mit großer wärmeklimatischer Anbaubreite und geringen nsprüchen an den Boden. Da wenig schorfanfällig, ist sie eine wertvolle Sorte für den Liebhaberanbau und für die Direktvermarktung.
Verwendung: Tafelbirne für den sofortigen Frischverzehr.
Frucht: Pflückreife je nach Lage Mitte Juli bis Anfang August, wenig später genussreif und nur kurz haltbar. Klein bis mittelgroß (L = 60–70 mm, B = 50–55 mm, 70–80 g), gedrungen kegel- bis fassförmige, meist mittelbauchige Früchte. Lichtgrüne, später nach Gelb übergehende Grundfarbe, oft mit leichter Bereifung. Auf der Sonnenseite braunrot bis orange geflammt bis streifig verwaschen. Kleine, dichte Lentizellen, sonnenseits rot umhöft. Flache, enge Stielgrube mit 15–30 mm langem, ca. 4–5 mm dickem Stiel. Flache, weite Kelchgrube, feinrippig und oft geperlt. Offener bis halb offener Kelch mit kleinen, schmalen, leicht filzigen Kelchblättern. Gelblich weißes Fruchtfleisch, halbschmelzend, mäßig saftig, säurearm und schwach zimtartig gewürzt. Es wird rasch mürbe. Für optimale Fruchtqualität ist der richtige Erntezeitpunkt entscheidend. Zu spät geerntete Früchte werden schnell teigig und schmecken trocken. Wenige gut ausgebildete, lange, spitz auslaufende Kerne.

Baum: Schwacher bis mittelstarker Wuchs mit steilen Gerüstästen und hochpyramidaler Krone. Gute Befruchtersorte mit früher, lang andauernder Blüte. Ertrag setzt früh ein, ist dann regelmäßig, aber nicht reichlich. Laufender Verjüngungsschnitt der Krone ist erforderlich.
Besondere Merkmale: Reifezeit und Form.
Verwechslersorte: 'Frühe aus Trévoux'.

Clairgeaus Butterbirne

Weitere Namen: 'Clairgeau', 'Beurré Clairgeau', 'Lack-' und 'Paternosterbirne', 'Clairgeau de Nantes'.
Herkunft: Um 1830 zufällig in der Baumschule CLAIRGEAU in Nantes (Frankreich) entstanden. 1848 fielen die Früchte erstmals auf. Die Sorte kam 1852 in den Handel.

Allgemeine Beurteilung: Aufgrund ihrer Fruchtgröße eine sehr schöne Tafel- und Schaufrucht, die früher in Deutschland als Straßenbegleitbaum weit verbreitet war. Die Sorte ist robust, verlangt aber geschützte und warme Lagen.
Verwendung: Tafel-, Dörr- und Schaubirne.
Frucht: Die Pflückreife beginnt ab Mitte September, genussreif ist sie von Oktober bis November. Große bis sehr große Früchte (L = 80–110 mm, B = 60–75 mm, 150–350 g), in der Form stark variierend, jedoch überwiegend birnen- bis flaschenförmig. Gelblich grüne Grundfarbe, bei Vollreife grünlich gelb. Die Deckfarbe ist meist verwaschen kupferrot bis bräunlich rot und wird auf dem Lager leuchtend rot. Zahlreiche graubraune Lentizellen, rot umhöft und dadurch stark hervortretend. Fleckig bis flächig mit bronzefarbenem Rost überzogen. Dicker, fleischiger Stiel durch Fleischwulst meist schief angesetzt. Flache bis mitteltiefe Kelchgrube, mittelweit, rippig und strahlig, oft auch flächig berostet. Halb offener bis offener, mittelgroßer Kelch mit mittellangen, breiten Kelchblättern. Gelblich weißes Fruchtfleisch, nur halbschmelzend, oft etwas grob und leicht körnig. Saftig, süß bis leicht säuerlich mit mäßigem Aroma und nur in guten Lagen muskatellerartig gewürzt. Meist gut ausgebildete, mittelgroße, braune, ovale Kerne mit seitlicher Nase.

Baum: Schwacher Wuchs mit parallel zur Mittelachse steil aufstrebenden Leitästen. Die kleine, spitzpyramidale Baumkrone neigt zur Vergreisung. Die Blüte ist mittelfrüh und wenig witterungsempfindlich, Blütenblätter stehen getrennt. Der Ertrag setzt sehr früh ein und ist regelmäßig.
Besondere Merkmale: Fruchtgröße. Berostung. Stielansatz.
Verwechslersorte: 'Tongern'.

Clapps Liebling

Weitere Namen: 'Clapp's Favourite', 'Clapps Lieblingsbirne'.
Herkunft: Vor 1860 von Th. Clapp in Dorchester, Massachusetts (USA), gezüchtet. Muttersorte vermutlich 'Holzfarbige Butterbirne'.

Allgemeine Beurteilung: Die Vorteile dieser Birne liegen in der frühen Reife, der Fruchtgröße und der hohen Fruchtbarkeit. Sie ist eine wertvolle Sorte für den Hausgarten und dort noch häufig zu finden. Nur kurz haltbar, verlangt fruchtbaren, warmen Boden und geschützte Lagen.
Verwendung: Frühe Tafelbirne, die sich auch zum Einkochen eignet.
Frucht: Anfang August pflückreif. Sollte hartreif geerntet werden. Die Genussreife liegt etwa 8 Tage später. Mittelgroß bis groß (L = 85–95 mm, B = 65–75 mm, 90–180 g), birnenförmig bis breit-kegelförmig und mittel- bis kelchbauchig. Die Grundfarbe wechselt von gelblich grün zu sattem Gelb. Sonnenseits ist die Frucht orange bis kräftig ziegelrot, teils gestreift, teils marmoriert. Zahlreiche Lentizellen, sehr dicht und rot umhöft. Der dicke, an der Basis oft fleischige Stiel, steht in einer engen Stielgrube, die z. T. auch fehlt. Enge und flache Kelchgrube, schwach höckerig bis geperlt mit halb offenem bis offenem Kelch und kleinen, hornartigen Kelchblättern. Gelblich weißes, halbschmelzendes und saftreiches, feinsäuerliches Fruchtfleisch, nur wenig aromatisch. Vollreif gepflückt, wird es rasch mehlig oder teigig. Meist mit noch gelblich weißen, ovalen Kernen, oft unvollständig ausgebildet.

Baum: Starker Wuchs mit steil aufwärts gerichteten Gerüstästen, die später typisch bogenförmig hängen und dem Baum ein breitpyramidales Aussehen geben. Glänzendes, dunkelgrünes, gesundes Blatt. Anbau auf Quitte ist nur mit Zwischenveredlung möglich. Späte und lang andauernde Blüte. Der Ertrag ist regelmäßig.
Besondere Merkmale: Reifezeit. Fruchtstiel. Dicke, dunkelbraune Triebe mit gestauchten Internodien.
Verwechslersorte: 'Frühe aus Trévoux'.

Conference

Weiterer Name: 'Konferenzbirne'.
Herkunft: Züchtung der Baumschule RIVERS in Sawbridgeworth/England, im Handel seit 1894. Muttersorte 'Leon Leclerc de Laval'.

Allgemeine Beurteilung: Aufgrund der überdurchschnittlichen Fruchtbarkeit, des Geschmacks und der sehr guten Lagerfähigkeit und Robustheit gegenüber Schorf eine der Hauptsorten im Anbau.
Verwendung: Tafelbirne für den Frischverzehr und Dörrbirne. Bei der Verwertung als Nasskonserve trübt allerdings der Saft.
Frucht: Bis zur Baumreife Mitte September/Anfang Oktober windfest, haltbar bis Ende November. Mittelgroß bis groß, lang bis sehr lang (L = 70–100 mm, B = 50–60 mm, 200 g), flaschenförmig und kelchbauchig. Trübgrüne bis grünlich gelbe Grundfarbe. Selten tritt auf der Sonnenseite ein hellorangér Hauch auf. Um den Kelch flächiger und rauer Rost, welcher sich zum Stiel hin in Rostflecken auflöst. Die Frucht geht direkt in den dünnen, 30–45 mm langen Stiel über. Am Ansatz oft fleischig verdickt. Flache und enge Kelchgrube mit offenem, mittelgroßem Kelch. Das Fruchtfleisch ist an der Schale grünlich weiß und wird zum Kernhaus hin hell lachsfarben. Es ist schmelzend, sehr saftreich, süß mit leicht würziger Säure, z.T. auch etwas flach. Kastanienbraune, gut ausgebildete, mittelgroße, ovale Kerne, spitz auslaufend und spitznasig.

Baum: Mittelstarker, aufrechter Wuchs mit hochpyramidaler Krone. Reich mit kurzem Fruchtholz besetzt. Auffallend lange, graugrüne, ganzrandige, spitze Blätter. Sehr fruchtbare Sorte, blüht früh und eignet sich gut als Befruchter, aber intersteril mit 'Amanlis Butterbirne'. Wenig schorfempfindlich, aber anfällig für Bakterienbrand.
Besondere Merkmale: Charakteristische Fruchtform. Stiel und Berostung.
Verwechslersorten: 'Abate Fétel', 'Condo'.

Deutsche Nationalbergamotte

Weitere Namen: 'Belle et Bonne', 'Schöne und Gute', 'Birne ohne Schale', 'Birne ohne Kerne', 'Belle de Luxembourg' u. a.
Herkunft: Unbekannt. Wahrscheinlich Frankreich, dort schon 1802 bekannt, eventuell auch früher.

Allgemeine Beurteilung: Große schöne Tafel- und Kochbirne. Geschmacklich nicht herausragend, aber wenig anspruchsvoll. Eignet sich besonders gut für Höhenlagen (bis 1000 m). In Deutschland nur noch wenig, in Österreich noch häufiger anzutreffen.
Verwendung: Tafel- und Kompottbirne.
Frucht: Anfang bis Ende September reif, 14 Tage haltbar. Mittelgroß bis groß, rundlich bergamotteförmig (L = 60–70 mm, B = 65–75 mm, 120–200 g). Frucht gegen Kelch abgeplattet und zum Stiel konisch abgestumpft, mit leichter Einschnürung. Hellgrüne, bei Vollreife gelbgrüne Schale, auf der Sonnenseite leichte Röte. Auffallende Lentizellen, grau umhöft. Mittellanger bis langer, kräftiger Stiel, immer leicht gebogen. Halb offener Kelch in flacher, leicht beuliger Kelchgrube. Meist abgebrochene, hornartige Kelchblätter. Gelblich weißes Fruchtfleisch, feinzellig und schmelzend, süß, ohne viel Würze und Aroma. Breite, rundlich ovale, dunkelbraune Kerne, meist schlecht ausgebildet.

Baum: Der Baum wird nicht sehr groß und alt. Er bildet eine kugelige Krone mit herabhängenden Ästen und hat grünlich bis rötlich braune Jahrestriebe, fein punktiert mit elliptischen, ganzrandigen Blättern. Mittelgroße, länglich ovale Kronblätter. Kräftige Kelchblätter sind sortentypisch. Die Sorte ist sehr fruchtbar und wenig anspruchsvoll an Boden und Klima, deshalb heute vor allem noch in Höhenlagen (Schwarzwald, Alpen) zu finden.
Besondere Merkmale: Große, bergamotteförmige Frucht mit gebogenem Stiel.
Verwechslersorte: 'Kuhfuß', diese ist aber etwas länglicher und an der Stielseite stärker eingezogen sowie im Querschnitt meist unregelmäßiger.

Diels Butterbirne

Weitere Namen: 'Beurré Diel', 'Große Kaiserbirne', 'Pfundbirne', 'Beurré magnifique', 'Beurré des Trois-Tours', 'Poire Melon' u. v. a.
Herkunft: 1811 durch VAN MONS Obergärtner MEURIS in Perck (Belgien) als Zufallssämling gefunden und nach dem Pomologen DIEL benannt.

Allgemeine Beurteilung: Hervorragende spät reifende Tafelbirne. Nur an warmen Standorten und auf guten Böden entwickelt sie ihr sortentypisches Aroma. Öfters im Wandspalieranbau zu finden.
Verwendung: Tafelbirne, Kompott- und Einkochfrucht.
Frucht: Mitte Oktober pflückreif und von Ende Oktober bis Ende Dezember genussreif. Groß bis sehr groß (L = 80–100 mm, B = 60–80 mm, 150–300 g), mittel- bis kelchbauchig, breit birnenförmig, dem Kelch zu abgeschrägt und stielseitig leicht eingeschnürt. Im Relief oft breitrippig und uneben. Baumreif sind die Früchte hellgrün, genussreif weißgelb. An Sonnenfrüchten mitunter etwas verwaschene rote Deckfarbe. Zahlreiche große, braune Schalenpunkte bedecken die Frucht ebenso wie feine Rostfiguren. Mitteltiefe, enge, oft berostete Stielgrube. Mittellanger, dicker Stiel, stark verholzt. Flache, mittelweite Kelchgrube, meist berostet. Mittelgroßer, halb offener Kelch mit aufrechten, rötlich gelben Kelchblättern. Das Fruchtfleisch ist gelblich weiß und halbschmelzend, weinsäuerlich bis leicht herb im Geschmack. Auf schlechten Standorten ist es grob und rübig, mit vielen Steinzellen. Dunkelbraune, große, längliche, spitz auslaufende Kerne mit seitlicher Nase, oft nicht gut ausgebildet.

Baum: Sehr stark wachsend mit Neigung zum hängenden Wuchs. Große, glatte Blätter auf langem Stiel. Die mittelfrühe und sehr lang andauernde Blüte erklärt die hohe Fruchtbarkeit. Die Sorte ist schorfanfällig, für alle Erziehungsformen geeignet.
Besondere Merkmale: Reifezeit. Form und Fruchtfleisch.
Verwechslersorten: 'Doppelte Phillippsbirne', 'Herzogin von Angoulême', 'Jeanne d'Arc'.

Doppelte Philippsbirne

Weitere Namen: 'Frühe Diel', 'Sommer-Diel'.
Herkunft: Zufallssämling, um 1800 von VAN MONS in Belgien gefunden. Zuerst zu Ehren von GRAF MÉRODE DE WESTERLOO 'Doyenné de Mérode' benannt.

Allgemeine Beurteilung: Robuste Herbstsorte mit geringen Ansprüchen an den Boden, die auch in kühleren Klimaten und Hochlagen eine gute Fruchtqualität hervorbringt. Nachteilig ist die hohe Anfälligkeit gegenüber Feuerbrand. Für den Streuobstbau geeignet.
Verwendung: Tafelbirne, Einkochbirne, hartreif für Saft.
Frucht: Pflückreif Anfang bis Mitte September, genussreif ab Anfang Oktober, nicht sehr lange haltbar. Mittelgroß bis groß (L = 65–80 mm, B = 60–75 mm, 120–220 g), breitkegelig, teils fast kugelig. Die Grundfarbe ist anfangs grün, vollreif gelb bis ockergelb. Sonnenseits öfter verwaschene hellrote Deckfarbe. Typisch sind zahlreiche Lentizellen, die auf der Schattenseite klein und hellbraun, auf der Sonnenseite groß und bräunlich rot sind. Flache und enge Stielgrube, meist Ausgangspunkt für eine strahlig braune Rostkappe. Dicker, holziger, z.T. auch fleischiger Stiel. Flache, weite und etwas faltige Kelchgrube. Mittelgroßer, halb offener bis offener Kelch mit rötlichen, kleinen und hornartig aufrecht stehenden Kelchblättern. Gelblich weißes Fruchtfleisch, nahezu schmelzend, sehr saftig und angenehm süß bis feinherb, mit schwacher Würze, wird bald teigig. Mittelgroße, längliche Kerne mit seitlicher Nase.

Baum: Mittelstark bis stark wachsende Sorte mit anfangs steilen, später aufgrund der Fruchtlast waagerecht hängenden Gerüstästen und breitpyramidaler Krone. Kräftige, lange Jahrestriebe. Hellgrüne Blätter, schiffförmig gebogen. Trotz der frühen Blüte eine ertragreiche Sorte. Unempfindlich gegenüber Schorf und Blütenfrost.
Besondere Merkmale: Fruchtform und -farbe. Lentizellen und Reifezeit.
Verwechslersorten: 'Alexander Lucas', 'Diels Butterbirne', 'Minister Dr. Lucius'.

Dr. Jules Guyot

Weiterer Name: 'Jules Guyot'.
Herkunft: Troyes, Frankreich. Von dem Baumschuler BALTET aus Samen gezogen und 1875 in den Handel gebracht.

Allgemeine Beurteilung: Gute, früh reifende Tafel- und Marktfrucht. Die Erträge setzen früh ein, sind regelmäßig und sehr hoch. Sie ähnelt in ihrem Aussehen der 'Williams Christbirne', reift aber eine Woche früher und erreicht nicht deren Geschmack.
Verwendung: Frischverzehr, Einkochbirne.
Frucht: Die Früchte sollen bei noch grüner Grundfarbe etwa Ende August geerntet werden, sie sind dann 2 Wochen haltbar. Groß bis sehr groß (L = 90–120 mm, B = 60–70 mm, 120–190 g), kegel- bis birnenförmig. Oft sind sie unregelmäßig gebaut und etwas beulig. Die Fruchtschale ist glatt, bei Pflückreife gelbgrün, bei Vollreife hellgelb, sonnenwärts gelegentlich schwach gerötet. Zur Reifezeit treten die Lentizellen dicht punktiert hervor. Die Fruchtoberfläche ist nur leicht berostet. Enge und flache Stielgrube, oft mit einseitigem Wulst, der den dicken Stiel zur Seite drückt. Die Kelchgrube ist flach, eng und mit flachen Wülsten durchzogen. Großer, offener Kelch mit schmalen und aufrecht stehenden Kelchblättern. Gelblich weißes Fruchtfleisch, saftig und schmelzend. Geschmacklich sind die Früchte nur mäßig süß, leicht weinsäuerlich und etwas gewürzt, ohne ausgeprägtes Aroma. Bei später Ernte werden sie schnell mehlig. Gut ausgebildete, länglich ovale, zugespitzte Kerne.

Baum: Schwacher bis mittelstarker Wuchs mit pyramidaler Krone. Die Tendenz zu Verzweigungen ist gering. Eiförmige Blätter auf langem Stiel. Die Sorte blüht früh, langwährend und ist wenig witterungsempfindlich. Die Erträge setzen früh ein und sind dann sehr hoch und regelmäßig, dadurch Neigung zur Vergreisung. Die Sorte neigt zu Jungfernfrüchtigkeit.
Besondere Merkmale: Früher Erntetermin. Fruchtgröße. Schaufrucht.
Verwechslersorten: 'Pitmaston', 'Williams Christbirne'.

Esperens Bergamotte

Weiterer Name: 'Winterbergamotte'.
Herkunft: Um 1830 von Major ESPEREN in Mecheln (Belgien) aus Samen gezogen, seit 1855 in Deutschland.

Allgemeine Beurteilung: Lagerfähige Winterspeisebirne mit frühzeitigen und guten Erträgen. Sie stellt hohe Ansprüche an den Standort bezüglich Nährstoff- und Wasserversorgung. Früher in Deutschland eine der bekanntesten Bergamotten, heute meist nur noch im Liebhaberanbau.
Verwendung: Tafelbirne.
Frucht: Mitte bis Ende Oktober pflückreif. Späte Ernte begünstigt den vollen Geschmack. Die Genussreife dauert von Januar bis April. In zu trockener Lagerluft schrumpfen die Früchte. Mittel bis klein (L=65 mm, B=70 mm, 160 g). Die Früchte sind eher breit als hoch gebaut, die Form variiert von apfelförmig zu typisch bergamotteförmig. Dicke, ledrige Schale, trübgrüne Grundfarbe, vollreif gelblich grün. Selten findet man auch bräunlich rote verwaschene Deckfarbe. Zahlreiche grün umhöfte Lentizellen und dichte, braunfleckige Berostung. Enge, flache Stielgrube, ebenfalls häufig berostet. Dicker, meist knospiger Stiel, zur Frucht hin grün. Weite und tiefe Kelchgrube, oft berostet. Mittelgroßer, geschlossener Kelch mit festen, hornartigen Kelchblättern. Gelblich weißes bis schwach rötliches Fruchtfleisch, schmeckt nur von warmen Standorten, ist dort aromatisch, saftig, feinschmelzend und weinsäuerlich. Zahlreiche braune Kerne, oval und mittelgroß, mit spitzer Nase.

Baum: Die mittelstark wachsende Sorte bildet eine pyramidale Krone mit schräg aufrechten Gerüstästen und guter Verzweigung. Ovale, hellgrüne Blätter, etwas wellenförmig. Die Blüte dauert sehr lange und ist wenig witterungsempfindlich. Die Erträge sind dadurch hoch und regelmäßig. Die Früchte hängen meist büschelweise. An schlechten Standorten ist die Sorte anfällig für Schorf und Steinzellenbildung.
Besondere Merkmale: Fruchtform. Stiel. Berostung.
Verwechslersorte: 'Olivier de Serres'.

Frühe aus Trévoux

Weiterer Name: 'Précoce de Trévoux'.
Herkunft: Von TREYVE in Trévoux (Frankreich, nördlich Lyon) gefunden und 1862 erstmals beschrieben.

Allgemeine Beurteilung: Wohlschmeckende Tafelbirne für die Direktvermarktung, mit lokaler Verbreitung in Hausgärten. Durch die frühe Reife, die geringen Standortansprüche und die gute Frosthärte auch für höhere Lagen geeignet.
Verwendung: Tafelbirne.
Frucht: Die Frucht wird Anfang bis Mitte August baumreif und sollte gepflückt werden, sobald die Gelbfärbung beginnt, sie ist dann 3 Wochen haltbar. Mittelgroß bis groß (L=75–95 mm, B=55–75 mm, 150–200 g), birnen- bis glockenförmig, kelchbauchig, zum Stiel hin leicht eingeschnürt. Gelblich grüne Grundfarbe, bei Vollreife hellgelb bis leuchtend gelb. Auf der Sonnenseite sind die Früchte schwach rötlich gestreift. Kleine, zahlreiche Lentizellen, sonnenseitig als Roststerne grün umhöft. Flache bis mitteltiefe Stielgrube, höckerig

und häufig strahlig berostet. Kurzer, dicker, holziger Stiel, am Ende knopfig, braun und meist leicht gebogen. Die Kelchgrube ist klein, flach und leicht buckelig, oft fehlt sie. Kleiner, offener Kelch mit kurzen, mittelbreiten, spitzen und leicht geröteten Kelchblättern. Weißes, saftiges Fruchtfleisch, aber nur halbschmelzend. Der Geschmack ist erfrischend, fein süßsäuerlich mit schwachem Aroma. Kleine, braune, länglich ovale Kerne mit seitlicher spitzer Nase, oft unvollständig.
Baum: Mittelstarker, aufrechter Wuchs mit breitpyramidaler Krone. Dunkelgrüne, glänzende Blätter, langoval und scharf gezähnt. Mittelfrühe Blüte, relativ unempfindlich gegenüber ungünstigen Blühbedingungen und Spätfrost. Der Ertrag setzt früh ein, ist reichlich und alterniert kaum. Wenig schorfanfällig. 'Super Trévoux' ist eine großfrüchtige Mutante.
Besondere Merkmale: Frühe Reife. Streifige Deckfarbe.
Verwechslersorten: 'Clapps Liebling', 'Bunte Julibirne'.

Gellerts Butterbirne

Weitere Namen: 'Beurré Hardy', 'Hardys Butterbirne'.
Herkunft: In Frankreich von BONNET um 1820 in Boulogne-sur-Mer gezüchtet, nach dem Direktor des „Jardin de Luxembourg" HARDY benannt. OBERDIECK erhielt von VAN MONS 1838 Reiser ohne Sortenangabe und gab ihnen den Namen des Liederdichters GELLERT.

Allgemeine Beurteilung: Geschmacklich eine der feinsten Herbstbirnen. Den guten inneren Werten steht das Aussehen entgegen. Die Ansprüche an den Standort sind gering. Wenig schorfempfindlich, deshalb öfter im Streuobstbau zu finden.
Verwendung: Hauptsächlich als Tafelbirne, Dörr-, Saft- und Konservenfrucht.
Frucht: Pflückreife ab Mitte September, haltbar bis Ende Oktober. Mittelgroß bis groß (L=75–90 mm, B=60–85 mm, 130–200 g), Form variiert von birnen- bis stumpfkegelförmig, z. T. auch walzenförmig. Insgesamt wirkt die Frucht klobig und gedrungen. Stumpfgrüne bis grünlich gelbe Grundfarbe, hochreif ocker- bis bronzefarbig. Ganz mit sortentypisch feinem, bräunlichem Rost überzogen. Kleine, schwach eingesenkte Stielgrube. Kurzer, dicker Stiel, oft durch Fleischwulst zur Seite gedrückt oder höckerig. Flache, mittelweite Kelchgrube. Mittelgroßer, offener Kelch mit schmalen, aufrechten Kelchblättern, an der Basis getrennt. Gelblich weißes Fruchtfleisch, sehr saftig, schmelzend und süß mit feiner, würziger Säure. Mittelgroße, dunkelbraune, schmale Kerne, sehr spitz auslaufend, mit seitlicher spitzer Nase.

Baum: Sehr starkwüchsig mit wenigen steilen Mittelästen. Dadurch ergibt sich eine hochpyramidale Krone. Dunkelgrüne, glänzende, schiffartig geformte Blätter. Hervorragende Verträglichkeit mit Quittenunterlagen, deshalb häufig als Zwischenveredlung benutzt. Hohe, aber alternierende Erträge.
Besondere Merkmale: Sortentypisch sind bronzefarbene, fein berostete Früchte sowie dunkelgrüne, glänzende und schiffartig geformte Blätter.
Verwechslersorten: 'Herzogin Elsa', 'Nägelesbirne'.

Gräfin von Paris

Weitere Namen: 'Comtesse de Paris', 'Paris'.
Herkunft: Von William Fourcine 1882 in Dreux (Frankreich) gezüchtet, er widmete sie der Comtesse de Paris.

Allgemeine Beurteilung: Sehr fruchtbare und empfehlenswerte Wintertafelbirne mit sehr hohen Ansprüchen an den Standort. In kälteren oder nassen Lagen leidet die Fruchtqualität stark durch Steinzellenbildung und befriedigt auch geschmacklich nicht. Sie ist dann nur eine Kochbirne. Gute Lagerfähigkeit auch im Naturlager, zu beachten ist die folgernde Genussreife. Noch häufig im Streuobstbau zu finden.
Verwendung: Tafel- und Kompottbirne, Saft.
Frucht: Die Sorte darf auch in wärmsten Lagen nicht vor Ende Oktober gepflückt werden, Genussreife ab Dezember. Mittelgroß bis groß (L=85–105 mm, B=60–75 mm, 130–230 g) und birnen- bis kegelförmig. Mittel- bis kelchbauchig, stielwärts leicht eingeschnürt, zum Kelch hin oval abgeplattet. Trüb graugrüne, später gelbgrüne Grundfarbe, Deckfarbe nur selten vorhanden, dann helloranges behaucht. Zahlreiche auffallende, braune Lentizellen, grün umhöft. Fleckige Berostung, sortentypisch als Rostkappe im Kelchbereich und stets berosteter Stielansatz. Mittellanger, dünner Stiel, sitzt ohne Übergang an der Frucht auf, oft durch Fleischwulst seitlich abgedrückt. Großer, offener Kelch in enger und flacher Grube. Braune, am Grunde verwachsene und sternförmig nach außen gebogene Kelchblätter. Fruchtfleisch gelblich weiß, nur in guten Lagen feinzellig und saftig schmelzend, mit leicht würziger Säure. In schlechten Lagen und Jahren rübig. Gut ausgebildete, lange Kerne, mit spitzer Nase.
Baum: Mittelstarker Wuchs mit breitpyramidaler Krone, geringe Tendenz zu Verzweigungen. Frühe bis mittelfrühe Blüte, etwas frostanfällig. Früher Ertragseintritt und regelmäßige hohe Ernten. Wenig schorfanfällig. Lentizellen.

Besondere Merkmale: Rostkappe an Kelch und Stiel. Farbe.
Verwechslersorte: 'Pastorenbirne'.

Grüne Sommermagdalene

Weitere Namen: 'Citron des Charmes', 'Glasbirne', 'Heubirne', 'Erntebirne', 'Grüne Jakobsbirne', 'Margaretenbirne', 'Keizerin', 'Sommer-Ambrette' u. a.
Herkunft: Sehr alte Sorte unbekannter Herkunft. Seit 1675 in Frankreich bekannt und auch in Deutschland schon lange im Anbau.

Allgemeine Beurteilung: Eine der ersten Birnen im Jahr, daher früher von sehr großer Bedeutung und in ganz Mitteleuropa verbreitet. Fruchtqualität, wie bei fast allen alten Frühbirnensorten, für heutige Ansprüche ungenügend und deshalb nicht mehr sehr häufig im Anbau.
Verwendung: Tafelbirne.
Frucht: Reife Mitte bis Ende Juli, nur kurz haltbar. Kleine, eiförmige Frucht (auch birnenförmiger Typ vorhanden) (L = 40–60 mm, B = 35–50 mm, 50–60 g). Glatte Schale, anfangs grün, später hellgrün bis grüngelb. kaum berostet, viele kleine Lentizellen mit grünem Hof. Dünner, holziger Stiel, von der Frucht her hellgrün.

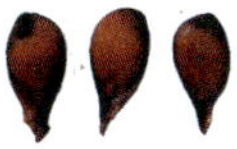

Offener Kelch, kurzblättrig, wollig. Grünlich weißes Fruchtfleisch, halbschmelzend, sehr saftig, schwach gewürzt. Bei zu früher Pflücke welkt die Frucht und hat kaum Aroma. Große längliche, spitze Kerne, seitlich stumpfnasig, oft unvollständig ausgebildet, bei der Ernte meist noch weiß.
Baum: Aufrechter, mittelstarker, sparriger Wuchs, Äste nach außen gebogen, an der Biegungsstelle starke Jungtriebe, diese werden später durch hohen Ertrag ebenfalls wieder nach unten gebogen, dadurch charakteristischer Wuchs. Brüchiges Holz. Rotbraune Jahrestriebe, Fruchtholz kurz und quirlartig. Blatt dunkelgrün, glänzend, sehr robust, eiförmig, mit gesägtem Rand, auf langem Stiel. Mittelspäte bis späte, lang andauernde, wenig witterungsempfindliche Blüte. Ertrag setzt früh ein, ist sehr hoch, neigt deshalb zur Alternanz. Die Sorte gedeiht am besten in mildem Klima, auf kaltem und nassem Boden neigt sie zur Gipfeldürre.
Besondere Merkmale: Frühe Reife. Fruchtfarbe und Wuchs des Baumes.

Gute Graue

Weitere Namen: 'Graue Sommerbutterbirne', 'Schöne Gabriele', 'Grau-', 'Juden-', 'Jutjes-', 'Pickel-', 'Weinbirne' u. a.
Herkunft: Wahrscheinlich aus Frankreich, dort schon vor 300 Jahren bekannt. Seit dem 18. Jh. in Deutschland.

Allgemeine Beurteilung: Sehr gut schmeckende Frühbirne, wegen ihrer Anspruchslosigkeit und dem guten Ertrag früher vor allem in kühleren Gebieten sehr geschätzt. In Norddeutschland noch häufiger zu finden. Relativ klein und unscheinbar, im 20. Jahrhundert deshalb wenig gepflanzt, für den Streuobstanbau eine interessante Sorte.
Verwendung: Frischobst, vorzügliche Dörr- und Einkochbirne.
Frucht: Ende August bis Mitte September reif, ca. 1 Woche haltbar. Kleine, kegel- bis birnenförmige Frucht (L = 50–60 mm, B = 45–50 mm, 50–70 g), stielwärts leicht eingeschnürt. Grüngelbe Grundfarbe, durch Rostüberzug meist nur wenig sichtbar, auf Sonnenseite z.T. leicht braunrot. Auffallende, sehr große, graue Lentizellen. Relativ dicker, langer Stiel, holzig bis leicht fleischig, in enger Grube. Offener Kelch, an Basis verwachsen, mit großen, langen Kelchblättern in ganz flacher Grube. Fruchtfleisch saftig und schmelzend, wird bald teigig. Angenehm süß, leicht weinsäuerlich, mit Würze und Aroma. Mittelgroße, schmale, öfter unvollkommene Kerne.

Baum: Eichenartige, große Bäume, die weit über 100 Jahre alt werden. Breite bis hochkugelige, etwas sparrige Krone. Rötlich braune Langtriebe mit kurzen, breiten Knospen, leicht abstehend. Mittelgroße, feste, ovale Blätter, Rand gesägt. Mittelfrühe Blüte, große, rundliche Kronblätter und lange Kelchblätter. Kommt spät in Ertrag, bringt dann hohe Ernten, meist aber nur jedes zweite Jahr. Die Sorte gilt als frosthart und ist gegen Krankheiten und Schädlinge widerstandsfähig.
Besondere Merkmale: Graubraune Frucht mit großen Lentizellen.
Verwechslersorten: 'Nägelesbirne' und 'Palmischbirne', beide aber leicht herb.

Gute Luise

Weitere Namen: 'Gute Luise von Avranches', 'Prinz von Württemberg', 'Französische Rousselet', 'Bergamotte d' Avranches', 'William IV', 'Prince Germain'.
Herkunft: 1778 von DE LONGUEVAL in Avranches (Frankreich) aus Samen gezogen und nach seiner Frau benannt.

Allgemeine Beurteilung: Aufgrund der hervorragenden Fruchtgüte eine beliebte Herbsttafelbirne für den Hausgarten. Die Anfälligkeit gegenüber Holzfrost und Schorf ist hoch. Die Sorte liebt warme Lagen.
Verwendung: Frischverzehr und Nasskonserve, auch als Dörrbirne geeignet.
Frucht: Mitte September pflückreif und haltbar bis Oktober. Mittelgroß (L=75–90 mm, B=50–60 mm, 150–200 g), regelmäßig birnenförmig. Glatte Schale mit schmutzig grüner bis grünlich gelber Grundfarbe, Deckfarbe flächig verwaschen, rötlich braun bis gelblich rot. Die zahlreichen Lentizellen sind schattenseitig klein und grün, auf der Sonnenseite groß und rot umhöft (ähnlich der 'Forellenbirne'). Die Stielgrube fehlt oder ist oft durch kleinen Fleischwulst zur Seite gedrückt. Mittellanger und mitteldicker Stiel, an der Frucht meist grün und zum Ende hin braun. Die Kelchgrube ist schüsselförmig eingesenkt, häufig leicht berostet. Kleiner, meist halb offener Kelch mit schmalen, aufrechten Blättern, meist hornartig und an der Basis getrennt. Gelblich weißes Fruchtfleisch, feinzellig, schmelzend, saftreich und süß mit feiner würziger Säure. Mittelgroße hellbraune, länglich ovale Kerne mit seitlich spitzer Nase, oft unvollständig ausgebildet.

Baum: Sortentypisch ist die mittelstark wüchsige, hochpyramidale Krone. Die Gerüstäste wachsen schräg bis steil aufrecht und sind dicht mit Seitenholz besetzt. Blüte mittelfrüh mit kurzer Blühzeit. Frühe und hohe, regelmäßige Erträge.
Besondere Merkmale: Rötlich braune Deckfarbe mit auffallenden, rot umhöften Lentizellen.
Verwechslersorten: 'Herbstforellenbirne', 'Köstliche aus Charneux', 'Nordhäuser Winterforellenbirne'.

Hardenponts Winterbutterbirne

Weitere Namen: 'Roi de Württemberg', 'Kronprinz Ferdinand', 'Amalie von Brabant'.
Herkunft: Von Abbé HARDENPONT in Mons (Belgien) aus Samen gezogen, seit 1759 bekannt. Von Diel in Deutschland eingeführt.

Allgemeine Beurteilung: Je nach Region sehr unterschiedlich beurteilt. In guten Lagen eine geschmacklich sehr gute Winterbirne. Die Sorte hat einen hohen Wärmebedarf, sie ist deshalb vor allem für Weinbauregionen oder geschützte Lagen geeignet.
Verwendung: Tafel- und Kompottbirne.
Frucht: Pflückreif Mitte Oktober, genussreif November bis Januar. Die großen Früchte (L = 80–90 mm, B = 60–70 mm, 175–300 g) sind unregelmäßig in der Form, meist aber fassförmig und typisch mittelbauchig, dem Stiel zu leicht eingeschnürt und in einer stumpfen Spitze auslaufend. Im Querschnitt kantig, breite Rippen laufen über die Frucht. Dicke Schale, glatt und glänzend, weißlich grün bis lichtgrün, später gelbgrün, nur selten oranger Anflug. Sehr kleine Lentizellen. Nur am Kelch und Stiel etwas berostet. 20–30 mm langer, holziger, hellbrauner Stiel, wie eingesteckt oder in enger, wulstiger Grube. Kelch meist geschlossen, in tiefer, enger und wulstiger Grube, mit aufrechten, hornartigen Kelchblättern. Fruchtfleisch grünlich weiß, fest und feinzellig, genussreif sehr saftig und schmelzend, süß, aber mit wenig Würze. Offene Achse, meist zahlreiche, gut ausgebildete große bis sehr große, dunkelbraune, länglich ovale Kerne.

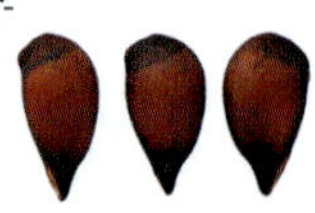

Baum: Wächst zuerst kräftig, wird aber nicht sehr groß, bildet eine hochrunde, dicht belaubte Krone mit hängenden Ästen. Ein- bis zweijähriger Trieb mit eigenartigem, bleifarbenem Glanz. Blätter eiförmig bis elliptisch, kräftig dunkelgrün und glänzend, Rand gewellt und gezähnt. Die Sorte kommt früh in Ertrag. Ernten in der Regel hoch. Auf kalten Böden anfällig für Rindenschorf.
Besondere Merkmale: Form und Farbe der Frucht, bleifarbener Glanz der Triebe.
Verwechslersorten: 'Le Lectier', 'Six' Butterbirne'.

Herbstforellenbirne

Weitere Namen: 'Herbstforelle', 'Beckenbirne', 'Forellenbirne'.
Herkunft: Unbekannt. Im „Teutschen Obstgärtner" 1803 als „Teutsche Nationalfrucht" beschrieben. In Frankreich wurde schon 1670 eine 'Forellenbirne' erwähnt.

Allgemeine Beurteilung: Eine der farbenprächtigsten Herbstbirnen, die früher in ganz Deutschland und auch Österreich weit verbreitet war, heute aber nur noch selten anzutreffen ist. Wählerisch an den Standort und stark schorfanfällig.
Verwendung: Tafel- und Haushaltsbirne.
Frucht: Pflückreife Anfang Oktober, Genussreife Ende Oktober bis Ende November. Mittelgroße Früchte (L = 60–75 mm, B = 50–60 mm, 110–150 g), Form etwas variabel, meist birnen-, z. T. auch kreiselförmig, stielseitig leicht eingezogen. Glatte, zuerst hellgraue, dann gelbgrüne bis zitronengelbe Grundfarbe, orange- bis dunkelrote, verwaschene Deckfarbe mit zahlreichen grauen, auffallend rot umhöften Punkten, die an eine Bachforelle erinnern und der Sorte den Namen gaben. Mittellanger, dünner Stiel, grüngelb, meist von kleinem Fleischwulst zur Seite gedrückt. Halb offener Kelch, kleine hornartige Kelchblätter, an der Basis weit auseinander. Weißes bis gelblich weißes Fruchtfleisch, oft nur halbschmelzend, süß und weinsäuerlich, an warmen Standorten schmelzend und aromatisch. Mittelgroße, schwarzbraune, breite und kurz zugespitzte Kerne, oft unvollkommen.

Baum: Mittelgroßer Wuchs mit schräg aufwärts gehenden, kaum hängenden knorrigen Ästen und rotbraunen Jahrestrieben. Junge Blätter stark wollig, später glatt und dunkelgrün. Die Sorte blüht spät mit langer Blühzeit. Kommt etwas langsam in Ertrag, ab 7.–8. Jahr hoch und regelmäßig. Die Sorte liebt warme Standorte und vor allem freie Lagen, da stark schorfanfällig.
Besondere Merkmale: Forellenartige Punkte auf der Schale.
Verwechslersorten: 'Gute Luise', 'Nordhäuser Winterforellenbirne', 'Sterckmans Butterbirne' und 'Veldenzer'.

Herzogin Elsa

Weiterer Name: 'Duchesse Elsa'.
Herkunft: Von Hofgärtner MÜLLER 1879 auf Schloss Wilhelma bei Stuttgart gefunden und 1885 in den Handel gebracht.

Allgemeine Beurteilung: Anspruchslose Sorte mit aromatischen Früchten, die auch in Höhenlagen angebaut werden kann. Sie war früher in Württemberg und Sachsen weit verbreitet und ist noch ab und zu vorhanden. Die Anfälligkeit gegenüber Holz- und Blütenfrösten sowie Schorf ist sehr gering.
Verwendung: Tafelbirne, für Kompott, hartreif als Saft-, Einkoch- oder Dörrfrucht, Fleisch bleibt beim Einkochen hell.
Frucht: Pflückreife Mitte September bis Anfang Oktober, Genussreife ca. 2 Wochen später. Die Früchte werden in der Vollreife rasch teigig, ohne dass man es ihnen äußerlich ansieht. Mittelgroß bis groß (L = 85–90 mm, B = 65–70 mm, 170–190 g), birnen- bis stumpfkegelförmig, stielseitig breitschultrig abgeplattet. Trüb grünlich gelbe bis rötlich gelbe Grundfarbe, sonnenseits bildet sich vereinzelt verwaschen zinnoberrote Deckfarbe aus. Die ganze Fruchtoberfläche ist von netzartiger oder fleckiger Berostung überzogen. Betont dicker und langer Stiel (35–55 mm). Die Kelchgrube ist flach bis mitteltief und schwach rippig. Offener Kelch mit schmalen und am Grunde getrennten, aufrecht stehenden Kelchblättern. Mit Kelchröhre und offener Achse. Weißes Fruchtfleisch, halbschmelzend und saftig, süß mit sortentypischem Aroma. Zahlreiche hellbraune, mittelgroße Kerne, oval bis länglich oval.

Baum: Schwach wachsend, mit kompakter und breitpyramidaler Krone. Äste dicht mit Fruchtholz besetzt. Neigt leicht zur Vergreisung, deshalb Verjüngungsschnitt erforderlich. Typisch sind die schmalen, leicht gesägten Blätter, die durch den langen Stiel ständig in Bewegung sind (Zitterlaub). Mittelspäte Blüte, wenig frost- und witterungsempfindlich. Frühe und regelmäßige Erträge.
Besondere Merkmale: Fruchtstiel, Berostung und Kelchröhre. Zitterlaub.
Verwechslersorten: 'Gellerts Butterbirne', 'Marie Luise', 'Prinzessin Marianne', 'Triumph aus Vienne'.

Herzogin von Angoulême

Weitere Namen: 'Poire des Eparonnais', 'Poire de Pézénas', 'Duchesse d'Angoulême'.
Herkunft: 1809 durch den Baumschuler AUDUSSON auf dem Landgut Eparonnais bei Angers, Frankreich, entdeckt und nach der Tochter von LUDWIG XVI. benannt.

Allgemeine Beurteilung: Aufgrund der Frostempfindlichkeit von Blüten und Holz empfiehlt sich der Anbau dieser Birne nur in wärmsten Lagen (Weinbauklima). Die Ansprüche an den Boden sind sehr hoch. An schlechten Standorten ist die Sorte qualitativ unbefriedigend.
Verwendung: Tafel- und Wirtschaftsbirne.
Frucht: Späte Herbstsorte, die erst ab Mitte Oktober genussreif wird und bis Ende November hält, muss vor der Baumreife geerntet werden. Groß bis sehr groß (L = 70–100 mm, B = 70–80 mm, 200–250 g), breit birnen- bis abgestumpft kegelförmig, oft ebenso breit wie hoch. Typische stark beulige Fruchtoberfläche. Schmutzig grüne Grundfarbe, wird

später hellgelb, z.T. orangerote Deckfarbe. Zahlreiche, typische, große hellbraune Lentizellen und einzelne Rostflecken. Mittellanger und dicker, oft auch fleischiger Stiel in enger, wulstiger Grube. Offener Kelch in stark wulstiger und faltiger Grube, mit kurzen, spitzen, hornartigen, an der Basis getrennten Kelchblättern. Weißes Fruchtfleisch, nur in besten Lagen saftig und schmelzend, sehr häufig aber grob und mit vielen Steinzellen durchsetzt. Zimtartiger Geschmack, angenehm süß, mit leichter Säure. Große, gut ausgebildete, längliche Kerne.
Baum: Schwacher Wuchs mit schlanker aufrechter Krone, ohne betonte Mitte, sehr kurze Fruchtholzbildung. Regelmäßiger Rückschnitt ist erforderlich, da der Baum sonst schnell vergreist. Durch die frühe Blüte ist die Sorte spätfrostempfindlich. Entwickelt oft vorzeitige Blüten und Triebe.
Besondere Merkmale: Beulige Fruchtform. Farbe. Kelchgrube und Lentizellen.
Verwechslersorten: 'Blumenbachs Butterbirne', 'Diels Butterbirne', 'Jeanne d'Arc', 'Vereinsdechantsbirne'.

Hochfeine Butterbirne

Weiterer Name: 'Beurré Superfin'.
Herkunft: Von Baumschuler GOUBAULT in Millepieds bei Angers (F) 1837 aus Samen gezogen, erste Früchte 1844 und 1856 als Sorte in Deutschland eingeführt.

Allgemeine Beurteilung: Hochfeine Tafelbirne mit delikatem Geschmack, vor allem für wärmere Lagen oder Wandspalier. Früchte sehr druckempfindlich.
Verwendung: Sehr gute Tafelbirne.
Frucht: Pflückreife Ende September, genussreif Anfang bis Ende Oktober. Mittelgroß bis groß (L = 80–100 mm, B = 70–90 mm, 190–270 g), kreiselförmig bis eirund, um den Kelch gleichmäßig abgerundet, dem Stiel zu in sortentypischer Spitze auslaufend. Feine, glatte Schale, grün, bei Vollreife grünlich gelb. Bräunlich rote verwaschene Deckfarbe, oft nur in Spuren. Kleine, unauffällige Lentizellen, fleckige Berostung, um den Kelch netzartig. Kurzer Stiel (20–25 mm), oft leicht gekrümmt und relativ dick, von der Frucht her fleischig. Frucht geht direkt in Stiel über. Kleiner, halb offener Kelch in enger, ziemlich tiefer Grube, spitzblättrig und hornartig, am Grund nicht verwachsen. Sehr feinzelliges, gelblich weißes Fleisch, schmelzend und saftreich, mit feiner Säure, würzigem Geschmack und edlem Aroma. Meist gut ausgebildete große, breit ovale, dunkelbraune Kerne, mit seitlicher Nase.

Baum: Mittelstarker Wuchs, mit schräg aufwärts gehenden Ästen und breitpyramidaler Krone, mit dichten und später hängenden Äste. Mittelstarke, oliv- bis rotbraune Triebe, etwas gekniet, mit relativ kleinen, unauffälligen Lentizellen. Mittelgroße, breitelliptische Blätter, kahnförmig gewölbt, Spitze gebogen, Rand gewellt und deutlich gesägt. Kommt etwas spät in Ertrag. Angaben über Ertragshöhe sehr unterschiedlich. Die Sorte ist anspruchsvoll in Bezug auf den Standort. Liebt warme Lagen und nährstoffreiche Böden.
Besondere Merkmale: Farbe der Frucht, Geschmack und sortentypischer Stielansatz.
Verwechslersorte: 'Madame Favre'.

Hofratsbirne

Weitere Namen: 'Conseiller de la Cour', 'Maréchal de Cour'.
Herkunft: Eine der letzten Züchtungen von VAN MONS (Belgien), die 1840 erste Früchte brachte. Nach seinem Sohn, Hofgerichtsrat zu Brüssel, benannt.

Allgemeine Beurteilung: Hohe Erträge bei relativ geringen Standortansprüchen sprechen für diese Birnensorte, die früher aufgrund ihrer Holzfrosthärte bis nach Schweden verbreitet war. Im Geschmack von Jahr zu Jahr etwas unterschiedlich, in manchen Jahren jedoch hervorragend. Heute nur noch für den Liebhaberobstbau empfohlen. Sie ist für alle Baumformen geeignet und wurde früher auch zur Straßenbepflanzung verwendet.
Verwendung: Speisebirne, Kompott- und Einkochbirne, gute Dörrbirne.
Frucht: Pflückreife Ende September, etwa 3 Wochen danach genussreif. Haltbar bis Ende November. Reife schwer zu erkennen, da sich die Farbe kaum ändert. Mittelgroß bis groß (L = 75–95 mm, B = 70–75 mm, 130–150 g), birnenförmig bis stumpf kegelförmig, meist schief gebaut. Grüngelbe Grundfarbe, oft ohne, teilweise aber auch mit verwaschen bräunlich roter Deckfarbe. Raue Fruchtschale durch zahlreiche, typisch braune, grün umhöfte Lentizellen. Die Stielgrube fehlt meist oder ist nur flach und hat eine Rostkappe am Stielansatz. Dicker Stiel, zimtbraun, meist durch einen Fleischhöcker zur Seite gedrückt. Flache, enge Kelchgrube, teils berostet. Relativ große, oft sternförmige, aufliegende Kelchblätter, an Basis verwachsen. Gelblich weißes Fruchtfleisch, sehr saftig und feinwürzig, mit weinsäuerlichem Geschmack, aber nur halbschmelzend. Meist nur wenige, gut ausgebildete, schmale, spitz auslaufende Kerne.

Baum: Anfangs sehr starker, später dann mittelstarker Wuchs. Insgesamt ergibt sich eine hochkugelige Baumkrone. Frühe und lang dauernde Blüte. Der Ertrag setzt früh ein und ist meist gut und regelmäßig.
Besondere Merkmale: Schiefe Form. Seitlicher Stiel. Lentizellen.

Verwechslersorten: 'Blumenbachs Butterbirne', 'Gute Luise', 'Köstliche aus Charneux'.

Holzfarbige Butterbirne

Weitere Namen: 'Belle de Flandre', 'Fondante des Bois', 'Flemish Beauty' u. v. a.
Herkunft: Ende des 18. Jh. in einem Gehölz in Deftingen (Flandern) gefunden. Durch VAN MONS ab 1810 unter dem Namen 'Fondante des Bois' (Schmelzbirne des Gehölz) vermehrt. DIEL übersetzte den Namen falsch.

Allgemeine Beurteilung: Große, schön gefärbte Früchte, aber sehr empfindlich in Bezug auf Standort und Erntezeit. Nur in warmen, trockenen Regionen bekommt sie ihren hervorragenden Geschmack. In feuchten Regionen sehr schorf- und allgemein windempfindlich. Die Haltbarkeit ist sehr begrenzt und hängt extrem vom richtigen Erntezeitpunkt ab. Oft faulen die Früchte am Baum. Die Sorte war früher weit verbreitet.
Verwendung: Tafel- und Wirtschaftsbirne.
Frucht: Mitte September bis Mitte Oktober pflückreif und 14 Tage später genussreif. Groß, sehr regelmäßig, kegelförmig (L = 80–100 mm, B = 70–80 mm, 150–250 g), am Stiel breit abgeflacht, leicht verjüngt. Dünne, gelblich grüne Schale, später leuchtend gelb, sonnenseits lebhaft, z. T. leicht streifig gerötet. Zahlreiche graue Lentizellen und zimtfarbige Rostfiguren ergeben ein etwas raues Äußeres. Um den Kelch und Stiel oft größere Rostflecken. Mittellanger Stiel in breiter, tiefer, regelmäßiger Grube. Offener Kelch in flacher Vertiefung mit kleinen, harten, fast aufrechten Blättchen. Gelblich weißes Fruchtfleisch, schmelzend, saftig und süß, mit eigenartiger Würze und Aroma. Gut ausgebildete, ovale, lang zugespitzte Kerne.

Baum: Ziemlich starker Wuchs, in der Jugend verhältnismäßig aufrecht, später mehr in die Breite gehend. Dünnes, langes Fruchtholz, kräftige, rötlich braune Jahrestriebe mit kleinen, schmalen und dünnen Blättern, elliptisch und fein gezähnt. Frühe und lang andauernde Blüte, sehr empfindlich gegen Witterungseinflüsse, deshalb keine regelmäßigen Erträge.
Besondere Merkmale: Form und Farbe der Frucht.
Verwechslersorte: 'Vereinsdechantsbirne'.

Jeanne d'Arc

Herkunft: Rouen, Frankreich.
Eltern: 1885 aus einer Kreuzung von 'Diels Butterbirne' × 'Vereinsdechantsbirne' in der Baumschule SANNIER hervorgegangen und 1893 in den Handel gebracht.

Allgemeine Beurteilung: Wertvolle Wintertafelbirne, die bis in mittlere Höhenlagen angebaut werden kann. Warme Lagen begünstigen die Fruchtqualität.
Verwendung: Erstklassige Wintertafelbirne für den Frischverzehr.
Frucht: Die Sorte wird erst Ende Oktober bis Anfang November pflückreif. Die Genussreife tritt etwa 4 Wochen später ein, Lagerung ist bis Ende Dezember möglich. Mittelgroß bis sehr groß (L = 75–90 mm, B = 65–80 mm, 170–300 g), birnen- bis breit stumpfkegelförmig, stielwärts deutlich eingeschnürt. Die Grundfarbe ist anfangs trübgrün, vollreif dann gelbgrün. Eine Deckfarbe fehlt meist oder ist verwaschen bräunlich rot. Zahlreiche braune Schalenpunkte und raue Rostflecken bedecken die Frucht. Die Stielgrube variiert von flach bis mitteltief und ist mit unterschiedlich hohen Wülsten umgeben. Der Fruchtstiel ist mittellang und bis zu 5 mm dick. Die flache Kelchgrube ist mittelweit und mit Wülsten und Falten durchzogen. Offener Kelch mit hornartigen, schmalen Kelchblättern. Das Fruchtfleisch ist gelblich weiß und saftig vollschmelzend. Insgesamt eine wohlschmeckende, mildsäuerliche Frucht mit feiner Würze. Schwarze, breitovale Kerne.

Baum: Die Sorte wächst mittelstark und hat wenige, steil aufrechte Gerüstäste, die fast parallel zur Stammverlängerung verlaufen. Die Anzahl der Verzweigungen ist gering. Olivgrüne Jahrestriebe mit vielen hellen Lentizellen und rundlichen, abstehenden Knospen. Die Blüte dauert lange und ist wenig frostempfindlich. Die Erträge setzen früh ein und sind regelmäßig. Die Sorte ist relativ schorfempfindlich.
Besondere Merkmale: Reifezeit und Fruchtfarbe.
Verwechslersorten: 'Blumenbachs Butterbirne', 'Diels Butterbirne', 'Herzogin von Angoulême'.

Josephine aus Mecheln

Weitere Namen: 'Josephine de Malines', 'Winterkönigin', 'Königliche Winterbirne'.
Herkunft: 1830 von Major ESPEREN in Mecheln (Belgien) aus Samen gezogen und nach seiner Frau benannt. Seit 1874 in Deutschland empfohlen.

Allgemeine Beurteilung: Geschmacklich sehr wertvolle Winterbirne, wird auch im Norden und Osten von Deutschland wirklich reif. Die Frucht ist leider etwas klein, hält sich aber lange in genussreifem Zustand und ist sehr hangfest. Eignet sich gut für den Streuobstanbau und ist dort noch häufig zu finden.
Verwendung: Tafel- und Kompottbirne.
Frucht: Pflückreife Mitte bis Ende Oktober, Genussreife ab Dezember bis März. Klein bis mittelgroß, kreiselförmig (L = 60–70 mm, B = 50–70 mm, 80–110 g). Gelblich grüne, später zitronengelbe, dünne, glatte Schale, am Stiel typisch mit Rostkappe, am Kelch nur leicht berostet. Kurzer, dicker Stiel, oft etwas schief angesetzt. Enge, flache bis mitteltiefe Kelchgrube mit kurzen bis mittellangen, harten Kelchblättern, an der Basis verwachsen. Lachsfarbiges Fruchtfleisch, saftig, schmelzend mit feinem, süßweinigem, würzigem Geschmack. Große, länglich ovale Kerne, seitlich spitznasig.

Baum: Schwacher Wuchs. Kleine, breitrunde Krone mit hängenden Ästen. Leitäste dicht mit hängendem Seitenholz besetzt, gelbbraune bis olivbraune Jahrestriebe mit leicht abstehenden Knospen. Kleine, kaum auffallende Lentizellen. Schmale, elliptische Blätter, am Rand fein gesägt. Mittelfrühe Blüte, langwährend, länglich ovale Kronblätter und mittelgroße, sehr spitz auslaufende Kelchblätter. Kommt mittelfrüh in Ertrag, bringt mittelhohe bis hohe Ernten. Alternierend. Anspruchslos an Standort und wenig krankheitsanfällig.
Besondere Merkmale: Kleine, kreiselförmige Frucht, gelbgrüne Schale und Rostkappe am Stiel. Gedrungener Wuchs.
Verwechslersorten: 'Liegels Winterbutterbirne', diese ist aber mehr eiförmig und hat aufsitzende, große Kelchblätter, und 'Winternelis'.

Köstliche aus Charneux

Weitere Namen: 'Légipont', 'Bürgermeisterbirne', 'Grashoffs Leckerbissen', 'Fondante de Charneu'.
Herkunft: Von M. LÉGIPONT um das Jahr 1800 als Zufallssämling auf seinem Gut in Charneux bei Lüttich, Belgien, in einer Hecke gefunden. Schon 1828 durch WALKER in Hohenheim vermehrt.

Allgemeine Beurteilung: Anspruchslose Herbstbirne mit geringem Wärmebedürfnis und guter Transport- und Lagerfähigkeit. Eignet sich gut für den Streuobstbau, dort auch noch häufiger zu finden.
Verwendung: Tafelbirne zum Frischverzehr mit sehr guten Lagereigenschaften, auch zum Einkochen, Dörren oder für Saft.
Frucht: Die Pflückreife erstreckt sich je nach Lage von Ende September bis Mitte Oktober, 3–4 Wochen haltbar. Mittelgroße bis große birnen- bis kegelförmige Früchte (L = 75–100 mm, B = 55–65 mm, 145–275 g). Im Relief oft etwas flach und leicht kantig. Grüne, später gelbe bis zitronengelbe Grundfarbe. Sonnenseits leicht streifig rot, z. T. auch kräftig ziegelrot. Zahlreiche, auffällige, braungrüne Schalenpunkte, die blassrot umhöft sind. Flache Stielgrube, teilweise wulstig, öfter fehlt sie auch ganz. Langer und mitteldicker Stiel, im Ansatz häufig fleischig verdickt. Mitteltiefe, enge Kelchgrube, oft netzartig berostet. Offener Kelch mit wolligen, langen und spitzen Kelchblättern, meist aber abgebrochen. Gelblich weißes, feinzelliges Fruchtfleisch, sehr saftig und schmelzend. Die Früchte schmecken kräftig süß, mit schwacher Säure und feinwürzig. Große, dunkelbraune, meist gut ausgebildete, länglich ovale Kerne.
Baum: Starker Wuchs mit sortentypischer Betonung des Mitteltriebes und mäßigen Verzweigungen. Längliche, schiffartig gebogene Blätter. Blüht mittelfrüh. Wenig schorfanfällig. Ertrag setzt spät ein, ist dann aber hoch und regelmäßig.
Besondere Merkmale: Schmalpyramidale Krone. Typische Schalenpunkte. Schiffartig gefaltet, gebogenes Blatt.

Verwechslersorten: 'Gute Luise', 'Neue Poiteau'.

Liegels Winter-Butterbirne

Weitere Namen: 'Kugelbirne', 'Kopertsche Fürstliche Tafelbirne', 'Amorette'. Herkunft: Wahrscheinlich in Kopertsch (Böhmen) 1770 zufällig entstanden. Kam über Belgien nach Deutschland, wurde dann nach dem Pomologen LIEGEL benannt.

Allgemeine Beurteilung: Weder durch Größe noch durch Farbe macht die Sorte Eindruck, trotzdem spricht sie durch die glatte Schale an. Die schmelzende und saftige Frucht hält aber bis Weihnachten und ist in warmen Lagen würzig und aromatisch. Nachteilig ist die große Schorfanfälligkeit.
Verwendung: Tafelbirne.
Frucht: Kleine bis mittelgroße, rundlich bis eiförmige Frucht (L = 60–65 mm, B = 55–65 mm, 85–115 g), Pflückreife Mitte September bis Anfang Oktober, genussreif Ende Oktober bis Anfang Januar. Mittelbauchig, am Kelch gerundet und dem Stiel zu leicht verjüngt. Gelbgrüne, glatte Schale, auf Sonnenseite oft orangerot angehaucht. Zahlreiche graubraune Punkte auf Sonnenseite rot umhöft und kaum Berostung. Sehr flache Kelchgrube mit offenem Kelch und am Grund verwachsenen, sternförmig aufliegenden Blättchen. 15–25 mm langer, mitteldicker Stiel. Wie eingesteckt in enger, leicht wulstiger Grube. Gelblich weißes Fleisch, feinzellig, zart und butterhaft schmelzend, sehr saftig und süß, oft aber ohne viel Würze. Ziemlich großes Kernhaus mit geräumigen Kammern und mittelgroßen, länglich ovalen Kernen mit seitlicher Nase.

Baum: Mittelstarker Wuchs mit breitrunder Krone. Dunkelgrüne, schmale Blätter, schiffförmig gebogen. Frühe aber lang andauernde Blüte. An den Boden stellt die Sorte keine großen Ansprüche, für kalte Lagen aber wenig geeignet. Früher Ertragseintritt und hohe Erträge.
Besondere Merkmale: Rundliche Frucht mit glatter hellgrüner Schale und sternchenförmig aufliegenden Blättchen. Schmale, weidenartige Blätter schiffförmig gebogen.
Verwechslersorten: 'Josephine aus Mecheln', 'Esperens Herrenbirne'.

Lübecker Prinzessinbirne

Weitere Namen: 'Rising Summer', 'Rode Wangetje', 'Rotbackichte'.
Herkunft: Unbekannt. Mitte des 19. Jh. in der Gegend um Lübeck stark verbreitet. Schon von KNOOP 1760 als 'Rode Wangetje' beschrieben.

Allgemeine Beurteilung: Sehr schöne, ertragreiche, frühe Tafelbirne mit angenehmem Geschmack. Früher eine beliebte Marktfrucht und wegen ihrer relativ guten Haltbarkeit sogar ins Ausland verkauft. Wenig anspruchsvoll an Boden und Klima.
Verwendung: Tafel-, Koch- und Dörrbirne.
Frucht: Reife Anfang August, ca. 10–14 Tage haltbar. Mittelgroße, schlanke, birnenförmige Frucht (L = 70–90 mm, B = 40–50 mm, 70–90 g). Um den Kelch rundet sie sich ab. Stielwärts ist sie leicht eingeschnürt und läuft in einer langen, kegelförmigen Spitze aus. Glatte, glänzende Schale, bei der Ernte gelbgrün, später schön gelb. Bei besonnten Exemplaren ist ein Großteil der Frucht schön rot gefärbt. Kleine Lentizellen, nur im gefärbten Bereich als gelbe Punkte sichtbar. Um den Stiel ist die Frucht leicht berostet. Langer, dünner Stiel, holzig, von der Frucht her z. T. auch etwas fleischig, geht meist direkt in die Frucht über, z. T. aber auch durch Fleischwulst auf die Seite gedrückt, von der Frucht her grün, dann hellbraun. Offener Kelch in leichter Grube, Kelchblättchen liegen leicht auf, öfter abgebrochen. Gelbliches, abknackendes Fruchtfleisch, süß, mit leichter Säure, würzigem Geschmack und ausgeprägtem, angenehmem Geruch. Kernhaus hohlachsig mit großen Kammern, die eiförmige, oft taube Kerne enthalten.
Baum: Kräftiger Wuchs. Bildet große, hochgehende pyramidale Krone, die unteren Äste hängen. Lange, schlanke Jahrestriebe, olivgrün mit wenig Lentizellen und anliegenden, schmalen Blattknospen. Mattgrüne, schmale Blätter auf langem Stiel, leicht nach oben gebogen. Nur an der Spitze leicht gezähnt. Große längsovale Blütenknospen. Die Sorte kommt früh in Ertrag und bringt regelmäßig hohe Ernten.

Besondere Merkmale: Frühreife. Form und Farbe.

Madame Favre

Herkunft: 1861 von FAVRE in Chalon-sur-Saône (Frankreich) aus Samen gezogen, 1863 durch die Baumschule PERRIER vermehrt.

Allgemeine Beurteilung: Wenig schorfempfindliche Herbsttafelbirne, die nährstoffreiche, genügend feuchte Böden verlangt. Bei zu später Ernte wird sie rasch teigig. In ganz Europa verbreitet. Vor allem noch im Liebhaberobstbau zu finden.

Verwendung: Tafelbirne, zum Frischverzehr, Kompott- und Einkochbirne.

Frucht: Die Pflückreife tritt Mitte September ein. Die Ernte sollte unmittelbar vor der Baumreife bei noch hellgrüner Grundfarbe erfolgen. Die Genussreife tritt unmittelbar danach ein, 2–3 Wochen haltbar. Mittelgroß (L = 65–75 mm, B = 65–75 mm, 150–180 g), kugelig apfelförmig, leicht beulig, mit platten Seiten zum Stiel- und Kelchbereich hin. Glatte, hellgrüne Fruchtschale, vollreif grünlich gelb. Die Deckfarbe fehlt meist oder ist verwaschen orangerot. Zahlreiche kleine Schalenpunkte bedecken die Frucht. Im Bereich der Grundfarbe sind sie grün, im Deckfarbenbereich rot umhöft. Eine Stielgrube fehlt meist, der 25–40 mm lange, kräftige Stiel sitzt sortentypisch auf einem knopfigen, hellgrünen Wulst. Die Kelchgrube ist weit, tief und faltig. Kleiner, geschlossener Kelch mit fleischigen Kelchblättern, gelbbraun und aufrecht, am Grund meist getrennt. Gelblich weißes Fruchtfleisch, mittelgrob bis feinzellig, vollschmelzend, sehr saftig, wenig Säure und oft etwas fad. Nur an besten Standorten edel. Mittelgroße, eirunde, kastanienbraune Kerne.

Baum: Mittelstarker bis starker Wuchs mit steilen Gerüstästen und schmalpyramidaler Krone. Kräftige, leicht wellige, länglich ovale Blätter. Frühe, mittellang andauernde Blüte, etwas witterungsempfindlich. Große, ovale Blütenblätter und kräftige Kelchblätter mit breiten Zipfeln. Die Erträge setzen früh ein und sind dann regelmäßig. Laufender Verjüngungsschnitt ist erforderlich.

Besondere Merkmale: Fruchtform. Stielbereich.

Verwechslersorte: 'Hochfeine Butterbirne'.

Madame Verté

Weiterer Name: 'Besi de Caen'.
Herkunft: Die Sorte soll 1810 vom Samenzüchter KEVERS in St. Josseten-Noode bei Brüssel gefunden worden sein, vielleicht ein Sämling von VAN MONS.

Allgemeine Beurteilung: Eine der wenigen Wintersorten, die auch noch in kühleren Lagen gedeiht. Geschmacklich wertvolle Früchte, leider etwas klein und unansehnlich. Für den Streuobstanbau empfehlenswert, in ganz Deutschland dort noch zu finden.
Verwendung: Tafel- und Kompottbirne.
Frucht: Pflückreife Mitte bis Ende Oktober, Genussreife Dezember, haltbar bis Januar. Klein bis mittelgroß (L = 55–70 mm, B = 50–65 mm, 80–120 g), stumpfkreiselförmig, gegen den Stiel eiförmig abgerundet. Trüb gelblich grüne Grundfarbe, bei Vollreife hellgelb, Deckfarbe kaum vorhanden, z. T. leicht orange angehaucht, raue Schale, weil fast die gesamte Frucht von dichtem Rost überzogen ist. Kurzer, dicker, holziger Stiel, oft leicht schräg stehend. Offener Kelch mit kurzen, hornartigen, aufrechten Kelchblättern in flacher Grube. Gelblich weißes bis lachsfarbenes Fruchtfleisch, schmelzend (in kühlen Jahren auch nur halbschmelzend), weinsäuerlich würzig und aromatisch. Teigt gern von innen heraus, ohne äußerlich erkennbar zu sein. Kleine bis mittelgroße, länglich ovale Kerne, seitlich spitznasig.

Baum: Schwacher Wuchs mit breitpyramidaler, ausladender Krone. Hauptäste dicht mit Seitenästen besetzt, kurzes Fruchtholz. Mitteldicke, gelblich bis grünlich braune Jahrestriebe mit stark abstehenden, mittelgroßen Knospen. Viele große, deutliche Lentizellen. Schmale, elliptische Blätter. Mittelspäte bis späte Aufblüte, kleine Blüten mit kleinen Kronblättern und mittelgroßen, breiten Kelchblättern. Ertragsbeginn mittelfrüh, mittelhohe, aber regelmäßige Ernten. Bevorzugt gute, warme Böden. Gering anfällig für Krankheiten und Schädlinge.
Besondere Merkmale: Kleine, kreiselförmige Frucht, meist völlig berostet. Leichter orangefarbener Anflug auf Sommerseite, dieser fehlt bei 'Winternelis'.
Verwechslersorten: 'Passe Crassane', 'Winternelis'.

Margarete Marillat

Weitere Namen: 'Marguerite Marillat'.
Herkunft: Um 1870 von Gärtner MARILLAT in Craponne bei Lyon gezogen und nach seiner Frau benannt. Im Jahr 1873 von Generalkonsul LAUCHE nach Deutschland gebracht.

Allgemeine Beurteilung: Auffallend große und prächtig gefärbte Frucht. Schmeckt nur an warmen Standorten und bei rechtzeitiger Ernte gut. Im Ertrag nur mittelhoch. Nicht für Hochstamm und windige Lagen geeignet.
Verwendung: Tafel- und Konservenfrucht.
Frucht: Pflückreif sobald sich Grundfarbe ändert, meist Mitte August, 10–14 Tage haltbar. Groß bis sehr groß (L = 100–140 mm, B = 75–95 mm). In der Form sehr unregelmäßig, mit Beulen und Vertiefungen. Am Kelch meist abgeflacht, am Stiel läuft sie verjüngt aus. Grünliche, später hellgelbe Schale, auf der Sonnenseite mit streifigem, etwas verwaschenem Rot. Zahlreiche bräunliche Lentizellen, die an manchen Stellen zu Rostfiguren übergehen, besonders um Stiel und Kelch. Der Stiel (L = 20–24 mm, D = 5–8 mm) ist stets zur Seite gedrückt und schief. Offener, kleiner Kelch in flacher Grube, oft mit deutlichen Rippen umgeben. Die einzelnen Kelchblätter sind umgeschlagen und grauwollig. Gelblich weißes Fleisch, sehr saftig und süß, aber ohne besondere Würze, nicht immer schmelzend. Das Kernhaus ist im Verhältnis zur Frucht sehr klein, mit engen Kammern und hat meist unvollkommene mittelgroße, länglich ovale, spitze Kerne.

Baum: In der Jugend kräftiger, aufrechter pyramidaler Wuchs, der aber bald nachlässt. Äste mit kurzem Fruchtholz besetzt. Sorte sollte jährlich stark geschnitten werden, weil sie sonst leicht verkahlt. Ertrag mittelhoch, nur an geschützten Standorten und auf gutem Boden erreicht die Sorte ihre volle Ausbildung.
Besondere Merkmale: An Größe, Form und Farbe der Frucht sowie schiefem Stiel leicht zu erkennen.
Verwechslersorte: 'Kongressbirne', diese schmeckt aber bei weitem nicht so gut.

Marie Luise

Weitere Namen: 'Marie Luise Duquesne', 'Marie Louise Nouvelle', 'Humboldts Butterbirne', 'Prinzessin von Parma'.
Herkunft: 1809 von DUQUESNE in Mons (Belgien) gezogen und nach NAPOLEONS zweiter Frau, MARIE LUISE VON ÖSTERREICH, benannt.

Allgemeine Beurteilung: Äußerlich wenig ansprechende Birnensorte, die vom Reifezeitpunkt her mit vielen besseren Sorten konkurrieren muss. Früchte wenig haltbar. In Norddeutschland stärker verbreitet, die dort gewachsenen Früchte halten sich länger.
Verwendung: Tafel- und Wirtschaftsbirne.
Frucht: Mitte bis Ende September baumreif und bis November haltbar. Mittelgroß bis groß (L = 60–110 mm, B = 60–70 mm, 180–240 g), länglich birnen- bis kegelförmig. Die Grundfarbe ist baumreif blassgrün und wird später fast zitronengelb, ohne jede Deckfarbe. Zahlreiche unregelmäßige Rostfiguren überziehen die Frucht. In kälteren Klimaten ist sie fast ganz berostet und fühlt sich dadurch rau an. Sehr variabler, oft langer Fruchtstiel, sitzt oben auf der Frucht auf. Meist ist er durch einen Wulst etwas zur Seite gedrückt. Flache Kelchgrube, halb offener Kelch mit mittellangen, meist hornartigen, am Grund getrennten Kelchblättern. Weißes, feinzelliges Fruchtfleisch, saftig und vollkommen schmelzend. Angenehmer Geschmack, süßweinig und leicht gewürzt, oft aber auch fad. Große, dunkelbraune, ovale Kerne mit deutlicher, seitlicher Nase.

Baum: Schwach wachsende Sorte mit Tendenz zum hängenden, trauerweidenähnlichen Wuchs. Die Leittriebe müssen mehrfach zurückgeschnitten werden, um ein brauchbares Kronengerüst zu erziehen. Die Krone ist sehr fein verästelt und das Holz spröde. Die Blüte erscheint früh, dauert lange und ist relativ unempfindlich gegenüber Frost. Der Ertrag tritt früh ein und ist regelmäßig, aber nicht besonders hoch.
Besondere Merkmale: Blassgrüne, stark berostete Frucht mit langem Stiel, Trauerwuchs.

Verwechslersorte: 'Herzogin Elsa'.

Mollebusch

Herkunft: Alte Sorte mit unbekannter Herkunft, heute als fränkische Lokalsorte bekannt. Der Name ist von Mouille bouche = 'Mundnetzbirne' abgeleitet. Unter diesem Namen laufen zahlreiche Sorten, u.a. 'Wildling von Motte', die auch 'Grüne Mullebusch' genannt wird.

Allgemeine Beurteilung: Anspruchslose Sorte für wärmere Lagen, sehr frosthart. Vor allem im fränkischen Raum um Würzburg, aber auch bei Frankfurt im Streuobstbau noch öfter zu finden. Wohlschmeckend, doch wegen unscheinbarer Farbe nicht überall gut absetzbar.

Verwendung: Tafel- und Kochbirne.

Frucht: Reife Ende September, haltbar bis Ende Oktober. Mittelgroße bis große, rundliche Frucht (D = 65–75 mm, 120–150 g), gegen den Stiel leicht zugespitzt. Schmutzig grüne, später gelblich grüne Schale, z.T. leichter braunroter Anflug, mit sehr großen, sortentypischen hellen Lentizellen, von denen oft eine leichte Berostung ausgeht. Sehr kräftiger, dunkelbrauner, meist fleischiger Stiel, in mitteltiefer, weiter Grube. Mitteltiefe bis flache Kelchgrube mit sternförmig aufliegenden, an der Basis verwachsenen Kelchblättern. Gelblich weißes Fruchtfleisch, schmelzend, sehr saftig, angenehm süß und schwach gewürzt. Zuckergehalt 14% (50–60° Oechsle). Sehr große, länglich ovale Kerne.

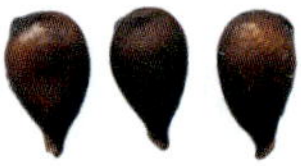

Baum: Stark wachsender, mächtiger Baum. Graubraune Jahrestriebe mit hellen Punkten und rundlichen, flach anliegenden Knospen. Mittelgroße, eiförmige bis elliptische Blätter, am Grund abgerundet, am Blattende spitz auslaufend, Blattrand gesägt. Früher und reicher Ertrag. Die winterfrostharte Sorte gedeiht am besten an warmen Standorten.

Besondere Merkmale: Runde, grüne Frucht mit sehr großen, hellen Lentizellen.

Neue Poiteau

Weitere Namen: 'Nouveaux Poiteau', 'Grüne Flaschenbirne', 'Choix d'un Amateur'.
Herkunft: Im Jahr 1827 von VAN MONS gezüchtet und durch die Baumschule BOVIER in Jodoigne (Frankreich) in den Handel gebracht. Benannt nach dem französischen Pomologen ANTOINE POITEAU.

Allgemeine Beurteilung: Geringe Ansprüchen an den Standort. Noch relativ häufig als Straßenbaum oder im Streuobstbau zu finden. Die Blüten sind wenig empfindlich gegenüber nasskalter Witterung, Erträge dementsprechend hoch und regelmäßig. In der Fruchtqualität steht diese Sorte allerdings an der Grenze zur Wirtschaftsbirne.
Verwendung: Mäßig geeignet als Tafelbirne, gute Dörrbirne.
Frucht: Ende September bis Mitte Oktober pflückreif, bis November genussreif. Mittelgroß bis sehr groß (L = 95–105 mm, B = 75–80 mm, 150–250 g). Form variiert stark, von birnenförmig bis mittelbauchig, oft auf einer Seite dickbauchig ausgewachsen, auf der anderen eingezogen. Zum Kelch hin fallen die beuligen Fruchtseiten schräg ab. Die Grundfarbe ist pflückreif trübgrün, genussreif schmutzig gelblich grün. Deckfarbe nur selten vorhanden, dann hauchartig bräunlich rot. Zahlreiche Schalenpunkte überdecken rostartig die Frucht. Der Stiel sitzt an der Frucht auf oder wird von Fleischwülsten stark zur Seite gedrückt. Mitteltiefe, enge Kelchgrube mit typischen Wülsten. Halb offener oder geschlossener Kelch, zwischen den Wülsten eingeklemmt. Kurze, zusammengeneigte Kelchblätter. Gelblich weißes, saftiges Fruchtfleisch, schmeckt aber insgesamt fad und wässrig. Schmale, lang zugespitzte, meist schlecht ausgebildete Kerne.

Baum: Sehr starker Wuchs mit aufrechten, steilen Gerüstästen und hochpyramidaler Kronenform. Die Blüte ist mittelfrüh und lang während. Früh einsetzende, sehr hohe und regelmäßige Erträge. Breit anbaufähig bis in die Grenzlagen des Birnenanbaus.
Besondere Merkmale: Fruchtform.
Verwechslersorten: 'Amanlis Butterbirne', 'Köstliche aus Charneux'.

Nordhäuser Winterforellenbirne

Weitere Namen: 'Winterforelle', 'Nordhäuser Forelle'.
Herkunft: Zufallssämling, um 1864 von der Baumschule FOEHR in Nordhausen verbreitet. Dort schon länger als Lokalsorte bekannt.

Allgemeine Beurteilung: Farblich sehr ansprechende Wintertafelbirne mit gutem Geschmack und sehr langer Haltbarkeit. Bis auf die geringe Frosthärte der Jahrestriebe wird die Sorte als robust eingestuft, gegenüber Schaderregern wenig anfällig. Vor allem in Thüringen und im Harz verbreitet.
Verwendung: Hauptsächlich als farbige Winterspeisebirne, aber auch als Kompott- und Einkochbirne.
Frucht: Je nach Standort tritt die Pflückreife ab Anfang Oktober ein. Problematisch ist ein plötzlicher Fruchtfall aufgrund von tieferen Temperaturen unmittelbar vor der Baumreife. Die Genussreife tritt erst im Januar bis März ein. Mittelgroß bis groß (L = 80 mm, B = 65 mm, 180 g), stumpfkreisel- bis breit-birnenförmig. Die Fruchtseiten haben oft eine flache Längsrinne vom Kelch bis zum Stiel. Grünlich gelbe bis rötlich gelbe Grundfarbe mit flächiger oder geflammt karminroter Deckfarbe. Kleine Schalenpunkte, hellbraun und rot umhöft, viel weniger ausgeprägt als bei der 'Herbstforellenbirne'. Flache und enge Kelchgrube, mittelgroßer, offener Kelch mit hornartigen, schmalen Kelchblättern. Gelblich weißes Fruchtfleisch, saftig und schmelzend. Ovale, meist gut ausgebildete Kerne.

Baum: Mittelstarker Wuchs mit steilen Gerüstästen und waagerechten Tragästen. Insgesamt ergibt sich eine breitpyramidale Krone mit wenigen Verzweigungen. Leicht schiffartig gebogene, lederartige, tiefgrüne und sehr gesunde Blätter. Die Blüte ist wenig frostempfindlich. Die Erträge setzen früh ein und sind regelmäßig. Im Gegensatz zur 'Herbstforellenbirne' wenig schorfanfällig.
Besondere Merkmale: Fruchtfarbe, Reifezeit.
Verwechslersorten: 'Herbstforellenbirne' und 'Veldenzer', die aber leicht herb ist.

Olivier de Serres

Herkunft: Rouen, Frankreich. 1847 von dem Baumschuler BOISBUNEL aus Samen der Sorte 'Fortunée Supérieure' gezogen. Benannt nach dem „Vater der französischen Landwirtschaft".

Allgemeine Beurteilung: Sehr wärmeliebende Winterbirne, deshalb vor allem im südlichen Europa angepflanzt. Äußerlich wenig ansprechende Sorte mit gutem Geschmack und ausgezeichneten Lagereigenschaften. Anbau nur in Weinbaulagen und als Wandspalier empfehlenswert. Schorfanfällig.
Verwendung: Wintertafelbirne.
Frucht: Pflückreife Ende Oktober, Genussreife Januar bis März. Mittelgroße, in sehr günstigen und warmen Klimaten auch große Früchte (L = 55–70 mm, B = 65–80 mm, 110–170 g), rundlich flachkugelig und typisch bergamotteförmig. Die Fruchtseiten sind stets beulig bis typisch kantig. Die Grundfarbe ist anfangs dunkelgrün, vollreif trüb grünlich gelb. Eine Deckfarbe fehlt meistens oder ist sonnenwärts verwaschen bräunlich rot. Die Frucht ist netzartig bis flächig berostet, vor allem im Kelch- und Stielbereich flächig verdichtet. Dicke, raue und zähe Schale. Die Stielgrube ist tief und beulig. Mittellanger und dicker Stiel, stets holzig und braun. Weite und tiefe Kelchgrube, mit starker Verrippung. Mittelgroßer und halb offener Kelch mit breiten, hornartigen Kelchblättern. Grünlich weißes bis gelblich weißes, grießiges Fruchtfleisch. Um das Kernhaus herum oft steinig, sonst aber schmelzend, saftig und süß, mit weinsäuerlichem Geschmack. Große, länglich ovale, kastanienbraune Kerne.

Baum: Schwach bis mittelstark wachsend mit breitpyramidaler Krone. Laufende Verjüngung erforderlich. Äste stark mit Quirlholz besetzt. Jahrestriebe mit verdickten, abstehenden Knospen. Länglich elliptische Blätter, stark gesägt. Späte und witterungsanfällige Blüte, oft nur geringe Erträge.
Besondere Merkmale: Erntezeit. Fruchtform.
Verwechslersorten: 'Passe Crassane', 'Esperens Bergamotte'.

Pastorenbirne

Weitere Namen: 'Poire de Curé', 'Flaschenbirne', 'Caßlerbirne', 'Glockenbirne', 'Frauenschenkel', 'Zapfenbirne', 'Große verlängerte Birne'.
Herkunft: Von Pfarrer LEROY 1760 im Wald von Clion (Frankreich) als Wildling gefunden und unter dem Namen 'Poire de Clion' und 'Curé' verbreitet.

Allgemeine Beurteilung: Anspruchslose Sorte mit gutem Ertrag, deshalb in ganz Deutschland häufig im Streuobstanbau zu finden. Nur in warmen Lagen bzw. Jahren schmeckt sie gut.
Verwendung: Tafel- und Kochbirne.
Frucht: Pflückreife Anfang bis Mitte Oktober, Genussreife November bis Januar. Flaschenförmig, mittelgroß bis groß (L = 90–110 mm, B = 65–75 mm, 150–250 g), gegen Kelch abgerundet, dem Stiel zu in langer Spitze verjüngt auslaufend. Graugrüne, bei Vollreife grünlich gelbe Schale, nur manchmal leicht orangefarbene Deckfarbe, zahlreiche feine Punkte. Langer, kräftiger Stiel, meist grün und holzig, fast immer von Fleischwulst zur Seite gedrückt. Offener Kelch in flacher Grube, sehr große, lange, spitze Kelchblätter, seesternähnlich. Gelblich weißes Fruchtfleisch, halbschmelzend, Geschmack je nach Standort, oft rübig, ohne besonderes Aroma. Meist unvollkommene, große, lange, gelbbraune Kerne.

Baum: Gesund, mit kräftigem Wuchs. Die große Fruchtbarkeit gibt der pyramidal aufgebauten Krone einen hängenden Charakter. Braunrote Jahrestriebe, auf Schattenseite olivgrün. Kurze, breite, abstehende Knospen. Dunkelgrüne, glänzende, eiförmige bis elliptische Blätter. Mittelfrühe Blüte, rundliche Kronblätter und sehr große, seesternartige Kelchblätter. Widerstandsfähig gegen nasskalte Witterung, in der Regel gute Erträge.
Besondere Merkmale: Graugrüne, lange Frucht mit seesternartigen Kelchblättern. Der meist als sicheres Erkennungsmerkmal genannte Roststrich ist oft nicht vorhanden.
Verwechslersorte: 'Gräfin von Paris', diese hat aber deutlichere Lentizellen, kleinere Kelchblätter und meist eine Rostkappe.

Petersbirne

Weitere Namen: 'Rote Margaretenbirne', 'Lorenz-', 'Weizen-', 'Großvaterbirne', 'Rote Birne' u. a.
Herkunft: Alte deutsche Sorte, wahrscheinlich in Sachsen entstanden. Schon 1794 in J. K. SCHILLERS Baumschule vermehrt. Es gibt verschiedene Typen. Die 'Große Petersbirne' ist nach SICKLER (1809) deutlich größer und reift erst Anfang September.

Allgemeine Beurteilung: Kleine, frühreife Birne, die als sächsisch-thüringische Nationalfrucht gilt. Robuste, wenig schorfempfindliche, anpassungsfähige Sorte, die relativ lange genussfähig bleibt und sich gut für den Streuobstbau eignet. Sollte nicht zu früh geerntet werden, damit sich das typische Aroma entwickelt.
Verwendung: Tafel-, Kompott- und Dörrbirne sowie für Brennerei.
Frucht: Ende Juli baumreif, bis 3 Wochen haltbar. Kleine bis mittelgroße Frucht (L = 50–70 mm, B = 40–60 mm, 50–80 g). Kreisel- bzw. birnenförmig, dem Stiel zu leicht eingeschnürt. Grünlich gelbe Grundfarbe, tritt nur bei Schattenfrüchten hervor, sonst rötlich gelb, auf der Sonnenseite kräftiges Rot bis Braunrot, verwaschen, z. T. auch streifig, mit kleinen Lentizellen, etwas berostet. Mittellanger Stiel, holzig und knospig, von der Frucht her grün. Offener Kelch, spitze, hornartige Kelchblätter in flacher Vertiefung, am Grund sich berührend. Gelblich weißes, feinzelliges Fruchtfleisch, halbschmelzend, süß, zimtartig. Zuckergehalt 13 % (50–60° Oechsle). Kleine, hellbraune, ovale Kerne.

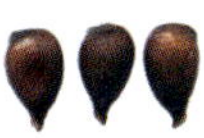

Baum: Starker, aufwärts strebender Wuchs. Große Bäume mit breitpyramidaler, dichter Krone. Gerüstäste gut mit Seiten- und kurzem Fruchtholz besetzt. Grau- bis rotbraune Jahrestriebe. Dunkelgrüne, ovale, gesunde Blätter. Lang andauernde mittelfrühe Blüte, wenig witterungsempfindlich. Mittelfrüher Ertragsbeginn, dann hoch und regelmäßig.
Besondere Merkmale: Kleinere, mittelfrühe Birne mit roter Deckfarbe.
Verwechslersorten: 'Sommermuskatellerbirne', 'Stuttgarter Geißhirtle', 'Salzburger Birne'.

Pitmaston

Weitere Namen: 'Pitmastons Herzogin', 'Pimaston Duchesse', 'Williams Duchesse'.
Herkunft: Von Schlossgärtner J. Williams in Pitmaston bei Worcester (England) 1841 gezogen.
Eltern: 'Herzogin von Angoulême' × 'Hardenpoints Winterbutterbirne'.

Allgemeine Beurteilung: Der Wert als Tafelbirne wird je nach Standort sehr unterschiedlich beurteilt. Die Sorte ist aber durch ihre Größe vor allem eine Schaufrucht.
Verwendung: Tafelbirne.
Frucht: Pflückreif Mitte September, genussreif ab Mitte Oktober, 4 Wochen haltbar. Sehr groß, birnenförmig bis stumpfkegelförmig (L = 100–120 mm, B = 70–80 mm, 200–500 g), mit leichter Einschnürung stielwärts. Die Sorte muss gepflückt werden, bevor sich die grüne Schale gelb färbt, meist einfarbig, in Vollreife gold- bis zitronengelb, z. T. leichter orangeroter Anflug. Zahlreiche feine Punkte bedecken die Schale, vereinzelt Rostflecken, um den Stiel als Rostkappe. Der dicke, leicht fleischige Stiel ist fast immer schief an der Frucht angesetzt. Halb offener Kelch in mitteltiefer Einsenkung mit flachen Wülsten. Kelchblätter meist am Grund getrennt, z. T. horn-, aber auch blättchenartig. Gelblich weißes, sehr saftiges Fruchtfleisch, sehr zart und schmelzend. Weinsäuerlicher, angenehm würziger Geschmack, je nach Standort aber unterschiedlich bewertet. Große schwarzbraune Kerne mit typischer seitlicher Nase.

Baum: In der Baumschule eine der wüchsigsten Sorten. Schmale bis breitpyramidale Krone mit aufrechten Gerüstästen, die sich mit einsetzendem Ertrag neigen. Hellgraue Jahrestriebe, weiß punktiert, mit eng anliegenden Knospen. Große, dunkelgrüne Blätter, breit und löffelförmig. Späte Blüte von langer Dauer, sehr widerstandsfähig gegen nasskalte Witterung. Mittelfrüh einsetzender Ertrag, hoch und regelmäßig.
Besondere Merkmale: Fruchtgröße und Farbe.
Verwechslersorten: 'Williams Christbirne', 'Dr. Jules Guyot', 'Lebruns Butterbirne'.

Präsident Drouard

Herkunft: Pont-de-Ce, Frankreich, um 1870 von der Baumschule LEROY in den Handel eingeführt, Zufallssämling.

Allgemeine Beurteilung: Früh reifende und großfrüchtige Wintertafelbirne mit betont schwachem Wuchs. Sie hat mittlere Wärmeansprüche. Die Früchte sind genussreif allerdings sehr druckempfindlich.
Verwendung: Speisebirne, Kompott.
Frucht: Pflückreife setzt Ende September bis Mitte Oktober ein, genussreif von November bis Januar. Früchte groß bis sehr groß (L = 80–100 mm, B = 60–75mm, 230–340 g), glockenförmig bis stumpf-birnenförmig, stielwärts stark eingezogen und breitschultrig, kelchwärts abgerundet. Baumreif ist die Grundfarbe typisch laubfroschgrün, genussreif grünlich gelb bis gelb. Die Deckfarbe fehlt meist oder ist nur als orangefarbener Hauch vorhanden. Die Fruchtschale ist feinnarbig, dünn und fest. Zahlreiche kleine Schalenpunkte bedecken die Frucht. Vereinzelt finden sich auch kleinere Rostfiguren. Stielgrube wulstig und frei von Berostung. Der dicke Stiel ist holzig und von der Frucht her grün. Oft ist er schief und wirkt wie eingesteckt. Kelchgrube sehr variabel, meist aber relativ tief und schüsselförmig mit flachen, breiten Rippen. Mittelgroßer, offener Kelch mit langen, schmalen und spitzen Kelchblättern. Das gelblich weiße Fruchtfleisch ist feinzellig, schmelzend und saftig. Es schmeckt schwach säuerlich und leicht aromatisch. Zahlreiche große bis sehr große längliche, braune Kerne mit stumpfer seitlicher Nase.

Baum: In Jugendjahren wächst die Sorte mittelstark, im Vollertrag nur noch schwach mit steilen Seitenästen und hochpyramidaler Krone. Viele auffällige, braune Lentizellen. Große, ovale, glänzende Blätter mit zurückgebogener Spitze. Mittelspäte Blüte, lang andauernd. Früh einsetzende, sehr hohe und regelmäßige Erträge. Die Anfälligkeit gegenüber Schorf ist mittelhoch.
Besondere Merkmale: Grüne Grundfarbe.
Verwechslersorte: 'Alexander Lucas'.

Prinzessin Marianne

Weitere Namen: 'Frühe Bosc', 'Kaiserkrone', 'Salisbury'.
Herkunft: Um 1800 von VAN MONS gezüchtet und nach der zweiten Tochter des holländischen Königs benannt.

Allgemeine Beurteilung: Robuste und ertragreiche Sorte, die sich vor allem in Nord- und Ostdeutschland und besonders in Hochlagen bewährt hat. Wird oft mit 'Boscs Flaschenbirne' verwechselt, reift aber früher, ist etwas kleiner und erreicht nicht deren Geschmack.
Verwendung: Tafel- und Kompottbirne.
Frucht: Die Sorte reift Mitte bis Ende September und ist bald genussreif. Nur relativ kurz haltbar. Mittelgroß (L = 70–100 mm, B = 50–70 mm, 100–150 g), birnen- bis flaschenförmig, stielwärts etwas verjüngt, geht nicht wie 'Boscs Flaschenbirne' direkt in den Stiel über. Gegen den Kelch schön abgerundet, im Querschnitt etwas eckig. Trockene, grünlich gelbe Schale, später heller, an der Sonnenseite bräunlich gerötet. Meist ist die ganze Frucht von einem gelbbraunen Rost überzogen. 30–35 mm langer, dünner, holziger Stil, hellbraun und meist leicht gekrümmt. Offener Kelch mit schmalen, zugespitzten, aufrechten, am Grund getrennten Blättern. Gelblich weißes, oft nur halbschmelzendes, feines, saftiges Fruchtfleisch, süßsäuerlich und je nach Standort mehr oder weniger aromatisch und würzig. Gut ausgebildete, schmale, rehbraune Kerne.

Baum: Anfangs starker, später nur mittelstarker, pyramidaler Wuchs mit hängenden Zweigen. Rötliche Jahrestriebe mit vielen weißen Punkten. Eirunde, gesunde Blätter mit stark ausgeprägter Spitze. Die späte und lang andauernde Blüte bringt regelmäßigen und hohen Ertrag. Die Sorte ist wenig anspruchsvoll und eignet sich für den landschaftsprägenden Anbau.
Besondere Merkmale: Fruchtform und -farbe.
Verwechslersorten: 'Boscs Flaschenbirne', 'Herzogin Elsa'.

Salzburger Birne

Weitere Namen: 'Braunrote Sommerrusselet', 'Rotköpfchen', 'Zuckerbirne'.
Herkunft: Alte Sorte, die in Oberösterreich, Ober- und Niederbayern beheimatet ist. 1822 von LIEGEL beschrieben.

Allgemeine Beurteilung: Kleine, frühreife, geschmacklich gute Sommerbirne, die selbst in Lagen, wo sonst keine Birnen gedeihen, noch gute Früchte bringt. In Frühreife, Ertragssicherheit und Anspruchslosigkeit liegt der Wert der Sorte.
Verwendung: Gute Tafelbirne, auch zum Dörren geeignet.
Frucht: Reife Ende August bis Anfang September, klein (L = 45–55 mm, B = 40–50 mm, 40–60 g), abgestumpft kreiselförmig bis rundlich, gegen Stiel gewölbt auslaufend, z. T. auch leicht eingezogen, am Kelch abgeplattet. Gelbgrüne, später fast zitronengelbe Grundfarbe mit schmutzig brauner bis tiefroter Deckfarbe, bei Vollreife auch leuchtend rot. Deutliche, große, bräunliche Lentizellen und einzelne Rostflecken, besonders am Kelch. Kurzer (15–20 mm) und kräftiger Stiel (3–4 mm), dunkelbraun und holzig, aufgesetzt oder in kleiner, enger Grube. Offener Kelch in relativ tiefer, leicht wulstiger Grube, Kelchblätter mittelgroß bis groß, sternchenförmig aufliegend, am Grund verwachsen. Gelblich weißes Fleisch, fest, brüchig, etwas grobkörnig. Sehr guter Geschmack, saftig, süß und weinsäuerlich, aromatisch und würzig. Meist gut ausgebildete, kleine, ovale, stumpfnasige Kerne in breiten Kernfächern.

Baum: Stark wachsend, wird groß, mit hoher Krone, meist wenig verzweigt. Kräftige rotbraune Jahrestriebe mit großen auffallenden Lentizellen und anliegenden Blattknospen. Blätter eirund bis elliptisch und länglich zugespitzt, dunkelgrün und glänzend, am Rand leicht wellig, ganzrandig. Blüte mittelfrüh. Ertrag etwas später einsetzend, dann aber hoch. Geringe Ansprüche an Boden und Klima, auch noch für rauere Regionen geeignet. Wenig anfällig für Krankheiten.
Besondere Merkmale: Braunrote Frucht, dicker kurzer Stiel. Tiefe, enge Kelchgrube.
Verwechslersorte: 'Petersbirne', sie ist insgesamt heller.

Schweizerhose

Weitere Namen: 'Gestreifte Bergamotte', 'Schweizer Bergamotte', 'Gestreifte Bunte Herbstbirne', 'Melonenbirne' u. v. a.
Herkunft: Stammt aus Frankreich, erstmals 1628 erwähnt. Nach Tracht der Schweizer Garde am Vatikan benannt. DNA-Untersuchungen bestätigen die Vermutung, dass es zwei unterschiedliche „Schweizerhosen" gibt. Sie unterscheiden sich in Form, Reifezeit und Haltbarkeit. Die eine stammt aus Frankreich, wurde schon 1628 von LE LECTIER beschrieben und soll von der 'Langen Grünen Herbstbirne' abstammen. Sie ist länglich, reift Mitte September und hält nur wenige Wochen. Die andere stammt aus der Schweiz, soll über 400 Jahre alt sein und wird hier beschrieben.

Allgemeine Beurteilung: Schön gestreifte, mittelgroße Birne, heute mehr Zier- als Tafelfrucht. Früher in Deutschland und in der Schweiz stärker verbreitet, heute kaum noch anzutreffen.
Verwendung: Zier- und Tafelfrucht.

Frucht: Pflückreif Ende Oktober, einige Monate haltbar. Form variabel, von rundlich, über ei- bis birnenförmig. Mittelgroß (L = 60–80 mm, B = 50–60 mm, 80–140 g), gegen den Stiel leicht eingezogen, dem Kelch zu abgerundet. Grundfarbe hellgrün, bei Vollreife blassgelb. Unterschiedlich breite Streifen, abwechselnd hellgelb und grün, bei besonnten Früchten auch orange bis rötlich. Stiel 25–30 mm lang, z. T. direkt in Frucht übergehend. Halb offener Kelch in flacher Grube. Schmale, halb aufrechte Kelchblätter. Gelblich weißes Fleisch, fest und feinzellig, süßlich, kaum Aroma oder Würze. Offene Achse, gut ausgebildete große Kerne.
Baum: Pyramidale, mittelgroße Krone, hellbraune bis gelbbraune Jahrestriebe mit dunkelgrünen Streifen und rundlichen, stark abstehenden Blattknospen und kleinen Lentizellen. Kleine bis mittelgroße, relativ dünne, elliptische Blätter, z. T. leicht gewölbt, Spitze etwas gekrümmt, tritt aus dem Blatt hervor, Rand leicht gezähnt. Kommt früh in Ertrag, bringt hohe und regelmäßige Ernten.

Besondere Merkmale: Farbige Streifen der Frucht, späte Reife.

Seckelsbirne

Weitere Namen: 'Seckle pear', 'Seckel', 'Lamas Birne', 'New Yorker Rotbacken'.
Herkunft: Ende des 18. Jahrhunderts in Philadelphia (USA) von dem Viehhändler „Dutch Jakob" entdeckt und von Mr. SECKEL dann als Sorte herausgebracht. 1819 nach England gesandt und ab 1837 in Deutschland.

Allgemeine Beurteilung: Kleine bis mittelgroße, spätreife, würzige Tafelbirne, mit hoher Produktivität, immun gegenüber Feuerbrand. Vor hundert Jahren eine der häufigsten Birnen in USA.
Verwendung: Tafel- und Brennbirne.
Frucht: Kleine bis mittelgroße Frucht (L = 60–80 mm, B = 55–60 mm, 90–120 g), pflückreif Anfang bis Mitte Oktober und hält nicht sehr lange. In der Form variabel, von ei- über kreisel- bis stumpf kegelförmig. Trüb grünlich gelbe Grundfarbe und braunrote bis dunkelrote Deckfarbe. Zimtfarbene Berostung und viele kleine Lentizellen. Kurzer (20–25 mm), dicker Stiel (3–4 mm), holzig bis fleischig, wie eingesteckt in enger Stielgrube. Halboffener Kelch, in mitteltiefer, enger und wulstiger Grube, mit aufrechten, hornartigen, am Grund getrennten Blättchen. Kelchhöhle becherförmig mit schmaler Röhre. Achse leicht geöffnet, breite Kernhauswände mit zahlreichen, mittelgroßen, länglich-ovalen Kernen, seitlich spitznasig. Geschmacklich gutes, feines bis mittelfeines Fruchtfleisch, gelblich weiß, butterhaft schmelzend, würzig, zimtartig mit feiner Säure.

Baum: Mittelstarker, aufrechter Wuchs mit kompakter, breitpyramidaler Krone mit kräftigem, kurztriebigem Fruchtholz. Jahrestriebe olivgrün mit vielen kleinen Lentizellen. Ziemlich dicke, breitelliptische Blätter. Die Sorte ist sehr fruchtbar, Früchte in dichten Clustern, kommt aber spät in Ertrag. Blätter und auch Früchte schorfempfindlich aber immun gegen Feuerbrand.
Besondere Merkmale: Kleine bis mittelgroße, rotbraune Frucht mit sehr gutem, würzigem Geschmack. Kompakter Wuchs mit kräftigem, kurzem Fruchtholz.
Verwechslersorte: 'Madame Verte'.

Sommereierbirne

Weitere Namen: 'Beste Birne', 'Saurüssel', 'Straßburger Bestebirne', 'Würzburger Zitronenbirne', 'Zitronenbirne' u. v. a.
Herkunft: Um 1650 in Deutschland oder der Schweiz entstanden. J. BAUHIN soll sie aber auch schon als *Pyrum ovata* erwähnt haben. Zuerst im Elsass und in der Wetterau verstärkt angebaut, ab Mitte des 19. Jh. verbreitet in Mitteleuropa.

Allgemeine Beurteilung: Eine gut schmeckende Sommerbirne, war auch als Konservenfrucht sehr geschätzt, da sie beim Kochen reinweiß bleibt.
Verwendung: Tafel- und Kochbirne, sehr gute Dörrbirne.
Frucht: Reift Mitte bis Ende August und hält bis zu drei Wochen. Die kleine bis mittelgroße Frucht (L = 50–60 mm, B = 40–45 mm) ist eiförmig bis elliptisch. Der Bauch sitzt in der Mitte und nimmt nach beiden Seiten gleichmäßig ab, ist jedoch dem Kelch zu mehr abgestumpft. Dicke und etwas raue Schale, gelbgrün, später hellgelb mit rötlichem Anflug und vielen grauen Punkten. Feiner Rostanflug, besonders am Kelch, manchmal auch über die ganze Frucht. Kräftiger, mittellanger (25–35 mm), holziger Stiel. Aufsitzender kleiner, halb offener Kelch mit charakteristischen kleinen Fleischwarzen. Kleine halbaufrechte, am Grund getrennte Kelchblätter. Mattweißes Fleisch, saftig und schmelzend, bei Überreife schmierig. Von eigenartigem süßem, aber säuerlich würzigem Geschmack, oft auch muskatellerartig. Enges Kernhaus mit vielen mittelgroßen, gut ausgebildeten Kernen.

Baum: Wächst lebhaft, wird groß und alt. Äste sitzen dicht gedrängt am Baum, dadurch stark belaubte Krone. Hängendes Fruchtholz. Lange filzige Jahrestriebe, olivgrün bis rötlich, mit stark abstehenden Blattknospen. Eirunde, stark behaarte Blätter, ganzrandig oder leicht gesägt, oft leicht wellenförmig. Der Baum kommt relativ spät in Ertrag, bringt dann aber hohe Ernten. Die Sorte liebt tiefgründige Böden und warme Lagen, auf nassen Böden Gipfeldürre.
Besondere Merkmale: Fruchtform, typische Fleischwärzchen am Kelch, filzige Blätter.

Stuttgarter Geißhirtle

Weitere Namen: 'Honig- oder Zuckerbirne', 'Hutzelbirne'.
Herkunft: Nach der Überlieferung 1779 von J. J. WALTER erstmals erwähnt und 1791 von RÖSSLER auch in der Plattenhardter Liste als 'Geißhirtlesbirne' aufgeführt. Von CHRIST 1792 als 'Stuttgarter Russelet' beschrieben.

Allgemeine Beurteilung: Ausgezeichnete Sommerbirne, in Süddeutschland und in der Schweiz noch vielfach in Haus- und Streuobstgärten anzutreffen. Leidet aber in manchen Lagen stark unter Zweigschorf.
Verwendung: Erfrischende, sehr gut schmeckende Sommerbirne, auch als Einkoch- und Dörrbirne geeignet.
Frucht: Mitte August bis Anfang September pflückreif, kurz danach genussreif. Kleine Früchte (L = 50–60 mm, B = 40–50 mm, 50–70 g), glocken- bis perlförmig. Anfänglich trüb-, später gelbgrüne Grundfarbe. Sonnenseits mit dunkeltrübroten, zahlreichen Lentizellen, bachforellenartig gepunktet. Deckfarbe auf dieser Seite von bläulichem Rot bis zu Braunrot mit leichter Bereifung. Um den Kelch fast immer berostet. Stielgrube faltig bis schwach wulstig. Mittellanger, verhältnismäßig starker, grünbrauner Stiel, sitzt auf der Frucht fast oben auf oder ist nur leicht eingesteckt, an Basis oft mit kleinem Fleischwulst. Kelchgrube ist nur schwach ausgebildet. Offener Kelch mit langen, zugespitzten, sternförmigen Kelchblättchen. Grünlich weißes, etwas körniges, später schmelzendes Fruchtfleisch, sehr saftig, mit feinsäuerlicher Würze und feinem, zimtartigem Geschmack. Mittelgroße Kerne, oval und kaffeebraun.
Baum: In der Baumschule Wuchs eher zögernd, später aber mittelstark und gleichmäßig mit spitzpyramidaler Krone. Frühe, lang anhaltende Blüte. Geringe Empfindlichkeit gegenüber Frost und schlechtem Blühwetter. Ertrag setzt früh ein, ist dann regelmäßig und hoch. Für Hochstammerziehung ist die Sorte ebenso geeignet wie für Spindelerziehung.
Besondere Merkmale: Reifezeit. Fruchtgröße, -farbe und Geschmack.

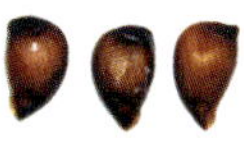

Verwechslersorten: 'Sommermuskatellerbirne', 'Gute Luise', 'Petersbirne'.

Tongern

Weitere Namen: 'Birne aus Tongern', 'Beurré Durandeau', 'Durandeau'.
Herkunft: 1811 von dem Bierbrauer DURANDEAU in Tongern (Belgien) gezüchtet, seit 1823 in Deutschland.

Allgemeine Beurteilung: Schorfunempfindliche, robuste Herbstbirne mit sehr gutem Geschmack, die rasch in den Ertrag kommt und dann regelmäßig fruchtet. Aufgrund ihres Wuchstyps nicht als Hochstamm geeignet.
Verwendung: Tafelbirne für den Frischverzehr, auch für Kompott oder Birnenwein.
Frucht: Ernte kurz vor Baumreife Ende September bis Anfang Oktober und bis Mitte November haltbar. Die Früchte sind mittelgroß bis groß (L = 85–100 mm, B = 60–70 mm, 150–250 g), birnen- bis lang kreiselförmig, zum Kelch hin kugelig bis breit abgestumpft. Raue Fruchtschale, anfänglich grün, später hellgelb und sortentypisch oft vollständig zimt- bis bronzefarben berostet. Auffällige große Schalenpunkte. Deckfarbe schwach bis kräftig bräunlich rot verwaschen. Der dicke Stiel sitzt in der Regel oben auf und wird oft durch einen Fleischwulst seitlich weggedrückt. Enge, flache Kelchgrube, leicht wulstig. Großer, offener bis halb offener Kelch mit kurzen, schmalen, hornartigen Kelchblättern. Gelblich weißes Fruchtfleisch, weinsäuerlich aromatisch und würzig, meist nur halbschmelzend, aber sehr saftig. Zahlreiche kleine bis mittelgroße, schwarzbraune ovale Kerne.

Baum: Als Jungbaum ist der Wuchs mittelstark mit schräg aufrechten Gerüstästen, später schwach wachsend. Von Natur aus bildet sich eine breitpyramidale, unregelmäßige Krone mit dünnem, wirr hängendem Seitenholz, das zu rascher Vergreisung neigt. Dünne, bogenförmige, rotbraune Jahrestriebe mit auffallend schmalen, kahnförmig gebogenen Blättern mit dünnen, rötlichen Stielen. Ertrag tritt früh ein, er ist später hoch und regelmäßig.
Besondere Merkmale: Farbe und Berostung. Schmale, gebogene Blätter.
Verwechslersorten: 'Clairgeaus Butterbirne', 'Boscs Flaschenbirne', 'Prinzessin Marianne'.

Triumph aus Vienne

Herkunft: Von M. J. Colland 1864 in Vienne (Frankreich) gefunden, 1874 von der Baumschule Blanchet in den Handel gebracht.

Allgemeine Beurteilung: Eine fruchtbare, wenig schorfempfindliche, große, schöne und geschmackvolle Herbstbirne, die zur Jungfernfrüchtigkeit neigt und in der Reifezeit zwischen 'Williams Christbirne' und 'Gellerts Butterbirne' liegt. Liebt warme Klimate, verträgt jedoch günstige Höhenlagen bis 600 m. Noch vereinzelt im Streuobstbau.
Verwendung: Tafelbirne zum Frischverzehr, Kompott und Nasskonserve.
Frucht: Pflückreife Anfang bis Mitte September, Genussreife etwa 10 Tage später, nur 2–3 Wochen haltbar. Die Früchte sind mittelgroß bis groß (L = 80–100 mm, B = 60–70 mm, 150–200 g), lang birnenförmig, gegen den Kelch schön abgerundet, mit gelbgrüner Grundfarbe, vollreif grünlich gelb. Typisch netzartig bis flächig berostet, rau und ohne Deckfarbe. Eine Stielgrube fehlt meist oder ist nur wenig tief und häufig durch Wülste verengt. 30–50 mm langer, holziger Stiel, zur Frucht hin grün, oft leicht gebogen. Die mittelweite und mitteltiefe Kelchgrube ist ringförmig berostet. Halb offener Kelch mit kleinen, gelbbraunen Kelchblättchen. Das Fruchtfleisch ist gelblich weiß, feinkörnig, schmelzend und saftig, süß, mit schwach weinsäuerlichem Geschmack. Kleine ovale Kerne, spitz auslaufend und mit Nase.

Baum: Schwacher Wuchs mit steil aufrechten Gerüstästen und spindelartiger Krone. Da die Sorte früh und reich trägt, wird die Krone später breitpyramidal. Gesunde, kräftige, längliche Blätter. Mittelspäte, lang andauernde Blüte. Gute Befruchtersorte, aber frostempfindlich, mit Tendenz zur Alternanz. Früchte fallen leicht ab, windgeschützte Lagen empfehlenswert. Wenig schorfanfällig, in ungünstigen Lagen holzfrostempfindlich. Anfällig für Bakterienbrand.
Besondere Merkmale: Netzartige bis flächige Berostung. Form.
Verwechslersorten: 'Herzogin Elsa', 'Conference', 'Prinzessin Marianne'.

Ulmer Butterbirne

Weiterer Name: 'Albecker Butterbirne'.
Herkunft: Der Ursprungsbaum wurde an der Steige von Ulm nach Albeck gefunden, deshalb zuerst 'Albecker Steigbirne', 1868 erstmals beschrieben. Hat große Ähnlichkeit mit der von Sickler (1801) beschriebenen und auch abgebildeten 'Herbsteierbirne'.

Allgemeine Beurteilung: Eine anspruchslose kleine Tafel- und Haushaltsfrucht mit schöner Farbe. Überwiegend für den Streuobstanbau in höheren Lagen, dort noch ab und zu vorhanden.
Verwendung: Tafel-, Kompott- und Dörrbirne.
Frucht: Reift Ende September bis Mitte Oktober und ist 2 Wochen haltbar. Kleine, kugel- bis kreiselförmige Frucht, z. T. auch eiförmig (L = 40–50 mm, B = 40–50 mm, 40–60 g). Gelblich grüne, später hell- bis zitronengelbe Grundfarbe, auf der Sonnenseite hell- bis braunrot, lackartig überzogen. Sehr kleine Lentizellen, im Rot hellgrau, sonst braun. Auffallend langer, dünner Stiel (bis 60 mm), holzig und von der Frucht her grün, wie eingesteckt, z. T. durch Wulst leicht schief. Offener Kelch in flacher Grube, an der Basis verwachsen, halb aufrecht und hornartig, oft abgebrochen. Gelblich weißes Fruchtfleisch, feinzellig, saftig und schmelzend, angenehm süß, wenig Würze. Zuckergehalt 14 % (50–60° Oechsle). Mittelgroße, schmale Kerne mit seitlicher Nase.

Baum: Kräftiger Wuchs, gibt große Bäume mit hochgebauter Krone und herabhängendem Fruchtholz. Rötlich braune Langtriebe mit hellen Lentizellen und leicht fransigen Knospen. Dunkelgrüne langstielige Blätter, eiförmig und glänzend. Mittelgroße Blüten mit sehr langem Stiel, länglich ovale Kronblätter und sehr spitze Kelchblätter. Die Sorte kommt früh in Ertrag und ist sehr fruchtbar. Wenig anspruchsvoll an den Standort, eignet sich für Höhenlagen.
Besondere Merkmale: Langer, dünner Stiel. Kleine, rundliche Frucht mit schöner gelbroter Farbe.

Vereinsdechantsbirne

Weiterer Name: 'Doyenné du Comice'.
Herkunft: Im Versuchsgarten des Gartenbauvereins Angers (Frankreich) entstanden. Der Sämling fruchtete 1849 erstmals, kam um 1865 nach Deutschland.

Allgemeine Beurteilung: Eine der wertvollsten späten Herbstsorten, geschmacklich unübertroffen. Leider erst später Ertragseintritt und mittleres Ertragsniveau. Nur für wärmere Lagen. Früher häufig im Streuobstbau, heute fast nur noch im Erwerbsobstbau angebaut.
Verwendung: Tafel- und Konservenbirne.
Frucht: Pflückreife Ende Oktober, genussreif bis Ende November. Große, kreiselförmige, klobige, meist etwas beulige Frucht (L = 80–100 mm, B = 80–90 mm, 180–250 g). Kelchseitig breit abgestumpft. Grünlich gelbe Schale, sonnenseitig blass- bis braunrot. Berostung an Kelch und Stiel sowie Figuren auf der ganzen Frucht. Sehr feine, unauffällige Lentizellen. Kurzer, kräftiger Stiel, meist von Fleischknopf auf Seite gedrückt. Typisch enge, tiefe, wulstige und berostete Kelchgrube, halb offener Kelch und kurze, hornartige aufrechte Kelchblätter. Cremefarbiges Fruchtfleisch, fein, saftreich und schmelzend, süßsäuerlich und delikat gewürzt. Voll ausgebildete, große, lange, zugespitzte Kerne. Mehrere Mutanten: 'Supercomice Delbard' für Größe, 'Regal Red Comice' und 'Crimson Gen Comice' für rote Farbe.
Baum: Mittelstarker Wuchs mit pyramidaler Krone. Mäßig dichte und etwas sparrige Krone mit kurzem Fruchtholz. Gelblich braune Jahrestriebe, elliptische Blätter, deutlich gesägt. Späte Blüte, mittelgroße, ovale bis längliche Kronblätter und große, schmale und spitze Kelchblätter. Sorte verlangt warme Lagen und guten Boden. Die Früchte hängen sehr fest und sind wenig schorfanfällig. Ertragsmäßig befriedigt die Sorte oft nicht.
Besondere Merkmale: Geschmack. Fruchtform und Kelchgrube.
Verwechslersorten: 'Grand Boucher', 'Herzogin von Angoulême' und 'Holzfarbige Butterbirne'.

Volkmarser Birne

Weitere Namen: 'Voltmarsche Birn', 'Voltmersche Birne', 'Rousselet de Volkmarsen'.
Herkunft: Alte deutsche Sorte, erstmals im Teutschen Obstgärtner (1795) von einem Hofrat LAFFERT aus Celle als 'Voltmarsche Birne' beschrieben. DIEL (1807) gab ihr dann den heutigen Namen, da sie aus dem Dorf Volkmarsen in Westfalen stammen soll. Vor allem in Norddeutschland verbreitet.

Allgemeine Beurteilung: Eine kleine bis mittelgroße Tafelfrucht, mit feinem, würzigem Muskatellergeschmack. Auch als Koch-, Dörr- und Brennbirne geschätzt.
Verwendung: Tafel- und Brennbirne.
Frucht: Mitte September bis Anfang Oktober pflückreif, nur 2–4 Wochen haltbar. Klein bis mittelgroß (L = 50–60 mm, B = 35–42 mm, 33–65 g). Grünlich gelbe Grundfarbe, von der aber fast nichts zu sehen ist, da ganze Frucht von zimtfarbigem Rost überzogen. Auf der Sonnenseite selten schwach, schmutziges Rot.

Sehr kleine, helle Lentizellen. Charakteristisch ist der gelbbraune Stiel, der meist direkt in die Frucht übergeht, von der Frucht her fleischig, später dann holzig (20–30 mm lang und 2–3 mm dick). Offener, aufsitzender Kelch mit aufrechten, z. T. auch zurückgebogenen Bättchen, am Grund verwachsen. Trichterförmige Kelchgrube und leicht geöffnete Achse. Gelbliches, saftiges und feinzelliges Fleisch, butterhaft schmelzend, mit würzigem, weinsäuerlichem Geschmack. 18% Brix (70–80° Öchsle). Mittelgroße, gut ausgebildete Samen mit seitlicher Nase.
Baum: Starker Wuchs, wird eichengroß und sehr alt. Lederfarbene bis olivfarbene Jahrestriebe mit vielen kleinen Lentizellen und stark filzig. Relativ großes, rund eiförmiges Blatt, auf Ober- und Unterseite stark behaart, mit glattem Rand. Die Sorte kommt früh in Ertrag und ist sehr fruchtbar.
Besondere Merkmale: Durch Größe und Form, wegen der hellbraunen Berostung als auch wegen des typischen Stiels und den Kelchblättern kaum zu verwechseln.
Verwechslersorte: 'Bestebirne'.

Williams Christbirne

Weitere Namen: 'Bon Chrétien Williams', 'Bartlett', 'Poire de Angleterre', 'Delavault'.
Herkunft: Vom Lehrer STAIR in Aldermaston, Berkshire (England) als Sämling gefunden und vom Baumschuler WILLIAMS als 'Williams Bon Chrétien' verbreitet. Schon um 1770 bekannt.

Allgemeine Beurteilung: Eine der edelsten und weltweit bekanntesten Birnensorten für Rohgenuss, Konservierung und Verarbeitung. Als Rohware für „Williams"-Birnenwasser berühmt und geschätzt. Spitzenqualitäten werden aber nur auf schwach wachsenden Unterlagen erzielt. Für den Streuobstbau zu schorfanfällig.
Verwendung: Hervorragende Tafel-, Konserven- und Brennbirne.
Frucht: Ernte im August, sobald die ersten gelben Stellen an der Frucht zu sehen sind, genussreif Ende August bis Anfang September, nur 10–14 Tage lagerfähig. Mittelgroß bis groß, birnenförmig (L = 80–100 mm, B = 60–80 mm, 120–180 g), leicht beulig, gegen den Stiel eingezogen. Gelblich grüne Schale, später hellgelb, mit z.T. matter Röte, zimtfarbige, gut sichtbare Punkte und Berostung um den Kelch. Dicker Stiel in schwacher Vertiefung, öfters durch Wulst zur Seite gedrückt. Flache, enge Kelchgrube mit Falten. Kurze, schmale Kelchblätter. Gelblich weißes, saftiges, feines Fruchtfleisch, schmelzend und von äußerst würzigem, müskiertem Geschmack. Gut ausgebildete, lange, aber kleine, schwarzbraune Kerne. Als rote Mutante ist 'Red Bartlett' bekannt.
Baum: Mittelstarker Wuchs, später eher schwach, bildet eine pyramidale Krone. Mitteldicke bis dicke, rötlich braune bis olivbraune Jahrestriebe mit stark abstehenden Blattknospen. Große, elliptische Blätter, am Rand leicht gesägt und nach innen gebogen. Blüht mittelspät, mittelgroße Blüten, guter Pollenspender. Der Ertrag tritt früh ein, ist hoch und regelmäßig.
Besondere Merkmale: Geschmack und Farbe.
Verwechslersorten: 'Dr. Jules Guyot', 'Pitmaston'.

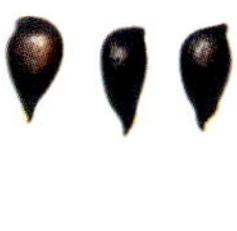

Winterdechantsbirne

Weitere Namen: 'Pastorale', 'Frühlingsbutterbirne', 'Pfingstbergamotte', 'Winter-Herrenbirne', 'Hildesheimer Winterbutterbirne', 'Beurré Easter', 'Doyenné d'Hiver' u. a.
Herkunft: Die Angaben sind sehr verschieden. Nach VAN MONS schon um 1750 in einem Klostergarten der Kapuziner in Löwen (Belgien) gefunden.

Allgemeine Beurteilung: Kaum eine Sorte hat so hohe Wärme- und Standortansprüche wie die 'Winterdechantsbirne'. Der hervorragende Geschmack dieser Wintertafelbirne wird nur im Süden Europas oder an Wandspalieren erzielt. Werden diese hohen Ansprüche nicht erfüllt, erreicht die Sorte kaum das Niveau einer Kochbirne.
Verwendung: Tafelbirne.
Frucht: Pflückreife erst Ende Oktober bis Anfang November, Genussreife von Dezember bis März. Mittelgroß bis groß (L = 75–95 mm, B = 65–80 mm, 150–250 g), Fruchtform variiert von walzen- über fassförmig bis zu rundlich. Im Relief oft etwas flach. Kelch und Stielseite abgeplattet. Die Grundfarbe ist düstergrün, vollreif grünlich gelb. Sehr selten findet man sonnenseitig trübrote Deckfarbe. Raue Schale, zahlreich rostig punktiert. Enge, tiefe Stielgrube, typisch wulstig und meist strahlig berostet. Kurzer und dicker Stiel, zur Ansatzstelle keulenartig verdickt. Enge und tiefe Kelchgrube mit starken Wülsten. Der Kelch ist meist zusammengedrückt mit dicken, spitzen und aufrecht stehenden Blättern. Weißlich gelbes Fruchtfleisch, feinkörnig, saftig, schmelzend, weinsäuerlich, von edlem, würzigem Geschmack. Mittelgroße, braune, lange, ovale Kerne, seitlich stumpfnasig.

Baum: Mittelstarker Wuchs mit breitpyramidaler Krone. Die Sorte kommt früh in den Ertrag. Gute Fruchtqualitäten und Erträge lassen sich nur bei Erziehung als Hecke oder Wandspalier erzielen. Die Sorte ist anfällig für Schorf.
Besondere Merkmale: Späte Reifezeit. Farbe und Form.

Winternelis

Weitere Namen: 'Nelis d'Hiver', 'Bonne de Malines', 'Colomas Winterbutterbirne'.
Herkunft: Von J. CHARLES NELIS in Mecheln (Belgien) im Jahr 1813 gezogen, verbreitet durch GRAF COLOMA. Schon 1854 in Deutschland empfohlen.

Allgemeine Beurteilung: Relativ kleine Winterbirne, bei guter Ausreife eine vorzügliche Tafelfrucht. Die Sorte ist transportfest und sehr feuerbrandresistent.
Verwendung: Tafelbirne.
Frucht: Pflückreif Mitte bis Ende Oktober, Genussreife Anfang Dezember bis Januar. Klein bis mittelgroß (L = 60–90 mm, B = 60–85 mm, 150–200 g), in der Form ziemlich variabel, meist aber stumpfkreiselförmig. Gelbgrüne, bei Vollreife auch zitronengelbe Grundfarbe, ohne Deckfarbe. Oft ganze Frucht mit zimtfarbenem Rost überzogen. Große, deutliche Lentizellen, von denen kleinere Rostfiguren ausgehen. Mittellanger holziger Stiel, wie eingesteckt oder mit kleinem Fleischwulst in die Frucht übergehend. Offener Kelch in mitteltiefer und -breiter Grube. Kelchblätter kurz und breit, blättchenartig, oft aber abgebrochen und dann hornartig. Gelblich weißes Fleisch, etwas körnig, trotzdem fast schmelzend, weinsäuerlich, mit gutem Aroma. Kernhaus schwach hohlachsig. Kleine Kernfächer mit nicht immer gut ausgebildeten, sehr großen und länglich ovalen Kernen mit seitllicher Nase.

Baum: Wächst meist schwach, mit breit pyramidaler Krone. Dünne einjährige Triebe, hell- bis rotbraun, mit sehr kleinen Lentizellen. Kleine Blattknospen, rundlich spitz und leicht abstehend. Schmale, weidenartige Blätter, derb, dunkelgrün, stark glänzend und kahnförmig gewölbt. Rand fein gesägt. Die Sorte blüht mittelfrüh und ist etwas witterungsempfindlich. Ertrag deshalb unterschiedlich hoch. Die Sorte liebt warme und geschützte Standorte. An ungünstigen Standorten etwas schorf- und krebsanfällig.
Besondere Merkmale: Berostung.
Verwechslersorte: 'Madame Verté', diese hat aber eine schmale Kelchröhre.

Bayerische Weinbirne

Herkunft: Unbekannt. Erstmals von Bach und Klein (1906) erwähnt.

Allgemeine Beurteilung: Großfrüchtige, interessante Mostbirne mit starkem und gesundem Wuchs. In verschiedenen Regionen Süddeutschlands, vor allem in Baden noch häufiger. Feuerbrandresistent, deshalb für den landschaftsprägenden Anbau empfehlenswert.
Verwendung: Most- und Dörrbirne.
Frucht: Mitte bis Ende Oktober reif, einige Wochen haltbar. Sehr große, flaschenförmige Frucht, kelchbauchig, im Relief glatt, sieht wie eine Tafelbirne aus (L = 80–100 mm, B = 60–70 mm, 150–250 g). Weißlich grüne bis hellgrüne Grundfarbe mit leichtem orangefarbenem bis erdrotem Anflug auf der Sonnenseite. Zahlreiche große Lentizellen. Um den Kelch meist ganzflächige Berostung, sonst nur einzelne Figuren. Holziger Stiel, relativ lang und meist etwas gebogen. Etwas wulstige, mitteltiefe Kelchgrube mit kleinen, halb aufrechten Kelchblättern, an der Basis verwachsen. Festes, relativ feinzelliges Fruchtfleisch, gelblich weiß, sehr saftig, süßherb mit leichter Würze. Zuckergehalt 15% (60–70° Oechsle). Große, längliche Kerne mit seitlicher Nase, oft unvollkommen.
Baum: Groß mit rundlicher bis breitovaler Krone und relativ dünnen, herabhängenden Zweigen. Mitteldicke, oft etwas gewundene Jahrestriebe, grau bis rotbraun und wenige große, auffallende Lentizellen. Blattknospen länglich, stark abstehend. Dunkelgrünes, glänzendes Blatt, auf langem Stiel, Rand leicht gekerbt. Mittelfrühe Aufblüte. Große, ovale Kronblätter und mittelgroße, relativ breite Kelchblätter. Die Sorte zeigt einen gesunden Wuchs und ist feuerbrandresistent. Sie bevorzugt wärmere Lagen und scheint etwas blühempfindlich zu sein, da die Erträge nicht immer regelmäßig sind.
Besondere Merkmale: Große, tafelbirnenartige Früchte, aber herb. Breitkugelige Krone mit hängenden Zweigen.

Betzelsbirne

Weitere Namen: 'Butzenbirne', 'Betzlichs-', 'Blebles-', 'Bostels-', 'Weißbartsbirne', 'Kappes-', 'Kessels-', 'Kundelsbirne' u. a.
Herkunft: Vermutlich Sämling des 'Großen Katzenkopfs'. Erstmals von METZGER (1847) beschrieben und als „deutsche Nationalwirtschaftsbirne" bezeichnet. Es gibt verschiedene Typen sowie Sorten, die fälschlicherweise so bezeichnet werden.

Allgemeine Beurteilung: Sehr anspruchslose, herbe, großfrüchtige Mostbirne, die auch in höheren Lagen gedeiht und lange haltbar ist, leider feuerbrandanfällig. In Süddeutschland und Österreich vorkommend.
Verwendung: Mostbirne, früher auch als Dörr- und Kochbirne verwendet.
Frucht: Ende Oktober reif und bis zum Frühjahr haltbar. Große, kugelige Frucht, die zum Stiel eigenartig verjüngt ausläuft und dadurch kreiselförmig aussieht (D = 55–65 mm, 100–150 g). Weißlich grüne bis graugrüne Schale, leicht rötlich gelb auf Sonnenseite. Einzelne größere Rostfiguren und Schorfflecken. Die Frucht geht meist direkt in den holzigen Stiel über. Flacher, offener Kelch mit großen, spitzen, aufliegenden Kelchblättern, oft abgebrochen, wollig, an der Basis verwachsen. Grünlich weißes, grobzelliges Fruchtfleisch, sehr herb, hoher Zuckergehalt 17,5 % (60–80° Oechsle). Nach längerer Lagerung bauen sich die Gerbstoffe ab, dann würziger Geschmack. Große, ovale Kerne, häufig schlecht ausgebildet.
Baum: Große, locker aufgebaute Krone mit steilen Haupt- und nach außen hängenden Fruchtästen. Fruchtholz dick, sehr kurz und wenig verzweigt. Rotbraune, auf Schattenseite graugelbe Jahrestriebe, in der oberen Hälfte stark behaart. Ganz flachgedrückte, anliegende, fransige Knospen. Große, rundlich ovale Blätter, grauwollig. Späte Blüte, große, filzige und breite Kelchblätter. Später Ertragsbeginn, dann aber reichlich und regelmäßig fruchtend. Anspruchslos an Boden und Klima, gedeiht bis in Gebirgslagen.
Besondere Merkmale: Graugrüne Frucht mit typisch ausgezogener Stielseite, dadurch nicht zu verwechseln.

Brunnenbirne

Weitere Namen: 'Gallenbirne', in Österreich 'Rote Carisi'.
Herkunft: Unbekannt. Im Bodenseeraum schon um 1823 erwähnt. Ab 1824 in der Hohenheimer Baumschule vermehrt. In Süddeutschland und auch in der Schweiz noch öfters anzutreffen.

Allgemeine Beurteilung: Gute großfruchtige Dörrbirne, die auch zum Mosten und in der Brennerei verwendet werden kann. Bildet große, schöne Bäume. Kann auch in höheren Lagen für den landschaftsprägenden Anbau empfohlen werden.
Verwendung: Dörr-, Most und Brennbirne.
Frucht: Reift Mitte September bis Oktober und ist 2–3 Wochen haltbar. Die Früchte variieren in der Größe relativ stark (L = 65–100 mm, B = 50–70 mm, 90–160 g). Sie sind glocken- bis birnenförmig, stielwärts stärker eingeschnürt, am Kelch abgerundet bis abgeplattet. Grüngelbe, bei Sonnenfrüchten zitronengelbe Grundfarbe mit orangeroter bis braunroter, leicht streifiger Deckfarbe. Zahlreiche, große, graue Lentizellen, die rot umhöft sind. Flächenhafte Berostung um den Kelch, sonst netzartig. Sehr variable Stielgrube. Langer Stiel (20–40 mm) grüngelb, am Ende auch hellbraun. Zum Teil schief angesetzt und von der Frucht her fleischig. Halb offener bis geschlossener Kelch in einer tiefen, engen, wulstigen Grube. Kelchblättchen aufrecht, meist hornartig und am Grund getrennt. Gelblich weißes Fruchtfleisch, mittelfest und später teigig, süß und würzig, 16% Brix (60–70° Oechsle). Mittlerer Gerbstoffgehalt. Dunkelbraune ovale Kerne, seitlich spitznasig.
Baum: Stark wachsend, mit hoher, kegelförmiger Krone, starken Ästen und Zweigen sowie kräftigem Fruchtholz. Graubraune Jahrestriebe mit großen Lentizellen und großen kräftigen, rundlich bis länglich ovalen, dunkelgrünen Blättern.
Besondere Merkmale: Durch Größe, Form und Farbe von allen anderen Mostbirnen gut zu unterscheiden. Typisch ist auch die tiefe Kelchgrube.

Champagner Bratbirne

Weitere Namen: 'Bratbirne', 'Aechte Bratbirne', 'Champagner Weinbirne', 'Ciderbirne', 'Ganzlaubige Bratbirne'.
Herkunft: Unbekannt. Wahrscheinlich auf den Fildern, in der Nähe von Stuttgart, entstanden. Dort schon 1760 bekannt und 1789 von CHRIST als 'Champagner Weinbirne' beschrieben.

Allgemeine Beurteilung: Berühmteste Mostbirne, Getränk in Wein- bzw. Sektqualität. Aus dieser Birne wurde in Deutschland der erste „Champagner" hergestellt, 50 Jahre früher als aus Trauben. Vor allem in Süddeutschland, der Schweiz und in Österreich.
Verwendung: Mostbirne, Brennerei, Schaumweinherstellung.
Frucht: Reift Anfang bis Ende Oktober, 2–3 Wochen haltbar. Mittelgroß (L = 40–58 mm, B = 46–61 mm, 60–80 g), bergamotteförmig, auf der Kelchseite stark abgeflacht, stielseitig abgerundet und leicht eingeschnürt. Gelbgrüne, bei Vollreife grüngelbe Schale, glatt, ohne Röte, zahlreiche Lentizellen, meist grün umhöft, wenig berostet. Kurzer Stiel in enger Stielgrube. Mitteltiefe bis flache, breite Kelchgrube mit kurzen, hornartigen Kelchblättern. Festes, grobzelliges Fruchtfleisch, wird 10–14 Tage nach der Ernte teigig. Feinherb, weinig und würzig, mittelhoher Gerbstoffgehalt. Zuckergehalt 16,5 % (60–75° Oechsle). Breitrunde, mittelgroße, meist gut ausgebildete Kerne.
Baum: Mittelgroß. Breitovale, z.T. auch kugelige Krone mit schlanken Ästen. Langes, hängendes Fruchtholz, oft nestartig an Hauptästen angeordnet, mit dunkelbraunen Jahrestrieben. Kleine rundliche bis eiförmige, dunkelgrüne, glänzende Blätter, an der Spitze kahnförmig gebogen. Große Blütenknospen, schon früh wildlederartig. Frühe bis mittelfrühe Blüte. Kleine rundliche Kronblätter und kleine Kelchblätter. Nur in guten Lagen und bei entsprechender Pflege befriedigt der Ertrag. Feuerbrandempfindlich sowie anfällig für Birnenverfall.
Besondere Merkmale: Form, Farbe und Geschmack der Frucht sowie Fruchtholz.
Verwechslersorten: 'Karcherbirne', 'Sievenicher Mostbirne', 'Welsche Bratbirne'.

Fässlesbirne

Weitere Namen: 'Krebsbirne', 'Märzenbirne', 'Jungfrauenbirne', 'Kirchweihbirne' u.a.
Herkunft: Unbekannt. 1871 von LUCAS als typische Lokalsorte des Balinger Raums erwähnt. Es sind verschiedene 'Fässlesbirnen' im Anbau.

Allgemeine Beurteilung: Fruchtbare Sorte mit großen, alten Bäumen, die in Baden-Württemberg, vor allem am Fuß der Schwäbischen Alb, noch oft vorkommt. Wertvolle Dörrbirne und hervorragende Brennbirne.
Verwendung: Dörr-, Most- und Brennbirne, auch Frischverzehr möglich.
Frucht: Anfang bis Mitte September reif, wird bald teigig. Birnenförmige, mittelgroße Frucht (L = 60–70 mm, B = 40–50 mm, 50–80 g). Mittelbauchig, gegen Kelch abgerundet und stielseitig verjüngt. Schöne Fruchtfarbe, hell- bis zitronengelbe, glatte Schale, auf Sonnenseite leichter rötlicher Anflug. Kaum berostet, aber öfter Schorfflecken. Mittellanger Stiel, hellgelb bis grünlich, aufsitzend und leicht fleischig. Offener Kelch mit kurzen, schmalen, an Basis verwachsenen Kelchblättern. Mittelfestes, feinzelliges Fruchtfleisch, das schnell teigig wird, süßlich, leicht würzig mit Aroma und geringem Gerbstoffgehalt. Zuckergehalt 15% (60–70° Oechsle). Mittelgroße, schmale bis längliche Kerne, oft unvollständig ausgebildet.
Baum: Mächtige, alte, große Bäume mit rundovaler Krone. Dichtes, feines und typisch hängendes Fruchtholz. Hellbraune Jahrestriebe, stark glänzend mit vielen, auffallenden Lentizellen und rundlich flachen Blattknospen, die breiter als lang sind. Mittelgroße, elliptische Blätter. Blütenknospen apfelähnlich, später wildlederartig. Blüte früh. Mittelgroße Kelch- und Blütenblätter. Die Sorte kommt früh in Ertrag und bringt hohe, regelmäßige Ernten. Geringe Ansprüche an den Standort. Sehr gut geeignet für höhere Lagen. Mittlere Feuerbrandempfindlichkeit.
Besondere Merkmale: Fruchtform, Farbe und Geschmack. Ähnlich einer kleineren Tafelbirne. Gelber Stiel. Dünnes, hängendes Fruchtholz.
Verwechslersorten: Sommermuskatellersorte reift oft früher und hat ausgeprägte Lentizellen.

Fellbacher Mostbirne

Weiterer Name: 'Fellbacher Wasserbirne' und in der Fellbacher Gegend auch als 'Zerweckbirne' bekannt.
Herkunft: Unbekannt.

Allgemeine Beurteilung: Großfrüchtige Sorte mit vielseitiger Verwendung, auch durchaus essbar. In Süddeutschland stärker verbreitet, vor allem in Baden-Württemberg noch häufig zu finden. Leider zeigen die Bäume eine ausgeprägte Spitzendürre.
Verwendung: Koch-, Dörr- und Mostbirne.
Frucht: Mitte bis Ende September reif, bis zu 2 Wochen haltbar. Mittelgroß bis groß, kreisel-, z.T. auch leicht eiförmig (L = 50–70 mm, B = 50–60 mm, 70–120 g). Grüngelbe Grundfarbe, auf Sonnenseite dunkelrot gefärbt. Frucht meist stark berostet, Richtung Stiel kegelförmig abgestumpft, am Kelch abgeplattet. Mittellanger, holziger, dicker Stiel, hellbraun, glänzend. Mittelgroße, lange, spitze Kelchblätter, aufliegend, oft abgebrochen. Kelchgrube mitteltief bis tief, relativ eng. Festes Fruchtfleisch, gelblich weiß, mäßig saftig, kaum Gerbstoff und deshalb auch essbar. Zuckergehalt 15,5% (60–70° Oechsle). Große, länglich ovale bis längliche Kerne mit ausgeprägter, seitlich spitzer Nase.
Baum: Mittelgroße, sparrige Krone mit langen Ästen und Zweigen. Sortentypisch ist die geringe Verzweigung. Kräftige, sehr lange Jahrestriebe, olivfarben bis dunkelbraun mit deutlichen Lentizellen. Die schmalen, elliptischen Blätter sind gebogen und leicht gesägt. Länglich ovale, mittelgroße Kron- und Kelchblätter. Die Sorte blüht mittelfrüh und bringt meist nur mittleren Ertrag. Sie leidet seit einigen Jahren auffallend an Spitzendürre.
Besondere Merkmale: Größe, Färbung und Fruchtfleisch (Geschmack). Sehr lockere Krone mit langen, wenig verzweigten Ästen.
Verwechslersorte: 'Paulsbirne', diese reift aber später, ist meist größer und unterscheidet sich in der Kronenform deutlich.

Geddelsbacher Mostbirne

Weiterer Name: 'Rote Mostbirne'.
Herkunft: Stammt aus dem Ort Geddelsbach bei Öhringen (Hohenlohekreis). Ende des 19. Jh. erstmals erwähnt.

Allgemeine Beurteilung: Schön rot gefärbte Mostbirne mit guten Verwertungseigenschaften, allerdings kleinfrüchtig. Die hoch wachsenden Bäume sind sehr gesund und gedeihen auch noch in höheren Lagen. In verschiedenen Regionen Baden-Württembergs noch häufiger zu finden.
Verwendung: Mostbirne.
Frucht: Reift Anfang bis Mitte Oktober und ist ca. 3 Wochen haltbar. Kleine, kreiselförmige Frucht (L = 40–50 mm, B = 35–45 mm, 30–50 g) und gegen den Stiel leicht eingezogen. Weißliche bis hellgelbe Grundfarbe, die Hälfte der Frucht ist schön rot gefärbt, orange bis hellrot an der Übergangsstelle, dunkelrot auf der Sonnenseite. Mittelgroße, auffällige Lentizellen, in manchen Jahren sehr stark verkorkt, nur im Stielbereich leicht berostet. Der dünne, mittellange Stiel ist holzig, braun gefärbt und oft schief angesetzt. Mitteltiefe Kelchgrube mit kurzen bis mittellangen, aufrecht stehenden, leicht wolligen Blättchen. Mittelfestes, gelblich weißes Fruchtfleisch, zuckerreich, 18% Brix (65–80° Oechsle) und stark adstringierend. Zahlreiche, gut ausgebildete, dunkelbraune bis schwarze, mittelgroße, ovale Kerne mit seitlicher Nase.
Baum: Große Bäume mit schlanker, hochovaler Krone und typischen, feinen Trieben. Sehr dünne, graue bis rotbraune Jahrestriebe mit vielen, auffallend langen Lentizellen. Kleine, rundlich bis eiförmige Blätter mit deutlich gesägtem Rand und langem Stiel. Die Sorte blüht mittelspät und hat mittelgroße Blüten mit rundlichen Kronblättern, die sich berühren, und kleinen Kelchblättern. Sie bringt hohe, meist auch regelmäßige Erträge.
Besondere Merkmale: Kleine, schön gefärbte Früchte. Dünne, leicht hängende Zweige und Triebe.
Verwechslersorte: 'Tollbirne'.

Gelbe Wadelbirne

Weitere Namen: 'Kannenbirne', 'Kantenbirne', 'Längler', 'Längsbirne', 'Mannabirne', 'Schluckerbirne', 'Strangulierbirne', 'Strengling', 'Würger', 'Würgelbirne' u. a.
Herkunft: Schon um 1390 in der Schweiz und Ende des 15. Jh. in einer Landesbeschreibung von Württemberg erwähnt. Erstmals von BAUHIN (1598) als 'Süßelbirne' abgebildet und beschrieben.

Allgemeine Beurteilung: Alte kulturhistorische Sorte, die als 'Hutzelbirne' erwähnt ist und durch E. MÖRIKE in seinem „Stuttgarter Hutzelmännle" in die Literatur einging. Früher in ganz Süddeutschland verbreitet, heute nur noch selten zu finden.
Verwendung: Vorzügliche Hutzelbirne, auch als Mostbirne nutzbar.
Frucht: Die Sorte reift Ende August bis Anfang September und wird bald teigig. Mittelgroße bis große flaschenförmige Frucht (L = 85–120 mm, B = 45–65 mm, 75–175 g). Die Frucht hat die Form einer Wade. Hellgrüne Grundfarbe, bei Vollreife hellgelb, auf der Sonnenseite schwach hellrosa bis rot, z.T. leicht streifig. Große Lentizellen. Berostung an Kelchgrube. Mittellanger, kräftiger Stiel, meist mit Fleischknopf, deshalb häufig schief angesetzt. Kelchblätter an Basis verwachsen, meist abgebrochen, in mitteltiefer Grube. Weißlich gelbes Fruchtfleisch, grobzellig, süß, mit relativ hohem Gerbstoffgehalt, deshalb auch 'Würger' oder 'Strangulierbirne' genannt. Wird schnell teigig. Zuckergehalt 16% (60–75° Oechsle). Große, ovale, spitze Kerne.
Baum: Große eichenartige Bäume mit umfangreicher Krone und dicker Borke. Hellbraune Jahrestriebe mit auffallenden Lentizellen, in oberer Hälfte behaart, mit länglichen, anliegenden Knospen. Hellgrüne, stark filzige, lange, schmale Blätter. Sortentypisch lange (> 10 mm), wildlederartige Blütenknospen. Blüte mittelfrüh, auffallend große und sehr spitze Kelchblätter. Ertrag nur mittelhoch.
Besondere Merkmale: Längliche, wadelförmige Frucht, die bald teigig wird. Ähnlich einer Tafelbirne, aber herb.

Gelber Löwenkopf

Weitere Namen: 'Kleiner Katzenkopf', 'Faustbirne', 'Schwabenbirne'.
Herkunft: Stammt wahrscheinlich aus Frankreich, von WALKER 1823 erstmals erwähnt.

Allgemeine Beurteilung: Wertvolle, sehr spät reifende, großfruchtige Wirtschaftsbirne, die ab Januar auch als Tafelbirne verwendet werden kann und gut lagerfähig ist. Gesunder und regelmäßig tragender Baum.
Verwendung: Wirtschafts-, Most- und auch Tafelbirne.
Frucht: Die große bis sehr große Frucht (L = 75–90 mm, B = 70–80 mm, 150–270 g) ist Mitte bis Ende Oktober pflückreif, genussreif ab Ende November und einige Monate lagerfähig. Die Form ist sehr veränderlich, von bergamott- über ei- bis zu kreisel- und sogar birnenförmig. Im Relief kantig und beulig. Bei der Ernte hellgrün, manche Früchte zeigen ein düsteres Rot auf der Sonnenseite, später werden sie zitronengelb. Die Lentizellen sind klein und zahlreich. Teile der Frucht können von Rost überzogen sein. Kelchgrube eng bis mittelweit, mitteltief und leicht wulstig. Geschlossener Kelch mit gelbgrünen, breiten und mittellangen Blättchen, am Grund verwachsen. Enge Stielgrube, 30–35 mm langer und 3–4 mm dicker Stiel, ist wie eingesteckt, oft aber auch schiefwulstig. Achse leicht geöffnet, Wände mittelbreit und glatt. Mittelgroße bis große, länglich ovale Samen mit seitlich spitzer Nase, oft auch taub. Grünlich weißes, grobkörniges Fleisch, süß und weinsäuerlich. Leichter Gerbstoffgehalt, der sich aber mit zunehmender Lagerung abbaut.
Baum: Mittelstark wachsend mit kugelförmiger Krone und sehr ertragreich. Einjährige Triebe mit langen und schmalen, leicht abstehenden Knospen. Mittelgroße, dünne Blätter, länglich oval und feingezähnt.
Besondere Merkmale: Große und rundliche, spätreifende, beulige Früchte mit oft schiefwulstigem Stielansatz und leicht herbem Fruchtfleisch.
Verwechslersorte: 'Großer Französischer Katzenkopf'.

Gelbmöstler

Weitere Namen: 'Gelbe Mostbirne vom Bodensee' (LUCAS 1854), 'Gälmöstler', 'Welsche Bergbirn', 'Helleger Mostbirne' (in Vorarlberg).
Herkunft: Zufallssämling aus der Nordschweiz, seit Ende des 18. Jh. stärker verbreitet.

Allgemeine Beurteilung: Sehr fruchtbare, relativ frühreife und, obwohl sie schnell teigt, auch wertvolle Most- und interessante Brennbirne mit schöner Herbstfärbung. Leider stark feuerbrandanfällig. Noch sehr häufig in Süddeutschland, Österreich und in der Schweiz verbreitet.
Verwendung: Most- und Brennbirne.
Frucht: Mitte bis Ende September reif und bald teigig. Mittelgroße, flachkugelige Früchte (L = 47–60 mm, B = 48–60 mm, 58–94 g). Glatte, bei Berostung feinraue Schale, leicht fettig, grüngelb, bei Vollreife goldgelb mit orangem Anflug auf Sonnenseite, mit zahlreichen kleinen Punkten, von denen oft die Berostung ausgeht. Um Kelch und Stiel häufig ganzflächig berostet. Mittellanger und -dicker, etwas gebogener, holziger Stiel. Mitteltiefe, breite und wulstige Kelchgrube mit deutlich wolligen, halb aufrechten, z.T. auch hornartigen Kelchblättern. Sehr saftiges, grobzelliges, gelblich weißes Fruchtfleisch, süßlich. Zuckergehalt 15% (55–70° Oechsle). Würzig und leicht herb, aber noch essbar, wird relativ schnell teigig. Schwarzbraune, mittelgroße Kerne mit seitlich stumpfer Nase, oft schlecht ausgebildet.
Baum: Mittelstarker Wuchs mit pyramidaler Krone und kräftigen Ästen, nach außen stark hängend. Helle, gelblich grüne Jahrestriebe mit dunkelbraunen Blütenknospen, an der Spitze oft leicht gelblich. Große, rundliche Blütenblätter und breitzipflige, filzige Kelchblätter. Frühe Aufblüte, lange Blühzeit, wenig witterungsempfindlich und daher hoher und regelmäßiger Ertrag. Wenig anspruchsvoll an den Standort. Gedeiht auch in Hochlagen.
Besondere Merkmale: Gelbe Fruchtfarbe, würziger Geschmack, schnelles Teigigwerden der Frucht.
Verwechslersorten: 'Kirchensaller Mostbirne' und 'Metzer Bratbirne'.

Große Rommelter

Weitere Namen: 'Rommelter', 'Rummelter', 'Saubirne', 'Kugelbirne', 'Welsche Bogenäckerin', 'Späte Bratbirne', 'Rockenbirne', 'Heidelberger Champagnerbirne' u. a.
Herkunft: Aus Baden, durch Pfarrer RUTZ aus Mauer (Neckargemünd) bekannt gemacht, erstmals von METZGER 1847 beschrieben.

Allgemeine Beurteilung: Mostbirne ersten Ranges. Früher dem Riesling bei Weintrauben gleichgesetzt, wurde zur Verbesserung von minderwertigem Traubenmost empfohlen. Bei voller Reife auch essbar. Mächtige Bäume, leider stark feuerbrandanfällig. In Süddeutschland bisher noch häufig vorkommend und auch in Österreich.
Verwendung: Most- und Schnitzbirne.
Frucht: Reift Ende September bis Anfang Oktober, hält 2 Wochen. Mittelgroß, plattrund (D = 50–60 mm, 50–120 g). Gelblich grüne Schale, bei voller Reife schön orangegelb, auf Sonnenseite rot überhaucht, große, deutliche Lentizellen mit rötlichem Hof. Langer, holziger Stiel, knospig, meist schief angesetzt. Mitteltiefe, breite Kelchgrube, z. T. breitwulstig, am Grund verwachsene, große, halb aufrechte Kelchblätter. Festes Fruchtfleisch, weiß, sehr grobkörnig. Herbsüß, würzig, bei Vollreife weiniger Geschmack, dann kaum Gerbstoff und essbar. Zuckergehalt 13,5% (55–60° Oechsle). Mittelgroße, länglich ovale Kerne.
Baum: Kräftiger Wuchs mit hochgewölbter Krone. Sortentypisch gebogene bzw. geschlängelte, eichenartige Äste. Dunkelrotbraune Jahrestriebe mit sehr kleinen Lentizellen. Breit eiförmige, glänzende dunkelgrüne Blätter, hängen lange am Baum. Sehr große, braungelbliche, oft wildlederartige Blütenknospen. Mittelspäte Blüte. Kommt spät in Ertrag, dann sehr fruchtbar, aber etwas witterungsempfindlich.
Besondere Merkmale: Wuchs. Fruchtform. Geschmack.
Verwechslersorten: 'Grünmöstler', 'Luxemburger Mostbirne' (hat sehr herbe Früchte) und 'Schweizer Wasserbirne'.

Großer Französischer Katzenkopf

Weitere Namen: 'Catillac', 'Pfund-', 'Schlegel-', 'Ross-' und 'Glockenbirne', 'Ochsenknüppel', 'Kotz-', 'Saubirne' u. a. MATHIEU (1889) nennt in seiner „Nomenclator Pomologicus" über 70 Synonyme.
Herkunft: Sehr alte Sorte, die aus Frankreich kommt und nach dem Dorf Catillac benannt ist. Erstmals 1668 unter diesem Namen von BONNEFOND beschrieben.

Allgemeine Beurteilung: Sehr bekannte Kochbirne, die früher vor allem wegen ihrer Größe und Haltbarkeit weit verbreitet war.
Verwendung: Koch-, Dörr- und Mostbirne.
Frucht: Pflückreif ab Ende Oktober, genussreif ab Dezember und haltbar bis zum Frühsommer. Sehr große, kugelige bis kreiselförmige, meist etwas ungleichmäßige Frucht (D = 70–100 mm, 190–300 g). Dickbauchig, zum Stiel hin stark verjüngt. Dicke, graugrüne, später zitronengelbe Schale. Auf der Sonnenseite z.T. schmutzig braunrot, mit deutlichen Lentizellen. Dicker holziger Stiel, z.T. auch fleischig. Weite und tiefe Kelchgrube mit starken Rippen, offener Kelch mit hornartigen, aufrecht stehenden, am Grund getrennten Blättchen. Grobkörniges festes Fruchtfleisch, süß und leicht herb, gekocht rot färbend und wohlschmeckend. Zuckergehalt 15% (60–65° Oechsle). Große, länglich ovale Kerne, in schmaler Spitze auslaufend.
Baum: Sehr stark wachsend, lockerer Kronenaufbau, kräftiges, stark verzweigtes Fruchtholz. Dunkelgraue bis graubraune Jahrestriebe, an der Spitze leicht wollig mit großen, anliegenden Knospen. Dunkelgrüne Blätter, sehr derb und groß, filzige Unterseite. Auffallend große Blütenknospen und sehr große glockenförmige Blüten (D = bis 5 cm). Späte Blüte, unempfindlich gegen nasskalte Witterung. Wenig Ansprüche an Boden und Klima. Kommt früh in Ertrag mit regelmäßigen Ernten.
Besondere Merkmale: Graugrüne, große unregelmäßige Früchte, kelchbauchig. Sehr große Blätter und Blüten.
Verwechslersorten: 'Grüne Pfundbirne', 'St. Remy' und 'Gelber Löwenkopf'.

Grüne Jagdbirne

Weitere Namen: 'Metzer Bratbirne' (Schweiz), 'Carisi' (Frankreich).
Herkunft: Wurde als 'Metzer Bratbirne' (Metz/Frankreich) in den Pomologischen Monatsheften 1883 abgebildet und beschrieben.

Allgemeine Beurteilung: Sehr spät reifende, reich tragende Mostbirne mit hohem Gerbstoffgehalt. In warmen Jahren und bei guter Ausreife aber durchaus interessant für die Schaumweinherstellung.
Verwendung: Most- und Scheidebirne.
Frucht: Erst Ende Oktober reif, sollte vor der Verarbeitung noch einige Wochen gelagert werden, ca. 6–8 Wochen haltbar. Die kugelförmigen mittelgroßen Früchte (L = 50–60 mm, B = 50–60 mm, 60–90 g) sind auf einer Seite stielabwärts meist etwas höher und leicht eingeschnürt sowie am Kelch leicht abgeplattet. Die glänzende, feinraue Schale hat eine graugrüne, bei Vollreife grüngelbe bis zitronengelbe Grundfarbe, manchmal orangefarbener bis leicht rötlicher Anflug auf der Sonnenseite. Zahlreiche deutliche, graubraune Lentizellen. Öfters am Kelch berostet und einzelne Rostfiguren. Kurzer (15–20 mm) und kräftiger, holziger Stiel, wie eingesteckt oder auch aufsitzend. Offener Kelch in flacher bis mitteltiefer, leicht wulstiger Grube. Kurze, hornartige Kelchblätter, meist halb aufrecht und an der Basis getrennt. Grünliches, später gelblich weißes, schnell bräunendes Fruchtfleisch, sehr fest, grobkörnig und stark adstringierend, bei Vollreife süßherb und auch würzig, Zuckergehalt 18 % (60–90° Oechsle). Mittel bis gut ausgebildete, große, dunkelgraue bis schwarze, länglich ovale Kerne.
Baum: Mittelstark wachsend, rundovale Krone. Dunkelgrüne, glänzende, breitelliptische Blätter. Blüte sehr widerstandsfähig, deshalb regelmäßige und hohe Erträge. Sehr widerstandsfähig gegen Krankheiten und Schädlingsbefall.
Besondere Merkmale: Hoher Gerbstoffgehalt und glänzende Schale. Geöffnete Achse, Wände mit ausgeblühten Rissen.
Verwechslersorte: 'Luxemburger Mostbirne'.

Grünmöstler

Weiterer Name: 'Vaihinger Bratbirne'.
Herkunft: Stammt wahrscheinlich aus der Schweiz, ab 1870 bekannt.

Allgemeine Beurteilung: Sehr ertragreiche und empfehlenswerte, mittelgroße Mostbirnensorte. Kommt in Süddeutschland, der Schweiz und in Österreich noch häufiger vor. Stellt geringe Ansprüche an den Standort. Leider stark feuerbrandanfällig.
Verwendung: Most- und Dörrobstherstellung, Brennerei.
Frucht: Anfang Oktober reif, ca. 2 Wochen haltbar. Mittelgroß und flachkugelig, typische Bratbirnenform (L = 40–60 mm, B = 55–65 mm, 60–120 g). Hell- bis gelbgrüne Grundfarbe, auf der Sonnenseite schmutzig braunrot verwaschen, häufig auch streifig. Berostungen um Kelch und Stiel. Mittellanger, kräftiger, holziger Stiel, an der Basis grün. Flache und breite, leicht wulstige Kelchgrube, mit großen, an der Basis verwachsenen, wolligen Kelchblättern. Festes, grobkörniges Fruchtfleisch, sehr saftig, süßherb und würzig, wird teigig, essbar. Zuckergehalt 16,5% (60–80° Oechsle). Mittelgroße, ovale Kerne.
Baum: Mittelgroße, sehr schlanke Bäume, oft pappelähnlich, bestehend aus kräftiger Mittelachse und hängenden Seitenästen. Lange, relativ dünne, olivfarbene bis braune Jahrestriebe mit auffallend langen, spitzen, stark abstehenden Knospen. Große, eirunde Blätter, dunkelgrün und glänzend, Rand leicht gekerbt. Frühe bis mittelfrühe Aufblüte. Sehr große Blüten mit rundlichen Kronblättern und breiten, kräftigen, stark filzigen Kelchblättern. Die Sorte kommt früh in Ertrag und bringt hohe und regelmäßige Ernten. Sie stellt wenig Ansprüche an den Standort, ist aber relativ stark feuerbrandanfällig.
Besondere Merkmale: Kelchbauchige, rundliche Früchte mit rötlich braunen Streifen, essbar. Hoher, schlanker Wuchs.
Verwechslersorten: 'Große Rommelter' und 'Schweizer Wasserbirne', diese haben an der Frucht keine rötlich braunen Streifen und unterscheiden sich deutlich im Wuchs.

Herbstfeigenbirne

Weitere Namen: 'Herbst-Grunbirne', 'Pfaffenbirne'.
Herkunft: Unbekannt, von E. LUCAS 1854 erstmals erwähnt und kurz beschrieben. In Süddeutschland und auch in Luxemburg verbreitet.

Allgemeine Beurteilung: Reichtragende Herbstbirne mit schönem Wuchs und geringen Standortansprüchen. Als Most-, Dörr- und Brennbirne geschätzt. Die Sorte ist leider etwas anfällig für Feuerbrand.
Verwendung: Most-, Dörr- und Brennbirne, früher auch als Tafelbirne verwendet.
Frucht: Reife Ende September bis Anfang Oktober, wird bald teigig. Kleine bis mittelgroße Birne (L = 40–50 mm, B = 35–50 mm, 50–80 g), ei- bis kreiselförmig, stielwärts leichte Einschnürung. Hell- bis gelbgrüne Schale, auf der Sonnenseite z. T. leichte Röte, zahlreiche graubraune Lentizellen, vereinzelte Berostungen. Mittellanger holziger Stiel, oft etwas schief angesetzt. Enge und leicht wulstige Kelchgrube mit meist aufsitzenden, breiten mittelgroßen bis großen Kelchblättern. Das saftige mittelfeste Fleisch ist grobzellig, würzig und hat kaum Gerbstoff, die Frucht ist deshalb durchaus essbar, wird aber bald teigig. Zuckergehalt 14,5% Brix (55–65° Oechsle). Zahlreiche ovale, mittelgroße, dunkelbraune Kerne, seitlich stumpfnasig.
Baum: Starker Wuchs mit schöner dichter, kugelförmiger Krone. Typisch sind die kräftigen, reich mit kurzem Fruchtholz besetzten Äste. Olivgrüne bis bräunliche Jahrestriebe, stark filzig, mit dreieckigen anliegenden Knospen. Dünne und gewellte, länglich ovale, ganzrandige Blätter. Die Sorte trägt reich und regelmäßig und ist wenig anfällig für Krankheiten, außer für Feuerbrand. Wenig anspruchsvoll an den Standort.
Besondere Merkmale: Sortentypische dichte Krone mit graugrüner Belaubung. Mittelgroße eiförmige Früchte, würzig und essbar.
Verwechslersorten: 'Sommerfeigenbirne', 'Wilde Eierbirne'.

Junker Hans

Weitere Namen: 'Messieur Jean', 'Meister Hans', 'Goldener Hans', 'Hansenbirne', 'Römische Eierbirne' u.v.a.
Herkunft: Sehr alte Sorte, bereits 1665 in Frankreich erwähnt. Es gibt verschiedene Spielarten, z.B. 'Grauer Junker Hans' oder 'Goldener Junker Hans'.

Allgemeine Beurteilung: Eine geschmacklich recht gute, wenig anspruchsvolle Sorte, früher in Deutschland an der Bergstraße und am Hardtgebirge weit verbreitet. Noch Mitte des 19. Jahrhunderts stark vermehrt.
Verwendung: Ausgezeichnete Dörr- und Brennbirne.
Frucht: Die kleine bis mittelgroße, rundliche bis kreisförmige Frucht (50–60 g) wird Mitte bis Ende Oktober reif und hält 4–6 Wochen. Die 'Goldene Junker Hans' ist stielwärts nicht eingezogen, sondern läuft gewölbt aus. Die Frucht hat eine zitronengelbe Grundfarbe, ist aber fast ganz von oliv- bis zimtfarbenem Rost überzogen, auf der Sonnenseite z.T. leicht braunrot. Auffällige, große Lentizellen. Sehr gleichmäßige Kelchgrube mit mittelgroßen z.T. aufliegenden, oft gelblichen Kelchblättern, an der Basis verwachsen. Gelblich weißes, festes Fruchtfleisch, zimtartig, würzig und süß, kaum Gerbstoff, hoher Zuckergehalt 17,1% Brix (70–80° Öchsle). Die 'Graue Junker Hans' ist weniger süß.
Baum: Starker, pyramidaler Wuchs mit dichter Belaubung und dunkelgrünen, relativ dicken, länglich eirunden Blättern. Fruchtbare und gesunde Sorte, liebt tiefgründigen Boden.
Besondere Merkmale: Runde bis kreisförmige, fast ganz hellbraun berostete Frucht, süß und kaum Gerbstoff.
Beurteilung als Brennfrucht: Die Ausbeute ist hoch und die Destillatsqualität sehr gut, mit feinem zimtartigem Birnenaroma.

Karcherbirne

Weitere Namen: 'Kargenbirne', 'Karchenbirne', 'Kragenbirne'.
Herkunft: Zufallssämling aus Gaildorf bei Schwäbisch Hall. 1854 von LUCAS erstmals beschrieben.

Allgemeine Beurteilung: Sehr wertvolle Mostbirne, die in Württemberg noch häufiger und in Österreich noch vereinzelt anzutreffen ist. Großkronige, gesunde Bäume für den landschaftsprägenden Anbau, auch für rauere Lagen geeignet. Streuobstsorte des Jahres 1999 in Baden-Württemberg.
Verwendung: Most- und Brennbirne, auch für Schaumweinherstellung geeignet.
Frucht: Ende September bis Anfang Oktober reif, 2–3 Wochen haltbar. Mittelgroße, flachkugelige oder bergamotteförmige Früchte (D = 56 mm, 50–100 g). Kelchbauchig mit typischer namensgebender Einschnürung stielwärts. Schmutzig grüne, raue Schale, die mit der Reife heller wird. Zahlreiche, auffallend große Lentizellen, einzelne Rostfiguren. An der Basis grüner, dann brauner, mittellanger, holziger Stiel. Mitteltiefe Kelchgrube mit kurzen bis mittellangen, halb aufrecht stehenden Kelchblättern, an der Basis verwachsen. Grobzelliges festes Fruchtfleisch mit ausgeprägter Steinzellenschicht um das Kernhaus herum, saftig, süßherb, würzig, zusammenziehend. Früchte werden am Boden liegend teigig. Hoher Zuckergehalt 17,5% (66–80° Oechsle). Mittelgroße, ovale Kerne, teilweise schlecht ausgebildet.
Baum: Starkwüchsiger, mächtiger Baum mit hochovaler, relativ dichter Krone. Dünnes Fruchtholz, gelblich braune Langtriebe mit rundlich eiförmigen, mittelgroßen, graugrünen Blättern. Mittelfrühe Blüte. Große, eiförmige Kronblätter und mittelgroße Kelchblätter. Bringt hohe Erträge, ist wenig krankheitsanfällig und feuerbrandresistent. Sehr anpassungsfähig an den Standort, eignet sich auch für rauere Lagen.
Besondere Merkmale: Form der Frucht. Raue Lentizellen auf der Schale. Wuchs- und Kronenform. Purpurfarbene Herbstfärbung.
Verwechslersorte: 'Champagner Bratbirne', diese hat aber glatte Schale, hängendes Fruchtholz und dunklere Jahrestriebe.

Kirchensaller Mostbirne

Herkunft: Zufallssämling aus dem Kirchensaller Gebiet in Hohenlohe (Baden-Württemberg). Entstehungsjahr unbekannt. 1910 erstmals unter diesem Namen erwähnt. Vor 80–100 Jahren viel gepflanzt.

Allgemeine Beurteilung: Gute ertragreiche Mostbirne mit schöner Krone für den landschaftsprägenden Anbau. In ganz Deutschland verbreitet, im Süden noch recht häufig. Die wichtigste Sämlingsunterlage für Birnen in Deutschland.
Verwendung: Mostbirne und bewährte Sämlingsunterlage für Birnen.
Frucht: Ende September bis Anfang Oktober reif, 2–3 Wochen haltbar. Relativ kleine, kreiselförmige Früchte (L = 43–62 mm, B = 40–56 mm, 30–55 g). Hell- bis zitronengelbe, bei Vollreife auch goldgelbe Schale mit Berostungen an Stiel und Kelch. Mittellanger, dünner, holziger Stiel, braun, meist etwas schief angesetzt, z.T. direkt in die Frucht übergehend. Halb aufliegende, mittellange Kelchblätter in flacher Grube, an der Basis getrennt. Gelblich weißes, festes Fruchtfleisch, herbsüß, hoher Gerbstoffgehalt. Zuckergehalt 17% (60–80° Oechsle). Zahlreiche gut ausgebildete, dunkelbraune, rundlich ovale Kerne.
Baum: Starkwüchsig mit großer, rundlich ovaler Krone. Auf den leicht gebogenen Leitästen stehen viele so genannte Reiter, die wie kleine Bäume aussehen. Gelbgraue Jahrestriebe mit leicht abstehenden, kleinen Knospen. Mittelgroße, eiförmige Blätter, Rand gesägt. Mittelgroße, dunkelbraune Blütenknospen. Späte Blüte, kleine rundliche Kronblätter und kleine mittelbreite Kelchblätter. Regelmäßige und gute Erträge. Sehr gesunde und anspruchslose Sorte mit schöner gelber Laubfärbung im Herbst. Sie stellt wenig Ansprüche an den Standort und ist auch für Höhenlagen geeignet. Wenig feuerbrandanfällig.
Besondere Merkmale: Gelbe Frucht, stark gerbstoffhaltig. Typischer Kronenaufbau.
Verwechslersorte: 'Gelbmöstler', diese hat aber deutlich weniger Gerbstoff.

Kluppertebirne

Weitere Namen: 'Weinbirne', 'Klumperte-', 'Klumbers-' und 'Ramelisbirne', 'Weinmannsbirne', 'Träublensbirne'.
Herkunft: Unbekannt. 1789 erstmals von CHRIST als 'Weinbirne' erwähnt. Von LUCAS 1854 als 'Kluppertebirne' beschrieben.

Allgemeine Beurteilung: Wertvolle Mostbirne, etwas kleine Früchte. Sehr gesunde, mittelstark wachsende Sorte mit hohem Ertrag. Empfehlenswert für den landschaftsprägenden Anbau. In Süddeutschland und in der Schweiz vorkommend. Im Ludwigsburger Raum häufig als 'Weinmannsbirne'.
Verwendung: Mostbirne.
Frucht: Ende September bis Mitte Oktober reif, ca. 3 Wochen lagerfähig. Klein, rundlich bis kreiselförmig (D = 46–50 mm, 30–70 g). Früchte hängen fest und lange am Baum. Gelbgrüne Grundfarbe, Sonnenseite leicht braunrot. Fast die ganze Frucht ist zimtbraun berostet. Mittellanger, holziger, brauner Stiel, glänzend. Halb aufrechte bis liegende, lange und schmale Kelchblätter in breiter, mitteltiefer Grube. Mittelfestes Fruchtfleisch mit relativ viel Säure und mittelhohem Gerbstoffgehalt. Zuckergehalt 16,5% (60–80° Oechsle). Mittelgroße, länglich ovale Kerne.
Baum: Mittelgroße, sehr dichte Krone mit hängenden Ästen. Fruchtholz, wenig verzweigt, dünn und sehr dicht. Dunkelbraune glänzende Jahrestriebe, leicht abstehende rundliche Blattknospen. Kleine, rundliche Blätter auf dünnen, sehr langen Stielen. Sehr kleine Blütenknospen. Mittelfrühe Blüte. Kleine, längsovale, rötlich weiße Kronblätter und sehr kleine, schmale Kelchblätter. Kommt früh in Ertrag und bringt sehr hohe regelmäßige Ernten. Die Früchte hängen meist in Büscheln, daher leitet sich im Schwäbischen der Name 'Klupperte' ab. Sehr gesundes, dunkelgrünes Laub. Wenig anspruchsvoll an den Standort, kaum feuerbrandanfällig.
Besondere Merkmale: Rötliche Blüte. Zimtfarben berostete Früchte. Dichte Krone. Sehr lange Blattstiele.
Verwechslersorte: 'Palmischbirne', diese hat aber auffallende Lentizellen und einen anderen Wuchs.

Knausbirne

Weitere Namen: 'Weinbirne', 'Weinbergsbirne', 'Frühe Weinbirne', 'Fassfüller', 'Zankbirne', 'Herbstgürtel', 'Pfullinger Birne', 'Elsässer Birne', 'Frühe Frankfurter', 'Röthelbirne' u. a.
Herkunft: Unbekannt; schon 1791 in der Plattenhardter Liste erwähnt und von J. K. SCHILLER (1794) in der Baumschule vermehrt.

Allgemeine Beurteilung: Eichenartige, sehr fruchtbare Bäume für den Streuobstanbau. Früher wichtige Sorte für Schnitzherstellung und die am häufigsten vorkommende Sorte in Württemberg. Die Frucht wird leider sehr schnell weich und teigig, deshalb heute nur noch wenig verbreitet, da viele Bäume umveredelt wurden. Trug im 19. Jahrhundert wesentlich zum Aufschwung des Obstbaus in Württemberg bei.
Verwendung: Dörrobstherstellung.
Frucht: Reift Mitte bis Ende September, nur 1 Woche haltbar. Große, birnenförmige Früchte (L = 55–80 mm, B = 50–70 mm, 70–180 g), am Kelch abgerundet, gegen Stiel leicht eingeschnürt und abgestumpft. Glatte, leicht glänzende gelbgrüne Schale, später gelb, auf Sonnenseite schön karmin-, z. T. auch dunkelrot mit zahlreichen großen Punkten. Öfter Schorfflecken. Mittellanger Stiel, von der Frucht her hellgrün, in einer kleinen, engen Grube. Offener Kelch in flacher Grube, Blättchen am Grund verwachsen, halb aufrecht, mittellang und hornartig. Gelbweißes Fruchtfleisch, saftig, herbsüß und würzig, wird sehr schnell teigig. Zuckergehalt 16,5% (60–75° Oechsle). Mittelgroße bis große Kerne, schmal und sehr lang, mit seitlicher Nase, oft schlecht ausgebildet.
Baum: Starker Wuchs, sehr große, wuchtige, eichenartige Bäume mit dicken Ästen. Kräftiges Fruchtholz, kurz und stark verzweigt. Braune Langtriebe mit kräftigen Blattwulsten und leicht abstehenden, rundlichen Knospen. Mittelfrühe Aufblüte. Rundliche Kronblätter und mittelgroße breite Kelchblätter. Anspruchslose Sorte, kommt früh in Ertrag und bringt hohe, regelmäßige Ernten.
Besondere Merkmale: Große gelbrote bauchige Frucht mit Schorfbefall, wird schnell teigig.

Knollbirne

Weitere Namen: In Österreich 'Glasbirne'.
Herkunft: Stammt aus Mammern (Kanton Thurgau, Schweiz). Seit 1850 vermehrt.

Allgemeine Beurteilung: Mittelspäte, empfehlenswerte Mostbirne mit ausgewogenem Zucker-Säure-Verhältnis, im Geschmack süßherb und würzig. Sie gibt einen guten, haltbaren Most. Der Baum ist gesund und ertragreich. Die Sorte ist in Süddeutschland, der Schweiz und in Österreich verbreitet.
Verwendung: Mostbirne, teigig zu Süßspeisen.
Frucht: Reife Anfang bis Mitte Oktober, 2–3 Wochen haltbar. Mittelgroße Frucht (L = 60–65 mm, B = 45–50 mm, 50–115 g). Meist typisch fassförmig, z.T. aber auch eiförmig, gegen den Stiel leicht eingezogen, dem Kelch zu wenig abnehmend und stark abgeplattet. Im Querschnitt unregelmäßig, oft etwas kantig. Raue Schale mit trüb gelbgrüner bis grüngelber Farbe, z.T. leicht orange angehaucht. Zahlreiche große und deutliche Lentizellen und typische Berostung um Kelch und Stielansatz. Kurzer (13–20 mm) und dicker Stiel (3–4 mm), braun, holzig, z. T auch leicht fleischig, meist in enger Grube, oft schief angesetzt. Halb offener bis offener Kelch in flacher, leicht beuliger Grube. Aufrechte Kelchblätter, relativ breit und am Grund deutlich getrennt. Grünlich bis gelblich weißes Fleisch, fest und grobzellig, süßherb und würzig, Zuckergehalt 16% (60–84° Oechsle). Geschlossene Kernhausachse, schmale Kernfächer mit meist schlecht ausgebildeten, großen, dunkelbraunen bis schwärzlichen, längsovalen Kernen mit seitlicher Nase.
Baum: Kräftiger Wuchs mit mittelgroßer, schlanker Krone. Dunkelbraune, glänzende Langtriebe mit kleinen, länglichen Lentizellen, kaum abstehende Blattknospen. Relativ große, eirunde bis breitelliptische, lederartige dunkelgrüne Blatter, stark kahnförmig gewölbt und am Rand gezähnt. Sorte kommt früh in Ertrag und bringt hohe, regelmäßige Ernten.
Besondere Merkmale: Eigentümliche Fruchtform, dickes Blatt.
Verwechslersorten: 'Wilde Eierbirne', 'Marxenbirne', 'Kieffers Sämling'.

Kuhfuß

Synonyme: 'Westfälische Glockenbirne', 'Herrenbirne', 'Sommerkatzenkopf', 'Pfund-' und 'Weddelbirne' u. a.
Herkunft: Unbekannt, von OBERDIECK (1860) erstmals genauer beschrieben. Früher in Niedersachsen und Westfalen sehr verbreitete Wirtschaftsbirne.

Allgemeine Beurteilung: Mittelgroße bis große Wirtschaftsbirne, als Koch- und besonders als Dörrfrucht geschätzt. Riesige Bäume, die ein hohes Alter erreichen.
Verwendung: Koch- und Dörrbirne.
Frucht: Reift Anfang September, bis Oktober haltbar. Dickbauchige, kreiselförmige Frucht (L = 65–75 mm, B = 60–70 mm, 80–150 g), dem Kelch zu schön abgerundet und stielwärts in eine stumpfe Spitze auslaufend, mit leichter Einschnürung. Schmutziggrüne bis grüngelbe Grundfarbe, auf der Sonnenseite leicht gelbliches Rot mit braunroten Streifen. Langer hellbrauner Stiel, holzig und knospig, stark glänzend, in flacher, leicht beuliger Grube. Offener Kelch in mitteltiefer Grube mit sehr schmalen, halb aufrechten Kelchblättern, leicht hornartig und an der Basis getrennt. Gelblich weißes Fruchtfleisch, mittlere Festigkeit, etwas körnig, wird später teigig. Süß und saftig, wenig Säure und Würze. Zuckergehalt 15 % (55–65° Oechsle). Mittelgroße, längliche dunkelbraune Kerne, meist unvollkommen.
Baum: Eichenartige Bäume mit hochgewölbter Krone, die sehr groß und alt werden. Olivfarbige bis gelbbraune Jahrestriebe mit vielen grauen Lentizellen und leicht abstehenden Knospen. Elliptische Blätter, stark glänzend und fein gesägt. Die Sorte blüht früh bis mittelfrüh und kommt relativ spät in Ertrag, bringt dann aber sehr hohe und regelmäßige Ernten. Gedeiht am besten auf warmen und feuchten Böden.
Besondere Merkmale: Grüngelbe, rundliche Frucht, stielwärts stumpfspitz auslaufend; langer Stiel und leichte, braunrote Streifen auf der Frucht.
Verwechslersorten: 'Deutsche Nationalbergamotte', 'Sommerapothekerbirne'.

Langstielerin

Weitere Namen: 'Griese-', 'Friese-', 'Pfitzenmaierles-', 'Regelbirne' u. a. In der Schweiz 'Kriesibirne', 'Rheintaler'.
Herkunft: Sehr alte deutsche Sorte, schon 1598 von BAUHIN erwähnt.

Allgemeine Beurteilung: Historische, ertragreiche Sorte, hat geringe Ansprüche an den Standort. Die Frucht ist leider etwas klein und deshalb heute nur noch selten zu finden. Früher in Süddeutschland, in der Schweiz und in Österreich häufig angebaut.
Verwendung: Dörr-, Brenn- und Mostbirne.
Frucht: Reift Anfang bis Mitte Oktober und ist 2–3 Wochen haltbar. Kleine, rundliche bis eiförmige Frucht (L = 40–50 mm, B = 40–50 mm, 40–70 g), Stielseite der Frucht leicht zugespitzt und z. T. etwas eingezogen. Glatte, grünlich gelbe Schale mit zahlreichen, deutlichen Lentizellen, auf der Sonnenseite leichter roter Anflug. Auffallend dünner, bis 80 mm langer Stiel, holzig und knospig, von der Frucht her grünlich und oft leicht gebogen, aufsitzend oder von kleinerem Fleischwulst zur Seite gebogen. Aufsitzender, offener Kelch mit sehr großen und langen Kelchblättern. Gelblich weißes, festes, körniges Fruchtfleisch, leicht gewürzt und gerbstoffhaltig. Zuckergehalt 16% (60–75° Oechsle). Große, länglich ovale Kerne, seitlich spitznasig.
Baum: Sehr großer Wuchs, mit hoher, fast kegelförmiger Krone und stark abstehenden Ästen, reich besetzt mit kräftigem Fruchtholz. Grünlich braune bis braunrote Langtriebe. Große, breitelliptische Blätter, dunkelgrün, glänzend, auf Unterseite filzig, beim Austrieb silbrig. Sehr dichte Belaubung. Sehr große, wildlederartige Blütenknospen. Späte Blüte, mittelgroße, rundliche Kronblätter und sehr große, kräftige Kelchblätter. Ertragreiche Sorte mit geringen Ansprüchen an Klima und Standort.
Besondere Merkmale: Sehr langer, dünner Stiel und große, aufsitzende Kelchblätter.

Latschenbirne

Weiterer Name: 'Leitschenbirne'.
Herkunft: Schon von BAUHIN (1598) als 'Leitschbyre' und von RÖSSLER 1791 in der Plattenhardter Liste als 'Laitschbirne' erwähnt.

Allgemeine Beurteilung: Sehr alte historische Sorte, die heute nur noch selten zu finden ist. Recht wohlschmeckend, genügt aber nicht den heutigen Anforderungen an eine Tafelbirne, jedoch interessant als Koch- und Dörrbirne.
Verwendung: Für Frischverzehr und zur Verwendung als Koch-, Trocken- oder Mostbirne.
Frucht: Reift Ende September bis Anfang Oktober und ist 3–4 Wochen haltbar. Mittelgroß, birnenförmig, dem Stiel zu leicht eingeschnürt, am Kelch abgerundet bis leicht abgeplattet (L=60–80 mm, B = 45–55 mm, 60–100 g). Grüngelbe Grundfarbe, bei Vollreife zitronengelb, auf Sonnenseite z. T. leicht oranger Anflug. Zahlreiche kleine braune Punkte. Berostungen an Kelch und Stiel, sonst nur vereinzelt flächige Figuren. Meist kurzer bis mittellanger, in der Länge aber sehr variabler, dicker Stiel, holzig, z. T. auch fleischig, in enger, etwas wulstiger Grube, oft auch direkt übergehend. Offener, an Basis verwachsener, sternchenförmiger, aufliegender Kelch in flacher Grube. Gelblich weißes, feinzelliges und sehr saftiges Fruchtfleisch, süß, ohne Würze und Gerbstoff. Zuckergehalt 15% (55–70° Oechsle). Meist nur wenige, mittelgroße bis große, länglich ovale Kerne mit seitlicher Nase.
Baum: Der Baum wird groß und alt. Hellbraune Jahrestriebe, in der oberen Hälfte filzig. Kleine, leicht abstehende Knospen. Die Sorte blüht spät und bringt in der Regel gute Erträge. Blütenblätter rundlich und sich berührend, Kelchblätter mittelgroß.
Besondere Merkmale: Mittelgroße, grüngelbe, birnenförmige Frucht ohne Gerbstoff.

Luxemburger Mostbirne

Weitere Namen: 'Mostbirne von Angers', fälschlich auch 'Speckbirne' und 'Betzelsbirne'.
Herkunft: Stammt aus der Baumschule N. Moussel in Sandweiler, Luxemburg. Ab dem Jahr 1900 in Deutschland und Österreich stark gepflanzt.

Allgemeine Beurteilung: Eine reich und regelmäßig tragende Sorte, deshalb wurde sie früher oft gepflanzt. Die spätreife Sorte hat einen hohen Gerbstoffgehalt und ist in der Verwertung deshalb begrenzt. Verhältnismäßig kurzes Lebensalter.
Verwendung: Most- und Brennbirne.
Frucht: Erst Ende Oktober reif, 4 Wochen haltbar. Die großen, rundlichen bis bergamottförmigen Früchte (L = 50–60 mm, B = 50–60 mm, 70–150 g) haben eine graugrüne, vollreif auch gelbgrüne Farbe mit großen, rotumhöften Lentizellen, um den Kelch oft berostet. Kurzer (25–30 mm) kräftiger, verholzter Stiel, öfters mit kleinem Fleischknopf. Offener Kelch, hornartig und aufrecht stehend, graufilzig behaart. Festes, mattweißes bis gelbliches Fleisch, sehr grobkörnig und saftreich, stark adstringierend, bei Vollreife auch herbsüß, Zuckergehalt 16% (55–75° Öchsle). Das Kerngehäuse ist leicht geöffnet, kleine Kernkammern mit mittelgroßen, schwarzen, länglich-ovalen bis länglichen Kernen.
Baum: Der Baum ist starkwüchsig und bildet gerade Triebe, deshalb früher oft als Stammbildner verwendet, er bildet eine hochpyramidale Krone. Die stark wolligen Blätter sind mittelgroß (L = 65 mm, B = 55 mm) und grob gesägt. Die Sorte blüht mittelspät und kommt früh in Ertrag. Sie stellt keine großen Ansprüche an Boden und Klima. Viele Bäume sind in den letzten Jahren kränklich.
Besondere Merkmale: Stark wollige Blätter und auch stark befilzte Jahrestriebe. Rundliche Früchte mit großen, rotumhöften Lentizellen und sehr herbem Fruchtfleisch.
Verwechslersorten: 'Grüne Jagdbirne' und 'Große Rommelter' (hat aber nur wenig Gerbstoff).

Marxenbirne

Weitere Namen: In der Schweiz 'Schwarzbirne', 'Spätler', 'Märxler'.
Herkunft: Unbekannt. Wahrscheinlich Kanton Zürich. 1863 erstmals beschrieben.

Allgemeine Beurteilung: Sehr spät reifende wertvolle Mostbirne, die sich vorzüglich zur Mischung mit Äpfeln eignet. Gibt gesunde und wüchsige Bäume. Vor allem im Bodenseeraum verbreitet, aber auch an anderen Stellen in Süddeutschland zu finden.
Verwendung: Most- und Scheidbirne. Interessant für Schaumweinherstellung.
Frucht: Reife Mitte bis Ende Oktober, ca. 2–3 Wochen haltbar. Mittelgroße Frucht (L = 55–80 mm, B = 45–60 mm, 55–95 g), fassförmig bis länglich eiförmig, typisch mittelbauchig, um Kelch stark abgeplattet, gegen Stiel eingeschnürt, auch stumpfspitz auslaufend. Große, rippige Frucht mit charakteristischer starker Bauchnaht. Hellgrüne, bei Vollreife gelbe bis zitronengelbe Grundfarbe, nur selten leichter orangefarbener Anflug auf Sonnenseite. Typisch ist der metallisch dunkle Glanz der Frucht. Zahlreiche deutliche, mittelgroße Lentizellen mit einzelnen Rostfiguren. Dunkelbrauner, mittellanger Stiel (20–30 mm), mitteldick und holzig, wie eingesteckt in enger, wulstiger Stielgrube. Offener Kelch mit mittelgroßen, hornartigen, an der Basis getrennten Kelchblättern, in sehr tiefer, grobrippiger Grube. Gelblich weißes Fruchtfleisch, fest und grobzellig, bei Vollreife süßwürzig mit relativ hohem Gerbstoffgehalt, Zuckergehalt 19 % (60–90° Oechsle). Gut ausgebildete, dunkelbraune, mittelgroße Kerne, oval, mit deutlicher Spitze und seitlicher Nase.
Baum: Kräftiger Wuchs mit großer, breitpyramidaler Krone. Kräftige olivgrüne, auf Sonnenseite auch braunrote Jahrestriebe mit kleinen, rundlichen Lentizellen und spitzen Blattknospen, parallel zum Trieb stehend. Rundliche bis eirunde, relativ große dunkelgrüne und stark glänzende Blätter, mitteldick und kahnartig gewölbt, Rand gewellt, ganzrandig bis leicht gesägt. Die Sorte ist ertragreich und die Standortansprüche sind gering.
Besondere Merkmale: Form der Frucht und vor allem der metallische Glanz.
Verwechslersorten: 'Knollbirne', 'Kieffers Sämling'.

Masselbacher Mostbirne

Weitere Namen: 'Gelbe Mostbirne', 'Hohenloher Mostbirne', 'Maßholderbacher Mostbirne', 'Weiße Mostbirne'.
Herkunft: Aus dem Dorf Untermaßholderbach bei Öhringen im Hohenlohekreis. Erstmals 1842 kurz beschrieben.

Allgemeine Beurteilung: Anspruchslose, hervorragende Mostbirne, die auch auf magerem Boden gedeiht, mit leider etwas kleinen Früchten.
Verwendung: Most- und Brennbirne, auch gut geeignet für die Schaumweinherstellung.
Frucht: Kleine, flachkugelige bis bergamotteförmige Frucht (L = 35–40 mm, B = 45–50 mm). Mitte bis Ende September reif, haltbar bis Anfang Oktober. Gelblich grün gefärbt, bei Vollreife zitronengelb, ohne Deckfarbe. Kaum berostet, mit kleinen grünlichen Lentizellen. Offener Kelch in flacher Grube mit relativ breiten, mittelgroßen, typischen gelbgrünen bis gelben Kelchblätter, die am Grund verwachsen sind und meist sternchenförmig aufliegen. Langer und dünner, holziger Stiel (40–50 mm), von der Frucht her gelb, dann hellbraun und glänzend. Er wirkt in der Stielgrube wie eingesteckt. Gelblich weißes, mittelfeines, festes Fruchtfleisch, das dann später teigig wird. Saftig, weinsäuerlich und herb, 13,8% Brix (50–60° Oechsle). Sehr gut ausgebildete, große Kerne, breitrundlich und dunkelbraun.
Baum: Die Sorte wächst langsam und bildet eine pyramidenförmige Krone. Der Baum wird groß und alt. Die Sorte stellt geringe Ansprüche an Klima und Boden und ist wenig krankheitsanfällig. Sie blüht spät, ist fruchtbar und trägt fast jedes Jahr. Die einjährigen Langtriebe sind gelbbraun bis hellbraun gefärbt. Sie sind relativ dünn und haben deutliche, weißliche Lentizellen. Die kleinen Blätter sind dunkelgrün, glänzend und rundlich bis rund oval sowie leicht gewellt und am Rand leicht gezähnt.
Besondere Merkmale: Gelblich aufliegende Kelchblätter.
Verwechslersorte: 'Steinbacher Mostbirne'.

Metzer Bratbirne

Weitere Namen: 'Spitzbirne' und 'Brunnenbirne' in Österreich.
Herkunft: Völlig unklar. Bei J. LÖSCHNIG 1913 beschrieben und abgebildet, allerdings mit falschen Synonymen und Herkunftsangaben (siehe 'Grüne Jagdbirne'). Die Sorte ist als 'Metzer Bratbirne' vor allem in weiten Teilen Süddeutschlands verbreitet.

Allgemeine Beurteilung: Kleinfrüchtige, aber hochwertige Mostbirne. Eignet sich für den landschaftsprägenden Anbau, da sehr gesund und kaum feuerbrandanfällig.
Verwendung: Mostbirne.
Frucht: Mitte bis Ende Oktober reif, einige Wochen haltbar. Kleine bis mittelgroße, kreisel-, meist aber eiförmige Früchte, dem Stiel zu leicht eingeschnürt (L = 40–60 mm, B = 40–50 mm, 30–70 g). Graugrüne, bei Vollreife grünlich gelbe Grundfarbe, durch starke graubraune Berostung meist nur wenig sichtbar. Raue Schale mit zahlreichen großen Lentizellen. Die Frucht geht oft mit Fleischknopf in den langen, holzigen und knospigen Stiel über. Offener Kelch in flacher Grube mit schmalen meist abgebrochenen, deshalb kurzen, hornartigen Kelchblättern. Gelblich weißes, festes, grobkörniges Fruchtfleisch mit hohem Gerbstoffgehalt. Zuckergehalt 18% (70–90° Oechsle). Mittelgroße Kerne, länglich oval, mit seitlicher Nase.
Baum: Kräftiger, großer Wuchs mit hochgewölbter, etwas sparriger Krone mit kurzem, kräftigem Fruchtholz. Gelblich graue bis graubraune, stark glänzende Jahrestriebe mit zahlreichen Lentizellen. Spitzige, leicht abstehende Knospen auf breitem Blattwulst. Mittelgroße, dunkelgrüne, glänzende Blätter, eirund, mit leicht gesägtem Rand. Frühe Blüte, aber relativ unempfindlich. Große länglich ovale Kronblätter und große, seesternartige Kelchblätter. Früher Ertragsbeginn und meist hohe und regelmäßige Ernten. Gedeiht besser auf trockenen als auf nassen Böden.
Besondere Merkmale: Kleine Früchte mit rauer, berosteter Schale, sehr herb. Hochgewölbte, sparrige Krone.
Verwechslersorten: 'Gelbmöstler' und 'Weilersche Mostbirne'.

Nägelesbirne

Weitere Namen: 'Olivenbirne', 'Gsälzbirne', 'Hutzelbirne'.
Herkunft: Unbekannt. Von LUCAS (1854) erstmals erwähnt.

Allgemeine Beurteilung: Die Sorte ist eine typische Dörrbirne, gibt aber auch ein hervorragendes Birnendestillat. Wuchs, Gesundheit und Herbstfärbung sprechen für den landschaftsprägenden Anbau. In manchen Gegenden Süddeutschlands noch häufiger vorkommend.
Verwendung: Zum Brennen, als Kompott- und Dörrbirne.
Frucht: Reife Anfang bis Mitte September. Nur kurz haltbar. Große, birnenförmige Früchte (L = 50–80 mm, B = 47–70 mm, 70–180 g). Grünlich gelbe bis olivfarbene Schale, auf der Sonnenseite bräunlich rot mit großen Lentizellen, an Kelch- und Stielseite oft ganzflächig berostet. Mittellanger, kräftiger Stiel, leicht fleischig. Offener Kelch in mitteltiefer Grube. Kurze, hornartige Kelchblätter, an Basis getrennt. Festes, gelblich weißes Fruchtfleisch, wird schnell teigig. Süßherb, leicht würzig, zimtartig, wenig Gerbstoff, essbar. Zuckergehalt 15% (55–65° Oechsle). Lange, schmale Kerne mit seitlicher Nase, oft schlecht ausgebildet.
Baum: Großer, rundkroniger Wuchs. Fällt im Sommer durch sehr gesundes, dunkelgrünes Laub auf und im Herbst durch schöne Blattfärbung. Starke Äste mit kräftigem Fruchtholz. Jahrestriebe olivbraun mit zahlreichen Lentizellen und großen Knospen. Große, eiförmige Blätter, dunkelgrün, glänzend, am Rand doppelt gesägt. Mittelfrühe Blüte, große Kronblätter mit kräftigen Kelchblättern. Kommt früh in Ertrag, hohe und regelmäßige Ernte. Sehr wüchsige, gesunde Sorte für alle Lagen. Geringe bis mittlere Anfälligkeit für Feuerbrand.
Besondere Merkmale: Große olivfarbene Frucht, die wenig herb ist und schnell teigig wird. Schöner Wuchs und gesundes Laub.
Verwechslersorte: 'Gellerts Butterbirne'.

Oberösterreicher Weinbirne

Weitere Namen: In Österreich 'Steirische Wein- und Speckbirne' oder auch 'Zitronengelbe Mostbirne' (Vorarlberg).
Herkunft: Stammt aus Kärnten, 1888 bei der Reichsobstausstellung in Österreich vorgestellt und dann stark vermehrt.

Allgemeine Beurteilung: Großfrüchtige, gehaltvolle Mostbirne, die in Süddeutschland, Österreich und in der Schweiz sehr häufig vorkommt. An den meisten Standorten ist der Ertrag nur in Jahren mit gutem Blühwetter befriedigend, da triploide Sorte. Sehr gesunder Wuchs mit schöner Krone. Die früher festgestellte, starke Feuerbrandanfälligkeit ist heute in den Streuobstwiesen kein Problem mehr.
Verwendung: Most- und Dörrbirne.
Frucht: Mitte Oktober reif, hält sich bis Ende November. Große, kreiselförmige Frucht (L = 58–65 mm, B = 60–67 mm, 90–130 g), dem Kelch zu abgerundet und stielwärts eingezogen. Lichtgrün, bei Reife grüngelb bis zitronengelb, ohne Deckfarbe, mit zahlreichen Lentizellen. Langer, holziger Stiel, halbseitig grün und knospig, in ausgeprägter Vertiefung. Offener Kelch in mitteltiefer Grube mit langen, schmalen, aufliegenden Kelchblättern, an der Basis verwachsen. Gelblich weißes, grobzelliges Fruchtfleisch, süßherb und weinig. Zuckergehalt 15,5% (60–75° Oechsle). Große, längliche Kerne, oft unvollkommen.
Baum: Starker Wuchs, in der Jugend sortentypisch pyramidal, später hochkugelig mit kräftigen Ästen. Graugrüne, in der oberen Hälfte filzige Jahrestriebe. Große, dunkelgrüne, stark glänzende Blätter, rundlich eiförmig, Blattrand gesägt. Große, auffallend wildlederartige Blütenknospen. Sehr frühe Blüte von kurzer Dauer. Wenig Ansprüche an Boden und Klima, aber sehr empfindlich für regnerisches, kühles Blühwetter. Der Ertrag ist in den meisten Jahren an vielen Standorten unbefriedigend.
Besondere Merkmale: Große, grünlich gelbe Frucht ohne jede Röte mit meist grünem Stiel. Pyramidale Kronenform in der Jugend.
Verwechslersorte: 'Owener Mostbirne', diese reift aber früher, wird sehr schnell teigig und hat kürzeren Stiel.

Owener Mostbirne

Weitere Namen: 'Guntershauser Mostbirne', 'Aumerbirne', 'Oberlenninger Saubirne', 'Uhlbacher Birne', 'Stockbirne'. **Herkunft:** Wahrscheinlich um 1750 bekannt geworden. 1780 stand der Ursprungsbaum im Thurgau noch. Sie zählt damit zu den ältesten Schweizer Mostbirnensorten. 1823 erstmals von WALKER als 'Owenerbirne' erwähnt.

Allgemeine Beurteilung: Sehr stark wachsende Sorte, gibt mächtige, sehr schöne Bäume für den landschaftsprägenden Anbau. In Süddeutschland vor allem im mittleren Neckarraum und am Bodensee, aber auch in der Pfalz noch zu finden. In der Schweiz noch recht häufig. Die Frucht reift allerdings früh und wird schnell teigig, deshalb meist nur über die Brennerei verwertet.
Verwendung: Most-, Dörr- und Brennbirne.
Frucht: Anfang bis Ende September reif. Mittelgroß bis groß, rundlich bis birnenförmig, in der Form stark variierend (L = 50–65 mm, B = 50–65 mm, 60–120 g). Grasgrüne Grundfarbe, bei Reife gelbgrün bis gelblich, z.T. leicht oranger Anflug. Sehr große, auffallende Lentizellen, von denen eine Berostung ausgeht. Relativ kurzer, holziger Stiel, von der Frucht her hellgrün. Kelchblätter in flacher Grube, meist abgebrochen. Festes, körniges Fruchtfleisch, wird schnell teigig, sehr saftig, süßherb, weinsäuerlich und würzig. Zuckergehalt 13% (55–65° Oechsle). Mittelgroße bis große Kerne, länglich oval.
Baum: Starker Wuchs, eichenartige Bäume mit mächtiger, hochovaler Krone. Mitteldickes, wenig verzweigtes Fruchtholz. Ockerfarbene bis hellbraune Jahrestriebe mit wenigen Lentizellen und anliegenden Knospen. Frühe Blüte, rundliche, mittelgroße Kronblätter und große, seesternartige Kelchblätter. Anspruchslos an Boden und Klima, jedoch etwas blühempfindlich, öfters alternierend. Allgemein sehr gesund, mittlere Anfälligkeit für Feuerbrand.
Besondere Merkmale: Große, gelblich grüne Frucht mit deutlichen Lentizellen, ähnlich 'Oberösterreicher Weinbirne', reift aber früher und wird schneller teigig.
Verwechslersorte: 'Oberösterreicher Weinbirne'.

Palmischbirne

Weitere Namen: 'Böhmische Birne', 'Bäumschbirne', 'Mädlesbirne', 'Schwabenbirne'.
Herkunft: Unbekannt. Sehr alte Sorte, schon 1598 von BAUHIN als 'Böhmische Birne zu Boll' erwähnt.

Allgemeine Beurteilung: Sehr große, eichenartige Bäume für den landschaftsprägenden Anbau. Hervorragende Brennbirne. Häufig in Süddeutschland, vor allem in Württemberg, aber auch in der Schweiz und in Österreich vorkommend.
Verwendung: Most-, Dörr- und Brennbirne.
Frucht: Anfang bis Mitte September reif und bald teigig. Kleine, kreiselförmige Früchte (L = 45–52 mm, B = 45–52 mm, 50–60 g). Grünlich gelbe, später hellgelbe Schale, oft vollständig mit goldartigem Rost überzogen, dadurch kaffeebraun, auf Sonnenseite z. T. leicht gerötet. Charakteristische, große, helle Punkte. Langer, glänzender, dünner Stiel, holzig und knospig. Relativ großer, offener Kelch, an der Basis verwachsen, hornartig in mitteltiefer Grube. Weißgelbliches Fruchtfleisch, mittelfest und grobzellig, wird relativ schnell teigig. Süßherb, würzig, durchaus essbar. Zuckergehalt 16,5% (60–80° Oechsle). Mittelgroße, rundlich ovale Kerne.
Baum: Mächtige Bäume, die ein hohes Alter erreichen. Auffallend starke, eichenartige Äste. Deutliches Kennzeichen am Stamm alter Bäume sind rundliche Auswüchse (Sphäroblasten). Auffallend hell- bis graugelbe Langtriebe mit abstehenden dunklen Knospen. Erste Blätter hellgrün, aprikosenähnlich, später dunkelgrün. Langer, dünner Stiel. Frühe Blüte. Mittelgroße Kron- und Kelchblätter, laufen in langer Spitze aus. Kommt früh in Ertrag, trägt reich und meist regelmäßig. Anspruchslos an den Standort, deshalb früher oft auf trockenen Keuperböden gepflanzt. Wenig krankheitsanfällig, weitgehend feuerbrandresistent. Bei guter Pflege deutlich größere Früchte.
Besondere Merkmale: Fruchtfarbe, Geschmack und große Lentizellen. Wuchs, Sphäroblasten am Stamm.
Verwechslersorte: 'Kluppertebirne'.

Paulsbirne

Weitere Namen: 'Michelsbirne' (in Baden), 'Erstburger', 'Glockenbirne'.
Herkunft: Unbekannt. 1854 von LUCAS beschrieben. METZGER beschrieb schon 1847 die Sorte als 'Michelsbirne'. Der Name wurde aber von LUCAS nicht übernommen, da es noch andere 'Michelsbirnen' gibt.

Allgemeine Beurteilung: Große, schöne Winterkochbirne, sehr gesund und ertragreich. Mit der abnehmenden Bedeutung der Kochbirnen nur noch wenig angepflanzt. Für den Streuobstanbau sehr empfehlenswert. Noch häufiger im nördlichen Baden-Württemberg anzutreffen.
Verwendung: Koch-, Dörr- und Mostbirne, auch zum Rohgenuss ganz angenehm.
Frucht: Baumreife Ende Oktober, bis März haltbar. Große, kreiselförmige Frucht (L = 70–90 mm, B = 65–75 mm, 130–250 g). Gegen den Kelch schön abgerundet, stielseitig in stumpfer Spitze auslaufend mit leichter Verjüngung. Graue, später gelbgrüne bis mattgelbe Grundfarbe, sonnenseitig hell- bis dunkelrot verwaschen. Schale rau durch netzartige, z.T. auch flächenhafte Berostung. Zahlreiche hellgraue, große Punkte. Langer, kräftiger Stiel, holzig, oft mit kleinem Fleischknopf. Mitteltiefe Kelchgrube mit offenem Kelch und hornartigen, halb aufrechten Kelchblättern. Grünlich bis gelblich weißes Fruchtfleisch, mittelgrob, relativ süß und kaum Gerbstoff, ab Dezember angenehm zum Essen. Zuckergehalt 15% (60–70° Oechsle). Mittelgroße, länglich ovale Kerne.
Baum: Der Baum wird groß und alt, bildet kräftige, etwas überhängende Äste. Starke, rotbraune Jahrestriebe mit rundlichen, auffallenden Lentizellen und starker Verdickung am Triebende, anliegende Blattknospen. Große, länglich ovale, dunkelgrüne Blätter, stark glänzend, gesägter Rand. Mittelgroße Blüten- und Kelchblätter, diese breit und kräftig. Die Sorte ist reich tragend, wenig krankheitsanfällig und anspruchslos an den Standort.
Besondere Merkmale: Größe und Farbe der Frucht. Dunkelgrünes, gesundes Laub.
Verwechslersorte: 'Fellbacher Mostbirne'.

Pfundbirne

Weitere Namen: Es gibt zahlreiche verschiedene 'Pfundbirnen', die bei einigen alten Pomologen eine eigene Gruppe bilden.
Herkunft: Unbekannt, alte Sortengruppe. BAUHIN beschrieb schon 1598 eine 'Pfündichbirne' in Boll bei Göppingen.

Allgemeine Beurteilung: Sehr große Früchte, die früher als Kochbirnen sehr geschätzt wurden.
Verwendung: Koch-, Dörr- und Mostbirne.

Gemeine Pfundbirne

Frucht: Mitte bis Ende Oktober reif, nicht zu lange haltbar. Extrem große, längliche, dicke Frucht (L = 90–110 mm, B = 70–90 mm, 150–330 g). Gelbgrüne bis gelbliche Schale, orangeroter Anflug auf Sonnenseite. Langer, holziger Stiel. Sehr tiefe und enge Kelchgrube. Sehr saftiges Fleisch, weinsäuerlich, kaum herb. Zuckergehalt 15% (60–79° Oechsle). Sehr große, schmale Kerne, meist schlecht ausgebildet.
Baum: Mittelgroß, hohe Krone mit eichenartigen Ästen und dickem Fruchtholz. Hellbraune Jahrestriebe mit abstehenden Knospen. Sehr dicke und große Blätter. Mittelfrühe Blüte.
Besondere Merkmale: Sehr große, länglich dicke, gelbliche Frucht.

Grüne Pfundbirne

Frucht: Mitte Oktober reif, einige Wochen haltbar. Sehr große kreisel- bis glockenförmige Frucht (L = 85–95 mm, B = 70–80 mm, 140–280 g). Trübgrüne, bei Reife gelbliche Schale, Sonnenseite ist z. T. leicht rötlich angelaufen. Dicker und langer Stiel, holzig, z. T. fleischig. Hornartige Kelchblätter in tiefer Grube. Festes, süßliches, leicht herbes Fruchtfleisch. Zuckergehalt 14% (50–60° Oechsle). Große, länglich ovale Kerne, meist schlecht ausgebildet.
Baum: Mittelstarker Wuchs, sehr kräftig, knorrige Äste. Jahrestriebe sind kahl. Mittelgroße, lange, eiförmige Blätter. Mittelfrühe Blüte.
Besondere Merkmale: Große, grüne, kreiselförmige Frucht.

Prevorster Bratbirne

Weiterer Name: 'Prevorster Mostbirne'.
Herkunft: Unbekannt. 1883 erstmals erwähnt.

Allgemeine Beurteilung: Mittelgroße, sehr spät reifende Frucht. Sehr wertvolle Mostbirne, ähnlich der 'Champagner Bratbirne', mit gesunden, sehr reich und regelmäßig tragenden Bäumen.
Verwendung: Mostbirne, Schaumweinherstellung.
Frucht: Spätreif, Mitte Oktober bis Anfang November, mittelgroß (L = 45–50 mm, B = 50–55 mm, 60–90 g), kugel- bis kreiselförmig, dem Stiel zu meist leicht eingeschnürt. Kelchseitig abgerundet bis abgeplattet. Grünlich gelbe, bei Vollreife auch zitronengelbe Grundfarbe, z. T. leicht orangefarbener Anflug auf Sonnenseite, stumpfer, matter Glanz der Schale, kleine Lentizellen. Mittellanger Stiel (20–25 mm) in kleiner, enger Grube, dünn (2–3 mm), holzig und knospig, von der Frucht her gelb, dann braun. Großer, offener Kelch in flacher, leicht unebener Grube, kaum berostet. Kelchblätter blättchen- bis hornartig, halb aufrecht bis sternchenförmig aufliegend. Grünlich bis gelblich weißes Fleisch, fest und mittelfein, im Geschmack süßherb mit hohem Zuckergehalt 19% (70–90° Oechsle). Starker Steinzellenkranz um Kernhaus, gefüllte Kernhausachse. Sehr gut ausgebildete, dunkelbraune Kerne, mittelgroß, breitrund bis oval.
Baum: Mittelstark wachsend, mit rundlicher Krone und feinen, leicht hängenden Zweigen. Gibt große, alte Bäume. Olivgrüne bis rotbraune Jahrestriebe mit auffallend vielen, großen, länglichen Lentizellen und flachen, leicht abstehenden Blattknospen. Kleine, eiförmige Blätter, dunkelgrün und stark glänzend, mit hellem Stiel, leicht gewölbt mit gekrümmt auslaufender Spitze, Rand schwach gesägt. Blüte mittelfrüh, mit hohen und regelmäßigen Erträgen.
Besondere Merkmale: Stumpfer, matter Glanz der Frucht, späte Reife.
Verwechslersorte: 'Champagner Bratbirne'.

Reichenäckerin

Weitere Namen: 'Welsche Reichenäckerin', 'Reifenäckerin', 'Süßbirne', 'Süße Kirchbirne', 'Schnitzbirne'.
Herkunft: Sehr alte Sorte unbekannter Herkunft. J. BAUHIN beschreibt 1598 die Sorte 'Reiffacher', die wahrscheinlich identisch mit 'Reichenäckerin' war.

Allgemeine Beurteilung: Historische Sorte, die nach E. LUCAS (1854) in Württemberg „ziemlich verbreitet" war und als Winterobst auf dem Markt verkauft wurde. Heute kaum noch anzutreffen.
Verwendung: Tafel-, Koch- und Dörrbirne.
Frucht: Die Sorte reift Mitte bis Ende Oktober und ist haltbar bis Januar. Mittelgroß (L = 45–70 mm, B = 50–70 mm, 60–120 g). In der Form variabel, von flach kugelförmig bis kugelförmig, z.T. auch fast kreiselförmig. Gelbgrüne bis graugrüne Grundfarbe und karminrote Deckfarbe. Raue Schale, durch viele Rostflecken und große, besonders im Rot hellgraue, auffällige Lentizellen. Mittellanger Stiel (18–30 mm), meist holzig und bei Ernte noch grün, in kleiner Grube wie eingesteckt, öfters auch mit Fleischknospe. Halb offener bis offener Kelch in flacher, leicht wulstiger Grube, z.T. mit ausgeprägter Kelchröhre. Sehr kurze, hornartige, am Grund nicht verwachsene Kelchblätter. Festes, grünlich weißes Fleisch, relativ grobzellig, halb schmelzend und süß, Zuckergehalt 16% Brix (60–70° Oechsle). Offene Kernhausachse, große, abstehende Kernfächer. Mittelgroße, dunkelbraune, breit rundliche Kerne, nicht in allen Jahren gut ausgebildet.
Baum: Kräftiger Wuchs mit mehreren gleichstarken, im spitzen Winkel abgehenden Ästen, die reichlich mit Fruchtholz besetzt sind. Bildet hohe, rundliche Krone ohne betonte Mitte. Braunrote bis bordeauxfarbene, leicht filzige Jahrestriebe mit großen, auffälligen Lentizellen. Elliptische bis breitelliptische, leicht gewellte und stark gekrümmte Blätter, ganzrandig mit auslaufender Spitze. Guter, aber nicht immer regelmäßiger Ertrag. Auch für höhere Lagen geeignet.
Besondere Merkmale: Form und Farbe und besonders die großen Lentizellen.
Verwechslersorten: 'Rote Bergamotte'.

Remele

Weitere Namen: 'Junkersbirne', 'Kurzstieler', 'Münchner Wasserbirne', 'Dickstieler', 'Schwäbische Wasserbirne', 'Gutebirne'.
Herkunft: Unklar, von LUCAS 1854 erstmals beschrieben.

Allgemeine Beurteilung: Sehr robuste frühe Tafel- und Wirtschaftsbirne, die sich besonders für Hochlagen eignet. Die Früchte sind allerdings nur kurz haltbar.
Verwendung: Tafel- und Wirtschaftsbirne.
Frucht: Die Sorte reift Ende August und wird bald teigig. Mittelgroße Früchte (L = 60–70 mm, B = 40–50 mm, 60–100 g). Die kreisel- bis kegelförmige Frucht geht direkt in den kurzen, fleischigen Stiel über, der öfter etwas schief angesetzt ist. Kelchseitig abgeplattet. Die glatte Schale hat eine hellgrüne Grundfarbe, auf der Sonnenseite ist die Frucht braunrot gefärbt. Meist stark berostet, z.T. figuren- oder auch netzförmig. Schwach ausgeprägte Lentizellen, grünlich umhöft. Tiefe, eingesenkte Kelchgrube mit breiten, am Grund verwachsenen, sternförmigen Blättchen. Das gelblich weiße Fruchtfleisch ist feinzellig, nur halbschmelzend aber würzig im Geschmack. Zuckergehalt 12% (45–55° Oechsle). Kleine bis mittelgroße, braune, breit rundliche Kerne, seitlich spitznasig.
Baum: Wuchs mittelstark. Jungbäume bilden schlanke, senkrechte und wenig verzweigte Triebe mit vielen hellen Lentizellen. Die Bäume erreichen ein hohes Alter und bilden eine pyramidale Krone, Fruchtholz mittellang, teils kurz und an schlanken Langtrieben, die im Alter bogenförmig kippen und im äußeren Kronenbereich zu einem hängenden Habitus führen. Blüte mittelfrüh. Die Erträge setzen erst spät ein, sind dann aber regelmäßig und mittel bis hoch. Holz frosthart bis in Höhenlagen von 800 m.
Besondere Merkmale: Fruchtfarbe, Form und besonders der kurze, direkt in die Frucht übergehende Stiel.

Römische Schmalzbirne

Weitere Namen: 'Weinzapfenbirne', oft auch 'Frauenschenkel', 'Cuisse Madame', 'Melanchthonbirne'.
Herkunft: Unbekannt. Um 1750 schon in der Schweiz vorhanden, 1802 von DIEL beschrieben.

Allgemeine Beurteilung: Schöne, rotgelbe Sommerbirne, die ca. 2 Wochen haltbar ist, hatte früher größere Bedeutung, u.a. wurde sie bevorzugt zur Fruchtmus-Herstellung und zum Dörren benutzt. Nur noch sehr selten anzutreffen.
Verwendung: Tafel- und Wirtschaftsbirne.
Frucht: Reift Ende August bis Anfang September und sollte, bevor sie gelb wird, geerntet werden. Sie ist nur kurz haltbar. Mittelgroß, birnenförmig (L = 65–75 mm, B = 50–60, 90–120 g). Um den Kelch schön gleichmäßig abgerundet, verjüngt sich stielwärts deutlich und endet in einer kegelförmigen Spitze. Feine, glatte, hellgrüne Schale, die sich später zitronengelb färbt, auf der Sonnenseite schönes, verwaschenes und geflammtes Rot. Schattenfrüchte bleiben auch ohne Deckfarbe. Die feinen Lentizellen erscheinen auf der Sonnenseite im Rot als kleine, gelbe Punkte. Die Frucht ist um Stiel und Kelch leicht berostet. Langer, hellbrauner, gebogener Stiel, holzig, von der Frucht her auch fleischig, geht direkt in die Frucht über. Weit offener Kelch in enger, flacher Grube mit spitzen, hornartigen Blättchen. Gelblich weißes Fruchtfleisch, etwas grobkörnig und süßweinig. Vollreif hat die Frucht einen angenehmen Moschusgeruch. Nur wenige gut ausgebildete, kleine, längliche, hellbraune Kerne.
Baum: Lebhaftes Wachstum, bildet eine breitpyramidale Krone. Schlanke, grünlich braune bis rötliche Jahrestriebe. Spitze, abstehende Blattknospen, mittelgroße, dunkelgrüne, stark glänzende Blätter mit langem, dünnem Stiel. Meist ganzrandig und kurz zugespitzt, am Rand leicht wellig. Die Sorte kommt früh in Ertrag, ist wenig witterungsempfindlich, bringt deshalb hohe und regelmäßige Ernten. Sie gedeiht in allen Lagen, liebt aber keine kalten und nassen, schweren Böden.
Besondere Merkmale: Fruchtfarbe und -form.

Schneiderbirne

Weitere Namen: 'Rockeneierbirne', 'Roggenauerbirne', 'Böck-', 'Thor-', 'Butterbirne'.
Herkunft: Unbekannt. Erstmals 1794 bei J. K. SCHILLER erwähnt. METZGER (1847) nennt sie eine deutsche Nationalbirne mit dem Hinweis auf kleinere Abweichungen, da sie oft auch über Samen vermehrt wurde. Sie hat viel Ähnlichkeit mit der 'Frankelbacher Mostbirne' aus der Pfalz.

Allgemeine Beurteilung: Ertragreiche Sorte mit vielfältiger Verwendung, die auch in rauen Lagen gut gedeiht. In Süddeutschland und vereinzelt auch in Österreich noch verbreitet.
Verwendung: Rohgenuss, meist aber zum Dörren, Mosten und Brennen.
Frucht: Reife Ende September, nur kurz haltbar. Klein, oft etwas flach, kugelig bis eiförmig (L = 50–60 mm, B = 43–50 mm, 40–60 g), dem Stiel zu etwas verjüngt, in einer stumpfen Spitze auslaufend. Weißlich gelbe bis zitronengelbe Grundfarbe, auf der Sonnenseite verwaschen, oft auch streifig, trübkarmin gerötet. Manche Typen sind flächig blutrot. Viele deutliche, mittelgroße Lentizellen, oft mit schwarzen Schorfflecken. Stiel kurz bis mittellang, oft etwas schief angesetzt, holzig, knospig. Offener Kelch, in flacher Grube, halb aufrechte, meist hornartige Kelchblätter, an Basis verwachsen. Gelblich weißes, festes, körniges Fruchtfleisch, später teigig, süßlich, ohne ausgeprägtes Aroma, wenig Gerbstoff, Zuckergehalt 16% (60–75° Oechsle). Viele gut ausgebildete, mittelgroße, ovale Kerne.
Baum: Mittelgroß, mit breitgewölbter Krone. Jahrestriebe gelbbraun, filzig, manche Typen auch nicht behaart. Blätter eiförmig bis elliptisch, leicht filzig. Mittelfrühe Blüte, mittelgroße, ovale Kron- und Kelchblätter, schmal und sehr spitz auslaufend. Die Sorte ist sehr fruchtbar und kommt früh in Ertrag. Leider etwas schorfanfällig.
Besondere Merkmale: Kleine, etwas flache Frucht mit rötlichen Backen. Schorfflecken. Niedriger Gerbstoffgehalt.

Schweizer Wasserbirne

Weitere Namen: 'Weingifterin', 'Marzenbratbirne', 'Kugel-', 'Kotz-' und 'Schweizerbirne', 'Thurgauer Birne' (Schweiz) u. a.
Herkunft: Vermutlich aus der Schweiz, bereits 1823 von WALKER in Hohenheim vermehrt.

Allgemeine Beurteilung: Die in Deutschland und in der Schweiz am meisten verbreitete Mostbirnensorte, auch in Österreich häufig. Empfehlenswert durch gute Erträge. Starkwüchsige Bäume mit schöner Herbstfärbung und langer Lebensdauer. Wenig feuerbrandanfällig, aber empfindlich für Birnenverfall.
Verwendung: Mostbirne sowie Dörrfrucht und in Notzeiten auch Essfrucht.
Frucht: Anfang bis Mitte Oktober reif, 4–6 Wochen haltbar. Mittelgroß bis groß, kugelförmig (D = 50–60 mm, 75–130 g). Hellgrüne bis grüngelbe Grundfarbe, auf Sonnenseite trübrot verwaschen, mit zahlreichen braunroten Punkten, um den Kelch etwas, sonst wenig berostet. Kräftiger, mittellanger, holziger Stiel. Mittelgroße, aufliegende bis aufrechte Kelchblätter, an der Basis verwachsen, in mitteltiefer, weiter Grube. Gelblich weißes, grobzelliges Fruchtfleisch, knackig und saftreich, süßherb bis wässrig, wenig Gerbstoff, durchaus essbar. Zuckergehalt 16% (60–70° Oechsle). Große, oft wenige, länglich ovale Kerne.
Baum: Hochkugelige, mächtige Bäume mit kräftigen, meist aufrecht wachsenden Ästen und hängendem Fruchtholz. Braune Jahrestriebe mit spitzen Knospen. Dunkelgrüne, glänzende Blätter, mittelgroß und eiförmig, schwach gesägter Rand. Frühe Blüte. Mittelgroße, eirunde Kronblätter und kräftige Kelchblätter, in dünner Spitze auslaufend. Sehr anspruchslose Sorte mit großer Anbaubreite bis in Hochlagen auf 800 m. Kommt etwas spät in Ertrag, hat dann aber hohe, regelmäßige Erträge. Kaum feuerbrandanfällig, in den letzten Jahren aber Probleme durch Birnenverfall (pear decline) mit Rotfärbung ab Juli und Ertragsausfall.
Besondere Merkmale: Große, kugelige, schön gefärbte Frucht, saftig, mit wenig Gerbstoff.
Verwechslersorte: 'Große Rommelter'.

Sievenicher Mostbirne

Weiterer Name: 'Klötzenbirne' (an der Mosel).
Herkunft: Zufallssämling, auf dem Sievenicher Hof bei Trier entdeckt und seit 1860 vermehrt.

Allgemeine Beurteilung: Wertvolle Mostbirne, die im Rhein- und Moselgebiet dem Apfelmost zugesetzt wird, um ihn zu klären und haltbarer zu machen. Schöne, große Bäume für den landschaftsprägenden Anbau. Im Rheinland, in Süddeutschland vereinzelt, sowie auch in Frankreich und Luxemburg vorkommend.
Verwendung: Most- und interessante Brennbirne, auch gut geeignet für die Schaumweinbereitung.
Frucht: Mitte September reif, 8–10 Tage haltbar, wird dann teigig. Mittelgroße, kreiselförmige Frucht, gegen den Kelch abgeplattet, dem Stiel zu leicht eingeschnürt (L = 40–50 mm, B = 40–50 mm, 50–70 g). Die Frucht hängt meist in dichten Büscheln (Klötzen) am Baum, daher der Name 'Klötzenbirne'. Grünlich gelbe Schale, bei Vollreife zitronengelb, ohne Röte. Viele kleine Lentizellen und einzelne Rostfiguren. Mittellanger, holziger Stiel, von der Frucht her grün. Offener Kelch in flacher Grube, mit kurzen, aufrechten und hornartigen Kelchblättern, an der Basis getrennt. Gelblich weißes, festes Fruchtfleisch, sehr saftig, süßherb. Zuckergehalt 17% (60–80° Oechsle). Gut ausgebildete, dunkelbraune, rundlich oval zugespitzte Kerne mit deutlicher, seitlicher Nase.
Baum: Starker Wuchs mit weit ausgebreiteter, prächtiger, rundlicher Krone. Zweige sind mit kurzem Fruchtholz besetzt. Die Bäume werden alt und sind sehr gesund. Dunkelgraue bis bräunliche Langtriebe mit vielen Lentizellen. Kleine, rundliche Blätter, hellgrün und fast ganzrandig. Mittelspäte bis späte Blüte, relativ unempfindlich gegen Witterungseinflüsse. Die Sorte bringt hohe Erträge und stellt wenig Ansprüche an den Standort. Sie eignet sich auch für rauere Lagen.
Besondere Merkmale: Kreiselförmige Frucht mit hellgrüner Schale, bei Vollreife zitronengelbe Frucht mit am Ende verdicktem Stiel. Typischer Wuchs.
Verwechslersorte: 'Champagner Bratbirne'.

Sommerapothekerbirne

Weitere Namen: 'Bon Chrétien d'Eté', 'Große Zuckerbirne', 'Herrenbirne', 'Katelenbirne', 'Malvasierbirne', 'Plutzerbirne', 'Sommer-Christenbirne', 'Straßenburgerin', 'Türkenbirne', 'Zuckeratenbirne', 'Zuckerbirne', 'Palabirne' u. a.
Herkunft: Die sehr alte Sorte soll von Asien über die Türkei und den Balkan zu uns gekommen sein. Sie wurde erstmals 1650 in Gracioli/Florenz erwähnt und dann 1660 von Olivier de Serres in Frankreich.

Allgemeine Beurteilung: Eine interessante historische Sorte, die keine großen Ansprüche stellt, mit großen, süßen, leicht müskierten Früchten. In Südtirol beliebte Brennbirne.
Verwendung: Für alle Haushaltszwecke, auch zum Frischverzehr, besonders gut geeignet als Brennfrucht.
Frucht: Reifezeit Ende August bis Mitte September. Haltbarkeit etwa drei Wochen. Mittelgroße, dickbauchige Frucht mit verwaschen gerötet und geflammten Schalenpunkten. Typisch einseitig höher und breiter. Schale dick und fest, Grundfarbe gelb, später goldgelb. Deckfarbe bis ein Drittel braunrot, gerötet und geflammt. Unterschiedlich große Lentizellen. Häufig kleinere Rostflecken. Typisch gebogener Stiel (bis 50 mm), am Grund oft fleischig. Fruchtfleisch gelblich weiß, saftig, fest, körnig und halb schmelzend, manchmal auch steinig. Geschmack sehr süß mit leichter Säure, muskatellerartig gewürzt. 14,1 % Brix (52–65° Oechsle).
Baum: Starker Wuchs (bis 20 m) mit breiter bis hoch pyramidaler und etwas sparriger Krone. Mittelfrüh blühend, Ertrag mittelfrüh einsetzend, je nach Lage unterschiedlich hoch. Die Sorte stellt keine großen Ansprüche an das Klima. Sie ist recht widerstandsfähig, aber etwas anfällig gegen Schorf und liebt nicht zu schwere Böden.
Besondere Merkmale: Die recht große Frucht ähnelt einer „Williams", ist jedoch einseitig höher und auch breiter gebaut und hat einen langen, gebogenen Stiel. Die Jahrestriebe sind typisch gewunden.

Sommerblutbirne

Weitere Namen: 'Sanguinole', 'Granatbirne'.
Herkunft: Unbekannt. In Deutschland erstmals 1684 erwähnt, in Frankreich schon 1675 und früher. Es gibt verschiedene Typen mit unterschiedlicher Fruchtform. Die 'Granatbirne', schon 1794 in J. K. SCHILLERS Baumschule vermehrt, ist länglicher.

Allgemeine Beurteilung: Fruchtbare Sorte, die in verschiedenen Ländern Mitteleuropas noch ab und zu vorkommt und sich auch in höheren Lagen für den Streuobstanbau eignet. Der Wert liegt mehr in der Kuriosität der roten Fruchtfleischfarbe.
Verwendung: Frischverzehr, Dörr- und Kompottbirne.
Frucht: Mitte August bis Anfang September reif, wird schnell teigig. Kleine, kugelförmige Frucht (L = 35–40 mm, B = 40–50 mm, 35–50 g). Stielseite unterschiedlich, z.T. abgeplattet, aber auch kreiselförmig mit leichter Einschnürung. Schale hell- bis leicht graugrün, auf der Sonnenseite schmutzig bräunlich rot verwaschen. Mittellanger, holziger Stiel, von der Frucht her grüngelb. Halb aufrechte, mittelgroße Kelchblätter, am Grund verwachsen, aufsitzend. Fruchtfleisch etwas grobkörnig, eigenartig rötlich gefärbt (marmoriert). Kaum Gerbstoff, angenehm, aber wenig Würze, Zuckergehalt 12% (45–55° Oechsle). Große, rundliche bis ovale, gut ausgebildete Kerne.
Baum: Mittelgroße bis große Bäume mit rundlich pyramidaler Krone und hängenden Ästen. Dickes, stark verzweigtes Fruchtholz. Auberginefarbene, sehr dicke Jahrestriebe mit vielen kleinen Lentizellen und apfelähnlichen, flachgedrückten Knospen, eng anliegend. Mittelgroße Blütenknospen, dunkelbraun, z.T. leicht wildlederartig. Mittelfrühe Blüte, mittelgroße Kron- und Kelchblätter, diese spitz auslaufend. Die Sorte kommt früh in Ertrag und bringt hohe Ernten, leicht alternierend. Wenig anspruchsvoll an Standort.
Besondere Merkmale: Runde Frucht mit rot gefärbtem Fruchtfleisch, kaum Gerbstoff. Frühe Reife.

Sommerfeigenbirne

Weitere Namen: 'Feigenbirne', 'Grunbirne', 'Grünbirne', 'Pfaffenbirne'.
Herkunft: Unbekannt. 1823 erstmals von WALKER erwähnt.

Allgemeine Beurteilung: Frühreife Frucht, früher zum Frischverzehr und zur Dörrobstherstellung verwendet. In Süddeutschland, vor allem in Württemberg, noch ab und zu vorkommend. Qualität heute nicht mehr ausreichend, von der Frucht her deshalb nicht sehr interessant. Die Bäume sind aber gesund und haben eine schöne Krone. Deshalb sind sie für den landschaftsprägenden Anbau empfehlenswert.
Verwendung: Frischobst, früher erst gegessen, wenn leicht teigig, zum Kochen und Dörren.
Frucht: Wird Mitte bis Ende August reif und relativ schnell teigig. Kleine, eirunde Frucht (L = 45–50 mm, B = 40–42 mm, 30–40 g), gegen den Stiel leicht eingezogen. Stumpfe mattgrüne, auf der Sonnenseite düster rote Schale mit starkem weißlichem Wachsbelag, oft mit Schorfflecken. Dünner und langer Stiel, holzig und knospig, in tiefer und enger Grube. Große und lange, meist aufliegende Kelchblätter in flacher Kelchgrube, deutlich behaart und am Grund verwachsen. Grünlich weißes, festes Fruchtfleisch mit süßem Geschmack, kaum gerbstoffhaltig. Zuckergehalt 14,5% (58–62° Oechsle). Mittelgroße, dunkelbraune Kerne mit seitlicher Nase.
Baum: Mittelstark bis stark wachsend. Sorte mit wunderschöner Krone. Äste sortentypisch dicht mit kurzem Fruchtholz besetzt. Jahrestriebe graugrün und stark filzig, mit kleinen anliegenden Knospen. Graugrüne, stark behaarte Blätter. Die Sorte blüht früh und hat mittelgroße bis große rundliche Kronblätter und mittelgroße, stark filzige Kelchblätter. Sie trägt sehr reichlich und meist auch regelmäßig. Die Sorte eignet sich auch für Hochlagen.
Besondere Merkmale: Frühreife, kleine und stark bereifte Früchte mit typischer Farbe. Sortentypische, sehr dichte, kompakte Krone und graugrüne Belaubung.
Verwechslersorte: 'Herbstfeigenbirne'.

Sommermuskatellerbirne

Weitere Namen: 'Kleine Lange Sommermuskateller', in Stuttgart 'Röslesbirne', am Bodensee 'Heubirne', 'Goldbirne'.
Herkunft: Sehr alte Sorte, in der Literatur sind zahlreiche 'Muskatellerbirnen' erwähnt. Die hier vorgestellte Sorte stammt aus Thüringen oder Sachsen, wurde schon 1798 im „Teutschen Obstgärtner" beschrieben.

Allgemeine Beurteilung: Anspruchslose, früh reifende, gut schmeckende Sorte. Früher in Thüringen und Sachsen als Straßenbaum gepflanzt. In ganz Deutschland noch vereinzelt zu finden. An alten, ungepflegten Bäumen sind die Früchte klein.
Verwendung: Frischverzehr, Dörr- und Brennbirne.
Frucht: Die Sorte reift Ende Juli und ist nur kurz haltbar. Mittelgroß (L = 40–65 mm, B = 35–50 mm, 75–110 g), birnenförmig. Gelblich grüne bis weißlich gelbe, bei Vollreife hellgelbe Schale mit hellem Rot auf der Sonnenseite. Starker Stiel, 25–35 mm lang, aufsitzend, meist durch Fleischhöcker auf die Seite gedrückt. Offener Kelch mit flacher Grube und kleinen Fleischbeulen, kleine, hornartige Kelchblätter. Weißes Fruchtfleisch, halbschmelzend, fest, saftig, mit ausgeprägtem Muskatgeschmack und -geruch, noch 2–3 Tage vor der Vollreife leicht herb. Zuckergehalt 14,8% (58–62° Oechsle). Große, längliche, stark zugespitzte Kerne.
Baum: Mittelgroße Krone. Triebe und Äste von oben bis unten mit kurzem, quirlartigem Fruchtholz besetzt. Rotbraune Jahrestriebe mit deutlichen Lentizellen, kleine anliegende Knospen. Hellgrüne, schmale Blätter. Frühe, aber sehr widerstandsfähige Blüte. Hohe Erträge, früh einsetzend, Alternanzgefahr. Wenig Ansprüche an Boden und Klima und kaum anfällig für Krankheiten und Schädlinge.
Besondere Merkmale: Gelblich rote Frucht und typischer Geschmack.
Verwechslersorten: 'Petersbirne', 'Rote Pfalzgräfin' und 'Fässlesbirne'.

St. Remy

Weiterer Name: 'Saint Remy'.
Herkunft: Mitte 19. Jh. in Saint Remy, Belgien im Obstgarten von M. LEQUARRE entstanden.

Allgemeine Beurteilung: Großfrüchtige spätreife, sehr gut lagerbare Koch- und Mostbirne, wenig anfällig für Krankheiten. In verschiedenen Ländern Mitteleuropas anzutreffen.
Verwendung: Koch- und Mostbirne.
Frucht: Ernte Ende Oktober bis Mitte November, Genussreife Januar bis Mai. In Größe und Form sehr variabel (L = 80–100 mm, B = 80–100 mm, 250–450 g). Kugelförmig bis stumpf kreiselförmig, z. T. auch eiförmig. Am Kelch abgeplattet, am Stiel leicht eingeschnürt. Graugrüne, später gelbgrüne Grundfarbe mit schmutzig braunem bis leicht violettem Rot auf Sonnenseite, z. T. auch leicht bereift. Zahlreiche kleine bis mittelgroße Lentizellen und einzelne Rostfiguren. Kurzer, dicker, brauner, am Ende knopfiger Stiel (L = 20–30 mm, D = 4–7 mm), mit typischem Fleischring, meist leicht schief in mitteltiefer bis tiefer Grube. Offener Kelch in schüsselförmiger, flacher, leicht wulstiger Grube, Kelchblätter breit und halb aufrecht, am Grund getrennt. Grünlich bis gelblich weißes Fruchtfleisch, mittel- bis feinzellig, saftig, süßlich, Zuckergehalt 14 % (50–65° Oechsle), im Geschmack ohne besonderes Aroma, aber auch ohne Gerbstoff. Kernhaus mit ovalen Kernfächern und schmaler, langer Achsenöffnung. Braune lange Kerne, oft nicht voll ausgebildet.
Baum: Mittelstarker Wuchs mit hochovaler Krone und typisch stark hängenden Ästen. Langtriebe auf Schattenseite olivgrün, sonst hell- bis rotbraun mit deutlichen, länglichen Lentizellen und flachen, anliegenden, leicht nach innen gebogenen Blattknospen. Mittelgroße bis große elliptische bis eirunde Blätter, dick, lederartig, dunkelgrün und stark glänzend. Rand fein gesägt. Kommt früh in Ertrag und bringt mittelhohe, regelmäßige Ernten.
Besondere Merkmale: Größe, Form und Farbe der Frucht, meist flache Kelchgrube. Wuchs mit typisch hängenden Ästen.
Verwechslersorten: 'Großer Französischer Katzenkopf', 'Grüne Pfundbirne'.

Träublesbirne

Weiterer Name: 'Träublensbirne'.
Herkunft: Zufallssämling mit unbekannter Herkunft. Erstmals von WALKER (1823) erwähnt. Nicht zu verwechseln mit der 'Kluppertebirne', die z. T. auch so bezeichnet wird. Die Bezeichnung bezieht sich auf den Fruchtstand, d. h. mehrere Früchte „träublesartig" aus einem Blütenstand.

Allgemeine Beurteilung: Anspruchslose gute Mostbirnensorte mit hohen Erträgen. Hat in den letzten Jahren etwas gesundheitliche Probleme und zeigt mittlere Anfälligkeit gegen den Feuerbrand. In Süddeutschland noch häufig vorhanden, auch in Vorarlberg (Österreich) zu finden
Verwendung: Mostbirne.
Frucht: Anfang bis Mitte Oktober reif, nicht lange haltbar. Kleine bis mittelgroße Früchte (L = 50–60 mm, B = 40–50 mm, 40–70 g), langbirnenförmig, schöne Abrundung gegen den Kelch, stielwärts deutliche Einschnürung. Graugrünliche Schale, später gelblich grün, mit kleinen Lentizellen und leichtem Rost um den Kelch. Ohne jegliche Deckfarbe, aber oft mit Schorfflecken. Ziemlich langer, dünner Stiel, holzig und knospig. Offener Kelch mit kleinen, hornartigen Kelchblättern in flacher Grube. Grünlich weißes, festes Fruchtfleisch, wird später teigig, saftig und herb. Zuckergehalt 17% (60–80° Oechsle). Viele, gut ausgebildete, mittelgroße Kerne, rundlich oval mit ausgeprägter, seitlicher spitzer Nase.
Baum: Lebhafter Wuchs, große Bäume. Hochovale, lockere Krone. Hängendes, dünnes Seitenholz. Lange, hellbraune Jahrestriebe, glänzend, mit kleinen Lentizellen. Auffallend lange, abstehende Knospen. Kleine, ovale, hellgrüne Blätter, schwach gesägter Rand. Blüte mit kleinen bis mittelgroßen Kron- und Kelchblättern. Mittelfrüher Ertragseintritt, dann aber hohe und regelmäßige Ernten. Wenig anspruchsvoll an den Standort. Etwas schorf- und feuerbrandempfindlich.
Besondere Merkmale: Kleinere, grünliche Frucht, schön birnenförmig. Lockere Krone mit hängenden Zweigen.

Trockener Martin

Weitere Namen: 'Martin sec', 'Martins-', 'Esels-', 'Gras-', 'Gauls-' und 'Goldbirne', 'Graue Lederbirne' u. a.
Herkunft: Unbekannt. Alte französische Sorte, nach LEROY bereits 1530 dort erwähnt und schon 1794 durch J. K. SCHILLER in Deutschland vermehrt.

Allgemeine Beurteilung: Anspruchslose Sorte mit relativ großen, haltbaren Früchten. Vorzügliche Dörrfrucht. In Süd- und Mitteldeutschland, Frankreich, Österreich und in der Schweiz früher häufiger, heute nur noch selten vorkommend.
Verwendung: Dörr-, Koch- und Mostbirne.
Frucht: Baumreife Ende Oktober, Genussreife Dezember bis März. Mittelgroße bis große Frucht (L = 50–80 mm, B = 45–70 mm, 80–150 g). Schön birnenförmig, gegen den Kelch abgerundet, stielwärts in lange, stumpfe Spitze auslaufend, mit leichter Einschnürung. Raue Schale mit hellgrüner Grundfarbe, später mehr gelbgrau, durch die flächenhafte starke Berostung aber oft kaum mehr zu sehen. Sonnenseite mit düsterem Braunrot. Zahlreiche, große auffallende Lentizellen. Der lange Stiel (30–40 mm) ist kräftig und meist etwas gebogen. Mittelgroßer Kelch mit hornartigen, halb aufrechten Kelchblättern in flacher Grube. Gelblich weißes, sehr festes und trockenes Fruchtfleisch, süß und leicht gewürzt. Zuckergehalt 15% (55–70° Oechsle). Braune, mittelgroße, rundlich ovale Kerne, zugespitzt und mit seitlicher Nase in kleinen Kernkammern.
Baum: Der Baum wächst mittelstark und bildet eine runde, ausgebreitete Krone. Rotbraune Jahrestriebe, der Spitze zu leicht filzig. Mittelgroße, längsovale Blätter, kahnartig gewölbt, Blattrand schwach gesägt. Die Sorte gedeiht auch in etwas raueren Lagen, wird ertragsmäßig jedoch recht unterschiedlich bewertet.
Besondere Merkmale: Form, Farbe und Lentizellen sowie trockenes Fruchtfleisch.

Weilersche Mostbirne

Weiterer Name: 'Krummbäumlesbirne'.
Herkunft: Um 1850 von dem Förster LAUROSS in Weiler bei Sinsheim/Els gefunden.

Allgemeine Beurteilung: Kleinfrüchtige, zuckerreiche und herbe Mostbirne. In der 2. Hälfte des 19. Jahrhunderts in Süddeutschland und auch in Österreich überall empfohlen. Heute nur noch selten anzutreffen, da die Bäume kein hohes Alter erreichen.
Verwendung: Mostbirne.
Frucht: Mitte bis Ende Oktober reif und bis November haltbar. Kleine Früchte (L = 50–60 mm, B = 40–50 mm, 40–60 g), in der Form etwas variabel, ei-, meist aber kegelförmig und gegen den Stiel typisch stark abgestumpft. Die Frucht hat eine gelbgrüne Grundfarbe, die später zitronengelb wird, ab und zu auf der Sonnenseite orangerot angehaucht. Typische starke Berostung um den Stiel, oft dehnt sich diese auf größere Teile der Frucht aus. Große, stark verkorkte Lentizellen, die in Rostflecken übergehen. Der mittellange Stiel ist holzig und knospig und von rot- bis gelbbrauner Farbe. Er sitzt wie eingesteckt in einer flachen Grube. Offener Kelch in flacher Grube mit hornartigen, meist aufrechten Blättchen, die am Grund verwachsen sind. Das gelblich weiße Fruchtfleisch ist sehr fest und saftig, süßherb, würzig und weinsäuerlich. Der Zuckergehalt ist hoch und beträgt 18% (70–80° Oechsle). Die mittelgroßen, dunkelbraunen Kerne sind länglich oval und nicht immer voll entwickelt.
Baum: Die Sorte wächst in der Jugend kräftig, später nur mittelstark und gibt nur mittelgroße Bäume mit rundlicher Krone. Die relativ kleinen Blätter sind rundlich, dunkelgrün, glänzend und ganzrandig. Sie stehen auf einem dünnen, mittellangen Stiel. Die Sorte ist wenig witterungsempfindlich, kommt früh in Ertrag und bringt hohe Ernten. An vielen Standorten wird der Baum krebsig und nicht sehr alt.
Besondere Merkmale: Form, besonders die typisch abgestumpfte Stielseite. Relativ große Lentizellen mit Rostflecken.
Verwechslersorte: 'Metzer Bratbirne'.

Welsche Bratbirne

Weitere Namen: 'Kohlbirne', 'Steinlachnerin', 'Cyderbirne', 'Oberländerin', 'Grüne Mostbirne', 'Deutsche Bratbirne' u. a.
Herkunft: Unbekannt. Schon 1823 von WALKER beschrieben.

Allgemeine Beurteilung: Ertragreiche Mostbirne, die Früchte werden aber sehr schnell teigig. Schöne, große, gesunde Bäume für den landschaftsprägenden Anbau, auch für höhere Lagen. In Süddeutschland, Österreich und in der Schweiz noch weit verbreitet.
Verwendung: Most- und Brennbirne.
Frucht: Reift ab Mitte September bis Anfang Oktober und ist nur kurz haltbar. Mittelgroße, rundliche bis bergamotteförmige Früchte (L = 45–53 mm, B = 50–55 mm, 60–80 g). Glatte, trübgrüne, lederartige Schale, auf der Sonnenseite leicht gelblich braun mit feinen Punkten. Öfter auch Schorfflecken. Mittellanger Stiel in kleiner Einsenkung. Kelchblätter sehr groß, sternchenförmig aufliegend, verwachsen und leicht wollig. Grünlich weißes, grobzelliges Fruchtfleisch, wird schnell teigig. Süßherb im Geschmack, Zuckergehalt 16,5 % (60–80° Oechsle). Große, länglich ovale Kerne.
Baum: Stark wachsende, große, mächtige, breitpyramidale Bäume mit eichenartigen Ästen und sehr dicker Borke. Graubraune, stark filzige Jahrestriebe und mittelgroße, behaarte Blätter. Blütenknospen ähnlich wie bei einem Apfel. Große, rundlich ovale Kronblätter und große, breite, stark filzige Kelchblätter. Sorte blüht sehr spät und bringt hohe Ernten. Sie ist wenig anspruchsvoll an den Standort und gedeiht auch in Höhenlagen. Wenig feuerbrandanfällig.
Besondere Merkmale: Trübgrüne Fruchtschale. Sternchenförmig aufliegende Kelchblätter. Schnelles Teigen. Apfelartige Blütenknospen. Filzige Blätter und Langtriebe.
Verwechslersorte: 'Champagner Bratbirne', diese reift aber später, teigt nicht so schnell und hat unbehaarte Triebe mit glänzenden Blättern.

Wilde Eierbirne

Weitere Namen: 'Fischäckerin', 'Hosenbirne'.
Herkunft: Unbekannt. 1854 von LUCAS erstmals beschrieben und von Hohenheim aus verbreitet.

Allgemeine Beurteilung: Empfehlenswerte, fruchtbare Sorte, zum Dörren, Brennen und Mosten. Gesunde, mittelstark wachsende Bäume mit sehr schöner Krone, für den landschaftsprägenden Anbau. In Süddeutschland stark verbreitet, vor allem im Stuttgarter Raum.
Verwendung: Dörr- und Mostbirne.
Frucht: Ende September bis Anfang Oktober reif und 2–3 Wochen haltbar. Mittelgroße, länglich eiförmige Früchte (L = 55–60 mm, B = 45–50 mm, 60–75 g). Glatte, lichtgrüne, bei Vollreife gelbliche Schale, auf Sonnenseite rötlich bis rötlich braun. Um Kelch meist ganzflächig berostet. Kurzer Stiel, leicht behaart. Kurze bis mittellange, aufrechte, hornartige Kelchblätter, an der Basis nicht verwachsen. Feinzelliges, leicht würziges Fruchtfleisch, etwas zusammenziehend. Früchte teigen von innen heraus. Zuckergehalt 15% (60–70° Oechsle). Mittelgroße, länglich ovale Kerne mit ausgeprägter Spitze.
Baum: Mittelgroßer Baum, mit sehr schöner, gleichmäßiger kugelförmiger Krone (wie beschnittener Buchsbaum). Steil hochgehende Äste, kurzes, dickes Fruchtholz. Jahrestriebe dunkel- bis rotbraun, obere Hälfte behaart. Starke Blattwülste mit anliegenden Knospen. Mittelgroße bis große, länglich eiförmige Blätter, am Anfang behaart, später dunkelgrün glänzend, ganzrandig. Große, sehr auffallende, wildlederartige Blütenknospen. Blüte mittelfrüh. Mittelgroße, rundliche Kronblätter und große, breite, stark filzige Kelchblätter. Die Sorte kommt früh in Ertrag und bringt regelmäßig hohe Ernten. Sehr gesund und anpassungsfähig an Boden und Klima. Wenig feuerbrandanfällig.
Besondere Merkmale: Frucht- und Kronenform. Wildlederartige Blütenknospen im Winter. Typischer Wuchs.
Verwechslersorte: 'Knollbirne', diese reift aber später, hat längere Kerne und andere Kronenform.

Wildling von Einsiedel

Weiterer Name: 'Extra Mostbirne'.
Herkunft: Der Mutterbaum, ein Sämling um 1700 entstanden, stand auf einer Wiese bei Pfrondorf (Tübingen) und wurde durch Hofgärtner AMMERMÜLLER in der Baumschule der nahe gelegenen Staatsdomäne Einsiedel in den Jahren 1820–1830 stark vermehrt.

Allgemeine Beurteilung: Gehaltvolle, aber sehr kleine Mostbirne. Große, mächtige Bäume, die allerdings in den letzten Jahren zunehmend unter Spitzendürre leiden. Obwohl die Sorte sehr fruchtbar ist, kann sie aufgrund der geringen Größe nur für Liebhaber empfohlen werden. In Süddeutschland noch häufig, auch in Österreich und in der Schweiz zu finden.
Verwendung: Mostbirne.
Frucht: Anfang bis Mitte Oktober reif und einige Wochen haltbar. Kleine, kreiselförmige Früchte (L = 40–50 mm, B = 40–43 mm, 35–45 g). Grünlich gelbe bis hellgelbe Schale, rötlicher Anflug auf Sonnenseite, relativ große Lentizellen, starke Berostung, besonders um den Kelch. Sehr kurzer Stiel, oft schief angesetzt. Mittelgroße, halb aufrechte bis aufliegende Kelchblätter in flacher Grube, am Grund verwachsen. Festes Fruchtfleisch, süß, aber sehr herb. Gut haltbar. Zuckergehalt 18% (70–85° Oechsle), gibt Most von Bratbirnenqualität. Mittelgroße, breitrundliche Kerne, gut ausgebildet.
Baum: Große Bäume mit breitpyramidaler, locker aufgebauter Krone. Leicht erkennbar durch kräftige, schwach gebogene Äste und Zweige, die wenig verzweigt und dicht mit ganz kurzem Fruchtholz besetzt sind. Langtriebe gelbbraun, mit vielen Lentizellen. Kleine dunkelgrüne, rundliche, ganzrandige Blätter. Frühe Blüte. Kleine rundliche Kron- und mittelgroße Kelchblätter. Blüten auf sehr kurzem Stiel dicht gedrängt stehend. Wenig anspruchsvolle Sorte, bringt auch in rauen Lagen guten Ertrag. Mittlere Feuerbrandanfälligkeit.
Besondere Merkmale: Kleine kreiselförmige Frucht mit sehr kurzem Stiel. Kurzes dichtes Fruchtholz an den Ästen.

Wolfsbirne

Weitere Namen: 'Schiennägelesbirne', 'Quitten-', 'Kitten-' und 'Harigelsbirne', 'Heilbronnerbirne'.
Herkunft: Unbekannt. 1823 von WALKER erstmals erwähnt.

Allgemeine Beurteilung: Spätreife Mostbirne mit hohem Gerbstoffgehalt. Als Zusatz zur Klärung und besseren Haltbarkeit von Apfelmost zu empfehlen. Die Sorte ist leider stark feuerbrandanfällig. In Süddeutschland und Österreich verbreitet, aber nicht mehr sehr häufig anzutreffen.
Verwendung: Mostbirne.
Frucht: Die Sorte wird Mitte bis Ende Oktober reif und ist gut haltbar. Rundliche, mittelgroße Birne (D = 48–51 mm, 50–70 g). Grüngelbe, bei Vollreife gelbe Schale, ohne Röte, mit zahlreichen Punkten. Sehr langer, dünner, holziger Stiel, durch kleinen Fleischwulst oft etwas schief angesetzt. Große aufliegende Kelchblätter, am Grund getrennt, meist abgebrochen, sie werden dann hornartig. Sehr festes, grobkörniges Fruchtfleisch, mit sehr viel Gerbstoff. Zuckergehalt 17,5% (70–80° Oechsle), bei Vollreife feinwürzig. Mittelgroße, ovale Kerne mit deutlicher seitlicher Nase, meist schlecht ausgebildet.
Baum: Starkwüchsige und langlebige Sorte, bildet breitgewölbte, hohe Krone. Die blättrige Rinde ist sortentypisch, sie schält sich wie beim Apfelbaum. Gelbliche, filzige Jahrestriebe mit stark behaarten, anliegenden, rötlichen Knospen. Hellgrüne eiförmige, stark behaarte Blätter. Späte Blüte, große Kronblätter und sehr große, breite Kelchblätter mit langen Zipfeln. Die Sorte kommt spät in Ertrag, bringt dann aber gute Ernten. Sie eignet sich auch für ungünstige Standorte, ist wenig krankheitsempfindlich, aber feuerbrandanfällig.
Besondere Merkmale: Rundliche Frucht auf langem Stiel, stark gerbstoffhaltig. Filzige Blätter und Triebe. Borke wie bei einem Apfelbaum.

Althanns Reneklode

Weitere Namen: 'Graf Althanns Reneklode', 'Count Althanns Gage', 'Reine Claude Conducta'.
Herkunft: Durch den Gärtner PROCHAZKA zwischen 1850 und 1860 in der Grafschaft Swoyschitz in Böhmen als Sämling der 'Großen Grünen Reneklode' angezogen und nach dem Besitzer des Schlosses genannt.

Allgemeine Beurteilung: Hellviolette Reneklode mit mittelspäter Reife und angenehmem Geschmack. Eine unserer besten Renekloden. Begrenzte Transportfähigkeit (Früchte werden schnell unansehnlich), deshalb nur noch für Direktvermarktung oder Anbau in Haus- und Kleingärten empfohlen. Die Sorte ist in ganz Mitteleuropa verbreitet.
Verwendung: Frischverzehr, Konservenfrucht, Kompottherstellung.
Frucht: Mitte August bis Anfang September reif. Mittelgroße bis große, rundliche Früchte (D = 40–45 mm, 40–50 g). Bauchnaht meist flach und breit. Grünlich gelbe, an der Sonnenseite rötlich violette Frucht. Stiel relativ dick und kurz, etwas berostet, in ausgeprägter, tiefer Grube. Gelbes Fruchtfleisch, wird bei der Reife gallertartig. Süß mit feiner Säure, würzig und aromatisch. Zuckergehalt 18,1% (65–80° Oechsle). Ovaler Stein, löst gut vom Fleisch, 18–20 mm lang (Indizes 100:45:75:169).

Baum: Starkwüchsig mit breiter Krone. Sparriger Wuchs mit zahlreichen Kurztrieben, neigt zum Verkahlen. Auffallend dicke, braunrote Langtriebe mit engen Internodien und stark wulstigen Blattpolstern. Mittelgroßes, dunkelgrünes Blatt. Rand einfach und doppelt gekerbt. Stiel 14–20 mm lang. Die mittelfrüh blühende Sorte ist selbststeril und braucht deshalb einen Befruchter ('Oullins Reneklode', 'Ersinger Frühzwetsche'). Ertragsbeginn früh, Fruchtbarkeit mittel bis hoch und regelmäßig. Die Sorte gedeiht auch in Höhenlagen, ist mäßig frostwiderstandsfähig und scharkatolerant. Die Früchte werden gern von Wespen angefressen.
Besondere Merkmale: Große, rundliche, rötlich violette Frucht.
Verwechslersorte: 'Magna Glauca'.

Anna Späth

Herkunft: 1870 von FRANZ SPÄTH als Sämling in Kadoszbeg in Ungarn erworben und von seiner Baumschule 1874 in den Handel gebracht.

Allgemeine Beurteilung: Sehr spät reifende Zwetsche mit guter Transportfähigkeit, erreicht nur in wärmeren Gebieten die notwendige Qualität. In kühleren Lagen und Jahren oft ungenügend gefärbt. Die Sorte ist scharkatolerant und wird noch in den wärmeren Anbaugebieten Mittel- und Osteuropas angebaut, allerdings nicht mehr sehr häufig.
Verwendung: Frischverzehr, Konserven- und Marmeladenfrucht.
Frucht: Reift je nach Jahr und Lage Mitte September bis Mitte Oktober, ca. 8 Tage nach der 'Hauszwetsche'. Mittelgroße bis große, rundovale Frucht (L = 40–45 mm, B = 36–41 mm, 40–50 g). Bräunlich bis schwarzviolett gefärbt, öfter mit helleren fuchsigen Stellen, leichte hellblaue Bereifung. Die Frucht sitzt auf einem kurzen, dünnen Stiel und hat eine dicke und zähe Haut. Grünlich gelbes bis goldgelbes Fruchtfleisch, saftig und süß mit feiner Säure, z.T. auch fad, bei guter Ausreife aber würzig. Zuckergehalt 20 % (70–90° Oechsle). Die Sorte platzt bei längerem Regen. Der Stein löst mittel bis gut, er ist mittelgroß und länglich oval (L = 24 mm), mit kräftiger Rückenkante und scharfer Bauchnaht, Oberfläche mit starker Narbung (Indizes 100:38:68:176).

Baum: Mittelstarker Wuchs, breitkugelig mit steilen Leitästen und ausgeglichener Krone. Seitenzweige leicht hängend und dicht mit kurzem Fruchtholz besetzt. Bräunlich violette Jahrestriebe, elliptische Blätter mit lang ausgezogener Spitze, Rand doppelt stumpf gesägt. Die selbstfruchtbare Sorte blüht mittelfrüh und ist ein guter Pollenspender. Der Ertrag tritt früh ein, er ist mittelhoch bis hoch und nicht immer regelmäßig. Nicht für trockene, sandige Böden und für Höhenlagen.
Besondere Merkmale: Spätreife, rundliche, etwas gefleckte Früchte.

Auerbacher

Weitere Namen: 'Achalmgräfin', 'Kruft I', 'Johannisberg I'; in der Schweiz 'Köpfli-' und 'Rafzerzwetsche'.
Herkunft: Von J. F. Koch um 1875 in Auerbach bei Bensheim an der Bergstraße als Zufallssämling gefunden und 1900 in „Pomologische Monatshefte" erstmals erwähnt.

Allgemeine Beurteilung: Mittelgroße, sehr reich tragende Sorte, mit festem Fruchtfleisch, löst sehr gut vom Stein und wird deshalb von den Bäckereien bevorzugt gekauft. Stark scharka- und valsaanfällig. In Deutschland und in der Schweiz noch häufig im Anbau. Schon vor dem Ersten Weltkrieg in Rheinhessen und in der Pfalz stärker verbreitet.
Verwendung: Frischverzehr, Back- und Konservenfrucht.
Frucht: Ende August bis Anfang September reif, ca. 10 Tage vor der 'Hauszwetsche'. Mittelgroße, eiförmige Frucht (L = 44 mm, D = 34 mm, 27–34 g). Sehr flache Bauchnaht, dunkelblau, auf der Schattenseite z. T. auch leicht rötlich, mit sehr starker Bereifung. Mitteldicke Haut, die sich nicht abziehen lässt. Kurzer und dicker Stiel, hellgrün, teils bräunlich. Festes hellgelbes, bei Vollreife goldgelbes Fleisch. Harmonischer Geschmack, bei Überbehang fad. Zuckergehalt 16% (60–75° Oechsle). Der ca. 22 mm lange Stein löst hervorragend, er ist eiförmig, mit auffallend kräftigem Wulst und relativ breit (Indizes 100:42:65:155).

Baum: Starkwüchsig mit breitkugeliger Krone und flachem Astabgang. Problemlose Erziehung. Kurzes, relativ dickes und stark verzweigtes Fruchtholz, braunrote, mitteldicke und behaarte Langtriebe. Dicke, mittelgroße, hellgrüne und auffallend matte Blätter mit gekerbtem Rand. Die selbstfruchtbare Sorte blüht spät und hat grünlich weiße, überlappende Kronblätter von rundlicher Form. Sie setzt früh mit dem Ertrag ein, trägt reich und bei guter Pflege auch regelmäßig. Neigt zu Alternanz.
Besondere Merkmale: Starke Bereifung. Festes, gut vom Stein lösendes Fleisch. Behaarte Jahrestriebe mit dicken Blättern.

Bühler Frühzwetsche

Weiterer Name: 'Bühlertaler Frühzwetsche'.
Herkunft: Als Zufallssämling 1854 in Kappelwindeck bei Bühl, Baden, gefunden. Durch Mutationen und Aussaat von Steinen der Sorte entstanden verschiedene Typen, die sich in Fruchtform und Reifezeiten unterscheiden. Die Vermehrung der Sorte durch Aussaat war vielfach noch bis um 1900 üblich.

Allgemeine Beurteilung: Die sehr bekannte, mittelfrühe Sorte überzeugt durch hohe Erträge und die Baumgesundheit, kommt allerdings spät in Ertrag. In Süddeutschland und in der Schweiz noch häufig zu finden.
Verwendung: Kuchen, Konservenfrucht, Saft.
Frucht: Reife zwischen Ende Juli und Mitte August. Mittelgroße Früchte (D = 32–37 mm, 25–32 g). Je nach Typ rundlich bis eirund oder länglich oval. Gleichmäßig dunkelblau gefärbt und stark hellblau bereift. Dünner Stiel, grünlich, 12–20 mm lang, haftet fest an der Frucht. Grünlich gelbes Fleisch, löst meist gut vom Stein. Die Haut lässt sich nicht abziehen. Auffallend ist der hohe Säuregehalt bei nur mittlerem Zuckergehalt (15,6%, 60–70° Oechsle). Je nach Typ ist der Stein in Form und Größe unterschiedlich.
Baum: Kräftiger Wuchs mit hoch- bis breitpyramidaler Krone. Jahrestriebe braunrot, schwach behaart mit leicht abstehenden Knospen. Mittelgroßes Blatt, relativ dick, dunkelgrün mit leichtem Glanz, Rand fein gezähnt. Junge Blätter an den Triebspitzen bronzefarben überhaucht. Blüten nur am Kurztrieb. Blühzeit mittel bis spät. Mittelgroße Blüten mit ovalen Kronblättern und spatelförmigen Kelchblättern. Die Sorte ist selbstfruchtbar, der Ertrag setzt spät ein, ist dann aber hoch bis sehr hoch. Neigt zu Alternanz. Kaum scharkaanfällig, der Baum und das Blatt sind sehr gesund.
Besondere Merkmale: Blaue, stark bereifte Frucht mit relativ hohem Säuregehalt. Wuchs. Dunkelgrünes Laub. Triebspitze rötlich bis bronzeartig überhaucht.

Verwechslersorte: 'Zimmers Frühzwetsche', diese reift aber früher und ist größer.

Dattelzwetsche

Weitere Namen: 'Ungarische-', 'Türkische-', 'Tübinger-' und 'Spitzzwetsche' 'Österreichische Pflaume', 'Säbelpflaume', 'Rösser' u. a.
Herkunft: Alte Sorte, schon Ende des 18. Jh. in der „Pomona Franconica" beschrieben. Stammt wahrscheinlich aus Ungarn oder der Türkei. Es scheint mehrere Typen zu geben. Neben der 'Violetten Dattelzwetsche' wird auch eine 'Rote Dattelzwetsche' beschrieben. Beide gleichen sich in der Form, haben aber eine etwas andere Fruchtfarbe und Reifezeit.

Allgemeine Beurteilung: Mittelfrüh reifende, sehr alte Sorte mit eigenartiger Form. Geschmacklich recht gut. Für den heutigen Markt aber zu klein. Hat nur noch als Kuriosität Bedeutung. Früher in ganz Mitteleuropa häufig zu finden und meist durch Ausläufer vermehrt. Die hier beschriebene Sorte wird im Raum Tübingen noch auf den Obstmärkten angeboten.
Verwendung: Frischverzehr und Mus.

Frucht: Reife Anfang bis Mitte August. Kleine bis mittelgroße, sehr lange und schmale Frucht (L = 40–50 mm, B = 20–25 mm, 15–18 g). Ganz flache Bauchnaht. Abziehbare Haut, purpurrot bis violettblau, leicht bläulich bereift. Dünner Stiel, leicht behaart, ca. 1/3 der Fruchtlänge. Grünlich gelbes bis goldgelbes Fruchtfleisch, saftig, süßer, angenehm aromatischer Geschmack. Zuckergehalt 16% (60–70° Oechsle). Stein löst nicht immer vom Fleisch, säbelartige Form, mit fast gerader Rückenseite und leicht gebogener Bauchseite, 25–30 mm lang (Indizes 100:23:37:164), ähnlich dem Stein der 'Ortenauer'.
Baum: Mittelstarker Wuchs, dünne Jahrestriebe, graubraun bis rotbraun mit kleinen, spitzen, leicht abstehenden Knospen. Mittelgroße, elliptische Blätter, am Fruchtholz mehr lanzettförmig, Rand gekerbt. Mittelfrühe Blüte und meist nur mittlerer Ertrag. Sorte kommt oft noch wurzelecht vor und bildet dann viele Ausläufer, sodass ganze Zwetschenhecken entstehen.
Besondere Merkmale: Eigenartige Fruchtform, dadurch mit anderen Sorten nicht zu verwechseln.

Emma Leppermann

Herkunft: 1897 von Gärtner W. LEPPERMANN als Sämling gezogen und nach seiner Frau benannt. Die Eltern sind unbekannt.

Allgemeine Beurteilung: Die Sorte, eine Ovalpflaume, gefällt durch ihre besondere Farbe. Sie wurde früher wegen ihrer Fruchtbarkeit besonders für die Höhenlagen in Mitteldeutschland empfohlen und diente vor allem zur Selbstversorgung. Die Sorte überzeugt in warmen Lagen aber ertragsmäßig wie auch geschmacklich nicht und wird schnell weich. Vereinzelt noch in ganz Deutschland zu finden, in Mitteldeutschland noch etwas häufiger.

Verwendung: Vorwiegend zum Frischverzehr.

Frucht: Die Sorte reift folgernd Mitte Juli bis Anfang August. Mittelgroße bis große, rundliche Früchte (D = 38–42 mm, 40 g). Die flache Bauchnaht hebt sich als rote Linie ab. Gelborange Grundfarbe mit gelblich roter Deckfarbe und violetter Bereifung. Kurzer, dicker, behaarter Stiel. Dicke, zähe Haut. Gelbes bis goldgelbes, weiches, gallertartiges Fruchtfleisch, löst meist gut vom Stein. Süßlicher Geschmack, wenig Aroma. Zuckergehalt 12,1% (50–52° Oechsle). Rundlich ovaler, leicht bauchiger Stein (L = 20–22 mm), mittelbreite Wulst, mit kräftigem Kamm. Rückenfurche eng und tief. Oberfläche leicht genarbt (Indizes 100:40:70:175).

Baum: Starker Wuchs mit breitrunder, ausladender Krone. Bräunlich violette Jahrestriebe mit Blattpolstern, die ebenso breit wie der Trieb sind. Knospen leicht abstehend. Sehr große, rundliche, relativ dicke, stark gewellte Blätter. Hellgrüner Blattstiel, 15–20 mm lang. Blatt am Grund abgerundet, an der Spitze kurz zugespitzt, Rand einfach, z.T. doppelt gekerbt. Die selbstfruchtbare Sorte blüht mittelfrüh und ist ein guter Pollenspender. Sie bringt nur in Hochlagen gute Erträge. Relativ widerstandsfähig gegen Frost, aber anfällig für Monilia und Scharka.

Besondere Merkmale: Große, runde, rötlich orangefarbene Frucht. Relativ dicke, gewellte Blätter. Von der Frucht her mit keiner Sorte zu verwechseln.

Erntepflaume

Weiterer Name: 'Johannispflaume'.
Herkunft: Alte Landsorte mit unbekannter Herkunft.

Allgemeine Beurteilung: Früh reifende, kleine blaue Rundpflaume, die früher in vielen Bauerngärten stand und auch heute noch in Süddeutschland als wurzelechter Baum, der gerne Ausläufer bildet, weit verbreitet ist. Kommt auch in der Schweiz als 'Johannispflaume' vor. War früher sehr beliebt, hat heute aber kaum noch Bedeutung.
Verwendung: Tafelfrucht und Kompott.
Frucht: Frucht reift folgernd, ab Mitte bis Ende Juli. Die Frucht fällt bei Reife sehr leicht ab und ist nicht lange haltbar. Kleine, kurzovale bis rundliche Frucht. In Form und Größe wie eine Mirabelle aber mit dunkelvioletter Farbe und starker hellblauer Bereifung (L = 24–27 mm, B = 23–24 mm, 6–11 g). Dicke Haut, die sich schlecht abziehen lässt. Die Bauchnaht ist unterschiedlich stark ausgeprägt. Kräftiger hellgrüner, leicht behaarter Stiel, 15–18 mm lang und 2 mm dick, z.T. mit braunen Flecken. Er steht in kleiner, flacher Grube. Fruchtfleisch weich und gallertartig, geht meist schlecht vom Stein. Süßlicher Geschmack, Zuckergehalt 13% Brix (50–60° Öchsle) und wenig Säure. Kleiner, 15–17 mm langer, rundovaler, relativ dicker Stein, mit breiter Rückenrille (Indizes 100 : 49 : 71 : 146).

Baum: Mittelstark wachsend, mit lockerem Aufbau und hochovaler Krone. Die Sorte ist meist wurzelecht und bildet Ausläufer, deshalb oft als Pflaumenhecke vorkommend. Einjährige Triebe stark behaart. Blatt relativ dick, weich und behaart, eiförmig bis rundlich oval, Rand gesägt, z.T. doppelt. Stiel bis 3 cm lang, auf Oberseite violett.
Besondere Merkmale: Kleine, blaue, rundliche und früh reifende Frucht die bei Reife leicht abfällt. Verwechselbar mit blauen Typen der 'Myrobalane', diese hat aber keine stark behaarten Triebe. Sorte bildet oft auch Hecke, da wurzelecht.
Verwechslersorten: Blau gefärbte Typen der 'Myrobalane', 'Gute aus Bry'.

Ersinger Frühzwetsche

Weitere Namen: 'Ahlbacher Frühzwetsche', 'Eisentäler Frühzwetsche', 'Gerber Frühzwetsche', 'Goldquelle', 'Wiesenthäler'.
Herkunft: Zufallssämling aus Ersingen bei Pforzheim. 1896 bei der Obstausstellung in Baden-Baden erstmals gezeigt und nach dem Fundort benannt. Verschiedene Typen im Anbau.

Allgemeine Beurteilung: Wertvolle, geschmacklich gute, frühreife Zwetsche, ursprünglich für den Selbstversorgeranbau empfohlen, heute Hauptsorte im Erwerbsanbau. Mehrmaliges Durchpflücken ist wegen der folgernden Reife und auch der Transportfestigkeit notwendig. Weil sehr saftig, nur für den Privathaushalt als Kuchenbelag zu empfehlen. In allen Frühanbaugebieten Europas zu finden. In den USA als 'Early Blue' im Anbau.
Verwendung: Frischverzehr, Marmelade, Kompott.
Frucht: Reift stark folgernd Mitte Juli bis Anfang August. Mittelgroße, länglich ovale bis eiförmige Frucht (L = 46–48 mm, B = 32–36 mm, 30–40 g). Rötlich violett bis dunkel violett mit hellblauer Bereifung, in kühleren Jahren und Lagen und bei Überbehang oft fuchsig. Kräftiger, kurzer Stiel, zur Frucht hin bräunlich; in enger, tiefer Grube. Grüngelbes Fruchtfleisch, mäßig fest bis weich, sehr saftig. Gut ausgereifte Früchte sind süß, angenehm würzig und säuerlich erfrischend. Zuckergehalt 15% (60–65° Oechsle). Mittelgroßer, länglich ovaler Stein (L = 24 mm), an Stielseite verjüngt, mit tiefer und scharfkantiger Rückenfurche (Indizes 100:34:61:179).
Baum: Starker Wuchs mit breitpyramidaler bis kugeliger Krone, hängendes, relativ langes Fruchtholz. Bräunlich gelbe Jahrestriebe, im oberen Drittel deutlich behaart. Große, breitovale Blätter, auffallend hellgrün. Mittelfrühe Blüte, nur teilweise selbstfruchtbar. Früh einsetzender, hoher und regelmäßiger Ertrag. Die scharkatolerante Sorte neigt in feuchten Jahren zur Fäulnis.

Besondere Merkmale: Frühe Reife. Bei Vollreife relativ weiche und sehr saftige Frucht. Hellgelbes Laub.

Flotows Mirabelle

Weitere Namen: 'Frühe Mirabelle', 'Früheste Gelbe Mirabelle'.
Herkunft: Von LIEGEL (1777–1861) aus einem Stein der 'Violetten Perdrigon' gezogen und nach dem Dresdner Geheimrat VON FLOTOW benannt. Der hier beschriebene Typ unterscheidet sich in Fruchtfarbe und Triebbehaarung. In fast allen Beschreibungen wird die Frucht nämlich als rein hellgelb bezeichnet.

Allgemeine Beurteilung: Früh reifende Mirabelle (ca. 3 Wochen vor 'Mirabelle aus Nancy') mit süßem, typischem Mirabellengeschmack. Die frühe und folgernde Reife machen die Sorte besonders interessant für Hausgärten, sie ist aber auch für die Direktvermarktung beachtenswert. War früher in ganz Deutschland verbreitet, heute selten.
Verwendung: Tafel- und Kompottfrucht.
Frucht: Folgernde Reife ab Ende Juli bis Anfang August. Kleine, rundliche Frucht, am Stiel leicht abgeplattet (L = 26–29 mm, B = 26–29 mm, 10–15 g). Gelbliche, später goldgelbe Farbe mit roter bis z. T. violettroter Sonnenseite und weißlich bereifter Schale. Dünner Stiel, hellgrün und leicht behaart. Goldgelbes, gallertartiges Fruchtfleisch, süß, aromatisch, mit typischem Mirabellengeschmack. Zuckergehalt 17% (60–80° Oechsle). Löst gut vom kleinen, rundlichen Stein, dieser ist 12–15 mm lang, mit breitem Wulst und breiter Rückenfurche, Oberfläche stark genarbt (Indizes 100:59:83:141).
Baum: Anfangs kräftiger Wuchs, später mittelstark. Mittelgroße Bäume mit rundlicher, lockerer und etwas sparriger Krone. Auberginefarbige Jahrestriebe, in der unteren Hälfte mehr grau, im oberen Drittel leicht behaart. Kleine, dünne, elliptische Blätter, Rand stumpf gesägt. Die selbstfruchtbare Sorte blüht mittelfrüh, kommt früh in Ertrag und bringt gute und regelmäßige Ernten. Sie ist wenig krankheitsanfällig, scharkaresistent und stellt an den Boden keine großen Ansprüche.

Besondere Merkmale: Goldgelbe Frucht mit roten Backen. Frühe Reife.
Verwechslersorten: 'Mirabelle aus Nancy' und 'Myrobalane'.

Große Grüne Reneklode

Weitere Namen: 'Reine Claude', 'Zuckerpflaume', 'Dauphine', 'Green Gage', 'Reine Claude Verte'; insgesamt über 100 Synonyme.
Herkunft: Eine sehr alte, wahrscheinlich aus Armenien oder Syrien stammende Sorte. In Frankreich seit Mitte des 15. Jh. im Anbau und nach der Gemahlin CLAUDIA von König FRANZ I. (1525) benannt. Es gibt verschiedene Typen.

Allgemeine Beurteilung: Wertvollste aller Renekloden mit hervorragendem „königlichem" Geschmack und mittleren, nicht immer regelmäßigen Erträgen. Die Frucht wird gern von Wespen befallen. Besonders für den Hausgarten empfohlen. Seit 1670 in ganz Europa verbreitet, noch häufig.
Verwendung: Frischverzehr, Kompott- und Konservenfrucht sowie für Marmeladenherstellung und Brennerei.
Frucht: Reife Mitte August bis Mitte September. Kleine bis mittelgroße rundliche Früchte (D = 33–36 mm, 22–30 g), meist etwas ungleichhälftig. Grün bis grüngelb, auf der Sonnenseite rötlich verwaschen und bräunlich rot gesprenkelt sowie öfter netzartig berostet. Kräftiger, 14–18 mm langer Stiel, schwach behaart. Grünlich gelbes Fleisch, löst oft schlecht vom Stein, sehr saftig, gallertartig und sehr süß mit kräftiger Würze. Durchschnittlich 20,2% Zucker (70–90° Oechsle). Ovaler, relativ dicker Stein, 18 mm lang, mit kammartigem Mittelwulst und kräftiger Rückenfurche, Oberfläche flach genarbt (Indizes 100:48:76:157).
Baum: Mittelstarker Wuchs mit breitkugeliger Krone. Auberginefarbige Langtriebe, relativ dick. Blattpolster wesentlich breiter als der Trieb. Mittelgroße, dicke, elliptische Blätter mit kurzem, kräftigem Stiel und doppelt gekerbtem Rand. Mittelspäte Blüte und kurze Blühzeit. Rundlich ovale Kronblätter. Guter Pollenspender, aber selbststeril. Befruchtersorten: 'Ersinger-' und 'Bühler Frühzwetsche'. Ertrag hängt stark vom Standort ab, meist nur mittelhoch. Nicht scharkatolerant.

Besondere Merkmale: Gelbgrüne, rundliche Früchte. Geschmack.
Verwechslersorte: 'Oullins Reneklode'.

Gute aus Bry

Weiterer Name: 'Belle de Paris'.
Herkunft: Die Sorte stammt aus Frankreich und wurde 1820 im Marne-Tal bei Bry-Sur-Marne gefunden, kam aber erst 1870 in den Handel. Ab 1900 in Baden im Anbau.

Allgemeine Beurteilung: Eine frühreife, gut schmeckende kleine, rundliche Pflaume. Für den Handel heute zu klein, aufgrund des Geschmacks aber für Hausgarten und Direktvermarktung interessant.
Verwendung: Frischverzehr und Kuchenbelag.
Frucht: Reife Mitte Juli bis Mitte August. Kleine, breit rundliche Frucht (L = 28–32 mm, B = 30–35 mm, 18–23 g). Bei Vollreife gleichmäßig dunkelblau mit starker Bereifung. Kurzer (15–18 mm) mittelstarker, grüner Stiel, etwas behaart, in enger, tiefer Grube. Griffelnarbe in breitem und tiefem Grübchen. Gelblich grünes bis gelbliches festes Fleisch, saftig, süß und aromatisch, mit sehr gutem Geschmack. Durchschnitt-licher Zuckergehalt bei 17% (65–75 °Oechsle). Löst gut vom kleinen Stein, er ist rundlich oval (L = 12-14 mm), mit breiter Rückenrille und relativ breit. (Indizes 100:60:83:137)

Baum: Mittelgroßer Baum mit rundlicher Krone. Leicht behaarte Langtriebe, in der unteren Hälfte auberginefarbig, nach oben mehr rotbraun, mit vielen kleinen Lentizellen und sehr kleinen, anliegenden Blattknospen. Elliptische bis breit elliptische, mitteldicke Blätter, in der Größe sehr variabel, mit kurzem, leicht behaartem Stiel. Rand leicht gewellt und stark gezahnt. Die Sorte ist wenig anfällig für Monilia und scharkaresistent. Trotz Selbststerilität ein guter und regelmäßiger Träger.
Besondere Merkmale: Fruchtform und Größe. Breiter, rundlich ovaler Stein.
Verwechslersorten: 'Erntepflaume' und 'Angelina Burdette'.

Hauszwetsche

Weitere Namen: 'Deutsche Hauszwetsche', 'Bauernpflaume', 'Hauspflaume', 'Basler Zwetsche', 'Quetsche', 'Dro-Zwetsche', 'Bestercei', 'Pozegaca' u. a.
Herkunft: Sehr alte Sorte unbekannter Herkunft. Seit dem 17. Jh. in Deutschland stärker verbreitet. Ähnliche Fruchtsteine wurden schon in Aalen in römischen Brunnen aus dem 2.–3. Jh. n. Chr. gefunden. Es gibt verschiedene Typen mit unterschiedlicher Reifezeit.

Allgemeine Beurteilung: Hervorragende Sorte, sehr anpassungsfähig, deshalb die häufigste Sorte im Streuobstbau. Früchte für alle Zwecke zu verwenden. Durch die Scharkakrankheit ist der Anbau der in ganz Europa verbreiteten Sorte heute allerdings sehr eingeschränkt.
Verwendung: Sehr vielseitig verwendbar. Frischverzehr, Bäckerei, Brennerei, Verwertungsindustrie und als Trockenpflaume.
Frucht: Ende August bis Ende September reif. Kleine bis mittelgroße, länglich ovale Früchte (D = 26–34 mm, 16–30 g), oft ungleichhälftig. Dunkelblau, in Hochlagen und bei Überbehang auch leicht rötlich (fuchsig), stark bereift. Leicht behaarter Stiel, 10–25 mm lang, in mäßig tiefer Grube. Stein löst meist gut vom gelbgrünen bis goldgelben Fleisch. Dieses ist fest, leicht herb und angenehm würzig mit ausgeprägtem Aroma. Durchschnittlicher Zuckergehalt 20,4 % (70–90 ° Oechsle). Länglich ovaler Stein, 20–23 mm lang. Maße je nach Typ unterschiedlich.
Baum: Mittelstark wachsend. Spitzpyramidale bis hoch kugelförmige Krone. Graue bis rotbraune, mittelstarke Langtriebe und kleine hellgrüne, schmal elliptische Blätter, 5–6 cm lang. Die Sorte blüht spät, hat längliche Kronblätter und schmale, spatelförmige Kelchblätter. Sie ist selbstfruchtbar, der Ertrag setzt relativ spät ein, ist aber meist regelmäßig. Etwas witterungsempfindlich in der Blüte. Nicht scharkatolerant sowie anfällig für Pflaumenrost und Narrentaschenkrankheit.

Besondere Merkmale: Fruchtform. Geschmack und Reifezeit.
Verwechslersorte: 'Italienische Zwetsche'.

Italienische Zwetsche

Weitere Namen: 'Fellenberg', 'Kohlstockzwetsche', 'Elbetaler Frühzwetsche', 'Doppelte Zwetsche', 'Zwetschke mit dem Pfirsichblatt' u. a.
Herkunft: Wahrscheinlich als Zufallssämling in der Lombardei entstanden, um 1800 in die Schweiz eingeführt und von dem Kaufmann FELLENBERG 1823 nach Deutschland gebracht. Es gibt verschiedene Typen.

Allgemeine Beurteilung: Spät reifende Frucht mit hervorragender Qualität. Leider ertragsmäßig oft nicht befriedigend und sehr scharkaanfällig. In ganz Europa und auch in den USA im Anbau.
Verwendung: Frischmarkt, industrielle Verwendung, als Kuchenbelag sowie zum Dörren und Brennen.
Frucht: Ende August bis Anfang September reif. Mittelgroße, ovale bis eiförmige Früchte (D = 33–36 mm, 28–35 g), meist durch breite und tiefe Furche in zwei ungleiche Hälften geteilt. Dunkelblaue Haut, stark hellblau bereift und fein gepunktet. Mittellanger, kräftiger, schwach behaarter Stiel. Die Frucht löst gut vom Stein. Grüngelbes, süßsäuerliches Fruchtfleisch, kräftig gewürzt und bei Vollreife aromatisch. Durchschnittlicher Zuckergehalt 19,3 % (75–85° Oechsle). Länglicher Stein, L = 24 mm (Indizes 100 : 34 : 57 : 168).
Baum: Mittelstarker, breiter und flacher Wuchs mit hängendem Fruchtholz. Graue, leicht glänzende Langtriebe. Blattpolster breiter als der Trieb und ebenso hoch. Auffallend lange, spitze Blätter, oft leicht gerollt, ungleichmäßig gezähnt, mit kurzem Stiel. Die Sorte blüht spät. Mittelgroße Blüten mit länglichen Blütenblättern, sehr weit auseinander stehend. Teilweise selbstfruchtbar, sehr witterungsempfindlich in der Blüte. Ertragsmäßig nur in späteren Lagen befriedigend. Stark scharkaanfällig.

Besondere Merkmale: Geschmack. Punkte auf der Schale. Wuchs des Baumes. Schmales, meist etwas nach innen gebogenes Blatt.
Verwechslersorten: 'Hauszwetsche' und 'Ortenauer'.

Kriechele (Kriechen)

Weitere Namen: 'Haferschlehe', 'Haferpflaume', 'St. Julien-Pflaume', 'Sau-' und 'Scheißpfläumle' u. a.
Herkunft: Wildpflaume, Subsp. von *P. insititia*. Bereits in vorgeschichtlicher Zeit in Deutschland vorkommend. Erstmals von HILDEGARD VON BINGEN (1098–1179) erwähnt. Der Name leitet sich von der starken Ausläuferbildung (am Boden entlang kriechen) bzw. von der Reifezeit ab. Kleinere und mehr bittere Formen werden als 'Haferschlehe', größere und süßere auch als 'Haferpflaume' bezeichnet. Evtl. Hybride von *P. domestica* × *P. spinosa*.

Allgemeine Beurteilung: Wichtige Unterlage für Pflaumen und Zwetschen ('St. Julien-Pflaume', GF 655/2, 'Pixy'). In Deutschland schon seit der Jungsteinzeit bekannt, Früchte dienten früher zum Verzehr und werden heute noch als Brennware gesammelt. In ganz Deutschland vorkommend, aber nur noch selten wild. Meist sind es Verwilderungen, von den Wurzelausläufern der Unterlage abgestorbener Bäume.

Verwendung: Unterlage für Pflaumen und Zwetschen, Brennerei.
Frucht: Mitte August bis Mitte September reif. Kleine bis mittelgroße, rundliche Früchte (17–32 mm, 4–28 g). Verschiedene Fruchtfarben, meist blau, ähnlich den Schlehen. Kurzer Stiel. Grünliches Fruchtfleisch, löst nicht vom Stein. Zuckergehalt 16% (60–80° Oechsle), im Geschmack süß bis bitter. Stein je nach Typ sehr unterschiedlich, meist rundlich oval, z. T. am Ende zugespitzt.
Baum: Strauch oder kleiner Baum, der sich durch starke Ausläuferbildung schnell vermehrt und bei ungestörter Ausbreitung ganze Hecken bildet. Mehr oder weniger stark behaarte, braunviolette Jahrestriebe. Blüht früh bis mittelfrüh, mittelgroße, rundliche Blütenblätter. Die Wildpflaume ist klimahart und reich tragend.
Besondere Merkmale: Kleine Früchte, etwas größer als Schlehen, mit meist adstringierendem Geschmack. Behaarte Jahrestriebe und starke Ausläuferbildung, deshalb fast immer als Hecke und nicht als Einzelbaum vorkommend.

Verwechslersorte: Größere Schlehen.

Mirabelle aus Nancy

Weitere Namen: 'Mirabelle de Nancy', 'Nancymirabelle', 'Große Mirabelle', 'Drap d'Or', 'Doppelte Mirabelle'.
Herkunft: Ursprung der Sorte nicht bekannt. Schon seit 1490 in Frankreich angebaut und Mitte des 18. Jh. nach Deutschland gebracht. Erhielt den Namen nach der Stadt Nancy in Lothringen. Verschiedene Typen im Anbau, empfehlenswert Nr. 1510.

Allgemeine Beurteilung: Die bekannteste Mirabellensorte, die in ganz Mitteleuropa vorkommt. Geschmacklich sehr gut und durch ihre rötliche Sonnenseite besonders schön, gut als Frischware absetzbar. Beliebte Konserven- und Brennware. Gibt ein aromatisches, vorzügliches Destillat.
Verwendung: Frischmarkt und Brennerei.
Frucht: Reift stark folgernd ab Mitte August bis Anfang September. Kleine, kugelige bis kurzovale Frucht (L = 25–27 mm, B = 23–26 mm, 9–14 g). Bauchnaht nur als feine Linie. Gelbe, bei Vollreife goldgelbe Schale, auf der Sonnenseite rötlich bis violett verwaschen, zahlreiche, rot umhöfte Punkte, gelbbläulich bereift. Kurzer, dünner Stiel, behaart, in flacher Grube. Goldgelbes Fruchtfleisch, mäßig saftig und bei Überreife mehlig, süß und gut gewürzt, typisches Aroma. Zuckergehalt 18,5% (70–90° Oechsle). Kleiner, 13–15 mm langer, kurzovaler Stein (Indizes 100:48:77:160).
Baum: Mittelgroße, breitkugelige Krone mit lockerem Aufbau. Dünnes, kurzes Fruchtholz. Auberginefarbige Langtriebe, glänzend, schmale Blattpolster mit leicht abstehenden Knospen. Kleine, dünne Blätter, matt, am Rand oft leicht gerollt und fein gesägt. Mittelspäte bis späte Blüte. Kleine Blüten mit ovalen Kronblättern, die sich gegenseitig berühren. Die scharkatolerante Sorte ist selbstfruchtbar und kommt mittelfrüh in Ertrag, sie trägt dann gut und regelmäßig. Am besten gedeiht sie in warmen, geschützten Lagen und entwickelt nur dort das typische Aroma.

Besondere Merkmale: Kleine gelbe Frucht mit rötlich violetten Backen.
Verwechslersorten: 'Metzer Mirabelle', 'Flotows Mirabelle' und 'Myrobalane'.

Myrobalane

Weitere Namen: 'Kirschpflaume', 'Türkenkirsche'.
Herkunft: Wildart (*P. cerasifera*), die am Kaukasus und in angrenzenden Gebieten ursprünglich heimisch war und in Deutschland erstmals 1588 von TABERNAEMONTANUS erwähnt wurde.

Allgemeine Beurteilung: In vielen Ländern Europas eine der wichtigsten Pflaumen-Unterlagen. Wegen frühzeitiger Reife früher beliebt zum Frischverzehr, nach heutigen Maßstäben ist die Qualität jedoch unzureichend, interessant aber für Marmelade. Es gibt zahlreiche Typen und auch Kultursorten, z. B. 'Unica', 'Ceres', 'Anatolia'. Aufgrund der frühen Blüte wird der Baum bzw. Strauch für Straßenbegleitgrün und in Gärten (Zierformen) eingesetzt.
Verwendung: Unterlage, Zierstrauch, Marmeladenbereitung und Frischverzehr.
Frucht: Je nach Typ liegt die Reife zwischen Anfang Juli und Ende September. Kleine bis mittelgroße, rundliche Früchte (18–30 mm, 8–16 g), mit schwacher Bauchnaht. Früchte in der Farbe Hellgrün bis Gelb über Rot bis Dunkelrot (Zierformen 'Atropurpurea' und 'Nigra', diese mit rotem Fruchtfleisch). Dicke Schale, meist mit leichtem Wachsüberzug. Fruchtfleisch weich, wässrig, ohne besonderes Aroma, meist säuerlich mit wenig Zucker. Zuckergehalt 13% (48–60° Oechsle). Löst schlecht vom Stein. Dünner Stiel, 15–20 mm lang. Steine der Wildform 9–14 mm lang, bei Kulturformen bis 16 mm, rundlich ovale Form, Oberfläche meist ziemlich glatt (Steinabbildung von roter Frucht).
Baum: Busch und Baum, 6 bis 10 m hoch, oft dornig. Jahrestriebe glatt und glänzend. Kleine, glänzende Blätter, bis 7 cm lang. Blüht sehr früh, deshalb oft spätfrostgefährdet, weiße Blüten.
Besondere Merkmale: Kugelige, kirschartige Früchte mit dicker Schale, blüht als erste aller Steinobstarten.
Verwechslersorten: Formen mit gelben Früchten werden oft mit 'Flotows Mirabelle' und 'Mirabelle aus Nancy' verwechselt, die aber vom Stein lösen und nicht sauer schmecken. Auch deutliche Unterscheidung in Blatt und Trieb.

Ontariopflaume

Weiterer Name: 'Ontario'.
Herkunft: In Amerika entstanden und von M. Ellwanger und A. Bary 1874 in den Handel gebracht, seitdem in Deutschland.

Allgemeine Beurteilung: Sehr ertragreiche und -sichere, gelbe Rundpflaume mit großer Frucht. Sie wird jedoch schnell weich und löst schlecht vom Stein. Vorwiegend süß und wenig aromatisch. Heute nur noch für Liebhaber zum Anbau empfohlen. In ganz Deutschland verbreitet, vor allem noch in Hausgärten zu finden.
Verwendung: Frischverzehr und Kompott.
Frucht: Reife Anfang bis Mitte August. Große bis sehr große, runde Frucht (D = 44–48 mm, 50–60 g). Griffelseite der Frucht meist schief, Stielseite stark abgeplattet. Breite, flache Bauchnaht. Grünlich gelbe, bei Vollreife trübgelbe Fruchtschale mit gelber Bänderung, leicht weißliche Bereifung und kleine Lentizellen. Haut dünn und gut abziehbar. Mittellanger, kräftiger Stiel in relativ tiefer und enger Grube. Hellgelbes, weiches, gallertartiges Fruchtfleisch, sehr saftig, süß, mit wenig Aroma. Zuckergehalt 16,5% (60–70° Oechsle). In sonnenarmen Jahren und bei Überbehang fad. Löst meist schlecht vom Stein, dieser ist rundlich oval, ca. 20 mm lang, mit sehr breitem Wulst (Indizes 100:44:72:162).

Baum: Ziemlich starker Wuchs mit runder Krone. Braune bis violettbraune Jahrestriebe, mit starken Blattpolstern und leicht abstehenden, spitzen Knospen. Relativ dicke, elliptische Blätter, Rand stumpf gesägt bis gekerbt. Mittelspät blühend, mittelgroße Blüten mit deckenden Kronblättern. Selbstfruchtbar und guter Pollenspender. Früher Ertragsbeginn, hohe und regelmäßige Ernten. Wenig krankheitsanfällig und scharkatolerant. Früchte werden gern von Wespen angefressen.
Besondere Merkmale: Große, rundliche, gelb gefärbte Frucht. Gelbe Bänderung der Schale bei Vollreife.
Verwechslersorte: 'Oullins Reneklode', diese hat aber rötlich umhöfte Lentizellen auf der Schale und getrennte Blütenblätter.

Ortenauer

Weitere Namen: 'Borssumer' (Norddeutschland), 'Kruft II', 'Johannisberg II', 'Borzami sliva', 'Slavonische Zwetsche'.
Herkunft: Zufallssämling, der bereits Ende des 17. Jh. im Dorf Borssum bei Emden (Emsland) angebaut wurde. Kam nach dem Zweiten Weltkrieg durch KRUFT nach Süddeutschland und durch GÖTZ in die Ortenau. Nach dem dortigen Anbaugebiet neu benannt, da ursprünglicher Name unbekannt.

Allgemeine Beurteilung: Reich tragende und transportfeste Spätzwetsche. Geschmacklich, vor allem in höheren Lagen, nicht immer befriedigend. Durch ihre Hypersensibilität gegenüber dem Scharkavirus Ausgangssorte für die erfolgreiche Hohenheimer Scharkaresistenzzüchtung. In Süddeutschland und im Alten Land noch häufiger zu finden.
Verwendung: Frischmarkt, industrielle Verwertung, Backzwetsche.
Frucht: Reife Ende August bis Anfang September, kurz vor 'Hauszwetsche'. Mittelgroße, länglich elliptische Frucht, an Stielansatz verjüngt (L = 49 mm, D = 32–35 mm, 30–35 g), deutliche Bauchnaht. Dunkelblau mit sehr starker, hellblauer Bereifung, bei Überbehang und in kühlen Regionen auch rötlich violett. Mittellanger Stiel, oft berostet, in flacher Grube. Grünlich gelbes bis gelbes Fruchtfleisch, fest und saftig, löst gut vom Stein, mäßig aromatisch, oft auch fad. Zuckergehalt 16% (63–74° Oechsle). Mittelgroßer, auffallend langer Stein (L = 28 mm) mit starker Verjüngung (Indizes 100:28:46:164).
Baum: Mittelstarker Wuchs. Breitkugelig, flach stehende Leitäste. Infolge des reichen Ertrags stark hängendes Fruchtholz. Schlanke, meist etwas gewundene graue, einjährige Triebe mit länglichen, hellgrünen Blättern. Die teilweise selbstfertile Sorte kommt früh in Ertrag und bringt hohe und regelmäßige Ernten. Bei Scharkabefall auf den Blättern leuchtend gelbe Flecken mit Nekrosen, Rindenrisse und Baumsterben.

Besondere Merkmale: Längliche Frucht mit Verjüngung. Stark hellblau bereift. Schlanker Stein und schmale Blätter.
Verwechslersorte: 'Italienische Zwetsche'.

Oullins Reneklode

Weitere Namen: 'Reine Claude d'Oullins', 'Massot', 'Reine Claude précoce', 'Fausse Reine Claude'.
Herkunft: Im frühen 19. Jh. von M. Filliand in Coligne (Frankreich) gefunden und von dem Baumschuler Massot in Oullins bei Lyon in den Handel gebracht. Um 1860 nach Deutschland eingeführt.

Allgemeine Beurteilung: Früh reifende, gelbe Reneklode mit großen Früchten und angenehmem Geschmack. Wegen der eingeschränkten Transportfähigkeit nur noch für Direktvermarktung und im Hausgarten von Bedeutung, dort empfehlenswert. In ganz Europa vorkommend.
Verwendung: Frischverzehr und Kompottfrucht.
Frucht: Reift etwas folgernd ab Mitte August. Mittelgroße bis große Frucht (D = 43–46 mm, 40–55 g). Gelbe bis gelbgrüne Farbe, z.T. auch leicht orangefarben, mit weißlicher Bereifung und rötlich umhöften Lentizellen. Kräftiger, mittellanger Stiel, hellgrün und leicht berostet. Gelbliches, gallertartiges Fruchtfleisch, saftig, mit leicht würzigem, süßem Geschmack. Zuckergehalt 17,5% (70–75° Öchsle), bei Überbehang fad. Eiförmiger, breiter Stein (L = 20–22 mm), der meist schlecht löst. Kräftiger Wulst und deutlicher Mittelwulst, Oberfläche flachnarbig (Indizes 100:45:70:169).

Baum: Starkwüchsig mit großer, breitkugeliger Krone und langem, sperrigem Fruchtholz, neigt zur Verkahlung. Braunviolette Jahrestriebe, Blattpolster schmäler als Trieb, Knospen leicht abstehend. Große, dunkelgrüne, derbe, sehr gesunde, elliptische Blätter, Rand doppelt gekerbt. Mittelfrühe Blüte, Kronblätter deutlich auseinander stehend. Selbstfruchtbar und guter Pollenspender. Die Sorte kommt früh in Ertrag und bringt hohe, aber nicht immer regelmäßige Ernten. Scharkatolerante Sorte, aber anfällig für Monilia und Wespenfraß.
Besondere Merkmale: Große, gelbe Früchte mit rötlichen Lentizellen. Blütenblätter weit auseinander stehend.
Verwechslersorten: 'Große Grüne Reneklode' und 'Ontariopflaume'.

Spilling

Herkunft: Formengruppe von Primitivpflaumen, auch als ‘Spänlinge’, ‘Kreeke’, ‘Hundspflaume’ bezeichnet. Steinfunde aus der Römerzeit sind identisch mit dem ‘Gelbroten Spilling’. Vor allem noch in Nord- und Ostdeutschland zu finden.

Allgemeine Beurteilung: Sehr anspruchslose Pflaumenart. Noch um 1900 reichlich auf den Märkten. Für den allgemeinen Anbau ist die Frucht heute zu klein, ist als uralte Art aber erhaltenswert.
Verwendung: Tafelfrucht, Kompott.

Gelber Spilling

Frucht: Mitte Juli reif. Klein, länglich oval (L = 30–34 mm, B = 23–29 mm, 10–13 g). Wachsgelbe Früchte, an den Enden leicht zugespitzt und weißlich bereift. Stiel halb so lang wie die Frucht. Festes, gelbes Fruchtfleisch, süß, Zuckergehalt 19% (70–85° Oechsle), mirabellenartig. Steine länglich und an beiden Enden zugespitzt (L = 20–22 mm, B = 5–6 mm, D = 10–12 mm).

Baum: Mittelstarker Wuchs. Mit lichter Krone und dünnen Ästen und Trieben. Früh blühend, etwas empfindlich in der Blüte, in der Regel aber reich tragend. Wurde meist über Ausläufer vermehrt.

Gelbroter Spilling (Steinabbildung)

Weitere Namen: ‘Rotbunter Spilling’, ‘Gubener Spilling’.

Frucht: Mitte Juli reif. Klein, länglich oval (L = 28–34 mm, B = 18–21 mm, 7–8 g). Dem Stiel zu verjüngt und gegen den Stempelpunkt zugespitzt. Gelblich grüne Grundfarbe, auf der Sonnenseite rot bis violett, stark hellblau bereift. Gelbes bis orangefarbenes Fruchtfleisch, mirabellenartig, Zuckergehalt 19% (70–85° Oechsle), geschmacklich der beste aller Spillinge, gut steinlösend. Längliche, nach beiden Seiten zugespitzte Steine (L = 20–25 mm, B = 5–6 mm, D = 10–12 mm).

Baum: Mittelstarker Wuchs. Hochpyramidale Krone, Leitäste dicht mit Seitenholz besetzt, dünne Äste und Triebe. Etwas blühempfindlich aber meist hohe Erträge.

The Czar

Weitere Namen: 'Czar', 'Czar-Pflaume'.
Herkunft: Von TH. RIVERS aus Sawbridgeworth in England aus einer Kreuzung von 'Prinz Engelbert' × 'Rivers Early Prolific' ('Rivers Early') gezogen. Erste Sorte einer gezielten Kreuzung bei der Europäischen Pflaume. Der Baum trug 1874 erstmals Früchte und erhielt den Namen zu Ehren des Besuchs des russischen Zaren im gleichen Jahr in England. Seit Ende des 19. Jh. in Deutschland.

Allgemeine Beurteilung: Mittelgroße, blaue Frucht, wegen der relativ frühen Reife, der guten Steinablösbarkeit und des hohen Ertrags fand sie in Norddeutschland eine schnelle Verbreitung. Die Sorte reift folgernd und neigt zu Überbehang. Sie schmeckt dann fad und ist fäulnisanfällig. In Mitteleuropa und in England vorkommend.
Verwendung: Tafel- und Industriefrucht.
Frucht: Reift immer etwas ungleichmäßig Anfang bis Mitte August. Mittelgroße, rundliche bis leicht ovale Frucht mit flacher Bauchnaht (L = 36–40 mm, B = 34–38 mm, 27–34 g). Dunkelviolette Schale, stark bereift, meist mit einer rötlichen Hälfte. Kurzer, kräftiger Stiel in enger, tiefer Grube. Weißlich bis hellgelbes, leicht glasiges Fruchtfleisch, löst gut vom Stein. Im Geschmack mild säuerlich, nur leicht gewürzt, bei Überbehang fad. Zuckergehalt 14% (50–70° Oechsle). Relativ kleiner, ovaler Stein (L = 21–24mm), scharfkantig zugespitzt (Indizes 100:40:64:160).

Baum: Mittelstarker Wuchs, hochpyramidal, neigt im Alter zur Verkahlung. Graue, in der oberen Hälfte auberginefarbige Jahrestriebe, im letzten Drittel leicht behaart, im Sommer stark filzig. Große, dicke, breit elliptische bis rundliche Blätter, Rand gekerbt. Selbstfertile Sorte. Blüht mittelspät. Kommt früh in Ertrag, neigt zu Überbehang mit folgender Alternanz. Liebt nährstoffreiche und feuchte, aber keine trockenen Böden, daher in Süddeutschland trotz Scharkatoleranz weniger verbreitet.
Besondere Merkmale: Rundlich ovale Frucht, löst gut vom Stein. Traubiger Behang. Großes Blatt.

Wangenheims Frühzwetsche

Herkunft: Die Sorte wurde als Zufallssämling 1837 im Garten des Freiherrn VON WANGENHEIM in Brühheim bei Gotha gefunden und nach dem Besitzer benannt.

Allgemeine Beurteilung: Keine Frühsorte, wird besonders für höhere Lagen empfohlen, wenn die 'Hauszwetsche' nicht mehr ausreift. Dort auch heute noch in ganz Deutschland zu finden. Problematisch ist der oft zu starke Behang, der zu ausgeprägter Alternanz und schlechter Fruchtqualität führt. Seit einigen Jahren zunehmend als schwächer wachsende Unterlage für Pflaumen und Zwetschen verwendet.

Verwendung: Rohgenuss, Konservenfrucht, Kuchenbelag und Marmeladenbereitung.

Frucht: Reift Mitte August bis Anfang September. Mittelgroße (L = 38–40 mm, B = 28–34 mm, 20–24 g) ovale bis eiförmige Früchte, dunkelblau mit starker Bereifung und deutlicher Bauchnaht. Kräftiger, 10–15 mm langer, grüner Stiel in flacher Grube. Grünliches Fruchtfleisch, in Vollreife goldgelb und gerötet, süßsäuerlich und je nach Behang mehr oder weniger gewürzt, bei Überbehang fad. Durchschnittlicher Zuckergehalt 16,5% (65–75° Oechsle). Ovaler bis eiförmiger Stein löst bei Vollreife gut vom Fleisch, 19 mm lang (Indizes 100:39:71:184).

Baum: Kräftiger Wuchs in der Jugend, der Baum geht aber mehr in die Breite, wird durch den hohen Ertrag meist aber nur mittelgroß. Sorte am hängenden, dichten Fruchtholz zu erkennen. Langtriebe braunviolett, mit leicht abstehenden Knospen, Blattpolster etwas schwächer als der Trieb. Mittelgroßes, elliptisches Blatt, am Grund zugespitzt auslaufend. Rand einfach und doppelt gezähnt. Blüte spät, weiße, länglich ovale Kronblätter. Die Sorte ist selbstfruchtbar, kommt früh in Ertrag und bringt hohe Erträge. Gefahr der Alternanz. Die Sorte gilt als frostwiderstandsfähig. In feuchten Jahren Fäulnisgefahr, nicht scharkatolerant.

Besondere Merkmale: Deutliche Bauchnaht. Bildet oft Zwillingsfrüchte. Schmale Blätter. Dichtes, hängendes Fruchtholz.

Zibarte

Weitere Namen: 'Ziparte', 'Zippate', 'Ziberl', 'Zwiferl', 'Seiberl', 'Zibärtle'.
Herkunft: Wildpflaume, die *Prunus insititia* zugeordnet wird und schon in spätkeltischer Zeit bei uns beheimatet war. Erstmals schriftlich erwähnt von Hildegard von Bingen (1098–1179). Eng verwandt mit 'Kriechele'.

Allgemeine Beurteilung: Wildpflaume mit kleinen, gelbgrünen Früchten, die sehr gerbstoffhaltig sind und nur über die Brennerei verarbeitet werden können. Zibartenschnaps ist eine ausgesprochene Spezialität, die Ausbeute ist aber recht niedrig. Die 'Zibarte' ist seit der Jungsteinzeit unverändert erhalten geblieben. Es gibt verschiedene Typen, die sich in Reifezeit und Fruchtgröße unterscheiden und vor allem in Süddeutschland, Österreich und in der Schweiz noch vereinzelt wurzelecht vorkommen.
Verwendung: Brennfrucht.
Frucht: Die Reife liegt zwischen Mitte September und Mitte Oktober. Kleine, runde Früchte. Bei einem Durchmesser von 18–22 mm wiegen sie 4–7 g. Gelbgrün, schwach bereift, auf der Sonnenseite teils leicht rötlich. Mittellanger, kräftiger Stiel. Das gelbgrüne Fruchtfleisch ist weich und saftig, es löst sich schlecht vom Stein und hat einen hohen Gerbstoffgehalt, geschmacklich erinnern die Früchte deshalb mehr an Schlehen als an Pflaumen. Der durchschnittliche Zuckergehalt liegt bei 15,8% (60–70° Oechsle). Die breitovalen Steine haben eine Länge von 10–12 mm, eine Breite von 5–6 mm und eine Dicke von 8–10 mm.

Baum: Strauch oder kleiner Baum, bei Veredlung auf 'Myrobalane' mittelstark wachsend. Dünne, braunviolette Jahrestriebe mit engen Internodien und vielen Blütenknospen. Kleine bis mittelgroße Blätter, längsoval, mit matter Oberfläche. Frühe Blüte, kleine, längliche Blütenblätter. Selbstfruchtbar, ertragreich. Gering anfällig für Krankheiten und tolerant gegenüber Scharka.
Besondere Merkmale: Einzige grüne Wildpflaume, die nur etwas größer als die Schlehe ist, aber ähnlich schmeckt.

Adlerkirsche von Bärtschi

Weitere Namen: 'Bronnerkirsche', 'Besigheimer Braune', 'Unterländer Braune Knorpel', 'Schwarze Adler'.
Herkunft: Schweizer Lokalsorte, wurde von der Baumschule BÄRTSCHI vermehrt und 1930 von Fachberater BRONNER im mittleren Neckarraum eingeführt. Von dort hat sie sich auf die anderen Anbaugebiete ausgebreitet.

Allgemeine Beurteilung: Wertvolle, gesunde, dunkelbraune späte Knorpelkirsche für den Frischmarkt, mit geringen Standortansprüchen. Aufgrund des langen Stiels gut pflückbar. Die Frucht kann auch ohne Stiel geerntet werden, da sie nicht blutet. In Süddeutschland und in der Schweiz verbreitet.
Verwendung: Frischmarkt.
Frucht: Reift in der 5./6. Kirschwoche. Mittelgroße bis große, breite, herzförmige Frucht (7–8 g) mit seichter Rückenfurche und ausgeprägtem Höcker, Bauchnaht als scharfe Linie ausgebildet, Frucht glänzend, braunrot bis schwarz mit kleinen, hellen Punkten besetzt. Langer, kräftiger, dunkelgrüner Stiel. Die Frucht löst gut vom Stiel und blutet nicht. Das Fruchtfleisch ist rotbraun, mittelfest bis fest, knorpelig und ziemlich saftig. Süßer Geschmack und kräftig gewürzt, mit anregender pikanter Säure. Ziemlich großer, länglich eiförmiger Stein, in dumpfer Spitze auslaufend, löst gut vom Fleisch. Die Frucht ist nicht platzfest, jedoch halten sich gesunde Früchte über eine Woche, ohne zu schrumpfen.
Baum: Wächst von Anfang an stark mit aufstrebenden Leitästen. Die Krone ist dicht, das lange Seitenholz gut garniert. Die Sorte hat eine breitkugelige Krone und ist sehr robust. Sie hat große, dunkelgrüne Blätter und blüht mittelfrüh. Befruchter: 'Büttners Rote Knorpelkirsche', 'Sam', 'Van'. Der Ertrag setzt früh bis mittelfrüh ein, ist dann sehr hoch und gleichmäßig. Sehr gleichmäßige Reife und dadurch hohe Pflückleistung.
Besondere Merkmale: Dunkelbraune, spät reifende Knorpelkirsche mit langem Stiel. Blutet nicht beim Pflücken ohne Stiel.

Badeborner Schwarze

Herkunft: In der 2. Hälfte des 19. Jh. in Badeborn bei Quedlinburg (Sachsen-Anhalt) gefunden und von der Baumschule TEICKNER (Gernrode) 1912 in den Handel gebracht.

Allgemeine Beurteilung: Eine wohlschmeckende, robuste, spät reifende Knorpelkirsche, die sich auch für Höhenlagen eignet und lokal verbreitet ist. Sie ist vielseitig verwendbar und sehr gut versandfähig. Die Sorte wächst sehr stark und eignet sich für die maschinelle Ernte.
Verwendung: Frischware und Nasskonserve.
Frucht: Reift in der 5. Kirschwoche (ca. 1 Woche vor der 'Hedelfinger Riesenkirsche'). Mittelgroße, stumpfherzförmige Frucht (6–7 g). Griffelseite breit abgerundet bis abgeplattet. Die braunviolette, vollreif fast schwarze Frucht, glänzt sehr stark und ist platzanfällig. Mittellanger Stiel in breiter, mitteltiefer Grube. Das feste Fruchtfleisch ist rötlich braun bis hell bräunlich, der Saft dunkelrot bis violettpurpurfarben. Angenehm süßer Geschmack mit leichter Säure, würzig, ohne bitteren Beigeschmack. Mittelgroßer, eiförmiger, leicht zugespitzter Stein mit scharfer Bauchnaht und stark hevorstechender Rückenkante.
Baum: Starker, aufstrebender Wuchs, die Leitäste sind dicht mit Seitenzweigen besetzt. Die Sorte hat etwas knorrig aussehende, große, kugelige Kronen und wird sehr alt. Mittelfrühe, verhältnismäßig frostharte Blüte. Befruchter: 'Dönissens Gelbe Knorpelkirsche', 'Hedelfinger Riesenkirsche', 'Schneiders Späte Knorpelkirsche'. Intersteril mit 'Büttners Rote Knorpelkirsche', 'Große Prinzessinkirsche' und 'Große Schwarze Knorpelkirsche'. Blatt auffallend groß und unregelmäßig stark gezähnt. Die Erträge setzen früh ein, sind mittelhoch bis hoch und regelmäßig. Am besten gedeiht die Sorte auf gutem Kirschenboden, eignet sich aber auch für leichtere, nährstoffreiche Standorte und Höhenlagen.
Besondere Merkmale: Sehr dunkle Frucht mit extremem Glanz.

Büttners Rote Knorpelkirsche

Weitere Namen: 'Lauermanns Kirsche', 'Melonenkirsche', 'Königskirsche', 'Kaiser Franz', 'Royal Ann', 'Emperor Francis', 'Napoleon'.
Herkunft: Die Sorte wurde um 1795 in Halle/Saale vom Amtmann C. G. BÜTTNER aus einer Sämlingspopulation ausgelesen und 1807 an den Freiherrn CH. TRUCHSESS übergeben. Wahrscheinlich identisch mit 'Büttners Späte Rote Knorpelkirsche'. Eine lokale Auslese ist die 'Querfurter Königskirsche'.

Allgemeine Beurteilung: Eine der ältesten gelbroten Knorpelkirschen mit sehr guten Ertrags- und Fruchteigenschaften. Die robuste Sorte hat eine große Anpassungsfähigkeit und ist weltweit verbreitet.
Verwendung: Frischverzehr, Verarbeitung.
Frucht: Reift in der 5. Kirschwoche. Mittelgroße, glänzende Kirsche (7 g), breit-herzförmig, mit rot gefärbter Bauchnaht. Gelbe Grundfarbe mit unregelmäßigen, typischen braunroten Flecken. Bei Vollreife sonnenseitig fast ganz rot. Im Übergangsbereich rot punktiert und gestrichelt. Starker, langer Stiel, oft leicht rötlich. Das Fruchtfleisch ist hellgelb, knorpelig fest, mit weißen Adern durchzogen und mäßig saftend. Farbloser bis leicht gelblicher Saft. Süßer, würziger Geschmack mit ausreichender Säure. Mittlere Platzempfindlichkeit (Platzindex 47), etwas windempfindlich und durch den meist sehr dichten Behang auch moniliaanfällig. Ziemlich kleiner Stein, scharf zugespitzt und mit scharfer Bauchnaht, löst schlecht.
Baum: In der Jugend stark wachsend mit z.T. steil aufrecht stehenden Leitästen. Während der Vollertragszeit neigen sich diese Äste mehr waagerecht. Bei Ertragsbeginn lässt die Wuchskraft nach, wobei die Neigung zur Verkahlung gering ist. Die Krone ist gedrungen breitkugelig. Mittelfrühe Blüte, recht widerstandsfähig gegen Blütenfrost. Befruchter: 'Hedelfinger Riesenkirsche' und 'Schneiders Späte Knorpelkirsche'. Der Ertrag setzt früh ein, ist hoch und regelmäßig.
Besondere Merkmale: Fleckige Färbung.
Verwechslersorte: 'Große Prinzessinkirsche'.

Dolleseppler

Weiterer Name: 'Dollenseppler'.
Herkunft: Sämling aus dem früheren Landkreis Bühl (heute Ortenaukreis), aus dem Betrieb JOSEF DOLL, Achern-Mösbach (Baden). Ab 1960 stärker verbreitet.

Allgemeine Beurteilung: Aufgrund der hervorragenden Fruchtqualität und der Schüttelfähigkeit eine sehr empfehlenswerte Brennkirsche. Starker Wuchs und hohe Ertragssicherheit sind weitere Merkmale dieser Sorte, die sich auch für höhere Lagen eignet. Vor allem in Süddeutschland, aber auch in der Schweiz verbreitet. Streuobstsorte des Jahres 2000 in Baden-Württemberg.
Verwendung: Brennkirsche, Saftherstellung, Marmelade.
Frucht: Die Sorte wird in der 4./5. Kirschwoche reif. Kleine, herzförmige Frucht (5–6 g), tiefschwarz und glänzend. Mittellanger, dünner Stiel, von dem sich die Frucht trocken löst. Das dunkelrote, mittelfeste bis weiche Fruchtfleisch ist saftig und löst gut vom Stein; bei Vollreife sehr süß, Zuckergehalt 19–23% (80–100° Oechsle), schmeckt aromatisch mit leichtem Bitterton. Die Früchte sind auffällig platzfest und wenig fäulnisanfällig. Kleiner bis mittelgroßer, ovaler Stein, der Spitze zu verjüngt mit flacher Bauchnaht.
Baum: Mittelstark bis stark wachsend mit charakteristischer, breitkugeliger, lockerer Krone und etwas flatterigem Wuchs. Leitäste sind schräg aufwärts gerichtet, gut mit Bukettrieben besetzt. Rehbraune Jahrestriebe mit kleinen Lentizellen. Große, längliche Blätter mit stark gesägtem Rand. Mittelfrühe Blüte, lang andauernd. Befruchter: 'Offenburger Schüttler' und 'Heitschen'. Die Erträge setzen früh ein, sind sehr hoch und regelmäßig. Die Sorte lässt sich gut schütteln. Sie ist relativ anspruchslos an den Standort. Ihr typisches Aroma entfaltet sie aber vor allem in wärmeren Lagen. Wegen der hohen Produktivität sind Standorte mit guter Wasserversorgung zu bevorzugen.
Besondere Merkmale: Mittelgroße, tiefschwarze, sehr aromatische Früchte. Breitkugelige Krone.
Verwechslersorte: 'Benjaminler'.

Dönissens Gelbe Knorpelkirsche

Weitere Namen: 'Bernsteinkirsche', 'Honigkirsche', 'Wachskirsche', 'Weißkirsche', 'Schwefelkirsche'.
Herkunft: Um 1820 in Guben/Neiße als Sämling gefunden und nach den „Züchtern" benannt.

Allgemeine Beurteilung: Eine ertragreiche, gelbfrüchtige Knorpelkirsche mit geringen Standortansprüchen, die sich damit auch für den Anbau außerhalb der eigentlichen Kirschenanbaugebiete eignet. Als gelbe Frucht kaum durch Vogelfraß und Kirschfruchtfliege geschädigt. Die Sorte ist in ganz Deutschland verbreitet.
Verwendung: Frischverzehr und Konservenfrucht.
Frucht: Reift in der 5./6. Kirschwoche. Die Frucht ist klein mit einem Gewicht von 5–6 g. Sie ist stumpfherzförmig, am Stempelpunkt fast abgerundet. Die Bauchseite zeigt eine flache Furche, der Rücken eine Linie. Am Stiel ist sie stark abgestumpft, der Stempelpunkt steht in einem Grübchen. Relativ langer Stiel in einer flachen Einsenkung. Die Fruchthaut ist glänzend, etwas durchscheinend, schön gelb, bei voller Reife hochgelb, auf der Sonnenseite fast goldgelb. Bei Überreife färbt sich die Sonnenseite leicht bräunlich. Die Frucht ist druckempfindlich und bekommt dann leicht unansehnliche braune Flecken. Die Transportfähigkeit und die Platzfestigkeit (Platzindex 70) sind nur gering. Das Fruchtfleisch ist fest mit mittlerem Saftgehalt und wasserhellem Saft. Der Geschmack ist angenehm würzig und süß mit wenig Säure. Mittelgroßer Stein mit deutlich hervortretenden Rückenkanten und einem kleinen Höcker am Stielansatz.
Baum: Stark wachsend mit breiter, relativ dichter Krone und dünnem, langem Fruchtholz, leicht hängend. Die Blüte ist mittel bis spät. Befruchter: 'Büttners Rote Knorpelkirsche' und 'Schneiders Späte Knorpelkische'. Die Erträge sind hoch, setzen relativ früh ein und sind regelmäßig. Anfällig für Monilia. Wegen der gelben Fruchtfarbe für Kirschfruchtfliege nicht anfällig.
Besondere Merkmale: Gelbe Frucht.

Große Prinzessinkirsche

Weitere Namen: 'Groote Prinzess', 'Große Prinzessin', 'Napoleon', 'Lauermanns Kirsche', 'Hühnerherz', 'Spiegel-Münster-Scheckenkirsche' u. a.
Herkunft: Sehr alte Sorte, die vermutlich aus Holland stammt und dort ihren Namen erhielt. Bereits zu Beginn des 18. Jh. in Deutschland weit verbreitet. Die Sorte bildet einen Formenkreis mit zahlreichen, sehr unterschiedlichen Typen, am bekanntesten ist Typ 'Diemitz'.

Allgemeine Beurteilung: Früheste bunte Knorpelkirsche mit guter Größe und hervorragendem Geschmack. Die Sorte hat sich in allen Kirschanbaugebieten bewährt und ist deshalb weit verbreitet.
Verwendung: Frischverzehr und Konserven.
Frucht: Kann Anfang Juli in der 4. Kirschwoche gepflückt werden. Groß bis sehr groß, mit typischer Herzform (L = 20–23 mm, B = 23–25 mm, 8–10 g). Rötlich gelbe Grundfarbe mit stark roter Deckfarbe, z. T. gestrichelt. Gut belichtete Früchte völlig rot. Starker, langer, hellgrüner Stiel in flacher, weiter Grube. Hellfarbenes, knorpeliges Fruchtfleisch mit farblosem Saft. Süß mit feiner Säure und aromatisch. Ziemlich großer, rundlicher, zugespitzter Stein, der sich gut löst. Etwas nässe- und windempfindlich, platzt leicht.
Baum: Mittelstarker bis starker Wuchs, zuerst mit aufrechter bis breitpyramidaler Krone, später mehr rund und breit. Schräg abstehende Leitäste, locker mit Seitenästen besetzt. Mäßig mit kurzem Fruchtholz bekleidet. Große, hellgrüne, elliptische Blätter, Rand stark gezähnt. Die Sorte blüht mittelfrüh und gilt als guter Pollenspender. Intersteril mit 'Büttners Rote Knorpelkirsche' und 'Badeborner Schwarze'. Sie kommt mittelfrüh in Ertrag, trägt regelmäßig, aber meist nur mittelhoch. Die Sorte verlangt guten, nährstoffreichen und durchlässigen Boden. An ungünstigen Standorten Gummifluss.
Besondere Merkmale: Große herzförmige Früchte mit bunter Farbe, Grundfarbe dunkler als bei 'Büttners Rote Knorpelkirsche'.
Verwechslersorte: 'Büttners Rote Knorpelkirsche'.

Große Schwarze Knorpelkirsche

Weitere Namen: 'Braune Knorpelkirsche', 'Große Knorpelkirsche', 'Weilheimer Riesen', 'Diemitzer Knorpel', 'Bigarreau Noir' u. a.
Herkunft: Unbekannt. Die Sorte wurde bereits 1540 von CHARLES ETIENNE in Paris als 'Cerise Coeur Noir' beschrieben. Von Mitteldeutschland aus im 19. Jh. in Deutschland verbreitet.

Allgemeine Beurteilung: Sehr alte und in ganz Europa verbreitete, spätreife Knorpelkirsche mit guter Fruchtqualität. Es gibt verschiedene Herkünfte, heute ist die Herkunft 'Diemitz' am meisten verbreitet.
Verwendung: Frischverzehr und Konservenfrucht.
Frucht: Die Kirsche reift in der 5./6. Kirschwoche. Mittelgroße, runde bis breit eiförmige Frucht (ca. 7 g) mit deutlich ausgeprägtem Stempelpunkt. Dunkel braunrot, bei Vollreife schwarz, glänzend, mit ebenholzartiger Bauchnaht. Mittellanger, dünner Stiel in tiefer Grube. Sehr festes, knorpeliges, rotbraunes bis schwarzrotes Fruchtfleisch, mit feinen hellen Adern durchzogen und wenig saftend. Der Saft hat eine purpur- bis schwarzviolette Farbe. Die Frucht ist süß und aromatisch mit leichter Säure und sehr platzempfindlich (Platzindex 75). Kleiner bis mittelgroßer Stein, eiförmig bis oval mit deutlicher Bauchnaht und sehr breiter, vielfach gefurchter Rückenseite.
Baum: Sehr stark wachsend mit aufgerichteten, wenig verzweigten Leitästen. Im Vollertragstadium ergibt sich eine gleichmäßige, breitkugelige Krone. Im älteren Kronenbereich kommt es zu Verkahlungen. Dunkelgrüne Blätter, sehr lang und breit, hängend und einfach gezähnt mit langem Stiel. Die Blüte ist mittelfrüh, nur von kurzer Dauer und wenig spätfrostgefährdet. Befruchter: 'Büttners Rote Knorpelkirsche', 'Hedelfinger Riesenkirsche' und 'Schneiders Späte Knorpelkirsche'. Mittlerer bis hoher und regelmäßiger Ertrag.
Besondere Merkmale: Vollreif fast schwarze, stark glänzende, herzförmige Knorpelkirsche.

Hedelfinger Riesenkirsche

Weitere Namen: 'Wahlerkirsche', 'Chlepfer', 'Edelfinger', 'Erdbeerkirsche', 'Hertemer', 'Nußdorfer Schwarze', 'Rote Firstler', 'Schöne von Aaren'.
Herkunft: Zufallssämling, der in der Mitte des 19. Jh. in Hedelfingen, einem Vorort von Stuttgart, entstanden ist und von Hohenheim verbreitet wurde.

Allgemeine Beurteilung: Empfehlenswerte mittelgroße, feste Knorpelkirsche, die sehr anpassungsfähig an den Standort und auch sehr ertragreich und -sicher ist. Die bekannteste und am weitesten verbreitete Süßkirsche in Deutschland und weltweit angebaut.
Verwendung: Frischverzehr, Konserve.
Frucht: Die Sorte reift in der 5./6. Kirschwoche. Mittelgroße bis große, längliche Frucht (7–8 g). Stumpfeiförmig mit flacher Bauchseite, bei Vollreife braunrot bis fast schwarz, matt glänzend mit violettem Stich. Die Frucht sitzt schief am kräftigen, mittellangen, hellgrünen Stiel. Das Fruchtfleisch ist fest, knackig, knorpelig, mäßig saftig und von einer bräunlich violetten Farbe. Ausgeglichener süßsäuerlicher Geschmack, erfrischend und herzhaft, oft mit einem leichten Bittermandelton. Die Sorte ist transportfest, jedoch sehr platzempfindlich (Platzindex 78) und moniliaanfällig. Nach der Ernte verliert sie rasch den Glanz und wird matt. Mittelgroßer, schlecht lösender Stein, stumpf- bis eiförmig mit deutlichem, nach unten auseinander gehendem Bauchwulst.
Baum: Die Sorte wächst in den ersten Jahren stark und aufstrebend. Später ist die Krone nur mittelgroß und breitkugelig. Das mittellange bis lange Fruchtholz steht oft hängend an den nur mäßig verzweigten, aber dicht mit Bukettknospen besetzten Seitenästen. Die Blüte ist mittelspät, relativ kurz und spätfrostempfindlich. Geeignete Befruchtersorten: 'Büttners Rote Knorpelkirsche', 'Schneiders Späte Knorpelkirsche', 'Kordia', 'Star'. Die Erträge setzen relativ spät ein, sind dann aber hoch und regelmäßig.
Besondere Merkmale: Schiefe Stielseite. Farbe und Geschmack.

Ludwigs Frühe

Herkunft: Genaue Abstammung und Herkunft sind unbekannt. Die Sorte soll aus Lothringen stammen. Sie fiel 1890 dem Obstbauern KREBS in Heidesheim/ Rheinhessen durch die frühe Reife auf. Er hatte die Bäume von der Baumschule LUDWIG aus dem gleichen Ort bezogen. Die Sorte wurde dann nach der Baumschule benannt und vermehrt.

Allgemeine Beurteilung: Die früh reifende, hellrote Glaskirsche mit nicht färbendem Saft eignet sich vor allem für die Direktvermarktung und den Liebhaberanbau. Sie war lange Zeit eine der Hauptsorten in Rheinhessen und in der Pfalz, spielt heute aber im Erwerbsobstbau keine Rolle mehr.

Verwendung: Frischverzehr, Kuchenbelag, Marmeladen- und Kompottfrucht.

Frucht: Reift in der 3. bis 4. Kirschwoche. Klein und flachkugelig bis nierenförmig (L = 17–18 mm, B = 20–21 mm, D = 18–20 mm, 4,5–5,0 g). Leuchtend rote Frucht mit starkem Glanz und dünner, zäher Haut, nach der Ernte häufig fleckig verfärbt. Kurzer, kräftiger Stiel (35–40 mm), der sehr fest am Stein haftet und erst bei Vollreife löst. Gelblich durchscheinendes Fleisch, weich, saftig und gut vom Stein lösend. Relativ süß mit angenehmer, erfrischender Säure, harmonisch im Geschmack. Die Frucht ist relativ platzfest, aber windempfindlich (wird fleckig). Mittelgroßer Stein, kugelig und flach zugespitzt, mit kräftigem Wulst und scharfer Rückennaht.

Baum: Mittelstarker Wuchs mit flachkugeliger Krone, flache Leitäste, sehr gut mit Fruchtholz garniert. Mittelgroße, dunkelgrüne Blätter, nach oben gefaltet und fein gezähnt. Die Sorte blüht mittelfrüh, ist selbstfruchtbar und ein guter Befruchter für andere Sauerkirschen. Früher Ertragsbeginn und hohe Fruchtbarkeit. Stärkerer, jährlicher Rückschnitt fördert die Fruchtgröße. In nasskalten Jahren neigt die Sorte zu Monilia-Spitzendürre. Sehr anpassungsfähig an den Standort.

Besondere Merkmale: Frühe Reife. Hellrote Frucht mit starkem Glanz, oft etwas fleckig. Fest am Stein haftender Stiel.

Ostheimer Weichsel

Herkunft: Sehr alte Sorte. Der Arzt Dr. KLINGHAMMER soll sie 1714 zur Zeit des spanischen Erbfolgekrieges aus Spanien mit nach Ostheim in die Rhön gebracht haben.

Allgemeine Beurteilung: Geschmacklich sehr wertvolle Sorte, die allerdings nicht besonders ertragreich ist. Für Liebhaber und Kleingärtner jedoch durchaus empfehlenswert. Es gibt verschiedene Typen, u.a. die 'Naumburger Ostheimer' und 'Reinhardts Ostheimer'. Früher zählte sie zu den in Deutschland am stärksten verbreiteten Sorten. Heute ist sie noch ab und zu in Hausgärten zu finden.
Verwendung: Sehr gute Konserven- und Saftkirsche, aber auch für den Frischverzehr empfehlenswert.
Frucht: Die Sorte reift in der 4. Kirschwoche etwas folgernd und hält sich lange am Baum. Kleine, fast rundliche Kirsche (4–5 g). Die Frucht wird stielwärts breiter, dem Stempelpunkt zu ist sie flach abgerundet. Dieser ist kaum sichtbar. Flachgedrückte Rückenfurche, kaum wahrnehmbar. In Vollreife dunkel braunrote, matt glänzende Früchte. Die Früchte sitzen auf einem relativ langen, mattgrünen Stiel, meist einzeln oder gepaart. Weiches, saftiges Fleisch, löst gut vom Stein, mit angenehmer Säure und feinem, typischem Weichselaroma. Scharf zugespitzter Stein mit starker Rückenkante und deutlich sichtbarer Naht, 10–12 mm lang.
Baum: Mittelstarker Wuchs mit dichter, rundlicher Krone und dünnen, bald hängenden Trieben. Kleines, schmales Blatt, Rand mit unregelmäßigen kleinen, rundlichen Zähnen. Die selbststerile Sorte blüht früh und ist deshalb frostgefährdet. Früher Ertragsbeginn, meist aber nicht befriedigend. Durch die Vermehrung über Ausläufer wurde eine negative Selektion betrieben, da faule Träger mehr und auch stärkere Ausläufer bilden. Die Sorte ist wenig krankheitsanfällig, die Standortansprüche sind gering.
Besondere Merkmale: Frühe Reife. Guter Geschmack. Dünne, hängende Triebe mit meist einzeln hängenden Früchten.

Rote Maikirsche

Weitere Namen: 'May Duke', Maiammer', 'Doppelte Maikirsche', 'Royal hative'.
Herkunft: Eine sehr alte Sorte, vermutlich in Frankreich entstanden. Bereits 1688 von RAY in „Historia Plantarum" erwähnt. Der Name leitet sich von der frühen Reife ab. Als die Kirsche bekannt wurde, galt noch der alte Kalender, und der 11. Juni war der letzte Tag im Mai.

Allgemeine Beurteilung: Diese gut schmeckende, dunkle Süßweichsel mit schwach färbendem Saft ist in ganz Europa verbreitet. Heute aber nur noch selten anzutreffen. Sie eignet sich vor allen Dingen für den Liebhaberobstbau, da die Früchte sehr folgernd reifen.
Verwendung: Frischverzehr, Kuchenbelag, Konservierung.
Frucht: Die Reife setzt in der 3. Kirschwoche ein und ist etwas folgernd. Mittelgroße (ca. 5 g), stumpf-herzförmige, rötlich braune Frucht, um die Bauchnaht etwas aufgehellt. Mittellanger, grüner Stiel in enger, aber flacher Grube. Bräunlich rotes bis dunkelrotes, weiches, sehr saftiges Fruchtfleisch. Der Geschmack ist bei Vollreife ausgeglichen süßsäuerlich und fein aromatisch. Die Sorte lässt sich mit und ohne Stiel gut ernten. Stiellose Früchte bluten nicht. Kleiner, ovaler Stein mit ganz schwach hervorstehender Furche.
Baum: Wächst recht kräftig und kann 60 bis 70 Jahre alt werden. Hoch- bis breitpyramidale Krone, in der Jugend fast pappelartig, mit auffallend steil stehenden und wenig verzweigten Leitästen. Das Fruchtholz ist über den gesamten Kronenbereich verteilt. Relativ frühe Blüte. Gute Befruchtersorte, jedoch selbst nur schwach selbstfertil. Befruchter: 'Schattenmorelle', 'Kassins Frühe', 'Schneiders Späte Knorpelkirsche'. Die Erträge setzen früh ein und sind dann in der Regel hoch und regelmäßig. Da die Früchte ab der 3. Kirschwoche sehr folgernd reifen, ist ein mehrmaliges Durchpflücken notwendig.
Besondere Merkmale: Fruchtfarbe. Frühe und folgernde Reife.

Schattenmorelle

Weitere Namen: 'Große Lange Lothkirsche', 'Nordkirsche', 'Sauerlothkirsche', 'Morello'.
Herkunft: Sehr alte, wahrscheinlich aus Frankreich stammende Sorte. Soll in den Gärten des Chateau de Moreille gefunden worden sein. Schon 1650 von BAUHIN in „Historia Plantarum Universalis" erwähnt und Anfang des 18. Jh. in der Gegend von Gotha angepflanzt. Es gibt zahlreiche Typen. Empfehlenswert sind 'Rheinland' und 'Vowi'.

Allgemeine Beurteilung: Aufgrund des alljährlich hohen Ertrags und der guten Verwertungseigenschaften die weltweit am häufigsten angepflanzte Sauerkirsche. Nachteilig ist die hohe Moniliaanfälligkeit mit Triebabsterben. Der Anbau ohne Bekämpfung dieser Pilzkrankheit ist nicht zu empfehlen.
Verwendung: Saft, Konserven.
Frucht: Die Sorte reift etwas folgernd Mitte bis Ende Juli. Mittelgroße, kugelige bis stumpf-eiförmige Frucht (L = 18–24 mm, B = 19–21 mm, 5–7 g), Bauchseite ohne Furche. Zähe und dünne Haut mit dunkelroter bis schwarzer Farbe. Langer Stiel, am Ende verdickt, in ziemlich enger Grube. Am Stielansatz meist kleine Blättchen. Braunrotes Fruchtfleisch, das gut vom Stein löst, gallertartig, sehr saftig, färbender Saft. Im Geschmack kräftig säuerlich und leicht herb. Mittelgroßer, der Spitze zu leicht verjüngter Stein, fest mit dem Stiel verbunden.
Baum: Mäßig starker Wuchs mit schräg aufwärts gehenden Ästen, mit dünnen und langen Trieben besetzt. Die Jahrestriebe haben in der oberen Hälfte Blütenknospen. Ohne Rückschnitt neigt die Sorte zur Verkahlung und Peitschentriebbildung. Sie hat dann zwar höhere Erträge, die Früchte sind aber deutlich kleiner. Selbstfertile Sorte mit später Blüte und hohen, regelmäßigen Erträgen. Wenig witterungsempfindlich, jedoch bei kühlem, regnerischem Blühwetter starke Moniliainfektion. Die Sorte sollte auf starkwüchsigen Unterlagen stehen. Gut bewährt haben sich auch wurzelechte Pflanzen.
Besondere Merkmale: Lange dünne, peitschenartige Triebe und Verkahlung.

Schneiders Späte Knorpelkirsche

Weitere Namen: 'Haumüller', 'Höfchenkirsche', 'Kaukasische', 'Nürtinger Riesenkirsche', 'Rindfleischkirsche'.
Herkunft: Um 1850 als Zufallssämling in Guben/Neiße auf dem Grundstück von SCHNEIDER gefunden, nach ihm benannt und ab 1865 allgemein verbreitet.

Allgemeine Beurteilung: Eine in ganz Europa weit verbreitete, großfrüchtige, geschmacklich hochstehende Knorpelkirsche. Ertragsmäßig jedoch nicht immer befriedigend. Von der Sorte gibt es verschiedene Typen, z. B. 'Nordwunder', 'Zeppelin'.
Verwendung: Frischverzehr.
Frucht: Die Sorte reift in der 6./7. Kirschwoche. Sehr großfrüchtige, breit- bis stumpfherzförmige Kirsche (8–11 g), mit deutlicher Rückenfurche und dunkler Bauchnaht, dunkel braunrot, mit kleinen, hellen Punkten übersät. Langer, dünner, teils geröteter Stiel in ziemlich weiter und tiefer Höhle. Das Fruchtfleisch ist sehr fest, anfänglich hell, in der Vollreife rotbraun, zum Stein hin noch dunkler gefärbt und mäßig saftend. Würziger Geschmack, aromatisch und sehr harmonisch. Großer, eiförmiger Stein mit breiter, aber flacher Furche. Die Sorte ist sehr platzempfindlich (Platzindex 76) und moniliaanfällig. Die Früchte sind transportfest und durch den langen Stiel gut zu pflücken, reifen jedoch folgernd.
Baum: Stark wachsend. Pyramidale Kronenform mit dominierender Mitte, schräg aufwärts gerichteten Gerüstästen und mittelstarker Verzweigungsdichte. Die Neigung zur Verkahlung ist gering. Die Blüte ist mittelspät bis spät und zieht sich über einen längeren Zeitraum hin. Befruchter: 'Hedelfinger Riesenkirsche', 'Große Schwarze Knorpelkirsche', 'Büttners Rote Knorpelkirsche'. Auf schweren bzw. zu leichten Böden und bei Trockenheit neigt die Sorte sehr stark zum Röteln. In den ersten Jahren ist der Ertrag trotz guter Blüte nur sehr gering (Röteln), später nur bei guten Standort- und Blühbedingungen mittelhoch und regelmäßig.
Besondere Merkmale: Fruchtgröße. Hellrotes Fleisch.

Schwäbische Weinweichsel

Herkunft: Wildvorkommen von *Prunus cerasus* im Donauraum in der Nähe von Dillingen. Machte früher im Landkreis Dillingen praktisch den gesamten Sauerkirschenbestand aus und hatte landschaftsprägenden Charakter. Dieser soll 1967 noch etwa rund 30000 Bäume umfasst haben. Ihr Vorkommen ist seit 1807 urkundlich durch den Grafen FUGGER ZU GLÖTT belegt. Nachdem der Weichselanbau in den 1970er-Jahren aus Rentabilitätsgründen eingestellt wurde, konnten einige Auslesen in Privatgärten und den landkreisansässigen Baumschulen erhalten werden. In den 1950er-Jahren wurden großfruchtige, dunkel gefärbte und gesunde Typen ausgelesen.

Allgemeine Beurteilung: Wurzelechtes Typengemisch. Wegen ihres hohen Zucker- und Farbstoffgehaltes (Anthocyane) optimale Verwertungsfrucht.
Verwendung: Frischverzehr, Industriekirsche, Brennkirsche.
Frucht: Die kleinen, dunkelroten Früchte (3,5–4,5 g) reifen im Juli. Sie haben einen süßsäuerlichen Geschmack mit einem außergewöhnlichen Sauerkirscharoma. Sie ist eine der elegantesten Sauerkirschen. Der Glukosegehalt liegt bei 4,9 und der Fructosegehalt bei 3,8 g pro 100 g Frucht. Der Gehalt an Anthocyanen beträgt 128 mg pro 100 g Fruchtfleisch und der Trockensubstanzgehalt 13%.
Baum: Die selbstfruchtbare Sauerkirsche ist starkwüchsig und robust. Sie gedeiht am besten als wurzelechter Baum und erreicht eine Höhe von 2,5–4,0 m. Sie blüht von April bis Mai. Die Erträge sind mittelhoch. Die Sorte ist auch für extrem raue Lagen geeignet und gedeiht auch auf armen, sandigen Böden in sonniger bis halbschattiger Lage.
Besondere Merkmale: Das außergewöhnliche Aroma und der für eine Sauerkirsche relativ starke Wuchs.

Anhang

Weiterführende Literatur

AEPPLI, A., U. GREMMINGER, M. KELLERHALS, C. RAPILLARD, K. RÖTHLISBERGER, P. RUSTERHOLZ: Obstsorten. Verlag Landwirtschaftliche Lehrmittelzentrale, Zollikofen 1983

BACH und KLEIN: Die empfehlenswerten Obstsorten für das Großherzogtum Baden. Braunsche Hofdruckerei, Karlsruhe 1906

BARTHA-PICHLER, B., F. BRUNNER, K. GERSBACH, M. ZUBER: Rosenapfel und Goldparmäne. Verlag AT, Baden und München 2005

BAUHIN, J.: Ein New Badbuch. Stuttgart 1602

BAUHIN, J.: Historia Plantarum Universalis. Yverdon 1650

BERGHUIS, S.: De nederlandsche Boomgard. Verlag J. B. Wolters, Groningen 1864

BERNKOPF, S., H. KEPPEL, R. NOVAK: Neue alte Obstsorten. Österreichischer Agrarverlag, Wien 1991

BERTSCH, K. und F.: Geschichte unserer Kulturpflanzen. Wissenschaftliche Verlagsgesellschaft, Stuttgart 1947

BLASER, G.: Landesobstsortiment für Baden. Eckstein und Stähle, Hofkunstanstalt, Stuttgart 1929

BREDSTED, H. C.: Handbog i dansk Pomologie. Forlagt af den Hempelske Bog-og Papirhandel (J. C. Dreyer), Odense 1890

CHRIST, J. C.: Vollständige Pomologie. 2 Bände, Frankfurt/M. 1809 und 1812

Deutsche Obstbauzeitung. Verlag Eugen Ulmer, Stuttgart 1906–1922

Deutschlands Obstsorten. 7 Bände, Verlag Eckstein und Stähle, Hofkunstanstalt, Stuttgart 1905–1933

DIEL, A. F. A.: Versuch einer systematischen Beschreibung in Deutschland vorhandener Kernobstsorten. 27 Bände, Frankfurt/M. 1799–1832

DITTRICH, J. G.: Systematisches Handbuch der Obstkunde. 3 Bände, Jena 1839–1841

DOCHNAHL, F. J.: Der sichere Führer in der Obstkunde auf botanisch-pomologischem Weg oder systematische Beschreibung aller Obstsorten. 4 Bände, Nürnberg 1855–1860

DUHAN, K.: Die wertvollsten Obstsorten Äpfel und Birnen. Wien 1957

ENGELBRECHT, T.: Deutschlands Apfelsorten. Verlag Vieweg und Sohn, Braunschweig 1889

FISCHER, M.: Farbatlas Obstsorten. Verlag Eugen Ulmer, Stuttgart 2010

FRIEDRICH, G., H. PETZOLD: Obstsorten. Neumann-Verlag, Radebeul 1993

GAUCHER, N.: Pomologie. Stuttgart 1894

Gesellschaft für Pomologie und Obstsortenerhaltung Bayern: Apfel- und Birnensorten Europas. Obst- und Gartenbauverlag, München 2007

GOETHE, R., H. DEGENKOLB, R. MERTENS: Äpfel und Birnen. Die wichtigsten deutschen Kernobstsorten. Berlin 1894

GRILL, D., H. KEPPEL: Alte Apfel- und Birnensorten für den Streuobstbau. Verlag Leopold Stocker, Graz – Stuttgart 2003

GUSSMANN, K.: Zur Geschichte des württembergischen Obstbaus. Verlag W. Kohlhammer, Stuttgart 1896

HEDRICK, U. P.: The pears of New York. Albany, J. B. Lyon Company, Printers, 1921

JUNGE, E.: Anbauwürdige Obstsorten. Verlag Rad. Bechthold u. Comp., Wiesbaden 1937

KESSLER, H.: Apfelsorten der Schweiz. Verbanddruckerei A. G., Bern 1947

KESSLER, H.: Birnensorten der Schweiz. Bern 1948

KNOOP, J. H.: Pomologia. Nürnberg 1760

KÖLMEL, M.: Obstbau-Lehrgärten, -Lehrpfade, -Museen und landschaftsprägende Streuobst-Modelle. Ministerium für Ländlichen Raum, Stuttgart 1995

KOLOC, R.: Wir zeigen Apfelsorten. Neumann-Verlag, Radebeul 1956

KOLOC, R.: Wir zeigen Steinobstsorten. Neumann-Verlag, Leipzig, Radebeul 1983

KRAFT, J.: Pomona Austriaca. Wien 1792 und 1796

KRÜMMEL, H., W. GROH, G. FRIEDRICH: Deutsche Obstsorten. Deutscher Bauernverlag, Berlin 1956–1960

LANGENTHAL, E.: Deutsches Obstcabinet. Jena 1853–1860

LAUCHE, W.: Deutsche Pomologie. 6 Bände, Berlin 1882 und 1883

LÖSCHNIG, J.: Die Mostbirnen. Verlag Friedrich Sperl, Wien 1913

LUCAS, E.: Die Kernobstsorten Württembergs. Verlag Franz Köhler, Stuttgart 1854

LUCAS, E.: Abbildungen württembergischer Obstsorten, Band 1. Verlag von Ebner & Seubert 1858 (Reprint 2001, vom Pomologen-Verein)

LUCAS, E.: Württembergs Obstbau. Verlag Eugen Ulmer, Stuttgart 1871

LUCAS, E.: Einleitung in das Studium der Pomologie. Stuttgart 1877

LUCAS, E., J. G. C. OBERDIECK, F. JAHN: Illustriertes Handbuch der Obstkunde. 8 Bände, Verlag Eugen Ulmer, Ravensburg, Stuttgart 1860–1875

LUCAS, F.: Die wertvollsten Tafeläpfel. Verlag Eugen Ulmer, Stuttgart 1894

LUCAS, F.: Die wertvollsten Tafelbirnen. Verlag Eugen Ulmer, Stuttgart 1894

MANGER, H. L.: Vollständige Anleitung zu einer systematischen Pomologie. Leipzig 1780 und 1783

MARTINI, S.: Geschichte der Pomologie in Europa. Wädenswil 1988

MAS, A.: Le Verger au histoire, culture et description. Paris, Librairie de G. Masson, 1866–1873

MATHIEU, C.: Nomenclator Pomologicus. Berlin 1889

MAYER, J.: Pomona Franconica. 3 Bände, Nürnberg 1776–1801

METZGER, J.: Die Kernobstsorten des südlichen Deutschlandes. Frankfurt/M. 1847

PETZOLD, H.: Birnensorten. Verlag Neumann-Neudamm 1984

PETZOLD, H.: Apfelsorten. Verlag Neumann-Neudamm 1985

Pomologische Monatshefte. Stuttgart 1890–1901

REINHARDT, L.: Kulturgeschichte der Nutzpflanzen. Verlag Reinhardt, München 1911

RÖDER, K.: Sortenkundliche Untersuchungen an Prunus domestica. Kühn-Archiv 54, Halle 1939

SCHAAL, G.: Wertvolle Apfel- und Birnensorten. 2 Bände, Stuttgart (o. Jahr)

SCHILLER, J. K.: Die Baumschule im Großen. Berlin 1795, Stuttgart 1993

SCHIRMER, M.: Die Quitte. IHW-Verlag, Eching bei München 2000

SCHMIDTHALER, R.: Die Mostbirnen. Verein neue alte Obstsorten, Amstetten 2001

Schweizerische Obstsorten. Hrsg. vom Schweiz. Landw. Verein St. Gallen in Lieferungen von 1863–1872

SEITZER, J.: Farbtafeln der Apfelsorten. Verlag Eugen Ulmer, Stuttgart 1956

SICKLER, J. B.: Der teutsche Obstgärtner. 22 Bände, Verlag Industrie-Comptairs, Weimar 1792–1804

SILBEREISEN, R., G. GÖTZ, W. HARTMANN: Obstsorten-Atlas, Verlag Eugen Ulmer, Stuttgart 1996

TRENKLE, R.: Anbauwürdige Kernobstsorten. München 1961

VOTTELER, W.: Verzeichnis der Apfel- und Birnensorten. Obst- und Gartenbauverlag, München 1986

WALKER, W.: Die Obstsorten in der Obstbaumschule Hohenheim. Verlag C. F. Osiander, Tübingen 1823

Anschriften von Institutionen und Gruppen, die sich mit alten Sorten befassen:

Deutschland:

Arbeitskreis historische Obstsorten
Pfalz-Elsass-Kurpfalz
Rainer Rausch
Bahnhofstr. 13a
D-67126 Hochdorf-Assenheim

BAZ Institut für Obstzüchtung
Pillnitzer Platz 3a
D-01326 Dresden-Pillnitz

Das Boomgarden-Projekt
c/o Eckart Brandt
Im Moor 1, D-21712 Großenwörden

Fördergemeinschaft regionaler Streuobstbau
Bergstraße/Odenwald, Kraichgau e. V.
Heckerstr. 21
D-68199 Mannheim

Forschungsanstalt Geisenheim
Fachgebiet Obstbau
Von-Lade-Straße 1
D-65366 Geisenheim

Institut für Kulturpflanzenwissenschaften,
FG Ertragsphysiologie
der Sonderkulturen,
Universität Hohenheim
D-70593 Stuttgart

Kompetenzzentrum Obstbau-Bodensee
Sortenerhaltungszentrale
Baden-Württemberg
Schuhmacherhof 6
D-88213 Ravensburg

Landesanstalt für Pflanzenbau und Pflanzenschutz
Essenheimer Str. 144
D-55128 Mainz

Landesverband für Obstbau, Garten und Landschaft, Baden-Württemberg
Arbeitsgruppe Streuobst
Klopstockstr. 6
D-70193 Stuttgart

Obstlehrgarten
Landwirt. Lehranstalten Triesdorf
D-91746 Weidenbach

Pomologen-Verein e. V.
Bundesgeschäftsstelle
Ulrich Kubina
Husumer Str. 16
D-20251 Hamburg

Österreich:

Arche Noah
Obere Str. 40
A-3553 Schiltern

Bundesamt für Agrarbiologie
Wieningerstr. 8
A-4020 Linz

Höhere Bundeslehranstalt und Bundesamt für Wein- und Obstbau
Wienerstr. 74
A-3400 Klosterneuburg

Ökokreis Waldviertel
A-3910 Stift Zwettl 17

Universität für Bodenkultur
Institut für Obstbau
Gregor Mendelstr. 33
A-1180 Wien

Verein „Neue alte Obstsorten"
St. Ardagger 3
A-3300 Ardagger

Schweiz:

FRUCTUS Geschäftsstelle
Franziska Oertli
c/o Agroscope
Schloss 1/Postfach
CH-8820 Wädenswil

Pro Specie Rara
Sortenzentrale
Postfach 95
CH-5742 Kölliken

Belgien:

Nationale Boomgarden Stichting, Agriculture
Leopold III-straat 3
B-3724 Vliermaal

Bezugsquellen

Ein Verzeichnis von Baumschulen in Baden und Württemberg, die alte Obstsorten führen, ist unter info@logl-bw.de bzw. www.logl-bw.de zu bekommen.

Bildquellen

Eberle, C., Meersburg: Seite 103
Fischer, M., Dresden-Pillnitz: Seite 82, 87, 137, 145, 158, 161, 170
Fritz, E., Bavendorf: Seite 55, 65, 72, 133, 139, 199, 205, 209, 261 sowie Schnittbilder bei Apfel
Götz, G., Obersulm: Seite 318
Hartmann, W., Filderstadt: Titelfoto und alle anderen Fotos
Jacob, H., Geisenheim: Seite 167, 182, 248, 335

Die Zeichnungen fertigte Helmuth Flubacher, Waiblingen.
Umschlagfoto: 'Geheimrat Wesener'.
Umschlaginnenseiten:
links: Die vier Grundformen des Apfels mit ihren Abänderungen.
rechts: Die Fruchtformen der Birne.
Beide aus: G. T. WILHELM: Unterhaltungen aus der Naturgeschichte. 27 Bde. 1. Auflage 1794–1828, Augsburg – Wien. Aus dem Band: Unterhaltungen aus dem Pflanzenreich.
Foto Seite 2: Frühling in der Streuobstwiese.
Foto Seite 4: Blühender Streuobstgürtel um das schwäbische Dorf Bonlanden.

Register

Fett gedruckte Begriffe verweisen auf Sortennamen, die Synonyme sind in magerer Schrift aufgeführt.